地域气候适应型绿色公共建筑设计研究丛书　丛书主编　崔愷

地域气候适应型绿色
公共建筑设计技术体系

Design Technology System for Region and Climate Adaptive Green
Public Buildings

西安建筑科技大学
中国建筑设计研究院有限公司
中国建筑科学研究院有限公司
上海市建筑科学研究院有限公司
深圳市建筑科学研究院股份有限公司

编著

范征宇　主编

中国建筑工业出版社

U01177982

图书在版编目（CIP）数据

地域气候适应型绿色公共建筑设计技术体系 =
Design Technology System for Region and Climate
Adaptive Green Public Buildings / 西安建筑科技大学
等编著；范征宇主编. —北京：中国建筑工业出版社，
2021.8
　　（地域气候适应型绿色公共建筑设计研究丛书 / 崔
恺主编）
　　ISBN 978-7-112-26408-7

　　Ⅰ. ①地… Ⅱ. ①西… ②范… Ⅲ. ①气候影响—公
共建筑—建筑设计—研究 Ⅳ. ①TU242

　　中国版本图书馆CIP数据核字（2021）第148796号

丛书策划：徐　冉　　　责任编辑：宋　凯　张智芊
书籍设计：锋尚设计　　责任校对：赵　菲

地域气候适应型绿色公共建筑设计研究丛书
丛书主编　崔恺

地域气候适应型绿色公共建筑设计技术体系
Design Technology System for Region and Climate Adaptive Green Public Buildings

西安建筑科技大学　　中国建筑设计研究院有限公司　　中国建筑科学研究院有限公司
上海市建筑科学研究院有限公司　深圳市建筑科学研究院股份有限公司　　　　　　编著
范征宇　主编
＊
中国建筑工业出版社出版、发行（北京海淀三里河路9号）
各地新华书店、建筑书店经销
北京锋尚制版有限公司制版
北京富诚彩色印刷有限公司印刷
＊
开本：889毫米×1194毫米　横1/20　印张：24⅗　字数：609千字
2021年10月第一版　　2021年10月第一次印刷
定价：**95.00**元
ISBN 978-7-112-26408-7
　　　（37961）

丛书编委会

丛书主编
崔 愷

丛书副主编
（排名不分前后，按照课题顺序排序）

徐 斌　孙金颖　张 悦　韩冬青　范征宇　常钟隽

付本臣　刘 鹏　张宏儒　倪 阳

工作委员会
王 颖　郑正献　徐 阳

丛书编写单位
中国建筑设计研究院有限公司

清华大学

东南大学

西安建筑科技大学

中国建筑科学研究院有限公司

哈尔滨工业大学建筑设计研究院

上海市建筑科学研究院有限公司

华南理工大学建筑设计研究院有限公司

《地域气候适应型绿色公共建筑设计技术体系》

西安建筑科技大学
中国建筑设计研究院有限公司
中国建筑科学研究院有限公司　　编著
上海市建筑科学研究院有限公司
深圳市建筑科学研究院股份有限公司

主编

范征宇

副主编

于金光　胡家僖　高月霞　孙延超

主要参编人员

葛碧秋	刘登伦	张改景	陈旺	张蕊	肖子一
乔正珺	梁云	孙铭悦	孙金颖	徐斌	文静
杨泽晖	孙东贤	徐若姿	王梦园	葛志鹏	李龙飞
周智超	李妍	赵南森	洪安东	张云娟	田智华
苏婷	王玢滢	许鹏鹏	张益华	李鸽	陈斯莹
陈闯	何恩杰	裴福高	王颖	伍晨阳	樊昱江
	李祺	郭顺智	吕宬熺	崔晓晨	刘思梦

2021年4月15日，"江苏·建筑文化大讲堂"第六讲在第十一届江苏省园博园云池梦谷（未来花园）中举办。我站在历经百年开采的巨大矿坑的投料口旁，面对一年多来我和团队精心设计的未来花园，巨大的伞柱在波光下闪闪发亮，坑壁上层层叠叠的绿植花丛中坐着上百名听众，我以"生态·绿色·可续"为主题，讲了我对生态修复、绿色创新和可持续发展的理解和在园博园设计中的实践。听说当晚在网上竟有超过300万的点击率，让我难以置信。我想这不仅仅是大家对园博会的兴趣，更多的是全社会对绿色生活的关注，以及对可持续发展未来的关注吧！

的确，经过了2020年抗疫生活的人们似乎比以往任何时候都更热爱户外，更热爱健康的绿色生活。看看刚刚过去的清明和五一假期各处公园、景区中的人山人海，就足以证明人们对绿色生活的追求。因此城市建筑中的绿色创新不应再是装点地方门面的浮夸口号和完成达标任务的行政责任，而应是实实在在的百姓需求，是建筑转型发展的根本动力。

近几年来，随着习近平总书记对城乡绿色发展的系列指示，国家的建设方针也增加了"绿色"这个关键词，各级政府都在调整各地的发展思路，尊重生态、保护环境、绿色发展已形成了共同的语境。

"十四五"时期，我国生态文明建设进入以绿色转型、减污降碳为重点战略方向，全面实现生态环境质量改善由量变到质变的关键时期。尤其是2021年4月22日在领导人气候峰会上，国家主席习近平发表题为"共同构建人与自然生命共同体"的重要讲话，代表中国向世界作出了力争2030年前实现碳达峰、2060年前实现碳中和的庄严承诺后，如何贯彻实施技术路径图是一场广泛而深刻的经济社会变革，也是一项十分紧迫的任务。能源、电力、工业、交通和城市建设等各领域都在抓紧细解目标，分担责任，制定计划，这成了当下最重要的国家发展战略，时间紧迫，但形势喜人。

面对国家的任务、百姓的需求，建筑师的确应当担负起绿色设计的责任，无论是新建还是改造，不管是城市还是乡村，设计的目标首先应是绿色、低碳、节能的，创新的方法就是以绿色的理念去创造承载新型绿色生活的空间体验，进而形成建筑的地域特色并探寻历史文化得以传承的内在逻辑。

对于忙碌在设计一线的建筑师们来说，要迅速跟上形势，完成这种转变并非易事。大家习惯了听命于建设方的指令，放弃了理性的分析和思考；习惯了形式的跟风，忽略了技术的学习和研究；习惯了被动的达标合规，缺少了主动的创新和探索。同时还有许多人认为做绿色建筑应依赖绿色建筑工程师帮助对标算分，依赖业主对绿色建筑设备设施的投入程度，而没有清楚地认清自己的责任。绿色建筑设计如果不从方案构思阶段开始就不可能达到"真绿"，方案性的铺张浪费用设备和材料是补不回来的。显然，建筑师需要改变，需要学习新的知识，需要重新认识和掌握绿色建筑的设计方法，可这都需要时间，需要额外付出精力。当绿色建筑设计的许多原则还不是"强条"时，压力巨大的建筑师们会放下熟练的套路方法认真研究和学习吗？翻开那一本本绿色生态的理论书籍，阅读那一套套相关的知识教程，相信建筑师的脑子一下就大了，更不用说要把这些知识转换成可以活学活用的创作方法了。从头学起的确很难，绿色发展的紧迫性也容不得他们学好了再干！他们需要的是一种边干边学的路径，是一种陪伴式的培训方法，是一种可以在设计中自助检索、自主学习、自动引导的模式，随时可以了解原理、掌握方法、选取技术、应用工具，随时可以看到有针对性的参考案例。这样一来，即便无法保证设计的最高水平，但至少方向不会错；即便无法确定到底能节约多少、减排多少，但至少方法是对的、效果是"绿"的，至少守住了绿色的底线。毫无疑问，这种边干边学的推动模式需要的就是服务于建筑设计全过程的绿色建筑设计导则。

"十三五"国家重点研发计划项目"地域气候适应型绿色公共建筑设计新方法与示范"（2017YFC0702300）由中国建筑设计研究院有限公司牵头，联合清华大学、东南大学、西安建筑科技大学、中国建筑科学研究院有限公司、哈尔滨工业大学建筑设计研究院、上海市建筑科学研究院有限公司、华南理工大学建筑设计研究院有限公司，以及17个课题参与单位，近220人的研究团队，历时近4年的时间，系统性地对绿色建筑设计的机理、方法、技术和工具进行了梳理和研究，建立了数据库，搭建了协同平台，完成了四个气候区五个示范项目。本套丛书就是在这个系统的框架下，结合不同气候区的示范项目编制而成。其中汇集了部分研究成果。之所以说是部分，是因为各课题的研究与各示范项目是同期协同进行的。示范项目的设计无法等待研究成果全部完成才开始设计，因此我们在研究之初便共同讨论了建筑设计中绿色设计的原理和方法，梳理出适应气候的绿色设计策略，提出了"随遇而生·因时而变"的总体思路，使各个示范项目设计有了明确的方向。这套丛书就是在气候适应机理、设计新方法、设计技术体系研究的基础上，结合绿色设计工具的开发和协同平台的统筹，整合示范项目的总体策略和研究发展过程中的阶段性成果梳理而成。其特点是实用性强，因为是理论与方法研究结合设计实践；原理和方法明晰，因为导则不是知识和信息的堆积，而是导引，具有开放性。希望本项目成果的全面汇集补充和未来绿色建筑研究的持续性，都会让绿色建筑设计理论、方法、技术、工具，以及适应不同气候区的各类指引性技术文件得以完善和拓展。最后，是我们已经搭出的多主体、全专业绿色公共建筑协同技术平台，相信在不久的将来也会编制成为App，让大家在电脑上、手机上，在办公室、家里或工地上都能时时搜索到绿色建筑设计的方法、技术、参数和导则，帮助建筑师作出正确的选择和判断！

　　当然，您关于本丛书的任何批评和建议对我们都是莫大的支持和鼓励，也是使本项目研究成果得以应用、完善和推广的最大动力。绿色设计人人有责，为营造绿色生态的人居环境，让我们共同努力！

崔愷

2021年5月4日

前言

　　始自20世纪中叶生态建筑概念的提出，历经20世纪六七十年代石油危机与能源安全的孕育，20世纪八九十年代可持续、绿色低碳等发展理念的提出与盛行，以及本世纪初舒适健康、环境宜居等新型目标的内涵拓展，绿色建筑的发展，已从最初的理想动议转变为全球人居环境建设的普遍追求与共识。而我国的绿色建筑事业，自20世纪末叶从西方引入至今，在短短的二三十余年间，也已从原本舶来的新型价值理念，迅速转变为建筑领域全行业，与普罗大众普遍的实践需求。

　　在绿色建筑实现绿色性能目标的全产业环节中，设计早期阶段核心方案的创作型设计是其始自源头的根本驱动力。而提升建筑的地域气候适应性是其创作设计实现绿色性能的关键前提。不同的地域气候条件，决定了绿色建筑的适宜创作方法与技术路径存在显著的差异化。创作设计所实现的建筑对气候条件的应对与调节能力，则基本决定了建筑与场地本体的绿色设计方案的有效性。"十五"至"十三五"期间，随着我国城镇绿色建筑的节能建设重点逐渐从居住建筑转向公共建筑，大量公共建筑工程实践的大体量、大进深的规模化建设需求，及其对空调等气候调节设备的过度倚重导致的过高能耗和公共建筑复杂多样功能的较高空间性能需求，逐渐唤醒了建筑师发扬创作设计作用以挖掘建筑气候调节潜力的主体意识。

与此同时，在大数据分析、生物气候学分析、性能模拟、人工智能等新技术层出不穷且不断涌现之际，广大建筑师们对于其中可辅助地域气候适应的创作型设计的设计技术尚未熟稔，而其广泛沿用的传统设计流程亦缺乏基于绿色设计目标，于设计全程系统性、体系化的设计技术指导。由此带来的广大建筑师对各类绿色设计技术的了解、运用与把控能力的局限，极大地限制了其为特定地域气候形成设计方案的前瞻性、科学性与高效性，并大大降低了绿色建筑设计技术在我国的应用与实践水平。因此，形成服务于建筑师创作主导地位，可体系化辅助其合理运用各类新型设计技术，自源头驱动其科学有效完成地域气候适应型创作设计的绿色公共建筑设计技术体系已刻不容缓。

2017年7月，"十三五"国家重点研发计划"绿色建筑及建筑工业化重点专项项目——地域气候适应型绿色公共建筑设计新方法与示范"开展立项。该研究由崔愷院士领衔，依托中国建筑设计研究院有限公司为项目牵头单位，按照"机理-方法-技术-工具-平台-示范"总体研究架构，着眼绿色建筑设计学界与产业全局，以"创作驱动、联动发展、全面提升"的战略思维，着力推动地域气候适应型绿色公共建筑设计的方法体系创新。本著作为该重点专项中课题三"地域气候适应型绿色公共建筑设计技术体系"的主要研究成果。

在崔愷院士高屋建瓴的指导下，绿色建筑设计理论结合实践精神的感召下，本著作相关的研究工作始终紧扣创作型绿色设计过程核心，在梳理国内外主要绿色建筑技术体系的基础上，剖析了我国当前绿色建筑设计技术体系的主要问题与关键缺失。从设计技术认知与传统建筑设计流程革新入手，依据"绿色设计技术体系是公共建筑设计实现绿色性能核心支撑"之主要观点，以新型绿色建筑设计流程为主线，以建筑师可否基于既有知识技能应用的"直接技术""间接技术"新型技术类型区分，提出了面向新技术的气候适应型绿色公共建筑设计技术新体系；并依循绿色设计内容与过程，以及其应用各类设计技术实际所需，从基于室外微气候调节的空间性能适应性设计、基于典型性能空间优化的空间形态设计、基于界面交互调节的围护实体设计、基于适宜用能模型与一体化设计优化的主动式实体设计，以及基于控制分级指标的室内空间环境控制设计五个方面，逐一解析了各自的气候适应型设计关键内容并体系化梳理形成了其各自相应的"直接""间接"设计技术清单及适应各气候区的设计策略，基于性能模拟方法示例性展示了相应的关键设计技术，据此建立了围绕各自设计内容适应不同地域气候的分项绿色设计技术体系，并共同支撑建立了新型地域气候适应型绿色公共建筑设计技术体系。

本书的撰写过程与课题三的研究历经四余年，课题组由西安建筑科技大学、中国建筑科学研究院有限公司、上海市建筑科学研究院有限公司和深圳建筑科学研究院有限公司的成员共同构成，范征宇为本课题负责人。本书由范征宇、葛碧秋负责统稿，葛碧秋等为本课题组的研究与本著作的撰写承担了大量的组织协调工作，各部分的撰写基本分工如下：

第一章：范征宇、葛碧秋；

第二章：范征宇、葛碧秋、徐斌、孙金颖；

第三章：胡家僖、陈旺、张蕊；

第四章：葛碧秋、范征宇、于金光；

第五章：高月霞、张改景、乔正勇、梁云；

第六章：范征宇、文 静、葛碧秋；

第七章：孙延超、刘登伦。

同时，西安建筑科技大学研究生李妍、何恩杰、陈斯莹、陈闯等参与了本书部分研究工作和插图绘制。

本书的撰写与研究得到了项目组与崔愷院士悉心地指导与启发，恩师刘加平院士的诸多教诲，以及项目所属各课题组诸位同仁的指教与协助。中国建筑设计研究院有限公司、中国建筑科学研究院有限公司、上海市建筑科学研究院有限公司、深圳市建筑科学研究院股份有限公司、同济大学建筑设计研究院有限公司、哈尔滨工业大学建筑设计研究院有限公司、中国建筑西北设计研究院有限公司、西安建筑科技大学建筑设计研究院有限公司、中联西北工程设计研究院有限公司、天津大学、西北工业大学、长安大学、海南城建业施工图审查有限公司等高校与设计单位为本书提供了指导或案例资料支持。因篇幅所限，恕难尽数行业内各位前辈、同仁与朋友的无私支持与奉献，对于本著作研究与撰写过程中所有给予指导、帮助与支持的机构、专家与朋友，在此一并致以衷心的感谢！

因作者学识与能力所限，本书难免尚存诸多的问题与不足，敬请各位读者批评指正。

范征宇

2021年8月29日

绪论

适应气候的绿色公共建筑设计技术体系

第3章 绿色公共建筑空间性能适应性设计技术体系

第4章 绿色公共建筑空间形态设计技术体系

第6章 绿色公共建筑主动式实体设计技术体系

第7章

绿色公共建筑空间环境控制设计技术体系

附录

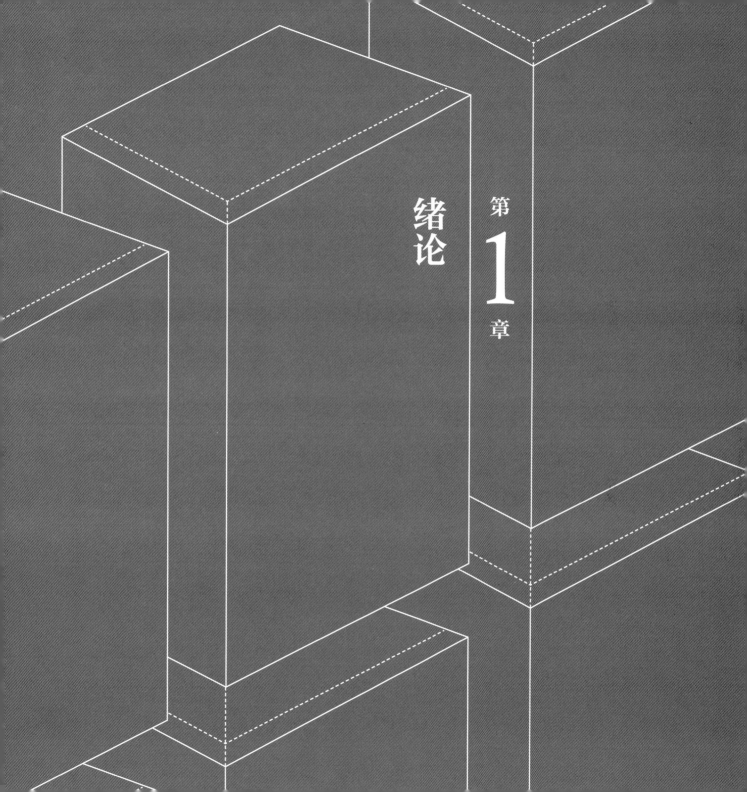

第 1 章

绪论

1.1 我国绿色建筑发展概述

1.1.1 概念兴起与宏观规划

缘起于20世纪60年代美籍意大利著名建筑师保罗·索勒瑞（Paola Soleri）所提出的"生态建筑"概念（图1-1），历经20世纪70年代能源危机引发的对能源安全的思考，人类对建筑的生态、节能、环保等日益增强的需求催生了"绿色建筑"这一概念的兴起及长足发展。我国自20世纪80年代开始，通过制定并颁布我国第一部建筑节能行业标准——《民用建筑节能设计标准（采暖居住建筑部分）》JGJ 26—1986，开始了绿色建筑领域的相关自主工作，并在20世纪90年代伴随《国务院批转国家建材局等部门关于加快墙体材料革新和推广节能建筑意见的通知》（国发〔1992〕66号）、《中华人民共和国节约能源法》等一系列与节能相关的政策法规的出台，逐步在国内以节能为主要导向引入绿色建筑这一概念[1]。

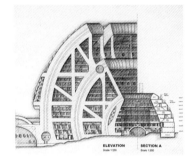

图1-1 保罗·索勒瑞（Paola Soleri）的Arcosanti城设计规划

21世纪初，始自2004年我国建设部参加美国绿色建筑大会并做"绿色建筑在中国必将会有大发展"的专题报告后，我国绿色建筑开始了自上而下的全面发展推广。2005年由国家发展改革委、建设部等六部委在京主办了第一次绿建大会（绿博会），建设部与科学技术部联合出台我国首个绿色建筑技术指导文件《绿色建筑技术导则》。2006年曾培炎副总理在第二届绿博会作重要讲话，大会正式发布我国第一部绿色建筑评价标准《绿色建筑评价标准》GB/T 50378—2006，同年中国绿色建筑与节能专业委员会（绿委会）正式成立，系列行动显示，绿色建筑已上升为国家战略，开始全面发展推广。与此同时，以科技部国家科技计划为代表的国家级重要科研项目，则历经"十五""十一五""十二五"至"十三五"各时期科研立项，对绿色建筑相关科技攻关投入比例持续加大[1, 2]。

自2013年国务院办公厅发布1号文件《绿色建筑行动方案》起，我国绿色建筑推广发展进入新时期，国家战略规划层面对其提出了更高要求。2014年出台的国家新型城镇化的发展规划中明确提出："城镇绿色建筑占新建建筑的比例要从2012年的不到20%，提升到2020年的50%。"2015年，习近平总书记在巴黎峰会上明确提出"中国将通过发展绿色建筑和低碳交通来应对气候变化"。近几年的全国人代会上，李克强总理在工作报告中均提到了我国要发展绿色建筑的明确要求，宏观政策层面，我国绿色建筑已开始从示范型向普适型目标发展。

1.1.2 绿色核心目标变迁

从1986年制定第一部建筑节能标准，到2006首版绿建评价标准颁布，再到2019年《近零能耗建筑技术标准》GB/T 51350—2019出台，以及2019新版绿建评价标准修订发布，我国绿色建筑的核心理念经历了"单一节能""四节一环保"（节能、节地、节水、节材、保护环境和减少污染）到"近零低能耗控制"与"安全耐久、健康舒适、生活便利、资源节约、环境宜居"标准体系并行的不同发展阶段。

2000年以前，由于绿色建筑概念在国内还未广为人知，国内的绿色建筑领域工作还主要仅限于通过优化建筑的热工设计实现其节能控制。2006年6月1日，我国建设部出台的首版《绿色建筑评价标准》GB/T 50378—2006才首次明确定义了绿色建筑为"在全寿命期内，最大限度地节约资源（节能、节地、节水、节材）、保护环境、减少污染，为人们提供健康、适用和高效的使用空间，与自然和谐共生的建筑"[3]。其后十余年间，国内的绿色建筑从设计、施工到运营始终围绕着"四节一环保"的核心理念开展实施。

2010年以后，风靡欧洲的德国PHI被动房理念与技术体系开始传入我国，2015年，住房和城乡建设部发布了试行版《被动式超低能耗绿色建筑技术导则》，河北省则出台了《被动式低能耗居住建筑节能设计标准》DB 13（J）/T177—2015和《被动式超低能耗公共建筑节能设计标准》DB 13（J）/T263—2018地方标准，主体引入了德国PHI被动房技术体系。受被动房体系的影响，绿色建筑的发展理念由早期因认知不足导致的"重技术，轻设计"开始向前期设计阶段的被动式优化转变。2019年1月，基于前期近5年被动式超低能耗绿色建筑技术体系的发展基础，住房和城乡建设部发布了《近零能耗建筑技术标准》GB/T 51350—2019，在注重建筑的被动式设计基础上，综合考虑了建筑的能源系统和设备效率提升，以及充分利用可再生能源等以平衡替代传统建筑供能的主动式技术，为建筑节能提出了较为系统的新型技术方案。同年6月，修订后的新版《绿色建筑评价标准》GB/T 50378—2019发布，新标准将原有的"四节一环保"绿色建筑核心理念进一步定义为"在全寿命期内，节约资源、保护环境、减少污染，为人们提供健康、适用、高效的使用空间，最大限度地实现人与自然和谐共生的高质量建筑"[4]，核心评价指标拓展至"安全耐久、健康舒适、生活便利、资源节约、环境宜居"五大指标体系。

图1-2 美国WELL健康建筑标准

与此同时，以2014年美国Delos公司发布的WELL健康建筑评价标准为代表的从使用者健康需求角度出发的标准规范的出现（图1-2），体现了国际范围内基于使用者的人本精神，绿色建筑对建成环境的关注持续升温。作为全球首部关注建筑环境中使用者健康与福祉的评价标准，WELL标准从空气、水、营养、光、健身、舒适和精神情绪七大方面的建筑环境指标出发，基于使用者生理健康对环境品质的需求，寻找其与建筑室内环境控制与设计之间的联系。2015年，WELL被绿色认证协会（GBCI）和国际WELL建筑研究所（IWBI）引入中国。2017年1月，中国建筑学会标准化委员会发布实施了我国首部团体标准《健康建筑评价标准》T/ASC 02—2016。尽管我国当前社会性保障住房需求和改善型住房需求并重的国情决定了对环境品质基本需求与欧美发达国家的健康促进型需求尚有较大差距，但无论是新版绿建评价国标修订的变化趋势，还是健康建筑评价标准的推出，均体现出我国当前绿色建筑标准中对建成环境质量的指向要求均已有了显著提升。

如上所述，当前我国绿色建筑的技术发展路线，已形成了以聚焦节能的近零能耗技术体系和着眼全局性影响，综合考虑节约、环保、减排、健康、适用与高效等性能表现的新绿建评价标准技术体系，以及关注人本主义的环境健康需求的健康建筑评价标准技术体系并行的局面。而其核心发展理念，进一步凸显出对建筑节能和建筑环境品质提升两大核心要求的关注与侧重。

1.2　气候条件

1.2.1　气候与建筑气候

对气候的认识始自其与气象、天气等概念的区分。气象与天气描述的均为一定区域、短时段内大气物理的瞬态特征。气象特征指自然大气中的风、云、雨、雪、霜、雾、雷电等各种大气的物理现象与物理过程本身，而天气则侧重于描述影响人类短时段内活动的气象特点的综合状况，如温度、湿度、气压、降水、风、云等。与气象、天气内涵不同，"气候描述了一段时间内某特定地点的平均天气状况"。根据世界气象组织（WMO）相关规定，一个标准气候计算时间周期为30年[5]。气候条件通常通过长期气象数据的监测记录统计，由某一时期的气候要素数值的平均值、离差值等数值结果来表征。气候数据来源的长时段特性与统计方法，决定了其一定时期内数值相对稳定的特点。在相同的地域，相较于气象与天气现象的瞬态特征，气候条件因而描述的更多为气候要素的稳定性、规律性特征。虽然从更长的时间尺度，或者短时极端气候快速变化的角度来看，气候状况同样处于不断的周期性变化过程中，但相较于瞬息万变的气象要素特征，气候依然表现出了足够的相对稳定性。人类的生产生活也因气候条件，方才更有规律可循。

自然气候条件的多样性、广域性与人类可适应人居环境水平的局限性之间的显著差异，对建筑的气候适应性提出了基本要求。自建筑诞生之始，遮风避雨、御寒避暑、适应气候便是建筑首要考虑的基本用途之一[6]。

"我们研究气候的变化和极端状况，以及它对各种人类活动的影响，以支持做出适应气候变化的最好决策。"[5]建筑的设计建造决策自然也须遵循人类这一基本习惯规律，因此，气候也成为建筑形成地域性风貌与特征的重要成因。

在人类茹毛饮血的原始时期，以及机械水平和能源利用水平低下的古代，人类对环境舒适性的需求比较有限，建筑在建成环境舒适性营建方面的作用局限于遮风避雨等简单的功用，室外气候条件对建成环境的侵入与影响基本取决于简单的建筑围护结构材料、构造的应用。如发源于热带地区的"裸猿"通过"穴居""火塘"等建筑形式适应寒冷气候的居住需求，通过"帐篷""泥土建筑"等建筑形式适应干燥炎热的沙漠地带气候条件，我国南方和东南亚地区的部分民居使用"干栏式"，亚马逊印第安人使用"吊床"适应炎热且降水丰沛的雨林气候[7]。因纽特人通过"冰屋"适应极寒地带的气候，我国华北地区、北非的突尼斯、西亚的土耳其卡帕多西亚地区则均使用"窑洞""岩居"等居住形式适应冬冷夏热的复杂气候条件等。这一时期的建成环境营造基本依靠建筑本体的自适应能力，较少依赖于能源消耗的人工调节手段。

19世纪至20世纪时期，随着人类对地球化石能源资源储量的大规模探明与发掘，对建筑围护结构不同材料与构造的传热、蓄热等特性的认识显著提升，以及对空气调节机械设备的创造与应用能力的极大提高，人类大大提升了能源资源的运用能力，以及基于成熟的能源驱动机械设备营造建成环境的自主性与调控能力。同时伴随着20世纪中叶现代主义建筑思潮的涌现，大量基于新材料、新结构，适应工业化建造需求，使用简洁的外部形体，均一的围护结构材料的新建筑在全球大规模兴建，使得各地的建筑形式与迅速失去了地域特色。大量如体型简洁趋同和使用相同玻璃幕墙围护结构的高层建筑，大量同时出现在气候寒冷的北欧、北美、我国北方地区，以及气候炎热的中美洲、东南亚、我国南方地区等。这一时期得益于环境调控能力的提升，人类对建成环境的舒适性要求显著提高，建筑物理环境亦显现出不再受限于地域气候条件束缚的基本能力与特征。

20世纪后期，随着以全球石油危机为代表的能源资源安全问题，以及以全球变暖为代表的环境保护问题的凸显，建筑的"高能耗""高排放"问题日益引起重视。同时，生活水平的持续提升也引发使用者对建成环境质量日渐增长的需求。"节能"与"舒适"逐渐成为建筑设计与环境调控的关键理念。以Olgyay等提出的建筑生物气候设计理念，以及德国被动房，欧美低能耗、近零能耗建筑模式为代表的被动式建筑技术在全球范围内得到了愈加广泛的认同。

对各种新兴的被动式建筑设计方法和技术，如寒冷气候下增加被动式太阳得热、炎热气候下加强散热通风、强辐射条件下注重遮阳隔热等策略措施的进一步研究应用，以及Givoni、Szokolay等人对各种建筑生物气候设计方法适用性的进一步研究挖掘，使人们愈发认识到，对地域性的气候环境特征进行识别与分类认知，是进行有效的被动式设计和技术应用的必然阶段。

而形成针对特定地域气候特征的正确认知，首要完成的便是对所在场地地域的气候条件搜集与分析。不同的基本气候条件，可导出截然不同的适应性设计结果。因而可以说，气候条件是建筑适应气候设计的先决条件。在实际操作中，不同的气候条件通常使用不同的气候要素指标或气候分区类型进行表示与区分。

1.2.2　气候要素与气候分区

气候要素不同于气象要素，气象要素意承气象，是表明某地点特定时刻大气环境的物理状态、现象的变量要素。而气候要素又称气候统计量，是各种气象要素历经多年观测、记录，通过特定方式统计所得的结果。

虽然同为表征大气环境与天气状况的指标要素，因关注范畴与统计方法的不同，气象要素相较于气候要素，描述变量更为微观具体，使用的描述指标涉及大气物理状态的方方面面，如描述大气得热状况的气温、辐射等指标，描述水汽状况的湿度、蒸发、降水等指标，描述气流状况的气压、风向、风速等，描述光照与透明度状况的日照、云量、能见度指标等。要素统计常常采用连续高频、逐时逐日等较为精确的方法，数据计量则较为关注各项指标结果的准确性、连续性，以及测试时段的高覆盖比率等。

而气候要素则更多为通过对气象要素数据的均值、总量、频率、极值、变率，以及各种天气现象的初终日、持续日数等特征数据的不同手段的统计分析，总结分析出的可描述气候特征及揭示其变化规律的基本数据资料。

气候要素的特征与规律总结是以服务于人类的生存、生产与生活活动为主要目的。其指标因而与人类生存、生产、生活之人居环境条件的关键指标参数联系密切。因气候要素主要表征的是大气环境的物理状态与现象，故其与气候条件对人居环境中物理环境、健康需求参数的影响直接相关。基于使用者对于人居环境中室内外热、光、声、湿等物理环境水平的基本需求，影响建筑性能的关键气候要素指标主要集中于气温、降水和日照等方面。不同地域下的典型气候差异通常以冷、暖、干、湿、强辐射、弱辐射等相对特征来衡量。在建筑设计与环境调控的实际应用中，也主要通过关注并针对这些气候要素的地域化特征，进行设计过程中建筑方案的被动式优化，以及建成环境的主动式设备调控等。

在人居环境的形成过程中，各气候要素虽为各自分别影响、描述物理环境的特定方面，但由于物理环境中光、热、湿环境伴随着人居环境系统中物质与能量的迁移可相互影响，各物理环境状况因而不应被割裂地认识为单一气候要素的影响结果，也无法依据单一气候要素的变化状况进行准确的分析与预测。事实上，人居环境系统中多气候要素是相互耦合影响，共同综合作用从而形成了其最终物理环境结果。建筑物理环境中多气候要素变化的随机性，其共同耦合作用的复杂性，凸显了建筑设计与环境调控实践中，依据单一气候要素进行干预的局限性以及多气候要素影响下建筑适应水平提升的困境。

事实上，在人类赖以生存与塑造人居环境的自然环境中，气候也同样并非完全单方面由气象要素条件决定。"气候是在太阳辐射、大气环流、下垫面性质以及人类活动等多方面综合作用下，某一地区，某一时间段内，大量天气的综合。"[8]特定气候条件是由某地区的太阳辐射、大气环境与该地区的地理特征（包括海拔高度、地貌类型、地形地势、地表下垫面属性等）共同决定的。虽然广义上说，气候条件在一定程度上通过间接影响部分塑造了地域性的植被、地质、水文、自然资源等地理特征，但特定地区气候条件的形成还是与当地的既有综合地理特征密不可分[9]。地域性气候条件因而是地域性气象条件与地理特征相互作用的综合结果，因而诞生了如温带大陆性气候、亚热带海洋性气候、高山高原气候等诸多不同的地域性气候类型。

气候条件既然是有规律可循的，那么依据气象要素于不同地区间的特征差异对其进行科学归类，便可更好地指导人们利用特定的地域气候环境条件改善生产和生活。这种按地域区位"对气候特征进行归类的过程，称为气候区划或气候分区"[10、11]。具体来说，气候分区即为采用特定指标对某一地区的综合气候条件进行划分，将气候特征相同或相似的区域归为某一特定区类，从而得到不同类型或不同等级的分区单位的方法。

气候分区极大地降低了气象与气候要素基于时空分布的逐时逐地变化的广域性、多样性、随机性与不可预测性。通过求同存异的视角，将纷繁复杂的气候要素分布简化为具备显著特征性和较强识别性的有限的区类。气候分区也因而成为气象与气候要素的进一步地域化、稳定型、规律性的表达。首个全球气候分类分区是由俄罗斯地理学家弗拉迪米尔·彼得·柯本于1918年提出的，该分类以温度和降水量为基本指标，将全球划分为热带、干带、温暖带、冷温带和极地带五个气候区划类别[12]。

因由不同的生产生活服务目标，依据差异化的关键气候要素，可以形成不同的气候分区类别，如主要依据低云、能见度和雷暴等气候要素指导不同地区航空活动的航空气候分区，主要依据气温、降水量等气候要素指导不同地区农业生产活动的农业气候分区，以及主要依据温度、湿度、日照等气候要素指导不同地区建筑设计与节能的建筑气候分区等。

建筑气候分区是"根据气候对建筑的影响，并在建筑设计方面采取相应的技术措施来保证建筑的功能，而对国家领土按各地区间的气候特征差异划分为若干个气候区或者若干个气候带的工作"[12]。作为为建筑工程实践提供气候依据的专业性气候分区，建筑气候分区的制定目标跟随人类对建成环境的调控水平、对舒适性的要求以及对能源资源安全担忧的显著提升而不断发展变迁。

建筑气候分区主要关注在建筑本体的被动式调节状态下，导致建筑出现显著不同的建筑物理环境，以及能耗水平的不同气候条件类型。

迄今为止，全球已有50多个国家和地区制定了针对实际需要的建筑气候分区。在柯本气候分类的基础上，各个国家或地区依据本国或本地区气候特点以及建筑发展目标的实际需要，选择了不同的气候要素以及相关指标来进行各自的气候分区工作。但尽管存在一定差异，各国基本都选用了与温度、湿度和日照辐射相关的指标作为划分建筑气候分区的主要指标依据。

在气候环境相对寒冷的国家或地区，因注重建筑围护结构的保温以及室内空间的采暖需求，多选用空气温度、HDD（采暖度日数）等作为区划指标依据，如加拿大、芬兰、日本、英国、意大利等[13-17]。在气候相对炎热或湿度特征较明显的国家或地区，除此以外亦需考虑建筑围护结构的隔热、防潮以及室内空间的制冷、除湿需求，也常使用CDD（空调度日数）、空气湿度等作为区划指标依据，如美国、澳大利亚、欧洲、西班牙、泰国等[18-23]。

美国的国土规模、跨度、纬度、地理条件的复杂性，以及气候的多样性均与我国较为类似。美国的ASHRAE气候分区故而可作为我国很好的参照。美国ASHRAE的气候分区基于美国北部寒冷、

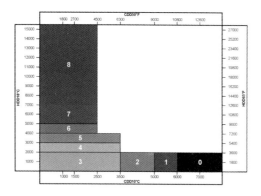

Table A-2 Thermal Climate Zone Definitions

Thermal Zone	Name	I-P Units	SI Units
0	Extremely hot	10,800 < CDD50°F	6000 < CDD10°CC
1	Very hot	9000 < CDD50°F ≤ 10,800	5000 < CDD10°C ≤ 6000
2	Hot	6300 < CDD50°F ≤ 9000	3500 < CDD10°C ≤ 5000
3	Warm	CDD50°F ≤ 6300 and HDD65°F ≤ 3600	CDD10°C ≤ 3500 and HDD18.3°C ≤ 2000
4	Mixed	CDD50°F ≤ 6300 and 3600 < HDD65°F ≤ 5400	CDD10°C ≤ 3500 and 2000 < HDD18.3°C ≤ 3000
5	Cool	CDD50°F ≤ 6300 and 5400 < HDD65°F ≤ 7200	CDD10°C ≤ 3500 and 3000 < HDD18.3°C ≤ 4000
6	Cold	7200 < HDD65°F ≤ 9000	4000 < HDD18.3°C ≤ 5000
7	Very cold	9000 < HDD65°F ≤ 12600	5000 < HDD18.3°C ≤ 7000
8	Subarctic/arctic	12600 < HDD65°F	7000 < HDD18.3°C

图1-3　美国ASHRAE气候分区标准[24]

南部炎热，且中部干燥、沿海湿润或潮湿的复杂多样的气候特征，综合考虑了区分气候冷热差异的HDD、CDD指标，以及区分气候干湿差异的降雨量、空气湿度指标（图1-3）。相较而言，美国的ASHRAE气候分区指标体系更为全面。

我国针对建筑气候区划的研究工作始自20世纪30年代初。1993年，在之前多年的摸索研究基础上，我国制定并颁布了《建筑气候区划标准》GB 50178—1993和《民用建筑热工设计规范》GB 50176—1993，分别给出了指导我国各地建筑规划、设计、施工的"中国建筑气候区划"，以及指导我国各地建筑围护结构热工性能设计的"中国建筑热工设计分区"。2001年，我国又制定颁布了《建筑采光设计标准》GB/T 50033—2001，给出了指导我国各地建筑采光设计的"中国光气候分区"。

其中，"中国建筑气候区划"和"中国建筑热工设计分区"均含两级分区。"中国建筑热工设计分区"的两级分区均主要以空气温度相关指标指导区划，一级分区以累年1月和7月的平均温度，累年日平均温度≤5℃和≥25℃的天数分别作为主辅指标进行分区。2016年修订版则分别采用以18℃和26℃为基准温度所需的HDD和CDD作为指标，增加了二级分区，但尚未将二级分区以地图形式给出。"中国建筑气候区划"则考虑了相对综合的分区指标，一级分区除同样采用了累年1月和7月的平均温度作为主要指标外，针对特定的分区，分别考虑7月平均相对湿度作为主要指标，以及以累年日平均温度≤5℃和≥25℃的天数、年降雨量作为辅助指标进行分区。二级分区则考虑了更多如风速、冻土性质、气温日较差等气候因素。因两者的一级分区的主要气温指标极其相似，故而分区边界线高度一致。

中国不同建筑气候分区区划基本情况[25-27]　　　　　表1-1

分区	分区数量	分区指标	辅助指标	分区	是否有二级分区	关注点
热工设计分区	5	最冷月平均温度；最热月平均温度	年日平均气温≥25℃的日数、年日平均气温≤5℃的日数	严寒地区；寒冷地区；夏热冬冷地区；夏热冬暖地区；温和地区	是	建筑热工设计与气候关系
中国建筑气候分区	7	1月平均气温；7月平均气温	年降水量、年日平均气温≥25℃的日数、年日平均气温≤5℃的日数	Ⅰ严寒地区；Ⅱ寒冷地区；Ⅲ夏热冬冷地区；Ⅳ夏热冬暖地区；Ⅴ温和地区；Ⅵ严寒地区和寒冷地区；Ⅶ严寒地区和寒冷地区	是	建筑与气候关系
光气候分区	5	室外总照度年平均值	无	Ⅰ~Ⅴ	否	建筑与室外天然光照度关系

　　而"中国光气候分区"因主要服务于自然采光设计，故而其分区依据以反映采光水平的相关静态指标为主。光气候分区采用天然采光年平均总照度值，将中国划分为5大光气候分区，分区边界与基于温度指标的分区边界线有较大差别，其中I区天然采光条件相对最优，V区天然采光条件相对最为有限。

　　综上，我国现行的建筑气候分区依然主要以温度、照度相关气候要素作为主要分区指标，且主要采用累年、月平均值，累年调控日数作为统计依据进行评估，不同的分区评价指标形成了不同的气候区划范围。热工设计分区、建筑气候分区和光气候分区的分区指标和定义如表1-1所示。

　　建筑气候分区对气候条件特有的相对稳定性与地域性的描述，使之成为以适应气候为目标的建筑设计、施工、运行维护的重要依托。事实上，我国的各类绿色建筑标准规范中，已广泛采用了如上各类建筑气候区划作为重要设计依据。

　　近年来，因被动式、低能耗、健康建筑等新型设计理念逐渐深入人心，虽然学者们依据通用被动式设计策略，或自然通风、自然采光、夜间通风、被动式太阳能利用等专项设计技术提出了各种新型建筑气候分区方案[28-35]，但我国一直未针对相应的设计需要等出台专门的建筑气候区划标准。大量的被动式与低能耗设计依然主要依据"中国建筑气候区划""中国建筑热工设计分区"和"中国光气候分区"开展。其中，"建筑热工设计分区"因其相对适中的分区数量、相对简单明确的分区标准、较强的实操性，以及一级分区边界线和"建筑气候区划"高度相似的优势，成为在绿色与节能设计规范中被应用得最为广泛的建筑气候分区类型。目前，我国建筑节能设计领域的重要标准规范如《公共建筑节能设计标准》GB 50189—2015、《近零能耗建筑技术标准》GB/T 51350—2019、《农村居住建筑节能设计标准》GB/T 50824—2013，以及适宜各热工气候分区的《严寒和寒冷地区居住建筑节能设计标准》JGJ 26—2018、《夏热冬冷地区居住建筑节能设计标准》JGJ 134—2010、《夏热冬暖地区居住建筑节能设计标准》JGJ 75—2012、《温和地区居住建筑节能设计标准》JGJ 475—2019等均以"建筑热工设计分区"为基本气候分类依据而制定，凸显出其在当前建筑节能设计中的重要性与实用性。

　　尽管"建筑热工设计分区"已较好地服务了现有规范标准体系对于我国区域性气候的考量，其相较于美国ASHRAE气候分区，对各项气候要素指标的覆盖与细化区分仍有一定的差距，尤其是对于建筑蓄热、传热性能和人体热舒适密切相关的湿度及系列的指标考量，现有"建筑热工设计分区"所涉还较为有限，故而在针对干、湿气候分区建筑进行设计与调控实践时，其性能实效仍具有一定的局限性。

　　与此同时，既有的固定建筑气候区划也面临着新的挑战，全球气候的不断变化也对我国建筑能耗状况产生重要影响，也向现有建筑气候分区持续提出更新需求，以更好地指导我国未来的建筑适应新时期更具极端特征的气候条件[36]。

在当前我国尚未推出针对被动式等专项设计技术应用需求，以及系统性考虑干湿气候条件差异、考虑气候变化影响等更为完善的建筑气候分区的现状下，针对差异化的地域气候条件进行建筑设计创作仍需基于现有气候分区展开。

1.3 绿色建筑的气候适应性设计

随着人类生活水平的逐步提高，建筑舒适性要求不断扩展，建筑功能亦逐渐精细化、复合化、复杂化，绿色建筑的气候适应性需求与日俱增，且控制水平要求也不断提高，传统基于设计师主体个人设计经验开展绿色设计的技术方法已愈难匹配现代化需求的绿色建筑设计过程。在这一历史与现实背景下，能为绿色人居环境实现有效绿色设计结果的"绿色建筑气候适应型设计"应运而生。

1.3.1 建成环境与气候适应

进行建筑的气候适应性设计，本质上是处理人居环境与其所处的自然环境之间相互关系的问题。依据被广泛接受的Barry之基于影响范围大小的气候分级方法，人居建成环境主要属于局地气候和微气候的范畴[37]。

人居建成环境依据与建筑的空间位置相对关系区分为外部与内部空间层面。人居建成环境的外部空间层面主要意指建筑所在区域的室外微气候，因由其尺度差异又可分为"城市/乡村-区域-地段-建筑场地"不同层级，主要涉及建筑的选址、场地设计、建筑布局设计以及建筑的外部形体设计等（图1-4）。

内部空间层面主要意指由外围护结构界定，建筑本体的室内人工气候环境，因由其空间功能差异又可分为"主要功能空间-公共空间-交通空间-辅助空间"等不同部分，主要涉及建筑的总体空间形式、功能空间组织、单一空间形态设计，围护结构设计、主动式实体设计等。

建筑外围护结构对内外空间气候边界范围的界

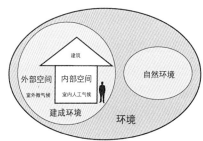

图1-4 人居建成环境释义

定，决定了两者与自然环境关系以及适应性策略的根本不同。

建筑外部空间的场地微气候环境和区域或地段微气候，以及代表自然环境的全球与地区性大气候，因明确边界的缺失，形成了空间开放连续的气候系统。场地微气候的基本状况因而较易为区域、地段微

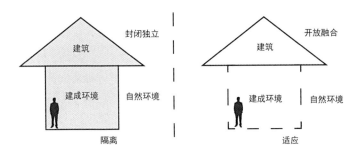

图1-5　人居建成环境构建策略的差异性

气候或全球、地区性大气候侵入和左右，进而形成两者间以气温、气流与辐射为形式载体的直接物质与能量交换的相对平衡，较难通过人为的被动设计和主动调控来实现建成环境与周边自然环境的完全差异。于此，人居建成环境的主要适应性策略也更多只能以被动顺应和改善提升为主，通过合理地规避利用区域或地段微气候，优化组织规划场地内要素选择与布局以营造相对宜人的环境条件。

而建筑内部空间的室内人工气候环境，则因由建筑外围护结构的区分，实现了建筑室内空间相对封闭独立的气候系统的塑造。建筑外围护结构显著区别于空气载体的固态实体的得热、蓄热、传热、辐射、透光、透风、隔声等物理属性，极大地阻隔或延缓了不利的自然环境气候条件对室内空间环境的侵入与扰动，使得无论是通过被动式的设计技术，还是主动式设备的环境调控技术，高效控制室内空间气候环境均变为可能。在这一基本前提下，室内人居建成环境不再单纯属于自然环境气候的延伸，其主要适应性策略也转变为强化被动设计手段或主动机械设备的干预作用，以营造调控完全符合人体舒适性要求的建成环境为目标，针对不同的地域性舒适环境需求，选择适宜的气候调节策略[36]（图1-5）。

1.3.2　建筑气候适应性设计理论发展

基于建筑室内外人居建成环境与自然环境气候的基本关系特征，从气候条件出发引导建筑设计方向的研究实践自20世纪后半叶至21世纪初大量涌现，并得到了迅速的发展。

20世纪50年代，印度建筑师查尔斯·科里亚（Charles Correa）就开始提出"形式追随气候"的设计方法论，采用被动式自然能源解决建筑照明、通过优化的空间布局实现更好的通风及温度的理论。1963年，美国学者Victor Olgyay首次在出版的《设计结合气候：建筑地域主义的生物气候研究》一书中，系统性地提出并论述了"生物气候学设计方法"（Bioclimatic Design Method），该方法通过

提出"生物气候图"这一有效工具，实现了基于气候要素数据和人的舒适性要求的定量化分析，以形成建筑设计策略的方法，迄今依然被广泛认同为气候适应性建筑研究与设计理论的发端[39]。其后，有很多学者在此基础上进一步发展了"生物气候学设计方法"，类似的工具不断涌现。

在我国，自20世纪70年代至21世纪初，基于传统地域性乡土和民居建筑营建的经验智慧，以及国外气候适应性设计思潮的引入，相关的建筑气候适应性设计研究与实践也得到了进一步发展。李元哲依据相关研究编著提出了太阳能建筑设计的指导手册[38]。宋晔皓提出了结合自然注重生态的被动式建筑设计方法[40]，杨柳等基于生物气候学方法提出了建筑气候学，即基于建筑气候分析的建筑气候设计方法[41]。刘加平院士团队在我国中西部的广袤地域，以及我国的南海极端气候区都进行了大量的适应地域性气候，并充分利用被动式设计策略的研究实践与工程示范[42]。

如上学者们提出的诸如"形式追随气候""生物气候学设计方法""结合自然注重生态的设计""建筑气候学"与"建筑气候设计"等，主要依据地域性气候条件特征进行的建筑创作设计研究与工程实践，事实上都属于对建筑的气候适应性设计技术方法的探索与创新。

当前，针对我国的建筑地域气候适应性设计中，宏观上设计原理与技术方向均缺乏清晰的目标指向，策略手段缺乏因地而异、因时制宜的体系化实操性指引的问题，以及巨量建筑尤其是大量使用大体量高大空间的公共建筑未采用适宜的气候适应性设计而集中造成规模化高能耗的行业现状，业界对建筑的气候适应性设计的核心内涵与关键实现路径，亟需系统性的重新认识。

首先，从气候的适应机理而言，建筑的气候适应性设计是改善建成环境使之符合使用者的地域性人体舒适性要求的过程。如连璐、张悦等所指出的，绿色建筑的气候适应性机理，主要为通过各种设计技术措施，调节过热、过冷、过渡季气候的建筑环境曲线，使之更多地处于舒适区范围内，从而扩展过渡季（舒适区）时间范围，缩短过冷过热的非过渡季（非舒适区）时间范围，最终在更低的供暖和空调能耗下满足建筑的舒适性要求的气候调节适应过程[43]（图1-6）。

其次，从实现的方法原则而言，建筑对气候的适应应以基于被动式技术，发挥创作型设计优化建筑本体的重要作用以降低建筑的能耗需求和消极影响为首要目标，而后才在必要的情况下发挥主动式设备的环境调控作用，以满足建成环境的最终调控要求。针对我国当前绿色建筑尤其是公共建筑的理论研究与设计实践中"重技术，轻设计"的现象，崔愷院士曾指出："绿色建筑的研究除了在技术手段或绿色建筑评定的层面之外，不能忽略与建筑设计方法的结合。"[44]历史上，伊纳吉·阿巴罗斯（Inaki Abalos）曾通过研究建筑发展不同时期，主动式、被动式与建筑形态三者权重关系的变迁揭示了未来建筑适应气候的技术发展方向，建筑形态与被动式设计在建筑适应气候中的重要性也需要就此得到重拾与回归。[45]韩冬青等指出："对'能效'的追逐首先应置于用能必要性的前提之下,不用能和少用能才是上策""绿色设计新方法的根本内涵在于通过空间与气候的关系重构,强化'自然做功'在气候管理中的效率,将建筑用能的源头减量作为优先原则,而非仅仅依赖甚至过度依赖以设备为主体的能效'末端控制'"[46](图1-7)。

最后,从实现的被动式设计技术举措而言,应依据所在气候区相应气候条件的不同,按照对自然环境气候要素趋利避害的基本原则选择合适的设计策略。即充分利用对减小建筑能耗、塑造室内

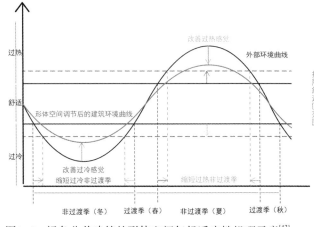

图1-6 绿色公共建筑的形体空间气候适应性机理示意[43]

高环境品质与消除不良环境影响有利的气候要素条件,并抵御相应不利的气候要素条件。在实际操作层面,无论是室外微气候还是室内人工气候,均可根据其适应自然环境所需程度的不同,选择利用、过渡、调节或规避等差异化的策略来努力实现最佳的建成环境质量[46](图1-8)。

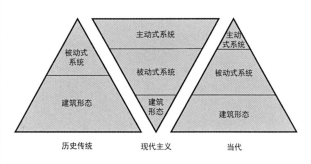

图1-7 主动式、被动式与建筑形态关系的权重演变[46]

1.3.3 建筑气候调节基本原理与适应气候分区的设计策略

"建筑是自然气候的调节器"[46],气候状况从自然气候环境水平转变为满足使用者舒适性要求的人居建成环境水平的过程,是建筑及场地环境通过一系列气候适应性的设计手段措施,合理发挥对复杂气候的调适作用的结果。建筑适应气候的过程,也是其对气候施加调节作用的过程(图1-9)。

而建成环境的关键性能,如声、光、热等物理环境表现,均需按照符合建筑物理自然规律的模式运行作用。以不同热工气候分区下通过控制外围护结构热工性能完成建筑室内热环境水平调节提升为例:

严寒、寒冷与夏热冬冷地区冬季过低的室内气温,以及寒冷、夏热冬冷与夏热冬暖地区夏季过高的室内气温,均需进行适当的调节以达到使用者热舒适水平。而室内气温水平的高低是由建筑外围护结构的得热失热量基本决定,且其得热失热,又需通过特定的热量交换或传递路径,按照热传

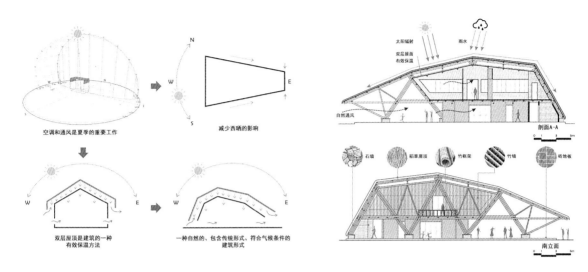

图 1-8　常见被动式设计手法

递的三种基本方式完成。

　　因此，为实现不同气候区通过控制外围护结构热工性能完成建筑室内热环境水平调节至热舒适这一基本目标，需明确：①围护结构物理影响控制内容即得失热量控制，以及得热、失热调节的基本方向；②选择的围护结构热量控制的主要技术路径，如降低传热属性减少传热导致的得热或失热，减少冷风渗透以降低渗透风的对流热损失，或增强围护结构吸热能力以提升其壁面温度，进而以提升室内辐射得热水平等。

　　如上所述，在符合建筑物理自然运行规律前提下，通过合理规划建筑室外气候条件与外围护结构热性能的交互作用过程，形成的可达成建筑建成环境的设计与控制目标的基本技术逻辑与系列技术路径，共同构成了不同热工气候分区下，通过控制外围护结构热工性能完成建筑室内热环境水平调节提升这一设计技术的气候调节基本原理，如表1-2所示。

　　在气候适应性设计过程中，建筑设计各阶段各项设计技术与手段，均需根据相应的设计气候条件，依照相同的分析步骤，构建类似形式的气候调节基本原理，以指导后续形成适应特定气候区相应设计内容的设计策略。

　　气候调节基本原理是合理进行气候适应性设计的理论基础，是建筑的气候适应机理在各项设计技术与手段中合理实现气候调节之自然科学规律的具象化。

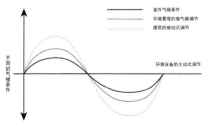

图1-9　气候调节方式和室外气候的关系[38]

建筑气候调节原理[41]　　　　　　　　　　　　　　　　　　表1-2

	热量控制途径	传导方式	对流方式	辐射方式	蒸发散热
冬季	增加得热量	/			/
	减少得热量	减少围护结构传导方式散热	减少风的影响	/	/
			减少冷风渗透量		
夏季	减少得热量	减少传导热量	减少热风渗透	减少太阳得热量	
	增加得热量	/	增强通风	增加辐射散热量	增强蒸发散热

依据气候调节基本原理，可为各气候分区迅速确定达成建成环境设计目标的适宜的技术逻辑与技术路径，而后可通过既有设计约束条件、设计建议或定量化验证结果，如相关的标准规范、设计导则，或是科学文献、依据设计条件完成的模拟试验结果等，为特定气候区选定的技术路径对位具体的设计技术策略。

以不同热工气候分区下通过控制中庭的空间形态设计完成建筑室内热环境水平调节提升为例（表1-3）。

气候适应性控制设计技术策略示例　　　　　　　　　　　表1-3

设计内容	设计技术	气候适应性控制设计技术策略				
		气候调节基本原理	各气候区表征的设计技术策略			
			严寒	寒冷	夏热冬冷	夏热冬暖
建筑内部单一空间	中庭/天井空间形态设计	以建筑物理为基础，节能为导向，依据地域气候条件及建筑物理环境差异性，以及室内舒适性要求，通过合理控制中庭朝向、体量、位置、布局形式、形状等设计手段，控制自然光入射及得热、利用热压、风压通风原理，控制自然对流及通风效果，以调节热、光、风等气候要素影响，达到降低能耗目的	尽量设置采暖中庭；空间形态应利于保温得热，中庭平面应尽量小型化；平面布局适宜采用核心式；应尽量选择高宽比较小、低矮而宽敞的设计，进深不宜过长，形成温室效应，保障自然采光和冬季得热；采用V形剖面，增大室内采光面积，使有利于保温	尽量设置采暖中庭；空间形态应利于保温得热，中庭平面应尽量小型化；平面布局适宜采用核心式；应尽量选择高宽比较小、低矮而宽敞的设计，进深不宜过长，形成温室效应，保障自然采光和冬季得热；选择V形或矩形的剖面，控制高宽比	尽量设计可调温中庭；中庭平面应尽量小型化，三至六层的多层中庭尤佳；合理设置进深，使利于夏季减少辐射冬季贮藏热量；应合理设置高宽比，利用热压、风压原理，冬季日间贮热，夏季日间、夜间利用烟囱效应进行自然通风；优先选择A形或矩形剖面，实现较好的自然通风效果	尽量设置降温中庭；中庭平面应尽量小型化、分散化；合理设置中庭进深，使利于减少中庭内的得热量；应尽量增大中庭空间高宽比，中庭空间高耸狭长，利用热压通风原理，烟囱效应，达到夏季日间减少得热、夜间加强自然通风；优先选择A形剖面，使利于减少得热量，增强自然通风

气候调节基本原理首先指出了设计依据物理影响调节控制的内容，即自然采光及得热；其次，以中庭朝向、体量、布局、形状为设计控制手段指向，以大高宽比小进深控制采光，小高宽比大进深增加采光，大进深核心式蓄热，温室效应蓄热，分散式小进深散热，热压、风压通风热分布等为主要的控制自然采光得热的技术路径。

而后，依据相关的设计约束资料，以及相关的定量化模拟验证结果，可总结归纳得出适合严寒、寒冷、夏热冬冷及夏热冬暖各气候区的相应设计技术策略。

具体来说：在严寒、寒冷地区，需尽量设置采暖中庭；中庭与周边空间平面布局适宜采用核心式；优先选择尺寸较小、低高宽比、利于保温蓄热的中庭空间形态；不宜采用大进深的中庭空间；严寒地区宜采用V形剖面形状，寒冷地区宜采用V形、矩形剖面形状的中庭。

在夏热冬暖地区，需尽量设置降温中庭；优先选择小型化、分散式、较大高宽比且利于自然散热的中庭空间形态；不宜采用过小进深的中庭空间；宜采用A形剖面形状的中庭。

在夏热冬冷地区，需尽量设计可调温中庭；中庭与周边空间平面布局适宜采用外廊式和外包式；中庭平面宜小型化，高宽比宜均衡设置，三至六层的多层中庭尤佳，宜采用A形剖面形状的中庭；为了实现更好的采光，总面积相同时宜采用分散式多中庭，为了实现更好的通风，顶面更宜采用单个大面积通风口；进深宜均衡设置，不可过大亦不可过小。

适应各气候区的具体设计策略是各项设计技术基于各气候区气候条件状况，按照气候调节本原理，通过理论分析、文献研究或科学实验，历经系列推理、验证总结得出的。

事实上，在建筑的气候适应性实践中，"生物气候学设计方法"运用了相似的方法。在"生物气候学设计方法"中，通过气候要素资料的统计，借助生物–气候分析图工具进行图示化分析，导出建成环境的气候控制要求，最后也可为特定地域气候提出适宜的设计策略手段。相对而言，"生物气候学设计方法"在收集气候条件阶段，需自主收集统计气象、气候要素形式的气候资料；且为得出建成环境的气候控制要求，需熟练掌握相关生物–气候分析图工具的使用方法。

相较于已对气候条件完成了预处理与近似分类的气候分区作为气候条件设计依据来说，"生物气候学设计方法"对气候条件的把握更准确，设计结果也因而更为行之有效，但因气象、气候要素信息处理与图形分析工作的复杂繁琐性，该方法对气候条件信息的理解、处理能力提出了更高的要求，故较不易于匹配方案阶段快速推演设计的需求。事实上，由于大部分建筑设计从业者对其"生物气候分析"的工具与过程尚不十分熟悉，"生物气候学设计方法"在普适性的气候适应性设计中的实施效果仍然较为有限。

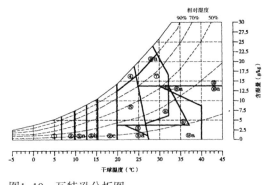

图1-10　瓦特逊分析图

另外,"生物气候学设计方法"的创新高效集中体现于其"生物气候分析"图示化推演得出建成环境调控方向的气候条件分析方法,但对于后期对位具体技术措施的过程,无法做进一步明确的策略指引。而现实状况是,从气候、环境调控方向到明确具体的设计策略,设计师决策时依然较为欠缺科学直接的指引,依托其既有经验知识进行主观选择的成分较多,决策形成的系统性、选择的准确性都有一定的不足或不确定性。

相对而言,基于多气候分区形成系统性覆盖设计过程的设计策略考虑更为直接与全面,同时经过分析文献或实验研究,历经推理验证选择的设计举措亦更为准确可靠,若能以类似规范条文结合图示化的方法,则更便于设计师的直观把握,总的来说更具备实操性与便捷性,可以较好地匹配在建筑方案设计阶段考虑气候适应性设计,满足快速推演设计的需求。事实上,瓦特逊在其提出的瓦特逊"生物气候学设计方法"中,已开始尝试对各分区提出针对性的设计策略,所不同的是其所提出的"气候控制区"是基于"瓦特逊气候分析图"进行的划分,依然无法直接基于地理气候分区直接对位设计策略,故在选择具体设计举措前仍需基于气候分析图完成气候分析,直观性与便捷性仍可进一步提升[47](表1-4、图1-10)。

瓦特逊气候控制区和调控手段　　　　　　　　　　　　　　　　　　　表1-4

1 区	太阳能设计或传统采暖方式	7 区	舒适通风
2、2a、2b、2c 区	被动式太阳能采暖	8 区	高热质
3 区	增湿、机械蒸发冷却	8a 区	除湿-空调降温
3a 区	机械增湿	9 区	高热质
4 区	机械除湿	9a 区	高热质-机械蒸发冷却
5 区	热舒适区	10 区	空调降温
6 区	舒适通风-高热	10a 区	机械蒸发冷却
6a 区	舒适通风-高热质-蒸发冷却		

杨柳等在所著《建筑气候学》中,基于我国国土地理分布,通过综合考虑"生物气候学设计方法"和热工气候分区的区划范围,对我国气候区做出了新的归总划分,并为各气候分区提出了针对

性的被动式设计策略。该方法是考虑地理气候分区对位适应性设计策略的首次尝试，但其为各气候区对位的设计策略范围仍以"生物气候学设计方法"考虑的常规手段举措为主，着重考虑了围护结构热工性能与太阳能利用，所涉设计策略亦仍主要基于既有经验知识提出。就气候适应性设计针对设计全流程的覆盖性，以及设计策略的有效性验证亦仍有尝试作进一步提升的余地[41]（表1-5）。

本研究以我国目前适用最为普遍的现行建筑热工设计分区为气候适应性设计气候区划基础，尝试针对创作型建筑设计全设计流程，为各阶段各项设计技术手段分别形成气候调节基本原理，并通过后续理论分析、文献或实验研究，历经推理或验证，为各气候分区分别选择形成了适用的设计策略，力图为我国气候适应性绿色建筑全流程设计提供新的策略依据与技术范式。

各地区气候适宜的建筑类型分类　　　　　　　　　　　　　　　表1-5

城市	地理位置	建筑类型	案例图
哈尔滨 长春 沈阳 呼和浩特 北京 天津 石家庄 兰州 拉萨 乌鲁木齐 西宁 太原 银川 济南	东北、华北、西北和西藏高原地区	保温隔热型	
西安 郑州 上海 重庆 合肥 武汉 长沙 南京 成都 杭州 南昌	长江流域	保温隔热、遮阳、通风型	

续表

城市	地理位置	建筑类型	案例图
南宁	华南地区	通风、遮阳型	
广州			
福州			
海口			
贵阳	西南云贵高原地区	被动式太阳能型	
昆明			

参考文献

[1] 王清勤. 我国绿色建筑发展和绿色建筑标准回顾与展望[J]. 建筑科技, 2018, 49 (4): 340-341.

[2] 周海珠, 王雯斐, 魏慧娇, 等. 我国绿色建筑高品质发展需求分析与展望[J]. 建筑科学, 2018, 34 (9): 148-153.

[3] 中华人民共和国住房和城乡建设部, 中华人民共和国国家质量监督检验检疫总局. 绿色建筑评价标准: GB/T 50378—2014[S]. 北京: 中国建筑工业出版社, 2014.

[4] 中华人民共和国住房和城乡建设部. 绿色建筑评价标准: GB/T 50378—2019[S]. 北京: 中国建筑工业出版社, 2019.

[5] 世界气象组织网站. https://public.wmo.int/en.

[6] 刘加平, 谭良斌, 何泉. 建筑创作中的节能设计[M]. 北京: 中国建筑工业出版社, 2009.

[7] 林宪德. 绿色建筑(第二版)[M]. 北京: 中国建筑工业出版社, 2011.

[8] 周淑贞, 张如一, 张超. 气象学与气候学[M]. 北京: 高等教育出版社, 2012.

[9] 单军. 建筑与城市的地区性: 一种人居环境理念的地区[M]. 北京: 中国建筑工业出版社, 2010.

[10] 郑景云, 卞娟娟, 葛全胜, 等. 1981—2010年中国气候区划[J]. 科学通报, 2013, 58 (30): 3088-3099.

[11] 竺可桢. 1929中国气候区划论[M]. 北京：中国建筑工业出版社，1980.

[12] 谢守穆，王启欢. 国外建筑气候分区情况简介[J]. 建筑科学，1988（5）：75-79.

[13] Branch BP. BC Building Code-20121S1[S]. Canada: British Columbia Government, 2012.

[14] MOTE. National Building Code of Finland, Part D5[S]. Helsinki: Ministry of the Environment, 2012.

[15] Evans M, Shui B, Takagi T. Country Report on Building Energy Codes in Japan [R]. United States of America: Pacific Northwest National Laboratory, 2009.

[16] International Energy Agency. Energy efticiency requirements in building codes, energy efficiency policies fornew buildings [R]. Paris: Head of Communication and Information Office, 2008.

[17] della Repubblica Italiana P. Regolamento di esecuzione DPR del 26 Agosto 1993 [S]. Roma: della Repubblica Italiana P, 1993.

[18] ABCB. NCC volume two energy efficiency provisions handhook 2016 [M]. Canberra: Australian Building Codes Board, 2016.

[19] de la Flor FJS, Dominguez SA, Felix JLM, et al. Climatic zoning and its application to Spanish building energy performance regulations [J]. Energy and Buildings, 2008，40：1984-90.

[20] ASHRAF. ANSI/ASHRAE Standard 169-2013：Climate Data for Bulding uesgStandardst [S]. Atlanta: American Society of Heating Refrigeration and Air Conditioning Engineers, 2013.

[21] BEAR-ID, NOBATEK European climate zones and bio-climatic design requirements [R]. Brussel: European Commission, 2016.

[22] Tsikaloudaki K, Laskos K, Bikas D. On the Establishment of Climatic Zones in Europe with Regard to the Energy Pertormance of Buildings [J]. Energies, 2012（5）：32-44.

[23] Khedari J, Sangprajak A, Hirunlabh J. Thailand climatic zones [J]. Renewable energy, 2002 (25).

[24] ANSI/ASHRAE Standard 169-2020 Climatic Data for Building Design Standards [S].

[25] 中华人民共和国建设部国家技术监督局. 民用建筑热工设计规范：GB 50176—2016[S]. 北京：中国建筑工业出版社，2016.

[26] 中华人民共和国建设部国家技术监督局. 建筑气候区划标准：GB 50178—1993[S]. 北京：中国计划出版社，1993.

[27] 中华人民共和国住房和城乡建设部，中华人民共和国国家质量监督检验检疫总局. 建筑采光设计标准：GB/T 50033—2013[S]. 北京：中国建筑工业出版社，2012.

[28] 杨柳. 建筑气候分析与设计策略研究[D]. 西安：西安建筑科技大学，2003.

[29] 谢琳娜. 被动式太阳能建筑设计气候分区研究[D]. 西安：西安建筑科技大学，2006.

[30] 董宏. 自然通风降温设计分区研究[D]. 西安：西安建筑科技大学，2006.

[31] 夏伟. 基于被动式设计策略的气候分区研究[D]. 北京：清华大学，2008.

[32] 狄育慧，刘加平，黄翔. 蒸发冷却空调应用的气候适应性区域划分[J]. 暖通空调，2010，40（2）：108-111.

[33] 亓晓琳，杨柳，刘加平. 北方地区办公建筑夜间通风气候适应性分析[J]. 太阳能学报，2011，32（5）：669-673.

[34] 徐平，刘孝敏，谢伟雪. 甘肃省被动式太阳能建筑设计气候分区探讨[J]. 建设科技，2014（11）：65-66.

[35] 刘尧，雷波，郭辉. 建筑采光节能设计分区[C]. 北京：铁路暖通年会，2014.

[36] 李麟学. 热力学建筑原型——环境调控的形式法则[J]. 时代建筑，2018（3）：36-41.

[37]　刘念雄，秦佑国. 建筑热环境[M]. 北京：清华大学出版社，2005.

[38]　李元哲. 被动式太阳房热工设计手册[M]. 上海：上海人民出版社，1993.

[39]　Victor Olgyay. Deisgn With a Bioclimatic Approach to Architectural Regionalism[M]. New York: Van Nostrand Reinhold, 1992.

[40]　郝石盟，宋皓晔. 不同建筑体系下的建筑气候适应性概念辨析[J]. 建筑学报，2016（9）.

[41]　杨柳. 建筑气候学[M]. 北京：中国建筑工业出版社，2011.

[42]　刘加平. 绿色建筑——西部践行[M]. 北京：中国建筑工业出版社，2015.

[43]　连璐，张悦，程晓喜，等. 绿色公共建筑的形体空间气候适应性机理及其若干关键指标研究综述[J]. 建筑技术，2019（12），121-125.

[44]　崔愷. 我的绿色建筑观[EB/OL] [2016-04-27]. http://mp.weixin.qq.com/s/1dIP4NG16VU6BDVe6z3mxg.

[45]　InakiAbalos. Prototypes and Prottocols[J]. AV Monographs. 2014，169：40-41.

[46]　韩冬青，顾震弘，吴国栋. 以空间形态为核心的公共建筑气候适应性设计方法研究[J]. 建筑学报，2019（4）：78-84.

[47]　Kim T J, Park J S. Natural ventilation with traditional Korean opening in contemporary house[J]. Building and Environment, 2010，45（1）：51-57.

第 2 章

适应气候的绿色公共
建筑设计技术体系

2.1 公共建筑设计的气候适应现状

在开展公共建筑的气候适应性设计之初，需要了解公共建筑设计相较于居住建筑设计的根本不同。两者因其功能属性、运行方式、使用人群、绿色目标侧重等各方面的显著差别，决定了设计模式的根本不同。

首先，公共建筑相较于居住建筑，具有显著不同的空间特点。

从空间体量而言，首先，因为其公共性决定了同时服务的使用者数目较多，公共建筑的空间尺度普遍大于居住建筑，主要表现为建筑的占地及使用面积更大、外围护结构表面积更大、室内净高更高、室内空间体积更大。其次，公共建筑中高大空间的比例也显著大于居住建筑。依据业界普遍共识，高大空间指空间高度大于5m，体积大于1万m³的建筑空间[1]。民用公共建筑中，公共性较强的开放空间普遍属于高大空间，如交通建筑中的候车（机）厅，观演建筑中的观演厅、展厅，商业建筑中的中庭，医院、教育、办公或酒店建筑中的门厅（大堂）等。高大空间或作为公共建筑的主要功能空间，或作为其中介空间，在总建筑面积中占据了较大比例，形成了相较于居住建筑完全不同的内部空间基本体量特点。

从空间功能而言，公共建筑首先因范畴较广，覆盖了各种建筑功能类型，其内部相应又需组织各不相同的功能空间序列，导致了其内部功能空间组织的类型也极其丰富。

公共建筑的既有空间组织形式，主要可分类为以中庭类中厅高大空间为核心辐射贯通周边小型功能空间的中央围合式分布，以单一大体量高大贯通公共空间为上覆边界统领下方小型功能空间的大跨上覆式分布，以竖向贯通交通空间为核心串接标准层叠加功能空间的垂直集中式分布，以水平延展的廊式交通空间为核心串接功能空间的走廊线性式分布，以及以室外线性交通空间为联系链接分散式功能空间单元的分散式分布等。相应地，其核心高大空间基本形式也可分类为：①满覆占据建筑上部空间的大跨度贯通式上覆高大空间，如大型高铁站厅候车厅，大型航站楼值机候机厅，体育建筑比赛厅，会展建筑展厅等；②占据建筑中部核心空间，跃层通高的集中中心式高大空间，如商业、办公、医疗、教育建筑的中心式中庭或中厅，宗教建筑内部主殿等；③占据建筑侧翼或主要出入口，跃层通高的周边式高大空间，如酒店建筑大堂，办公建筑门厅、边庭等（如图2-1）。不同类型核心高大空间与周边、下覆小空间共同形成了多样复杂的空间组织形式。与此同时，与居住建筑相比，公共建筑内部除了与居住建筑较为类似的小型功能空间外，公共空间的界面通常较为开敞，空间融通度较高，因而形成了其特有的连贯型空间形式。

另外，公共建筑的人因特性也与居住建筑有较大的差异。从空间分布上，其公共空间的人员密度、人员流动性均显著高于居住建筑，属于高人员密度空间。从时间分布上，其人员分布与流动具有更高的时变性，不同时期的人员密度与流动呈现出较大的差异。且各空间因功能不同，时变特性亦各不相同。依据人员密度以及人流之于空间的使用频次、停留时长、活动模式，典型公共建筑空间可主要归类为高密度高频短时停留全时利用型，如候车厅、值机候机厅；中等密度低频长期停留定时空置型，如办公空间、教室空间、病房、酒店客房等；高密度高频间歇停留间歇空置型，如观演厅、比赛厅、展厅空间等。

公共建筑的如上空间特点，结合其形体、围护结构等方面与居住建筑的显著差异，使之在应对室外多样化的气候条件时，共同导致了其与居住建筑截然不同的空间性能：

首先，针对建筑能耗，因公共建筑高大空间体量巨大，大量室内空气使室内环境调控负担明显加重，故而在人因空间调控实现相同环境质量的能源负荷相较于居住建筑显著增大，在设计不佳的情况下可导致能源利用效率显著降低。

其次，针对室内环境水平，因公共建筑使用透明围护结构频次和比例普遍高于居住建筑，故室内温度与光环境水平波动更大，且室内温室效应更为明显。同时，公共建筑普遍采用更高的净高，并广泛采用各种形式的通高空间，直接导致更明显的温度分层效应与气流烟囱效应，顶部空间温度显著高于底部空间，室温垂直梯度明显。在冬季过冷需采暖地区，因顶部热量无法充分利用，采暖效果普遍不佳。

综上所述，相较于居住建筑，我国公共建筑的环境承载力更有限，在应对过热、过冷等极端气候条件时，室内环境调控更加困难，且能耗问题更为突出。然而，近年来，我国公共建筑的大量设计实践并未能对此有充足的考量，在公共建筑设计的各环节，出现各种乱象。

图 2-1　公共建筑核心高大空间基本形式

1）场地与布局

在公共建筑的场地选址和建筑平面布局设计中，近年来大量当代工程设计实践并未很好地传承我国传统营建中自然环境与建成环境"天人合一"的核心思想，对场地气候自然条件的考量尊重不足，对利用场地内自然条件进行室外微气候营造也并未引起足够的重视。

首先，在设计前期收集基础资料时，仍主要注重对交通组织、防火间距、周边日照影响、噪声控制等的基础调研，对太阳辐射、风、降水等气候条件，地形、水体、植被等自然资源条件相关资料的收集与分析仍较为不足。

其次，在红线退让与公共空间塑造、主入口设置中，大量工程实践贪图设计施工便利，选择粗放的场地开挖、全盘人工铺地置换、原生植被移除辅以人造景观等，丧失了集约化利用场地、既有地形地貌、原生下垫面、景观营造宜人的场地微气候及生态环境的良好条件。

最后，在建筑布局设计中，容积率主义和平均主义较为盛行，大量设计案例片面追求较高的建筑密度，或较为均一的场地建筑分布，而未能很好地将建筑布局与基地气候条件，以及场地中的既有水体、景观要素相结合，充分利用场地内自然要素对采光、通风、遮阳、蓄热的强化、引导或规避作用，以较小的代价实现更加舒适的室外微气候与人居环境。

2）形体

近年来，公共建筑的形体外观设计因欠缺对功能需求的优化、绿色性能的保障以及文化自信的强化，愈发呈现出两种极端化的发展趋势。

首先，随着经济的快速发展，大量城市在高速城市化与城市更新进程中，在重要的标志性的大型公共建筑设计建造中，因决策者罔顾环境与资源条件约束，盲目追求政绩或标新立异，或因低品位商业资本力量的影响操弄，严重扭曲了对公共建筑应有的建筑品质坚守。集中表现为，其一：建筑体型外观崇洋媚外，求新求怪。近年来，各种奇形怪状的山寨建筑、丑陋建筑层出不穷，大行其道，迅速发酵引发公众批评与热议，住房和城乡建设部与国家发展改革委也因而联合发布了《关于进一步加强城市与建筑风貌管理的通知》。其二：好大喜功，贪大求全而铺张浪费。一些城市决策者为了"追赶超越""一流定位"，不顾自身财力、工程难度，一味追求"超大规模""超高标准"，劳民伤财兴建了大量体型巨大，不符合实际功能需求，资源集约利用基本原则的大型公共建筑。

其次，伴随城市发展与人民生活水平的提升，一些新型功能的城市公共建筑的快速涌现与大量传统公共建筑的改造升级重建的迫切需求则催生出另一问题。城市的高速发展更迭与建筑的快速建造需求，以及部分设计单位片面追求经济效益的短视，导致各地的公共建筑的体型外观设计千楼一面，日益趋于简单化、模式化、同质化，对地域气候条件、区域文化特色等的考量严重缺失。不少气候文化条件迥异的地区照搬套用完全相同或高度相似的设计方案的情况层出不穷。

上述情况不仅在建筑设计建造期间造成严重的资源浪费，在建筑运行使用期间也带来建筑能耗与环境质量等一系列问题。如体量过于巨大的建筑内部环境质量调控负荷过大，过于奇异复杂的建筑形体导致内部空间环境调控质量难以保证，过于简单模式化的建筑体型在南方地区制冷季因体型系数过小造成室内过热及制冷能耗过高等。

3）空间

首先，相较于居住建筑的小规模、小开间功能空间为主的空间特点，公共建筑的大规模、大内区、大量大开间或大体量空间分布，甚或以大开间或高大空间为主导的室内空间布局，决定了相同室外气候条件下其与居住建筑显著不同的室内空间环境形成机理及实际表现。而设计实践中，空间尺度形态的控制与空间关系的组织多以功能、流线为主要依据，辅以设计者既有经验进行设计表达。设计者对于其对空间性能的定量化影响较难把握，常常止步于空间环境要素之"有与无"的塑造，而对其实际性能之"优与劣"的认识依据不足。

在对特定空间进行形态设计时，针对公共建筑大体量、大开间、大进深空间特点，通过遵循高大空间垂直热梯度分布、气流烟囱效应、长程光漫射衰耗等风、光、热机理选择适宜的空间形态的保障各空间性能需求，当前的设计标准规范均欠缺系统科学有效的指引，常形成空间"高大阔气"，但极端季节气候下室内环境"不舒适"或调控"负担过重"的窘境。

在进行内部空间组织设计时，考虑建筑内区与外区、内控型与外扰型空间应对内部与外部环境影响时，得热、采光与通风等截然不同的性能表现（如建筑的灰空间、中介空间、太阳房等对外扰影响的缓冲、消解与储蓄作用；主要功能空间高、人员密度高、热扰水平对热环境形成机理的影响等），以及公共建筑更丰富复杂的空间功能类别及性能需求差异（如建筑的特定核心功能空间与辅助设备空间对光热环境截然不同的要求），当前的设计标准与实践也同样欠缺有效的回应，尚未形成可有效保障各分区节能水平及环境品质的行之有效的设计模式依据。

4）围护结构

公共建筑因相对较小的体形系数，围护结构部分得热、散热形成的冷、热负荷所占比重与居住建筑显著不同，故不同气候区对其的设计控制方向与水平亦与居住建筑呈现出较大差异。事实上，公共建筑对其围护结构的设计水平提出了更高的要求，且设计的控制方向亦更为多样。而当前我国的公共建筑围护结构设计水平，并未对这一客观现实有足够有力的回应。

　　首先，我国不同气候区的室内外光热环境差异有显著不同，但设计实践中，严寒地区保温为主，夏热冬暖地区隔热为主，以及夏热冬冷与寒冷地区兼顾保温隔热等围护结构热工性能化设计需求欠缺直接的设计依据，设计技术层面欠缺具体的模式依据与措施参照。

　　其次，公共建筑因对简洁现代外观，以及室内自然采光的追求，常常不论地区广泛大面积使用透明围护结构，玻璃幕墙形式的外立面在办公、商业、酒店、交通建筑中靡靡成风。而透明围护结构因其较差的热工性能，特殊温室效应效果，剧烈室外外扰可带来严重的室内光热环境问题，并显著增加其调控能耗。尤其在冬夏采暖与制冷负荷水平均较高的寒冷与夏热冬冷地区，因透明围护结构应用导致的照明与采暖制冷能耗平衡问题，已日益成为困扰方案设计的焦点问题。

　　而与透明围护结构密切相关的遮阳设计，相较于居住建筑，不同气候区的公共建筑遮阳普遍缺乏较科学的设计依据与指引，大量公共建筑尤其是南方地区的公共建筑遮阳水平不足，造成过高的围护结构得热与室内环境过热，导致严重的室内光热环境问题与极高的制冷负荷。

　　针对围护结构的通风设计，大量新建公共建筑的设计运行严重受到欧美倚重机械通风的习惯影响，自然通风设计较我国传统公建使用习惯较为缺乏。如幕墙建筑可开启比例严重不足，内外区空间未对自然通风效果作充分考虑等，均严重降低了自然通风的可能与质量，同时显著提升了通风系统能耗。而夏热冬暖地区夏季通风散热设计亦缺乏科学有效的设计依据等。

　　5）主动式设备

　　除围护结构外，建筑中的暖通空调与可再生能源等主动式建筑设备作为建筑的主要耗能、环境调控部件或附加产能增益，对建筑的节能水平及室内环境品质调控起着至关重要的作用。而当前的建筑设备，因设计应用主体绝大多数为暖通工程师，故而在设计实践的重点常受限于设备系统的优化本身，对基于设备的能源资源类型可得性与建筑需求的匹配程度，建筑设备系统与建筑本体设计的一体化优化设计等依然较为有限。

　　首先，建筑的暖通空调设备系统是建筑能耗的主要消耗终端，而决定其能耗水平高低，以及作用空间的实际环境调控效果的，除了设备本身的能效水平，更多也体现于设备系统与空间交互的末端调控实效。目前，我国大量公建空间，尤其是大体量高大空间的末端设置大多因循以居住建筑为主的传统经验，对特定末端形式与特定空间形式的匹配效果掌握有限，故调控效果在极端气候季节普遍不尽如人意且能耗极高。

　　而对太阳能、浅层地热能等关键可再生能源的应用，则在全国空间地域性和全年时变性维度，均普遍缺乏针对资源分布状况及其对不同建筑类型的负荷匹配适宜性的科学依据，因而无法指引形成明确的可再生能源于公共建筑中的地域性适宜应用模式，严重限制了其在特定地域气候条件和各建筑类型的设计需求下的实际应用效果。

　　而针对公共建筑大面积屋面或立面应用中适宜与建筑外围护结构结合设计使用的主动式太阳能设备（太阳能光伏/光热系统），我国目前对其在一体化设计应用中的透光、遮阳、得热、隔热等关键性能，及与之对应的形式、种类、构造适宜性设计参数取值缺乏系统直观的科学认识与指导，难以形成可高效指导其于建筑中一体化设计应用的地域性、适宜性设计与应用模式。

2.2　绿色建筑的设计流程

2.2.1　传统设计流程

　　绿色建筑虽已不是新鲜事物，但长久以来因为诸多原因，我国绿色建筑的设计过程仍主要沿袭传统的建筑设计模式。

　　在我国传统的建筑设计过程中，建筑设计按照四个主要阶段即设计前期策划、方案设计、初步设计、施工图设计逐步展开。首先建筑师对接业主，完成设计任务承接、场地条件收集调研分析；其次建筑师主导进行立意构思，绘制概念简图完成方案生成，其间业主反馈，其他专业有限配合；而后各专业依据生成方案，以及建筑师提出的作业图，各自完成初步的专业深化设计并向建筑师反提资料；最后各专业在确定的初步设计方案基础上，互提资料，进一步细化初步设计，完成施工图阶段的全专业详细设计绘图。其间建筑、结构、暖通、电气、给水排水等各专业各司其职，线性展开，在前期调研、方案生成、方案深化、施工图详细设计各设计阶段按次序推进，共同完成设计工作。

　　在传统设计流程中，各专业主要在以各自为设计主体的阶段独立开展设计工作，如设计前期主要完成设计任务解析与场地条件分析，方案设计聚焦于体量形体与空间组织规划方案初成，初步与施工图设计则着力于平立剖与围护结构的详细设计，以及设备材料选用、环境评价与成本评估等专项设计的全面深化控制等（图2-2）。各阶段仅在各设计阶段衔接时，或是各轮方案生成需互提资料或输入反馈时，才进行专业间的互相沟通、配合、修改工作。

　　传统的设计流程中，方案设计阶段紧密关联建筑师的方案整体立意构思，因方案反复推演的需要，具有较强的可变性，同时也是作为主导的建筑师在实现具体设计目标时最需各专业及时沟通配合的环节。而扩初和施工图阶段方案已基本成型，专业分工较为明确，以按部就班完成各专业技术细化遗留问题为主，方案容许出现大规模调整的余地较小。

　　然而，随着近年来绿色建筑的兴起与快速发展，大量设计实践在继续沿用传统设计流程的过程中逐渐发现，其已愈发显现出无法适应绿色建筑设计需要的各种问题。

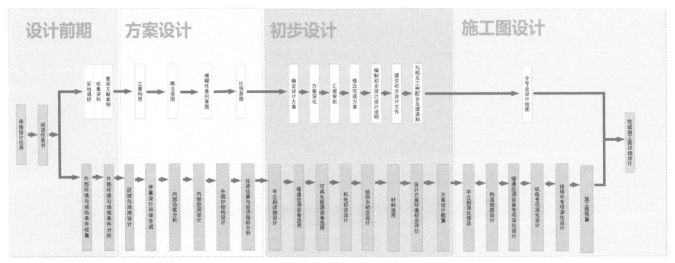

图 2-2　建筑传统设计流程示意图

首先，设计前期阶段缺乏绿色设计目标的参与。与传统建筑主要注重建筑的形式、功能、安全、美观不同，绿色建筑的设计驱动目标，无论是基于原有的"四节一环保"，还是新版绿建评价标准新增的"健康舒适、生活便利、环境宜居"等要求，均对资源节约、环境品质提升等核心标准有明确的要求。

由于当前大量绿建工程实践在设计前期与方案设计阶段完全照搬传统设计流程，并未对绿建设计目标作充分地考虑，仅在方案或扩初完成后邀请绿色建筑咨询顾问依据《绿色建筑评价标准》GB/T 50378—2019制定相应的绿色建筑技术优化方案，因而绿色建筑的设计目标在前期策划与方案设计阶段并未得以贯彻。如设计前期与绿建密切相关的地域资源与气候条件收集与分析、场地条件分析，方案设计阶段最能体现创作型设计绿色潜能的形体空间设计优化等均未得到充分的实施，建筑师因而缺乏足够的信息针对后续设计中的气候适应与资源条件利用，形体空间规划设计等权衡利弊，绿建设计因而丧失了自立意之初便着眼于绿色设计目标的机会，后续深化也就此失去了行之有效的基础。

其次，方案设计前期阶段，在方案生成过程中，绿色建筑设计需要足够的能耗、光热环境等的性能影响评估分析反馈，以便于建筑师据此不断进行方案的推演与优化。而当前的绿建设计模式，仅在方案甚至扩初设计完成后才能得到专业绿建咨询相应的后评估影响分析，彼时方案已基本成型，方案设计团队可承受的优化更改空间已非常有限，设计方案较难实现以绿色目标为导向的剧烈变动，而仅能基于既有方案进行局限性的局部优化，绿建设计因而失去了从根本上驱动绿色设计实现预期结果的可能。

最后，设计中后期过程中，尤其是方案设计后期与扩初、施工图阶段，当前的设计流程模式未能有效地利用诸多新型的辅助设计的技术与手段，高效地完成绿色设计过程。如场地气候与资源条件分析、形体生成设计、内部功能空间组织、围护结构形式设计等设计过程中，未能利用大数据与智能检索等技术快速匹配详细信息与适合气候条件的设计策略，或是在进行动态形体生成设计时，未能利用智能可视化技术实现设计结果即时可视化辅助方案推演，抑或是进行场地布局设计、建筑总体空间形式设计、围护结构选材设计时，未能利用日照、风、光、热、能耗等专业数字仿真模拟技术，快速评估其资源与环境影响等。绿建设计因而无法针对其绿色设计目标，就其设计手法策略与设计结果，实现高效、便捷、准确、有效的过程实施与把控。

综上，传统建筑设计过程中，设计前期策划阶段与方案设计前期，绿色建筑设计因未能自始便着眼于绿色设计目标需求及前期方案推演驱动，导致绿色建筑设计"先天不良"。方案后期至扩初、施工图设计阶段，绿色建筑设计则因为未能借助利用当前各项先进的辅助设计技术，助力保障设计的高效便捷与准确有效，导致其"后天不足"。

如上所述，绿色建筑设计流程，亟须针对传统设计过程中存在的如上问题，从如下方面进行必要的优化与革新。

首先，需自设计伊始融入并确立绿色目标开展设计工作。

绿建专家林宪德曾提出："在绿色建筑设计过程中，前期规划相较于后期弥补具有更高的有效性与性价比，即在绿色建筑的全生命周期中，前期的规划决策往往仅需更低的投入，却可实现更高水平的性能优化[2]"。刘加平院士则指出："一栋建筑物要实现超低能耗，必须具备：建筑物用能负荷很小+建筑用能设备效率很高+太阳能等可再生能源利用系统合理[3]。"具体的技术措施，需要因地制宜，与地域气候和太阳辐射等相适应。实现建筑最终绿色性能最优，便要求建筑物基于设计伊始，就以绿色设计为主要目标，通过设计早期之场地、形体、空间形式优选决策，结合方案早期的空间组织、围护结构形式设计等，塑造建筑本体较好的气候调节基本能力与建成环境基本性能，从而从源头上降低其用能所需。

由此可见，设计早期绿色目标介入并指导场地资源可利用条件与气候条件收集分析、尊重场地环境的场地与布局设计、适应气候条件的形体优选设计与总体空间形式选型等设计内容实施，对构建绿色建筑设计方案原型基础，降低后期绿建深化设计实施难度与增量成本，保障全面实现绿色设计目标至关重要[4]（图2-3）。

其次，需基于绿色设计目标，为设计全流程提供体系化的有序设计技术支撑。

传统的建筑设计过程中，各专业、流程因习惯了聚焦于各自为主体的设计阶段各自为政开展设计工作，仅在阶段衔接时才与其他专业与流程被动衔接，这直接导致各流程、各专业工种间的阶段性设计目标与内容缺乏有序的联动与协同，不成"体系"。不同设计步序间容易出现设计结果不一致，甚或"偏离"乃至"相左"的弊病。

为打破这一传统设计流程局限，需依托体系化的设计技术

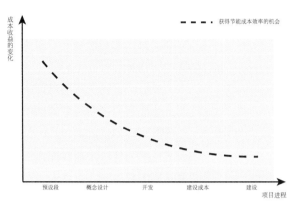

图2-3　决策时间与投入关系图[4]

支持，对完整绿色设计的过程以及结果进行体系化的规划与把控。就设计过程而言，需基于相同绿色设计目标，将序列化的设计工作以体系化模式加以管控，统筹指导其依次实施，保障其有序协同开展，实现绿色设计最优的实施过程。就设计策略内容与性能表现的结果而言，则需在共同绿色设计目标指引下，体系化规划建筑不同层级、内容的设计技术与策略，针对具体绿色目标集成设计技术集合，以确保各设计手法策略的选择相互补充促进，以及对实现共同绿色设计目标的最大设计潜力挖掘。

再次，需加强方案前期设计流程对绿色推演设计的支撑。

基于绿色设计目标，建筑方案的生成需要建筑师依据节能或建成环境品质提升需求等具体目标，进行方案的反复推敲比选。此过程形成了建筑方案独特的推演优化设计过程。

林波荣等曾在传统优化设计基础上，将建筑环境的单一或组合目标性能（节能、自然通风、自然采光或热环境等）最优作为目标函数，提出正向和反向优化的性能化设计新方法。其中正向设计通过优化目标逐步导出条件分析、技术方向、策略体系单向设计流程。反向设计则以优化目标形成建筑几何、形式、物性、设备等众多设计参数的综合函数，进而以目标最优导向进行多参数的深入优化组合，导出目标函数结果反馈于初始设计目标，基于两者差距进一步优化的迭代优化设计过程[5]。

该方法中正向设计与反向设计的对比可充分反映出绿色建筑设计因由多设计参数的复杂性所导致的设计结果的不可预测性，以及相应的基于节能与建成环境性能提升目标反复推演优化的设计需求。

在以空间形式功能为目标的传统设计过程中，推演设计的实施效率有赖于多专业与建筑师的紧密配合。绿色设计兼顾节能与环境性能提升的多目标优化设计需求显著增加了推演设计过程的复杂性，降低了其设计效率。

能源建模目标与收益[6]　　　　　　　　　　　　　　　　　　　　　　表2-1

广泛的能源建模目标和收益				
概念设计	原理图设计	设计开发	施工文件	施工后占用
团队目标 使用早期的设计性能建模来帮助定义项目目标（注意：设计性能建模可以使用组件建模工具或基本的建筑能耗模型，但在此阶段应解决能耗以外的其他性能参数）。根据建模结果定义项目需求	查看模型的财务和绩效能源信息，以指导设计决策	根据建模结果、初始目标审查设计备选方案创建基准和备选方案，以供选择	创建伴随能量模型结果所需的文档，以实现代码合规性；创建伴随能量模型结果所需的文档，以进行调试和计量监视验证	使用竣工模型的结果进行调试，将竣工模型的结果与计量数据进行比较，以查找操作问题
能源建模目标 试验建筑物的位置和方向，确定有效的围护结构评估采光和其他被动策略的影响，探索减少负荷的方法	创建一个粗略的基线能源模型，测试能效措施，以确定可能的最低能耗，设置热区和HVAC选项	使用系统替代方案创建建议的模型，以便根据需要从中进行选择，以进行细化，添加详细信息和修改模型。提供基准年度和建议年度的能耗图表和其他性能指标，以评估项目的特定产品测试控制策略对模型进行质量控制检查	完成最终设计模型，对模型进行质量控制检查，创建最终结果文档，以提交符合法规要求的文档	使用已安装的组件工作表性能值来完成构件建模，收集计量的运行数据以创建校准模型，以与基于结果的数据库共享
给客户的好处 使整个设计团队围绕项目目标团结起来，使用建模结果通过集成的系统性能来制定设计决策	在实施之前，先测试不同的选项，以确定最有效和最具成本效益的解决方案	确定最有效和最具成本效益的解决方案，正确调整机械设备的尺寸	将能源模型用作LEED或其他可持续性设计，认证应用程序的一部分，提供更好地预测建筑物能源使用的能力	提供改进操作的能力，以满足已建项目中降低能耗的目标

　　为实现绿色建筑设计流程对即时推演、快速设计的适应能力，需于设计全流程提升其对绿建性能化设计的服务水平。具体而言，需通过增强方案前期推演设计过程中绿色设计策略选取的准确性从而减少推演迭代频次，以及设计影响评估反馈的迅捷性从而提高推演效率。图2-4展示了典型的以绿色设计为目标的设计方案推演过程。为了适应推演设计中绿色设计策略的准确选取，需要基于既有设计标准规范、有效经验与定量化验证结果，借助智能化检索技术快速匹配有效的适应性策略；同时为了提升设计影响评估的反馈效率，需要提升设计全流程中性能模拟、设计即时可视化等技术、专业工种与建筑师推演优化设计联系的紧密程度。尤其针对创作型设计中方案可变性较强的场地、形体、空间推演的能耗、物理环境性能

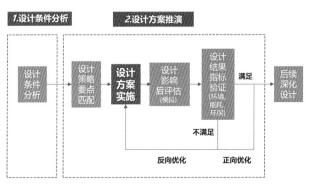

图2-4　基于绿色设计目标的设计方案推演过程

影响评估，亟需与当前强大的性能模拟技术体系直接链接应用，以极大提升其设计效率。

美国建筑师协会（AIA）编写的《设计过程中集成建筑能耗模拟的建筑师指南》（*An Architect's Guide to Intergrating Energy Modelling in the Design Process*）是推广践行这一设计流程革新的代表性方法与努力之一。依托美国在建筑性能模拟领域的丰富积淀以及技术实力，为设计流程的各阶段包括概念设计、方案设计、初步设计、施工图设计甚至运行维护阶段均紧密提供了基于不同层级设计参数的方案优化所产生的能耗性能影响评估方法与技术支撑（表2-1）。通过该方法在绿建设计流程中的应用，在相同节能效果下，与传统设计流程相比开发者可以显著地降低项目设计的时间与经济成本（图2-5）[6]。

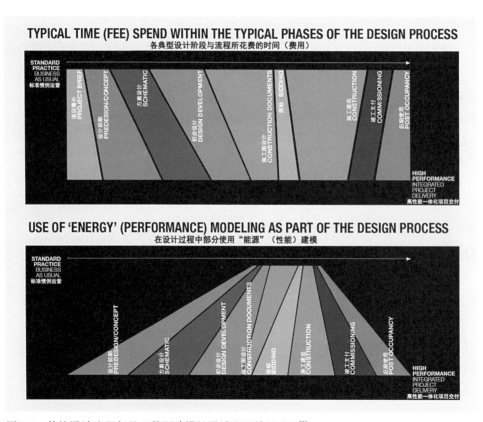

图2-5　传统设计流程与基于能源建模的设计流程效益对比[6]

2.2.2　新型绿色建筑设计流程

如上所述，传统设计流程已然无法较好地适应绿色建筑设计"绿色目标自始之驱动""设计过程体系化管控"以及"设计效果即时性反馈"的新型设计需求。大量绿色设计实践则亟待更倚重于绿色目标主导，同时可充分借助于性能模拟等先进设计技术较好适应绿建方案即时推演、快速设计的新型绿色设计流程的产生。

笔者因而在传统建筑设计流程的基础上，基于当前绿建设计实际现状，针对新型绿建设计实际所需，加以补充调整提出"地域气候适应型新型绿色建筑设计流程"，如图2-7所示。与传统建筑设计流程相比较，新"流程"主要在如下几方面做了补充与更替：

（1）首先，自设计前期策划阶段，加强并明确了为绿色设计目标服务的场地条件收集与分析的具体内容：其中场地条件收集需包括气候条件分析、资源可利用条件分析，场地条件分析需包括场地现状物理环境条件分析。

（2）在方案设计阶段，加强并明确了绿色设计目标指导下，与绿色方案生成密切相关的建筑节能与环境性能提升等方面的设计内容：其中区域与场地设计需包括基于场地条件利用的场地与建筑布局设计，外部环境条件分析需包括适应气候条件的体量形体生成设计，内部空间设计需包括适应气候条件的总体空间形式选择、基于性能差异的内部功能空间组织设计和单一空间设计，外围护结构设计需包括适应气候条件的外围护结构形式与选材、构造设计，最后，在方案设计阶段还需包括适应地域资源与气候条件的可再生能源选用设计，以实现最大化利用可再生能源综合节能的绿色目标。

（3）在方案与初步设计阶段，补充完善了有力支撑绿色方案的性能实效的性能模拟分析、智能可视化、环境需求指标分析验证等辅助设计的技术流程内容：其中智能可视化分析可有效辅助方案设计阶段体量形体生成设计与内部空间设计的效果预览与推演，初步、详细性能模拟分析与环境需求指标分析与验证可分别全面辅助支撑方案阶段的形体、空间、外围护各项设计内容绿色性能实效的快速验证与推演设计，以及初步设计阶段的平立剖、材料深化和室内环境控制性详细设计的快速验证与推演深化等。

（4）在初步及施工图设计阶段，补充完善了可进一步细化保障方案的节能与环境品质性能的可再生能源利用与暖通空调方案设计内容：其中可再生能源利用初步设计如太阳能组件与围护结构一体化设计，暖通空间方案初步设计，如供暖与制冷区域空间组合、末端形式优化设计可有效辅助初步设计阶段的平立剖详细设计，以及室内环境控制性设计如负荷能耗控制、光热环境控制等设计内容的效果提升。而施工图设计阶段的平立剖深化修改、可再生能源利用深化设计、暖通空调方案深化设计等为相关方案的进一步优化提升预留了精细化调整的空间与可能（图2-6）。

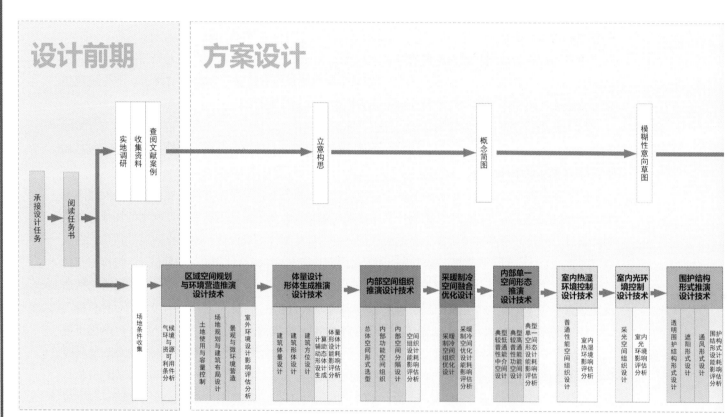

图2-6　地域气候适应型新型绿色建筑设计流程图

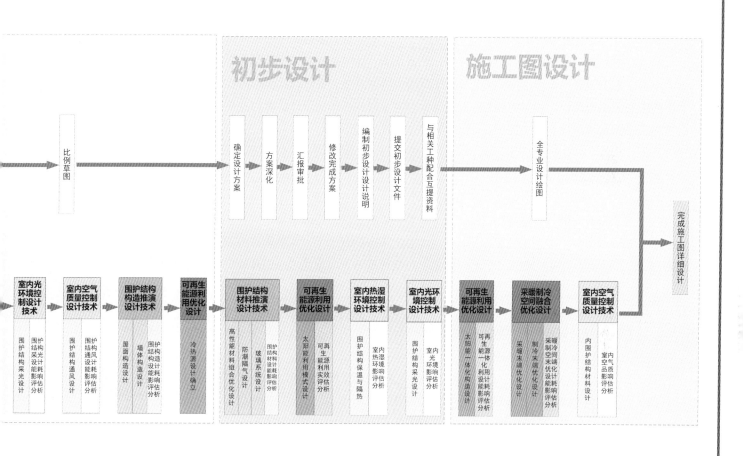

"新流程"充分融入了"绿色目标先行""体系统筹管控""即时协同推演""设计驱动设备"等绿色建筑的新型集成设计、体系化统筹整体设计的思想理念，变传统设计流程中绿建设计目标的"后期加分"为"源头驱动"，力求将原有绿建设计咨询的后期被动技术"修补"转变为设计全程中的方案推演"干预"，以实现将各项绿建设计技术在原有成型方案基础上的"技术附加"转变为始自设计早期创作型设计过程中的"方案融入"。"新流程"通过以上一系列流程内容的优化补充，依托针对场地、形体、空间、围护结构、设备系统、环境控制等专项设计内容、步序的体系化统筹创新，可尝试针对设计过程实现全程有序管控、协同开展，针对设计策略内容与其性能表现结果实现对气候适应性设计的前期策划阶段准备、方案阶段的创作型设计的有力支撑，可充分保障实现绿色设计的最优过程实施与创作型设计主导的最佳设计潜力。

2.3　绿色建筑的设计技术

为实现有效的气候适应性设计，除了需要一以贯之的新型绿色设计流程，还需要众多新型绿色设计技术的支撑。在建筑领域各种新兴技术层出不穷的背景下，深刻理解各项设计技术之于设计的关系，并在设计中适时地运用合适的技术，对便捷高效地实施完成绿色建筑设计尤为重要。

2.3.1　设计是艺术表达与技术运用的合一

在了解绿色设计技术之前，首先需清楚设计技术的内涵。在自然科学各领域蓬勃发展的今天，普罗大众对于技术的一般认识常常止于各种常见的物质技术与科学方法，如原材料的采掘、设备工具的制造、产成品的加工，又或是各种标准规范、计量方法的制定等。建筑中的"设计"这一概念，似乎愈发远离技术的范畴，而被更多地弱化为局限于空间与美学理解之上艺术的表达。

事实上，建筑设计的"技"与"艺"自诞生之初便互为表里，密不可分。换言之，凡在设计过程中，借助了特定技术手段以完成设计过程的，均为对专门设计技术的运用。早期的建筑设计因时代与生活实际所需，更关注建筑的坚固、安全、易建造等基本性能，故而相关研究实践集中于可实现特定结构、建造工艺、专门形制的设计技术。现如今的设计实践，对建筑的绿色性能提出了更高的要求，而于设计的过程中辅以实现设计方案的绿色性能的技术，便属于绿色设计技术的范畴。

1）古代设计技术——"技"与"艺"结合的优秀代表

在建筑历史上，无论是从我国宋代《营造法式》至清工部《工程做法》，还是从西方希腊古风时期到现代主义启蒙运动，建筑设计潮流与作品的发展演变无不集中地体现了建筑的形制、工艺与建造等技术在建筑创作中的客观范式应用与发展演进[9]。

在我国及东亚的古代建筑中，木构建筑的形式、尺度和结构设计，典型地代表了古时建筑技艺的核心内容。如日本自古代的完数制、到中世建筑的枝割制以及近世的木割制尺度设计形制的演变（图2-7~图2-9）[10]，或是我国由唐及宋的历史期间，本土建筑斗拱配置由无补间铺作演变至补间铺作，至形成最终的斗口模数制的进步（图2-10），古时匠艺家族们师徒承袭，口传心授，代代延续设计经验的传统，无不完美地诠释了客观范式作为设计的"技"与"术"在建筑创作中的关键作用。

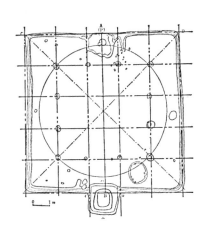

图2-7 "等分型同心正方设计方法"的半地穴住居[7]

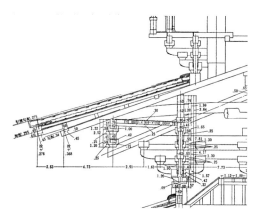

图2-8 药师寺东塔一层斗栱[8]

图2-9 公版大工技术书表题 书影[11]

图2-10 补间铺作示意图 树影[9]

设计是依托现有物质基础与形式载体，把创造性设想通过预演型的规划，形成详细周密的实施方案，在创造实施前，经由各种方式表达出来的过程。建筑设计是设计活动在建筑创作中的具体表现，是建筑物在建造之前，设计者依据建设任务，针对建造、施工与使用过程中的实施需要和可能发生的各种问题，通过预演性设想完成建筑的规划创作，拟定具体的建筑实施办法与方案，用图纸或文件等方式表达出来的过程。建筑作品的实现离不开各种建造、施工与运行技术，因此建筑设计本就是各类建筑技术的预演性归总与实施依据。

与此同时，建筑师在建筑创作过程中命题选择的多样性，以及建筑师的个体认知与偏好差异，决定了建筑设计结果不可避免地代入建筑师的主观因素。建筑设计，因而长久以来是基于客观规律与条件限制的"技术"范式，和设计者在推演过程中主观"设计"选择的融合结果。这一认识对理解建筑设计过程中设计与技术的关系尤为重要。

在开发运用各种建筑设计技术的过程中，绿色建筑技术的重要性随着能源危机、环境恶化等全球问题的凸显而得到更多建筑师的关注。而建筑师因对各种新型绿色技术基础认知的缺乏，一度导致其与绿色设计这一实现建筑绿色性能目标的核心议题渐行渐远。

2）近代设计技术——空调技术让绿色设计技术意识式微

古代自然科学技术的缓慢进步与期间建筑设计漫长的发展进程为建筑师认识并熟稔各项建筑技术提供了充足的历史空间。而工业革命以后，各项工程技术的突破式发展及其形成的相较于既有建筑设计技术的巨大优势，对传统建筑设计习惯产生了巨大冲击，并逐渐超出建筑师的原有认知速率与掌控能力。

在建筑发展史上，各项建筑技术的重大革新，往往带来设计手法与设计结果的巨大变迁。20世纪中期，随着空气调节技术的突破与普及，建成环境对于建筑本体气候调节能力的依赖大幅降低，借助于空调设备营造建筑人工气候逐渐成为主流。传统建筑设计手法气候调节能力相较于空调设备系统的相形见绌，裹挟着浮躁的技术至上主义，导致了建筑师面对多样化建筑新技术时的角色错位，建筑创作设计在建成环境营造中的本位作用逐渐削弱其而让位，传统绿色建筑相关设计技术的影响力一度日渐式微并长期缺位。

3）现当代设计技术——技术冲击唤醒现代绿色设计技术意识

20世纪六七十年代后，能源危机的产生与可持续发展理念在全球的快速普及，引发了对以往过度倚重高能耗空调设备的建成环境调控技术路线的反思。建筑师发扬创作设计对各种传统与新型技术的运用，进而提升建筑本体气候调节能力的意识开始得到重唤与觉醒。进入21世纪后，伴随着被动房技术、建筑生物气候设计、近零能耗建筑技术、健康建筑等新型绿色建筑思潮的兴起，"节约资源""舒适健康"日渐成为当前建筑设计的主流方向。

各种被动式设计手法与策略在绿色建筑领域的大行其道，使得建筑师对于在绿色建筑创作中进一步提升自身主导作用的主体意识得到了一定程度的强化。建筑师们开始对自身在绿色建筑设计中，运用各项绿色设计技术，通过创作型设计来实现建筑本体的绿色性能，从而主导或引领绿色建筑实现过程的地位愈加认同，建筑的绿色设计技术也因此愈加快速地走进建筑师的视野。

2.3.2 设计技术是服务于创作型设计的技术总和

现代建筑业在工业革命后一二百年漫长的发展历程中，随着勘察、设计、施工、运营、维修等各个相关领域的不断成熟与细化，逐渐演变成为庞杂的产业系统。建筑产业的全链条覆盖了纷繁众多的建筑技术，包括勘察、资源利用、建筑设计、结构、暖通、机电、给水排水、施工、装饰、运维、环境控制、检测修复、改造更新、拆除废弃、资源回收等各种相关领域的具体技术类别。

其中，建筑设计技术是一系列建筑相关技术中，唯一服务于建筑方案创作的技术门类。它通过各种新旧辅助设计技术的运用，辅助实施包括建筑的场地规划、形体生成、空间组织、流线安排、表皮设计等各种建筑方案的主要设计内容，也因而是实现建筑的方案创作的核心技术，是所有建筑技术中，服务于建筑创作型设计的总和（图2-11）。

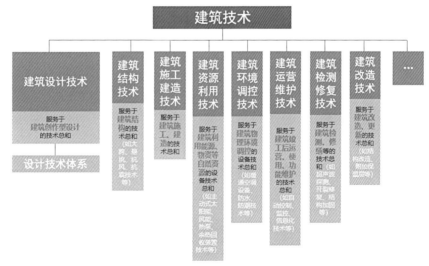

图2-11 建筑技术体系

2.4　绿色设计技术体系是公共建筑设计实现绿色性能的核心支撑

随着全球各地相继发布推行促进可持续、低能耗、低碳、环境共生等绿色建筑模式的政策，鼓励大规模发展绿色建筑，依托各种绿色建筑技术模式与路线的大数据分析、生物气候学分析、室内环境分析、智能化设计、设计结果即时可视化、虚拟现实、性能模拟验证、能源管理等各种层出不穷的辅助设计技术不断涌现。而与此同时，因建筑师对各种新型设计技术的了解与运用能力有限，我国大量绿色建筑设计实践依然沿袭传统设计技术与习惯，极大地降低了新型绿色建筑设计技术在我国的应用程度与水平。

"新流程"虽为绿色建筑设计的全过程指明了设计内容与技术方向，但仍需要各设计技术有体系化的内容指引与之相匹配，以实现设计全过程对各类新型绿色辅助设计技术的有效运用。而现实状况是，各项设计技术，尤其是运用了新型辅助技术的设计过程，因缺乏系统与体系化的设计信息辅助与技术应用指导，导致建筑师对各种新型设计技术的了解与运用能力有限，设计过程中常出现因未能及时借助先进设计技术的支持导致绿色设计趋于低效或不合理的状况，如设计前期未能尽早为设计任务完成气候条件与资源可利用条件分析，设计过程中也未能即时为形体、空间等推演设计匹配合适的设计策略，又或是概念或方案形成后因未能及时获取基于性能模拟的环境影响反馈，导致设计未能采用有效适应特定气候的合理手法等。我国大量绿色建筑，尤其是公共建筑的设计实践因而依然沿袭传统设计技术与习惯，各种新型设计技术只能起到"后期介入，零星辅助，锦上添花"的作用，极大地降低了我国绿色公共建筑设计技术的整体应用水平。

总体而言，当前我国的绿色公共建筑设计并不能匹配"新流程"展开设计，于设计全程亦缺乏系统性、体系化的设计技术指导，部分绿色设计手法的运用与方向的决策亦因此欠缺具体的科学与技术依据，极大地降低了其为特定地域气候形成绿色设计方案的前瞻性、便捷性与科学性。当前，针对节能、舒适、宜居等地域气候相关核心绿色设计目标，依托绿色建筑设计"新流程"，为我国绿色公共建筑的地域气候适应性设计形成系统化的设计技术体系刻不容缓。

2.4.1　国内外绿色建筑技术体系综述

为建立适合我国国情的绿色公共建筑地域气候适应型设计技术体系，笔者对国内外相关的重要绿色建筑技术模式与技术体系进行了如下研究梳理。

2.4.1.1 国外知名绿色建筑技术体系

1）德国PHI被动房设计技术体系

德国"被动房"研究院（Passive House Institute，简称PHI）提出的低能耗建筑模式，即通俗意义上所指的"被动房"，力求适应欧洲中北部寒冷的气候条件，通过对建筑本体行之有效的设计与技术优化手段，实现自身不需采暖即可实现较为舒适的室内环境。其初期的主要适用对象为居住建筑，逐渐拓展应用至公共建筑。因其对暖通设备的较低能耗需求，仅通过围护结构保温即可实现较为舒适的室内环境的节能特性，在德国及世界范围内均作为绿色建筑的典型技术模式得到了极大的推崇，其核心技术指标如表2-2所示[12]。

德国PHI被动房核心技术指标[12]　　　　　　　　　　　表2-2

能耗核心技术指标	
采暖能耗一次能源需求量（Primary energy consumption need for heating）	≤15KWh/（m²·a）
制冷能耗一次能源需求量（Primary energy consumption need for cooling）	≤15KWh/（m²·a）+除湿能耗需求
总能耗一次能源需求量（Primary energy consumption need for total）	≤120KWh/（m²·a）
建筑气密性（Air-tightness with pressure difference n50）	≤0.6/h
舒适度核心技术指标	
室内温度	20~26℃
房间内表面温度	≥室内温度+3℃
相对湿度	40%~60%
室内空气流速	<0.2m/s
室内表面无结露、长霉	/

为了有效实现以上核心目标，德国PHI基于多年的被动房设计技术实践，总结出德国被动房技术体系的五大核心要素如下（图2-12）：

• ——高效保温隔热；

- ——高热工性能门窗；
- ——高效余热回收新风系统；
- ——高气密性；
- ——严控或杜绝外围护结构热桥效应。

　　为了体现被动房更为详细的核心技术体系要点，PHI编制出版了《被动房设计手册软件包》（*Passive House Planning Package*），在为被动房认证提供依据的同时，对被动房的实现提出了较为明确与具体的技术体系要求（针对中北欧气候条件），其中关乎设计的要点主要包括如表2-3所示。

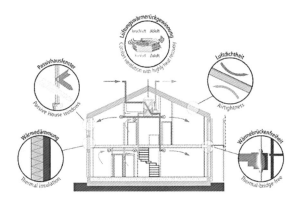

图2-12　德国被动房核心要素[12]

被动房技术体系设计要点内容[12]　　　　　　　　　　　　　表2-3

设计流程	设计内容	设计要点
形体设计	体型	宜选用体型系数较小的紧凑体型
围护结构设计	不透明外围护结构	传热系数U值<0.15W/（$m^2 \cdot K$）； 室内外温差为10℃时，外墙散热量≤1.5W/m^2
	透明外围护结构	传热系数（窗户、幕墙等，含窗框）U值<0.8W/（$m^2 \cdot K$）； 总能量穿透率G值<50%
	窗地比	东西向（±50°）窗的窗地比<15%； 水平（坡度小于75°）窗的窗地比<15%； 南向窗的窗地比小于25%； 超过限值均须设置遮阳系数>75%的可移动式遮阳设施
	可开启窗扇面积	每个居室、卧室>1扇可开启窗户，通风设计应满足空气卫生要求（DIN1946）
	气密性	在室内外50Pa压差情况，换气量<0.6/h
	冷桥	所有建筑外围护结构（尤其阳台、挑檐、女儿墙、飘窗等出挑部件）须严格保温处理，杜绝冷桥
暖通空调设备选用	新风系统	新风系统需保持室内有足够的新鲜空气； 通风设计应满足空气卫生要求（DIN1946），通风系统的噪声值<25分贝
可再生能源利用	余热回收	余热回收率≥75%； 在室内出风口的送风温度≥17℃； 须保证均匀流过所有区域和房间

2）美国《除低层居住建筑外的高性能绿色建筑设计标准》(*Standards for the design of high-performance green buildings except low-rise residential buildings*) 189.1–2009/2014系列技术体系

与大多数国家自上而下由政府制定标准规范的路径不同，美国的行业标准规范大多都是由非营利性的专业或私人科研机构制定，而后通过政府制定的法律法规来推广实施。由美国国家标准研究院（ANSI）、美国供热制冷和空调工程师学会（ASHRAE）、美国绿色建筑委员会（USGBC）和美国照明工程师学会（IES）联合颁布的《除低层居住建筑外的高性能绿色建筑设计标准》(*Standards for the design of high-performance green buildings except low-rise residential buildings*) 189.1–2009/2014系列是美国在绿色建筑领域内为数不多的美国国家节能设计标准之一，且主要适用对象为以公共建筑居多的中高层建筑，以强制性语言规定了绿色建筑节能的设计要求。

该标准的第5章至第9章主要对应了与绿色建筑设计相关的设计与技术内容，在前期90.1版本的基础上，历经2009年发布，2011年和2014年两次修订，每章的必选要求（第3节）与可选要求（第4节、第5节）均作了一定程度的调整与完善，总结其各新近版本中，与建筑设计有关的主要技术要点如下[13]：

- ——选址可持续性：建筑选址、自然资源调查评估、雨洪管理、降低热岛强度、减少光污染。
- ——节水：场地节水、建筑物节水、水景、泳池等特殊用水节水。
- ——节能：规定性的建筑物围护结构标准，建筑与窗户的朝向、建筑自然采光、建筑与场地预留可再生能源系统条件、暖通空调设备、电器照明与其他设备、生活热水加热、高峰期建筑能源消耗量的控制。
- ——室内环境质量：室内空气质量、材料挥发性有机物浓度、人体热环境条件、自然采光质量、照明质量、展示照明、天然采光模拟、噪声控制、防潮。
- ——大气、材料和资源影响：建筑产品及材料的原产地、收集和存储可循环利用和废弃物品、施工废弃物管理、材料的环境影响、全生命周期评估优化。

3）美国《先进节能设计指南》(*Advanced Energy Design Guide*) 技术体系

基于美国189.1—2009/2014系列标准的前身90.1美国国家节能设计标准，以及美国建筑师协会（AIA）编写的《设计过程中集成建筑能耗模拟的建筑师指南》(*An Architect's Guide to Intergrating Energy Modelling in the Design Process*) 为代表的能源模拟方法基础，美国供热制冷和空调工程师学会协同美国建筑师协会、美国照明工程协会、美国绿色建筑委员会和美国能源部（DOE）一起，编著了《先进节能设计指南》(*Advanced Energy Design Guide*) 技术体系，力求以能源模拟方法为核心，在美国各典型气候条件下，针对不同规模的商业、办公、教育、医院、汽车旅馆等典型公共建筑类型，以阶段性节能设计目标给出适宜的节能设计指导[14-16]。

指南系列包括节约30%能耗、50%能耗、净零能耗不同目标下典型建筑类型的设计指南，以及适应美国不同气候区的参考设计表格（包括关键设计参数的控制策略或建议值范围），主要涵盖围护结构、自然采光与照明、暖通空调系统、电器与其他设备、生活热水系统等的设计内容。以Advanced Energy Design Guide for Medium to Big Box Retail Buildings：Achieving 50% Energy Savings Toward a Net Zero Energy Building为例，指南系列提出节能设计的主要技术路径包括[16]：

- ——降低不可控外部环境对建筑内部环境的影响；
- ——在满足使用者功能需求的前提下，降低建筑已有设备的能耗；
- ——只在建筑环境需要的情况下提供环境调控，只对有人使用的空间进行环境调控，在无人状态下减少或关闭系统；
- ——在最常用的范围内最大化提升暖通空调与照明系统的效率；
- ——分项单独控制室内环境的重要参数，以避免多个参数同时控制时的过度调节。

2.4.1.2　我国绿色建筑技术体系

近年来，我国住房和城乡建设部先后发布了被动式超低能耗绿色建筑技术导则（试行）（居住建筑）、近零能耗建筑技术标准等绿色建筑设计规范指南，并于2019年对我国绿色建筑评价标准进行了修订，其均为当前有较强指导意义的全国性绿色建筑模式技术体系依据[17、18]。

1）被动式超低能耗绿色建筑技术导则技术体系

我国的被动式超低能耗绿色建筑技术导则是由我国住房和城乡建设部与德国联邦交通、建设及城市发展部能源署等合作，将德国与欧洲被动房先进建筑节能技术模式引入我国的一次尝试。力求借鉴德国与丹麦等国"被动房"以及"近零能耗建筑"的经验与模式，结合我国既有工程实践，发展出适合我国气候与建筑应用条件的超低能耗建筑模式。

导则很大程度上借鉴了德国被动房的节能经验和模式，其技术体系与其较为一致。类似的，其核心技术体系要点亦为主要通过依赖高性能围护结构与门窗、较强的气密性、新风热回收、可调遮阳等建筑技术，来实现建筑自身的低负荷特性。该试行版导则进一步完善的技术体系，更多地体现在其后发布的《近零能耗建筑技术标准》GB/T 51350—2019中[18]。

2）近零能耗建筑技术标准技术体系

我国2019年1月发布的《近零能耗建筑技术标准》GB/T 51350—2019，则是对被动式超低能耗绿色建筑技术导则的进一步完善和提升。作为我国首部引领性建筑节能国家标准，国际上首次以国标形式对零能耗建筑相关定义进行明确规定的标准文件，该标准首次明确界定了我国超低能耗建筑、近零能耗建筑、零能耗建筑等建筑节能领域关键概念，并系统地提出了其相应技术性能指标、技术措施和评价方法[18]。

标准中明确我国近零能耗建筑为：适应气候特征和场地条件，通过被动式建筑设计最大幅度降低建筑供暖、空调、照明需求，通过主动技术措施最大幅度提高能源设备与系统效率，充分利用可再生能源，以最少的能源消耗提供舒适室内环境，且其室内环境参数和能效指标符合本标准规定的建筑。针对我国气候区特点，该标准以《公共建筑节能设计标准》GB 50189—2015与各气候区居住建筑节能设计标准等为基准，针对不同气候区分别提出了相应的建筑能耗控制目标，针对公共建筑，要求我国各气候区近零能耗公共建筑能耗相较现有基准水平平均降低60%以上。标准的主要技术体系要点如表2-4所示。

我国近零能耗建筑技术标准技术体系要点[18]　　　　　　　　　　　表2-4

设计流程	设计内容与要点
地域资源利用	充分挖掘建筑周边区域的可再生能源应用潜力，对能耗进行平衡和替代
场地设计	建筑布局、朝向应体现节能理念和特点，注重与气候的适应性
形体设计	体形系数应体现节能理念和特点，注重与气候的适应性
空间设计	使用功能应体现节能理念和特点，注重与气候的适应性
围护结构设计	保温隔热性能更高的非透明围护结构
	保温隔热性能更高的外窗
	无热桥的设计与施工
	提高建筑整体气密性
	使用遮阳技术、自然通风技术
设备	能源系统和设备效率提升，优先使用能效等级更高的系统和设备
	通过使用可再生能源系统，对建筑能源消耗进行平衡和替代，充分挖掘建筑本体的可再生能源应用潜力，对能耗进行平衡和替代
	建筑已达到近零能耗能效水平，且难以通过本体和周边区域的可再生能源应用达到能耗控制目标时，也可通过外购可再生能源达到零能耗建筑目标

3）中国绿色建筑评价标准技术体系

《绿色建筑评价标准》GB/T 50378—2006是我国首部国家级绿色建筑评价标准，自2006年发布首版以来，历经2次修订，3个版本，最新版总体上已达到国际领先水平。本文选取其作为全国性绿色建筑体系作为对比，因其最新修订版对于创作设计过程各环节更为系统全面的覆盖性。且其虽为评价标准，但针对设计过程的技术措施内容比重较高，故而与其他设计技术体系具有较强的可比性。

与2014版相比，新版《绿色建筑评价标准》GB/T 50378—2019虽因对强化运行评价的较高呼声将设计评价改为预评价，一定程度上强化了运行评价而弱化了设计评价，但评价范围从"原来的'四节一环保'以及施工管理、运营管理框架打分"，转变为"按'安全耐久、生活便利、健康舒适、资源节约、环境宜居'五大指标体系，和'提高与创新'一大加分项"进行评价。除与原有内容较为一致的"资源节约"指标体系外，基于增加的四大指标项和加分项，对创作设计目标提出了更为多元化的要求。新版评价标准中，和创作设计直接相关的立项策划与方案设计阶段的条文数量，在1）控制项2）评分与加分项中均占到了近40%的比例，涵盖施工图设计的设计阶段内容，在两项中更是分别占到了约90%和80%的比例，充分体现了其对绿色设计一如既往的较高要求[19]。

标准的第4章至第9章中，涵盖了五大指标体系与一大加分项的17个类目的具体评价条文内容。依据其与设计流程与内容的相关性，总结其主要技术要点如表2-5所示。

我国绿色建筑评价标准（2019版）主要技术要点[19]　　　　　表2-5

设计流程	评价指标体系	设计内容与要点
规划与场地设计	安全耐久	场地应避开地质危险地段、场地或景观设置缓冲隔离区域、室外防滑措施设置、人车分流措施设置
	生活便利	无障碍步行系统设置、公共区域全龄化设计、场地步行距离控制、场地公共交通保障、停车场所合理位置、公共服务与公共活动空间设施设置、开敞公共与绿地空间步行可达、合理设置健身场地
	资源节约	建筑平面布局符合国家节能设计要求、节约集约利用土地、结合雨水综合利用设施营造室外景观水体、使用非传统水源、绿化灌溉采用节水设备或技术
	环境宜居	建筑规划布局满足日照标准且不降低周边建筑日照标准、室外热环境满足标准要求、合理选择绿化方式、场地竖向设计有利于雨水收集排放、场地内避免排放超标的污染源、室外设置便于识别和使用的标识系统、充分保护或修复场地生态环境、合理布局建筑及景观、规划场地地表雨水径流、场地雨水外排总量控制、充分利用场地空间设置绿化用地、室外吸烟区位置布局合理、利用场地空间设置绿色雨水基础设施、采取措施降低热岛强度、场地内自然通风优化设置、场地环境噪声低于国标要求
	提高与创新	合理选用废弃场地进行建设、场地绿容率不低于3.0

续表

设计流程	评价指标体系	设计内容与要点
形体设计	资源节约	建筑的体形符合国家节能设计要求
空间设计	安全耐久	安全防护警示和引导标识系统设置、交通与功能空间防护防滑水平提升、提升功能与设备空间的适变性
	健康舒适	控制污染物浓度、控制各空间空气二次污染、噪声级和隔声性能达标、充分利用天然光、建筑照明达标、保障室内热环境、设置可调节遮阳设施、改善室内热舒适、具有良好的室内热湿环境、优化建筑空间和平面布局以改善自然通风效果
	资源节约	建筑空间尺度符合国家节能设计要求、依据房间朝向对供暖空调区域细分、依据空间功能设置分区温度、合理降低过渡区空间温度设定标准、避免形体和布置严重不规则的建筑结构、公共建筑容积率控制、合理开发利用地下空间、停车空间节地措施
	生活便利	合理设置健身空间
围护结构设计	安全耐久	卫生间浴室的地面防水层设置、墙面顶棚防潮层设置、合理采用耐久性好的装饰装修材料
	健康舒适	围护结构热工性能符合规定
	资源节约	优化建筑围护结构的热工性能、建筑造型要素简约无大量装饰性构件、建筑围护结构符合国家节能设计要求、装修选用工业化内装部品
	环境宜居	规划屋面雨水径流
设备	健康舒适	给水排水系统达标、水质要求达标
	生活便利	设备系统自动监控管理、信息网络系统设置、自动远传资源计量系统设置、空气质量监测系统设置、具有智能化服务系统
	资源节约	结合当地气候和自然资源条件合理利用可再生能源、系统分区控制、采取有效措施降低供暖空调系统的末端系统及输配系统的能耗、空调性能系数符合规定、建筑及照明设计避免产生光污染、主要功能空间照明功率密度符合规定、公共区域的照明系统节能控制设置、采光区域照明独立控制、冷热源输配与照明能耗独立分项计量设置、电梯节能控制措施设置、使用较高用水效率等级的卫生器具、空调冷却水系统采用节水设备或技术
结构	安全耐久	结构满足承载力和使用功能要求、提高结构材料的耐久性、外遮阳太阳能设施空调室外机位外墙花池等外部设施与主体结构统一设计
	资源节约	合理选用建筑结构材料与构件
	提高与创新	采用符合工业化建造要求的结构体系与建筑构件
综合	资源节约	采取措施降低建筑能耗、建筑所在区域实施土建工程与装修工程一体化设计、选用可再循环可再利用材料及利废建材、选用绿色建材
	提高与创新	采用适宜地区特色的建筑风貌设计、充分利用尚可使用的旧建筑、应用建筑信息模型（BIM）技术、进行建筑碳排放计算分析、采取措施降低单位建筑面积碳排放强度、其他相关创新并有明显效益

　　此外，"十一五"至"十三五"期间，依托科技部科技计划与国家自然科学基金，以及一批地方科技计划项目等等重要科研项目相关研究，结合我国不同地域的典型气候与建筑特点，学者们已研究建立了部分可匹配当地设计建造需求的地域性绿色建筑体系，较典型的包括以《东北严寒地区村镇建设绿色综合技术》《东北严寒地区绿色村镇建设适用技术导则》《西北地区绿色生态建筑关键技术及应用模式》《长三角地区绿色住区适宜技术集成研究与应用》《上海市绿色建筑设计应用指南》《江苏省绿色建筑应用技术指南》《华南地区住宅建筑绿色技术适用性研究与集成应用分析》与《岭南历史建筑绿色改造技术集成与实践》等为代表的分别针对东北、西北、长三角、岭南地区的地域性绿色建筑技术模式体系。

　　此类地域性绿色建筑模式技术体系，部分对现有标准条文进行了匹配地域性设计需求的针对性梳理，如《上海市绿色建筑设计应用指南》。部分把所在地域的绿色建筑技术进行了全面系统的梳理，对设计要点进行了较详细的归纳与介绍，如《东北严寒地区村镇建设绿色综合技术》《西北地区绿色生态建筑关键技术及应用模式》《江苏省绿色建筑应用技术指南》。有的对适宜性关键技术的适用性与技术模式进行了深入的量化验证分析或设计要点的归纳，如《长三角地区绿色住区适宜技术集成研究与应用》和《岭南历史建筑绿色改造技术集成与实践》。有的甚至针对我国绿色建筑技术与评价标准条文进行了清单式梳理，结合典型绿建案例提出了各技术的方案优选指南，如《华南地区住宅建筑绿色技术适用性研究与集成应用分析》[20-27]。

2.4.1.3　现有体系的优势与不足

　　1）国外绿建技术体系

　　总体而言，德国PHI被动房设计技术体系气候适应目标明确，针对欧洲中北部寒冷气候条件的关键设计要点突出，且针对设计的关键控制性指标量化经验充分，因而应用检验效果较好。但因其设计原型源于居住建筑较为单一，故而既有模式对绿色公共建筑设计的适应性不强，且因设计技术手段适应欧洲中北部寒冷气候的针对性较强，其技术体系对围护结构性能提升较为侧重，而对设计全过程的方法覆盖尚未非常完善。

　　美国189.1—2009/2014系列《除低层居住建筑外的高性能绿色建筑设计标准》技术体系因属于国家标准，故具备较强的强制性标准特征，对设计的指导内容的规定较为明确清晰。其技术措施考虑较为全面，且其匹配建筑创作设计流程与使用习惯的特点，使其具备较高的设计指导水平，在指导设计过程中具备较强的实操性优势。但因其对气候条件的考虑则较为有限，且欠缺相应的量化检验，应用的准确性较《先进节能设计指南》与德国PHI被动房技术体系略有欠缺。且同时因所涉内容范畴技术性较强，对创作型设计内容中的形体、空间部分的指导覆盖仍尚有不足。

而美国《先进节能设计指南》技术体系因其将不同气候条件下各建筑设计手法与参数的能耗性能模拟作为核心验证手段，故而对预设的全美气候条件具有广泛且准确的适用性。且因其基于全设计流程的定量化模拟的验证方法，所以可为各设计流程与阶段提供较为系统全面的，具备量化参照设计指标值的设计指导。但因其由ASHREA主编，故而更加注重设计过程中对建筑围护结构性能与设备选型调控的优化控制，而对设计前期的场地、建筑布局与形体，空间设计的考虑较为有限，较不符合设计师的设计使用习惯，其适应创作推演型设计过程的水平尚可提升。同时，因其为节能设计指导，故未能基于设计参数对绿色建筑建成环境性能的模拟验证与设计指导作较好的考虑与覆盖。

2）国内绿建技术体系

我国的被动式超低能耗绿色建筑技术导则，以及后续升级发布的近零能耗建筑技术标准，相应技术体系对我国热工气候分区的考虑较为全面。但因并非是专门针对设计的技术体系，两者的内容覆盖依然以物性、构造、设备等传统技术优化范畴为主，即便是被冠以"被动式"的试行版技术导则，其对总体能耗的控制和对设计的提升方向依然更偏重于对围护结构和设备系统的性能优化控制，而对建筑的场地、形体与空间等与建筑创作设计具有更强关联性的内容所涉较为有限。且其对设计结果的验证分析主要基于性能优化设计方法，因而对设计的优化提升更多为结果导向的性能参数优化与技术措施调整，对创作型设计手法尤其是空间推演设计等的内容篇幅与指导缺乏强相关性。

与国内其他绿建标准相比，绿色建筑评价标准针对设计全流程各环节的覆盖面最广，在原标准的"四节一环保"基础上，广泛拓展了新增指标项对设计过程的考量，有效完善了我国绿建标准传统欠缺的对生活便利、舒适健康、环境宜居等内容的关注。但因其为评价指标，更着重于设计结果影响的评估，而对设计阶段技术手段的指引内容不够具体，针对典型设计模式、设计参数与详细设计策略等设计内容的指导、要求与建议较为有限，因而对创作型设计的指导水平略为有限。同样，标准中对设计手段的应用效果只以评价方法与结果的形式呈现，并无直接的量化检验支撑，故对创作型设计手法的性能优化实效指引同样略为有限。

而我国当前的地域性绿色建筑模式技术体系，首先，总体而言依然沿袭技术集成思路，主要指导设计后期物质技术的运用，对方案前期适应地域气候条件的创作型设计的关注较少。其次，设计应用对象也主要局限于空间体量较小的建筑类型，如《长三角地区绿色住区适宜技术集成研究与应用》和《华南地区住宅建筑绿色技术适用性研究与集成应用分析》主要适用于居住建筑，而《东北严寒地区村镇建设绿色综合技术》《东北严寒地区绿色村镇建设使用技术导则》则主要面向一般村镇建筑，而对空间体量较大的城市公共建筑的关注较为不足。

国内外各绿色建筑模式与技术体系较设计流程覆盖情况统计　　　　表2-6

技术一级标签	技术二级标签	国际知名绿建模式技术体系			
		德国PHI被动房设计技术体系	美国189.1-2009/2014系列《除低层居住建筑外的高性能绿色建筑设计标准》技术体系	美国《Advanced Energy Design Guide 先进节能设计指南》(AEDG)技术体系	中国《被动式超低能耗绿色建筑技术导则》技术体系
地域	地域气候条件分析	○		○	○
	地域资源利用		○		
场地	场地选址	○	○	○	○
	场地既有条件（现有规划、地貌、水文、植被等）利用		○		○
	场地可再生能源利用		○		
	场地物理环境模拟分析（日照、风、光、声等）				
布局	建筑布局兼顾场地、自然环境		○	○	○
	外部公共（地下、绿化、水体）空间控制				
	建筑布局的室外环境影响模拟分析（日照、风、热）				
景观	景观规划兼顾环境需求				○
室外环境	室外日照、风、光、热、湿环境指标，交通影响控制		○		
	场地节水及水资源利用		○		
形体	适应气候的形体体型（体型控制、迎风面等）	○		○	○
	适应气候的形体构造（架空、出挑等）				
	建筑形体的室内环境影响模拟分析（自然资源利用水平、日照、光、热、通风）			○	

第 2 章 适应气候的绿色公共建筑设计技术体系

续表

我国重要的绿建模式技术体系		我国地域性绿建模式技术体系					
中国《近零能耗建筑技术标准》GB/T 51350—2019 技术体系	中国《绿色建筑评价标准》GB/T 50378—2019 技术体系	《东北严寒地区村镇建设绿色综合技术》《东北严寒地区绿色村镇建设使用技术导则》技术体系	《西北地区绿色生态建筑关键技术及应用模式》技术体系	《长三角地区绿色住区适宜技术集成研究与应用》技术体系	《上海市绿色建筑设计应用指南》技术体系	《江苏省绿色建筑应用技术指南》技术体系	《华南地区住宅建筑绿色技术适用性研究与集成应用分析》技术体系
○	○		○	○			
							○
	○	○	○	○	○	○	○
		○	○	○	○	○	○
						○	
○	○	○	○	○	○	○	
	○	○	○	○	○	○	○
						○	
	○	○	○	○	○	○	○
	○		○	○	○	○	○
	○	○	○	○		○	○
○	○	○	○	○		○	○
						○	
						○	

技术一级标签	技术二级标签	国际知名绿建模式技术体系			
		德国 PHI 被动房设计技术体系	美国 189.1—2009/2014 系列《除低层居住建筑外的高性能绿色建筑设计标准》技术体系	美国《Advanced Energy Design Guide 先进节能设计指南》（AEDG）技术体系	中国《被动式超低能耗绿色建筑技术导则》技术体系
空间	兼顾空间性能需求的内部功能空间组织				
	大体量普通、低性能单一空间形态控制				
	内围护分隔				
	内部空间组织的室内环境影响模拟分析（自然资源利用水平、光、热、通风、能耗）			○	
	单一空间形态设计的室内环境影响模拟分析（自然资源利用水平、光、热、通风、能耗）			○	
围护结构	窗墙比、窗地比控制	○	○	○	○
	开窗朝向控制	○	○	○	○
	门窗开启比例、方式控制	○		○	
	遮阳水平控制	○	○	○	○
	围护结构形式设计环境影响模拟分析（光、热、通风、能耗）			○	
	外围护结构（外墙、屋面、门窗）基础热工性能控制	○	○	○	○
	外围护结构气密性控制	○		○	○
	外围护结构生态表皮设置（垂直绿化、种植屋面等）				
材料与构造	外围护结构选材控制		○		
	门窗构造控制			○	
	屋顶集水设置				
	围护结构选材、构造设计环境影响分析（光、热、声、能耗模拟）			○	
	围护结构选材、构造设计环境影响分析（环保评价）		○	○	

续表

我国重要的绿建模式技术体系		我国地域性绿建模式技术体系					
中国《近零能耗建筑技术标准》GB/T 51350—2019 技术体系	中国《绿色建筑评价标准》GB/T 50378—2019 技术体系	《东北严寒地区村镇建设绿色综合技术》《东北严寒地区绿色村镇建设使用技术导则》技术体系	《西北地区绿色生态建筑关键技术及应用模式》技术体系	《长三角地区绿色住区适宜技术集成研究与应用》技术体系	《上海市绿色建筑设计应用指南》技术体系	《江苏省绿色建筑应用技术指南》技术体系	《华南地区住宅建筑绿色技术适用性研究与集成应用分析》技术体系
○	○	○	○	○			
○	○	○					
						○	
		○	○	○	○		○
		○	○	○		○	
						○	
○	○	○	○	○	○	○	○
						○	
○	○	○	○	○			○
○		○					
		○	○	○		○	
	○	○	○	○	○	○	○
		○	○	○		○	
			○	○		○	
						○	
						○	

技术一级标签	技术二级标签	国际知名绿建模式技术体系			中国《被动式超低能耗绿色建筑技术导则》技术体系	
		德国 PHI 被动房设计技术体系	美国 189.1—2009/2014 系列《除低层居住建筑外的高性能绿色建筑设计标准》技术体系	美国《Advanced Energy Design Guide 先进节能设计指南》（AEDG）技术体系		
室内环境	室内光热环境指标控制	○	○	○		
	室内空气质量指标控制	○	○	○		
设备	新风系统选用	○	○	○	○	
	室内输配、末端优化	○				
	太阳能设备选用	○	○	○	○	
	太阳能设备一体化设计					
	地源热泵设备选用		○	○	○	
	余热回收设备选用与优化	○	○	○	○	
	其他自然冷热源利用			○		
	暖通空调设备能效等优化	○	○	○	○	
	照明、电气设备、供配电系统能效优化		○	○	○	
	本地热水DHW系统选用	○	○	○		
结构	结构节材或节地优化	○	○			
	结构性热桥控制	○		○	○	
使用	人员使用行为、设施优化			○		
	建筑物节水		○			
运维	人员运营管理优化		○	○		
	能耗、用水监测与管控		○	○	○	
	信息网络与智能化管控		○			

续表

我国重要的绿建模式技术体系		我国地域性绿建模式技术体系					
中国《近零能耗建筑技术标准》GB/T 51350—2019 技术体系	中国《绿色建筑评价标准》GB/T 50378—2019 技术体系	《东北严寒地区村镇建设绿色综合技术》《东北严寒地区绿色村镇建设使用技术导则》技术体系	《西北地区绿色生态建筑关键技术及应用模式》技术体系	《长三角地区绿色住区适宜技术集成研究与应用》技术体系	《上海市绿色建筑设计应用指南》技术体系	《江苏省绿色建筑应用技术指南》技术体系	《华南地区住宅建筑绿色技术适用性研究与集成应用分析》技术体系
	○	○	○	○	○		○
	○	○	○				○
	○		○	○	○	○	○
	○	○	○		○	○	
○	○	○	○				○
			○			○	
○	○		○	○		○	○
○	○	○	○			○	○
○	○		○				
○	○				○	○	○
○	○			○		○	○
○	○				○		○
	○			○			○
○							
	○						
	○	○	○	○	○	○	○
	○					○	
○	○		○		○	○	
			○			○	○

国内外各绿色建筑模式与技术体系较设计流程覆盖率统计　　表2-7

	国际知名绿建模式技术体系			我国重要的绿建模式技术体系			我国地域性绿建模式技术体系					
	德国PHI被动房设计技术体系	美国189.1—2009/2014系列《除低层居住建筑外的高性能绿色建筑设计标准》技术体系	美国《先进节能设计指南》（Advanced Energy Design Guide，AEDG）技术体系	中国《被动式超低能耗绿色建筑技术导则》技术体系	中国《近零能耗建筑技术标准》GB/T 51350—2019技术体系	中国《绿色建筑评价标准》GB/T 50378—2019技术体系	《东北严寒地区村镇建设绿色综合技术》《东北严寒地区绿色村镇建设使用技术导则》技术体系	《西北地区绿色生态建筑关键技术及应用模式》技术体系	《长三角地区绿色住宅适宜技术集成研究与应用》技术体系	《上海市绿色建筑设计应用指南》技术体系	《江苏省绿色建筑应用指南》技术体系	《华南地区住宅建筑绿色技术适用性研究与集成应用分析》技术体系
地域	50%	50%	50%	50%	50%	50%	0	50%	50%	0	0	50%
场地	25%	75%	25%	50%	0	25%	50%	50%	25%	50%	75%	50%
布局	0	33%	33%	33%	33%	67%	67%	33%	67%	67%	100%	33%
景观	0	0	0	100%	0	100%	100%	100%	100%	100%	100%	100%
室外环境	0	100%	0	0	0	100%	50%	100%	100%	50%	100%	100%
形体	33%	0	67%	33%	33%	33%	33%	33%	33%	0	100%	33%
空间	0	0	40%	0	40%	40%	40%	20%	20%	0	20%	0
围护结构	75%	50%	88%	63%	38%	25%	75%	63%	63%	38%	75%	38%
材料与构造	0	40%	60%	0	0	20%	40%	60%	60%	20%	100%	40%
室内环境	100%	100%	100%	0	0	100%	100%	100%	0	50%	0	100%
总计（对创作型设计内容的覆盖率）	31%	43%	54%	31%	23%	43%	54%	54%	49%	31%	69%	43%
设备	60%	70%	80%	60%	70%	90%	30%	60%	30%	60%	80%	70%
结构	100%	50%	50%	50%	50%	50%	0	0	50%	0	0	50%
使用	0	50%	50%	0	0	100%	50%	50%	50%	50%	50%	50%
运维	0	100%	67%	33%	33%	67%	0	67%	0	33%	100%	100%
总计（对全流程设计内容的覆盖率）	37%	52%	60%	37%	33%	56%	44%	54%	42%	37%	69%	52%

不同建筑技术体系简化评估　　　　　　　　表2-8

技术体系有效性分析不同绿建技术体系	国际知名绿建模式技术体系			我国重要的绿建模式技术体系			我国地域性绿建模式技术体系					
	德国PHI被动房设计技术体系	美国189.1—2009/2014系列《除低层居住建筑外的高性能绿色建筑设计标准》技术体系	美国《先进节能设计指南》技术体系	中国《被动式超低能耗绿色建筑技术导则（试行）》（居住建筑）技术体系	中国《近零能耗建筑技术标准》GB/T 51350—2019技术体系	中国《绿色建筑评价标准》GB/T 50378—2019技术体系	《东北严寒地区村镇建设绿色综合技术》《东北严寒地区绿色村镇建设使用技术导则》技术体系	《西北地区绿色生态建筑关键技术及应用模式》技术体系	《长三角地区绿色住区适宜技术集成研究与应用》技术体系	《上海市绿色建筑设计应用指南》技术体系	《江苏省绿色建筑应用技术指南》技术体系	《华南地区住宅建筑绿色技术适用性研究与集成应用分析》技术体系
气候条件/分区覆盖性	因主要针对中、北欧气候，对各种气候条件的覆盖率相对局限	适用于全美，但未细化特定气候区的技术应用，对多气候条件的覆盖率良好	为美国各气候区的技术应用均提供了控制指引，对多气候条件的覆盖率高	适用于我国全气候区近零能耗技术运用，对各种气候条件的覆盖率与设计指导性相对较好	适用于我国全气候区近零能耗技术运用，对各种气候条件的覆盖率与设计指导性相对较好	适用于我国全气候区绿色性能进行评价，对各种气候条件的覆盖率相对较好	因主要针对我国东北严寒气候，对各种气候条件的覆盖率相对局限	因主要针对我国西北严寒及寒冷地区气候，对各种气候条件的覆盖率相对局限	因主要针对我国长三角夏热冬冷地区气候，对各种气候条件的覆盖率相对局限	因主要针对上海夏热冬冷地区气候，对各种气候条件的覆盖率相对局限	因主要针对江苏省夏热冬冷地区气候，对各种气候条件的覆盖率相对局限	因主要针对南方夏热冬暖地区气候，对各种气候条件的覆盖率相对局限
气候条件/分区目标适应水平	针对中欧温和及北欧寒冷气候冬季减少散热进而实现节能设计的需求，体系针对该气候区设计技术目标较为明确	体系施行综合评价，目标较为多元，除少量条文外，未针对单一气候区设置目标，设计目标指向明确但气候区未聚焦	以在原有能耗基础上实现30%节能至净零能耗为技术目标，为各项技术在美国各气候区的应用均提供了具体的定量化控制指标特征值，针对各气候区设计目标较为明确	面向各气候区以实现近零能耗为目标，体系针对各气候区技术目标较为明确	面向各气候区以实现近零能耗为目标，体系技术目标较为明确	体系施行综合评价，目标较为多元，除少量条文外，未针对单一气候区目标，设计目标指向明确但气候区未聚焦	主要针对我国东北严寒气候，体系针对该气候区设计技术目标较明确	因主要针对我国西北严寒及寒冷地区气候，体系针对该气候区设计技术目标较为明确	因主要针对我国长三角夏热冬冷地区气候，体系针对该气候区设计技术目标较为明确	因主要针对上海夏热冬冷地区气候，体系针对该气候区设计技术目标较为明确	因主要针对江苏省夏热冬冷地区气候，体系针对该气候区设计技术目标较为明确	因主要针对我国南方夏热冬暖地区气候，体系针对该气候区设计技术目标较为明确
设计技术全面性	体系设计技术要点集中，对全设计流程内容覆盖相对局限	面向全设计流程与内容施行评价，除对形体、空间设计未覆盖外，对全流程覆盖相对尚可	面向全设计流程与内容施行评价，除对场地、布局、形体、空间设计覆盖略有不足外，对全流程覆盖较好	设计流程与技术覆盖偏重后期深化阶段，前期与方案阶段覆盖较为有限	设计流程与技术覆盖偏重后期深化阶段，前期与方案阶段覆盖为有限	面向全设计流程与内容施行评价，除对形体、空间设计覆盖略有不足外，对全流程覆盖相对较好	面向全设计流程与内容施行评价，除对形体、空间设计覆盖略有不足外，对全流程覆盖相对较好	面向全设计流程与内容施行评价，除对形体、空间设计覆盖略有不足外，对全流程覆盖相对较好	面向全设计流程与内容施行评价，除对形体、空间设计覆盖略有不足外，对全流程覆盖相对较好	面向全设计流程与内容施行评价，除对形体、空间设计未有覆盖外，对全流程覆盖相对较好	面向全设计流程与内容施行评价，除对形体、空间设计覆盖略有不足外，对全流程覆盖相对较好	面向全设计流程与内容施行评价，除对形体、空间设计覆盖不足外，对全流程覆盖相对较好

续表

技术体系有效性分析不同绿建技术体系	国际知名绿建模式技术体系			我国重要的绿建模式技术体系			我国地域性绿建模式技术体系					
	德国PHI被动房设计技术体系	美国189.1—2009/2014系列《除低层居住建筑外的高性能绿色建筑设计标准》技术体系	美国《先进节能设计指南》技术体系	中国《被动式超低能耗绿色建筑技术导则(试行)》(居住建筑)技术体系	中国《近零能耗建筑技术标准》GB/T 51350—2019技术体系	中国《绿色建筑评价标准》GB/T 50378—2019技术体系	《东北严寒地区村镇建设绿色综合技术》《东北严寒地区绿色村镇建设使用技术导则》技术体系	《西北地区绿色生态建筑关键技术及应用模式》技术体系	《长三角地区绿色住区适宜技术集成研究与应用》技术体系	《上海市绿色建筑设计应用指南》技术体系	《江苏省绿色建筑应用技术指南》技术体系	《华南地区住宅建筑绿色技术适用性研究与集成应用分析》技术体系
创作型设计内容指导水平	因以节能技术实效为目标,侧重技术措施,对创作型设计的指导较为有限	因对空间形体设计覆盖有限而侧重深化与技术措施,对创作型设计的指导仍可提升	因以节能技术实效为目标,对空间形体设计内容仅略有覆盖,对创作型设计的指导仍可提升	因以节能技术实效为目标,侧重技术措施,对创作型设计的指导较为有限	因以节能技术实效为目标,对空间形体设计覆盖有限而侧重技术措施,对创作型设计的指导仍可提升	因为评价体系,侧重结果评价,针对创作型设计的指导略为有限	因对空间形体设计覆盖有限而侧重技术措施,故对创作型设计的指导仍可提升	对空间形体设计内容略有覆盖,对创作型设计的指导相对尚可	对空间形体设计内容有所覆盖,对创作型设计的指导相对较好	仅为现行标准摘录归纳,针对创作型设计的指导较为有限	因对空间形体设计覆盖有限而侧重技术措施,故对创作型设计的指导仍可提升	因对空间形体设计覆盖有限而侧重技术措施,故对创作型设计的指导较为有限
基于性能化设计的设计指标应用实效水平	技术指标均基于性能实效目标提出,指标应用实效水平相对较高	设计指标对应用实效做了一定考虑,指标应用实效水平相对良好	技术指标均基于性能实效目标提出,指标应用实效水平相对较高	技术指标均基于性能实效目标提出,指标应用实效水平相对较高	技术指标均基于性能实效目标提出,指标应用实效水平相对较高	注重绿色性能实效评价,指标应用实效水平相对较高	设计指标对应用实效做了一定考虑,指标应用实效水平相对良好	设计指标对应用实效的考量有限,指标应用实效水平相对局限	设计指标对应用实效做了一定考虑,指标应用实效水平相对良好	仅为现行标准摘录归纳,指标应用实效水平较为有限	设计指标对应用实效做了一定考虑,指标应用实效水平相对良好	设计指标对应用实效的考量有限,指标应用实效水平相对局限
建筑类型覆盖水平	起始适用于小型住宅建筑,建筑种类覆盖水平仍在提升中	技术适用于各类型公共建筑,建筑种类覆盖相对较好	技术适用于各类型公共建筑,建筑种类覆盖相对较好	技术适用于居住建筑,建筑种类覆盖相对局限	技术适用于各类型建筑,建筑种类覆盖较好	面向全类型建筑评价,建筑种类覆盖较好	技术主要适用于村镇住宅建筑,建筑种类覆盖相对局限	技术适用于各类型建筑,建筑种类覆盖较好	技术主要适用于居住与住区建筑,建筑种类覆盖相对局限	技术适用于各类型建筑,建筑种类覆盖较好	技术适用于各类型建筑,建筑种类覆盖较好	技术适用于居住建筑,建筑种类覆盖相对局限

　　总体而言,当前以德国PHI被动房主被动结合建筑模式,和美国《先进节能设计指南》(*Advanced Energy Design Guide*)为代表的国际绿色建筑模式技术体系,分别在绿色建筑的设计技术成熟集成和基于性能化模拟指导多气候条件下的绿色建筑全过程设计方面引领了绿色建筑系统化的创作型设计技术体系的发展方向。相较之下,我国的既有绿色建筑技术体系发展,在这两方面都尚处于起步阶段,或是对于各气候区的差异性考虑不足,或是对于设计中的地域气候资源条件分

析、室内环境控制设计的指导有限，因而对于适应各地域气候条件的创作型设计的指导水平仍有待提升。

2.4.1.4 各技术体系综述比较

表2-5和表2-6针对绿色建筑设计各环节内容覆盖情况，对如上国内外各绿色建筑模式与技术体系进行了详细统计。统计结果显示，国内外各绿建技术体系的覆盖比率总体接近，除新版绿色建筑评价标准外，我国既有全国性绿建模式的设计技术体系覆盖比率略低于德国PHI被动房、美国189.1标准等国际知名的绿建模式。主要差距体现在室内环境控制部分的设计内容，这主要是由两者在绿建标准规范中相关内容的侧重差异，以及性能化模拟等环境影响评估设计技术对于方案推演的支持水平差异造成的。而在地域气候资源条件收集、场地与布局设计、室外环境、形体、空间、围护结构等创作型设计内容，设备、结构等专业设计，以及后续的使用、运维方面，我国的全国性绿建模式与国际知名模式设计技术覆盖比率相当。在部分设计内容中，如景观设计方面，我国的全国性绿建技术表现甚至更优，我国的最新修订版《绿色建筑评价标准》GB/T 50378—2019，针对创作型设计的覆盖较为全面，对布局、景观、室外环境等传统绿建方案易于忽视的部分均有较好的考量与覆盖，但因评价标准的条文内容侧重于设计结果影响的评估而非设计策略的指导，故其对创作型设计内容全过程的拓展还需进一步体现在后续相关的设计标准指引制定与更新中。而针对建筑方案创作型设计的核心—形体、空间等设计内容，国内外全国性绿建技术体系的覆盖表现均需进一步提升。

值得注意的是，我国各地域性绿建模式技术体系无论对于创作型设计还是全设计过程的覆盖情况均达到或略优于国内外全国性绿建模式平均水平。尤其针对创作型设计内容，除对于空间与室内环境部分的覆盖略有不足外，对其他各设计环节均有较好的覆盖，体现出当前我国各代表性地域针对各自的地域性绿建设计技术已开始体现出相对全面的考量（表2-6、表2-7）。

为进一步对上述国内外各绿建技术体系深入全面分析比较，研究分别针对各技术体系的气候条件/分区目标适应水平、气候条件/分区覆盖性、设计技术全面性、创作型设计内容指导水平、基于性能化设计的设计指标应用实效水平、建筑类型覆盖水平等不同方面，对如上国内外各绿色建筑模式的技术体系的体系化气候适应性设计技术实施水平进行了评估分析及总结，如表2.7所示。

结果显示，当前，我国现有的全国性绿建技术体系，对于创作型设计内容的指导水平、设计全流程的匹配水平以及基于性能评估的设计实效控制水平均需有效提升，同时对全国气候分区也需有综合全面的考量与覆盖。

综上，我国亟需基于既有地域性绿建设计经验与模式，总结拓展提出覆盖各气候分区和较全面匹配全设计流程，同时可基于性能模拟实效验证，对创作型设计各方面提供足够指引的全国性绿色建筑设计技术体系，尤其针对高能耗以及环境性能承载力不足问题日益突出的公共建筑设计，以较好地实现对方案设计等前期创作型设计阶段绿色目标融入与设计手段驱动能力的全面提升，满足我国绿色公共建筑不断增长的规模化建设需求，并缓解其不断提升的设计复杂性与相应性能控制要求间日益尖锐的矛盾与困境。

2.4.2　面向新技术的气候适应型绿色公共建筑设计技术新体系

有鉴于上述国际上较为先进的绿色建筑技术体系，并基于当前国内既有的全国性及地域性绿色建筑技术体系，针对我国绿色建筑尤其是绿色公共建筑应对严寒、寒冷、夏热冬冷及夏热冬暖等多地域气候条件下的气候适应性设计需求，以绿色目标先行为基础，为系统化有力提升建筑师创作型设计过程中，各类绿色辅助设计技术的应用水平，及其对创作型设计内容的指导效果，以有效达成节能、舒适、宜居等与地域气候密切相关的核心绿色设计目标，笔者提出可匹配新型绿色建筑设计流程的，面向各类新型绿色辅助技术的新型"地域气候适应型绿色公共建筑设计技术体系"框架（以下简称新"体系框架"）（图2-13）。

新"体系框架"中，考虑建筑师对各设计技术应用方式的基本区别，将绿色建筑设计在气候适应性过程中主要涉及的各类设计技术分为直接技术与间接技术两类。

首先将建筑师基于领域内传统专业知识、技能、经验等，可直接加以实践应用的手法手段等设计技术等，如针对场地、布局、形体、空间、围护结构等内容的设计创作过程中的策略决策匹配、方案推演复盘优化更新设计操作等，归纳为直接技术。

除直接技术外，新"体系框架"更具革新性意义，是将气候资源条件收集、性能模拟分析等建筑师除领域内传统专业知识、技能以外，还需借助建筑物理、建筑设备、绿色建筑工程师等其他专业、工种相关知识、工具等加以间接应用，但完成绿色设计目标又必需的新型设计辅助技术等纳入，归纳为间接技术。

具体而言，在新"体系框架"的直接、间接技术分类下，对应绿色建筑设计"新流程"中各设计内容与任务，着重考虑关键气候适应性设计步骤内容所需，又进一步将所有设计技术分为八种类型。

其中间接技术主要包含四类设计技术内容，包括对应设计"新流程"中前期策划阶段中的场地气候条件收集分析、可再生资源条件收集分析等场地气候资源条件分析技术，对各设计阶段方案推演过程中的场地、形体、空间、围护结构以及主动式设备等各方面的配置与设计举措之得失热负荷

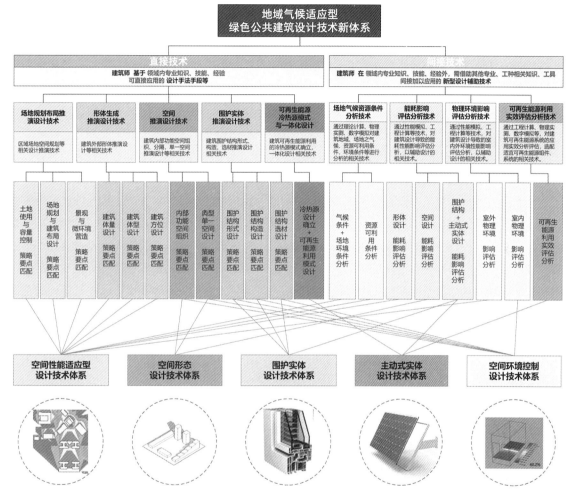

图2-13 地域气候适应型绿色公共建筑设计技术新体系框架

与能耗性能、室内外物理环境性能影响验证评估的能耗影响评估分析技术、物理环境影响评估分析技术，以及对方案及深化设计阶段中可再生能源系统前端能源采集设备配置的产能实效评估的可再生能源利用评估分析技术等各类开展气候适应型设计中亟需的新型设计辅助技术。

直接技术也包含五类设计技术内容，包括在设计"新流程"中主要对应为方案设计阶段的土地使用与容量控制、场地规划与建筑布局设计、景观规划与环境设计等场地布局规划推演设计技术，建筑外部体量设计、外部形体设计等体量形体生成推演设计技术，以及内部功能空间组织设计、内部典型普通性能单一空间形态设计等空间推演设计技术，并包括同时体现于方案设计、初步设计和施工图深化阶段中的围护结构形式、构造、材料推演设计等围护实体推演设计技术，以及可再生能源冷热源确立、利用模式设计，以及太阳能设备前端一体化构造设计、采暖制冷空间与末端优化设计等可再生能源冷热源模式与一体化设计技术。直接技术主要基于领域内传统专业知识、技能、经验等的总结，针对各地域气候适应型的设计需要，借助大数据搜索、人工智能等新技术，为各个设计阶段的各项等推演设计过程提供适应各气候条件的设计策略要点匹配等设计技术支撑。

基于新"体系框架"直接与间接两大技术类别，及其包含的具体技术类型，从各项设计内容的气候适应性设计过程出发形成的相应设计技术集，则往往将既涵盖相关的直接技术，又涵盖同一设计内容相关的间接技术。如场地规划的推演设计过程，完成前期方案选择决策时需要直接技术中的设计策略要点搜寻匹配，在设计前期又将需要间接技术中的场地气候与资源条件分析技术为之提供先期设计资料基础，以及能耗、环境影响评估分析技术为其方案推演过程提供影响实效的即时反馈以及关键指标达标验证；又如可再生能源设备实体的设计应用，既需要方案阶段借助于直接技术完成可再生能源的冷热源确立与调控空间的优化设计，又将需要依托性能模拟或实测等的可再生能源利用实效评估，以及能耗、环境影响评估分析等间接技术，为其可再生能源采集利用的实际效果，以及对建筑负荷能耗和室内外的风、光、热物理环境影响进行相应的方案推演反馈以及应用指标效果验证等。

基于气候适应性核心绿色设计目标驱动，按照直接与间接技术体系化统筹、协同式推演、设计引导设备的思想理念，这些对应各项设计内容的分项设计技术集，因而相应都各自分别形成了设计全过程中，完成气候适应性设计的相关设计内容，即解决所属设计问题的分项设计技术体系。包括设计前期与方案设计阶段主要收集分析场地气候与资源可利用条件，完成场地规划布局设计、建筑外部体量形体设计等推演设计内容，着力于应对外部气候条件、初步调节营造建筑室内外空间性能的空间性能适应性设计技术体系；方案设计阶段完成内部功能空间组织、典型普通性能空间形态设计等推演设计内容的空间形态设计技术体系；方案与初步设计阶段相继完成围护结构实体的形式、构造、材料设计等推演设计内容的围护实体设计技术体系；涉及方案、初步、施工图设计各阶段，完成早期可再生能源利用的冷热源确立、采暖制冷调控空间组织优化，以及中后期可再生能源前端一体化构造设计、采暖制冷末端优化设计的主动式实体设计技术体系；以及同样贯穿方案、初步、施工图设计各阶段，通过完成空间合理组织，外围护结构的保温隔热、采光、防眩光、通风设计，以及内围护结构材料设计，以实现室内热湿环境控制、室内光环境控制以及室内空气质量控制的空间环境控制设计技术体系。

同时，为凸显气候适应性绿色设计目标中能耗节约、环境宜居目标的相对核心地位，本研究以节能与环境宜居作为空间性能适应性设计技术体系的主要控制目标，以节能作为空间形态设计技术体系、围护实体设计技术体系、主动式实体设计技术体系的主要控制目标，并考虑到"新绿标"对健康舒适的侧重，以健康舒适作为目标，全面涵盖空间、围护结构关键设计技术内容单独设置了空间环境控制设计技术体系。

自此，新"体系框架"围绕能耗节约、环境宜居、舒适健康为核心的气候适应性绿色目标，形成了包含建筑师基于领域内传统专业知识、技能、经验直接应用，以及需借助其他专业或工种相关知识、工具间接应用的直接或间接技术的，并全面涵盖公共建筑的气候适应性设计过程中，从设计前期的场地气候资源条件收集分析，到方案、初步、施工图设计阶段的场地布局、形体、空间、围护结构实体、主动式设备实体设计，以及室内空间环境控制设计各方面设计内容的，全方位、全专业、全链条的设计技术体系。

新"体系框架"全面而体系化的设计技术指引，依托全面、序列化的设计内容统筹，与科学高效的设计效果反馈验证，可从根本上解决直接技术气候适应性设计目标不明确的现有问题，以及间接技术辅助设计水平不高甚或缺位导致的设计效果把控难题，大大提升各项新型绿色辅助设计技术对我国绿色公共建筑创作型设计的辅助水平，保障共同绿色设计目标下不同设计技术的最大潜力挖掘，集中改善公共建筑大量工程实践的绿色性能表现。图2-13展示了面向各类新型绿色辅助技术的"地域气候适应型绿色公共建筑设计技术体系框架"。

基于上述新"体系框架"形成的气候适应型设计的直接间接技术区分、各设计技术内容类别，及其在各分项设计技术体系中推演反馈决策、实效影响评估等技术组合需要，依照上述提出的地域气候适应型绿色建筑设计"新流程"所涉各项地域气候适应型设计技术内容序列，全面梳理形成了新型"地域气候适应型绿色公共建筑设计技术体系"（以下简称新"体系"）及其详细内容（图2-14）。

基于新"体系"的五类分项设计技术体系分类，将其各自详细设计技术内容设置如下：

首先，针对着力于应对外部气候条件、初步调节营造建筑室内外空间性能的空间性能适应性设计技术体系，梳理了包括土地使用与容量控制、景观与微环境营造、场地规划与建筑布局设计等直接技术，以及气候、环境与资源可利用条件分析和室外环境设计影响评估分析等间接技术在内的各

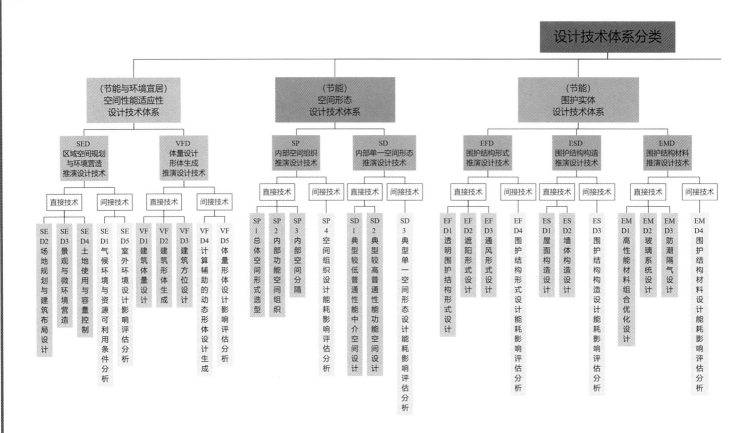

图2-14 地域气候适应型绿色公共建筑设计技术新体系分项内容图

类区域空间规划与环境营造推演设计技术；同时梳理了包括建筑体量设计、建筑体型设计、建筑方位设计等直接技术，以及计算辅助的动态形体设计生成、体量形体设计影响评估分析等间接技术在内的各类体量设计形体生成推演设计技术。

其次，针对着力于处理建筑内部空间对象的组织关系、形态等在气候适应中的设计优化的空间形态设计技术体系，梳理了包括总体空间形式选型、内部功能空间组织、空间分隔设计等直接技术，以及空间组织设计能耗影响评估分析间接技术的内部空间组织推演设计技术；同时梳理了包括典型较低普通性能中介空间设计、典型较高普通性能功能空间设计等直接技术，以及典型单一空间形态设计能耗影响评估分析间接技术的内部单一空间形态推演设计技术。

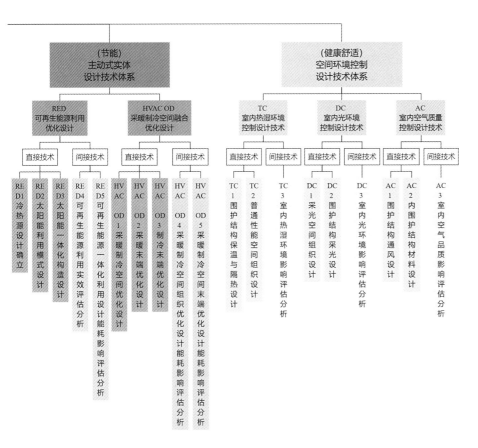

再次，针对处理适应地域气候的围护结构实体优化设计内容的围护实体设计技术体系，梳理了包括透明围护结构形式设计、遮阳形式设计、通风形式设计等直接技术，以及围护结构形式设计能耗影响评估分析间接技术在内的围护结构形式推演设计技术；同时梳理了包括屋面构造设计、墙体构造设计等直接技术，以及围护结构构造设计能耗影响评估分析间接技术在内的围护结构构造推演设计技术；另外还总结梳理了包括高性能材料组合优化设计、防潮隔气设计、玻璃系统设计等直接技术，以及围护结构材料设计能耗影响评估分析间接技术在内的围护结构材料推演设计技术。

而后，针对处理各地域气候条件下可再生能源利用以及采暖制冷设备优化设计的主动式实体设计技术体系，梳理了包括冷热源设计确立、太阳能利用模式设计、一体化构造设计等直接技术，以及可再生能源利用实效评估分析、一体化利用设计能耗影响评估分析等间接技术在内的可再生能源利用优化设计技术；同时梳理了包括采暖制冷空间优化设计、末端优化设计等直接技术，以及各自相应能耗影响评估分析等间接技术在内的采暖制冷空间融合优化设计技术。

最后，针对处理适应各地域气候条件的室内物理环境优化设计内容的空间环境控制设计技术体系，本研究梳理了包括围护结构保温与隔热、普通性能空间组织设计等直接技术，以及室内热湿环境影响评估分析间接技术的室内热湿环境控制设计技术；同时梳理了包括采光空间组织设计、围护结构采光设计、防眩光设计等直接技术，以及室内光环境影响评估分析间接技术的室内光环境控制设计技术；另外还总结梳理了包括围护结构通风设计、内围护结构材料设计等直接技术，以及室内空气品质影响评估分析间接技术的室内空气质量控制设计技术。

各分项设计技术体系与新"体系"整体的相互关系如图2-15所示，在本书第三章至第七章中，将对如上新"体系"的各分项设计技术体系中的各设计技术具体内容，以及部分关键设计技术项的详细分析，或示例性定量化验证进行详细介绍。

与传统设计技术应用模式相较，新"体系"主要体现出如下创新：

首先，新"体系"全方位考量各类设计技术差异，为各种新型直接、间接设计技术，较为全面地梳理验证了关键设计技术应用要点，尤其针对建筑师相对不熟悉，而保障绿色公共建筑设计实效所亟需的气候资源条件分析、能耗环境性能化模拟等各类间接技术应用，体系化地提供了关键信息指引。

其次，为实现创作型设计的绿色设计目标有效达成，新"体系"全面对位绿色建筑设计"新流程"，针对方案全过程之场地、形体、空间、围护结构各阶段的推演设计，乃至主动式技术的设计选用与集成，以"源头驱动、设计引导""体系统筹、设备补足"的前瞻性与整体性思维，统筹指导管控设计工作序列；同时充分借助气候调节基本原理、性能模拟先进技术完成对设计手法决策结果的高效反馈、科学指引，从而全方位体系化支持建筑师完成绿色公共建筑方案的快速推演设计与深化，形成了体系化创作型设计技术支撑。

笔者力求通过该新"体系"的提出，为绿色公共建筑适应地域气候条件，全过程高效推演优化设计提供体系化技术应用依托，形成绿色公共建筑设计的设计技术应用新范式。诚然，因时间精力所限，如上各设计技术体系的设置仍待完善。

参考文献

[1]　孙澄，孙慧萱，时辰. 数字语境下的高大空间建筑热舒适性能研究[J]. 城市建筑，2017（2）：26-29.

[2]　林宪德. 绿色建筑[M]. 北京：中国建筑工业出版社，2011.

[3]　刘加平. Research and Practice on Passive+Active Solar Heating in Tibet, China [C]. Paris, the ICREN 2019 conference, 2019.4.

[4]　尤德森. J. Green Building Through Integrated Design [M]. 姬凌云，译. 沈阳：辽宁科学技术出版社，2008.

[5]　林波荣，李紫薇. 气候适应型绿色公共建筑环境性能优化设计策略研究[J]. 南方建筑，2013（3）：17-21.

[6]　Jeff Potter, An Architect's Guide to Integrating Energy Modeling In The Design Process [M]，2012.

[7]　栅国男《古坟の设计》，中川武改绘.

[8]　太田博太郎. 日本建筑史基础资料集成1社殿（1）[M]. 东京：中央公论美术出版，1999.

[9]　张十庆. 古代建筑的设计技术及其比较——试论从《营造法式》至《工程做法》建筑设计技术的演变和发展[J]. 华中建筑，1999，17（4）：92–98.

[10]　中川武. "建筑设计技术的变迁"，讲座·日本技术の社会史第七卷建筑[M]，日本评论社，1983.

[11]　内藤昌. 大工技術書について [Z].

[12]　德国被动房研究院（PHI）官网：www.passiv.de.

[13]　ASHRAE/ANSI/USGBC/IES Standard 189.1–2014 Standard for the design of high–performance green buildings except low–rise residential buildings [S]. ASHRAE, 2014.

[14]　American Society of Heating, Refrigerating and Air–Conditioning Engineers, The American Institute of Architects, Illuminating Engineering Society, U.S. Green Building Council, U.S. Department of Energy,《Achieving Zero Energy: Advanced Energy Design Guide for K–12 School Buildings》[M]. ASHRAE, 2018.

[15]　American Society of Heating, Refrigerating and Air–Conditioning Engineers, The American Institute of Architects, Illuminating Engineering Society, U.S. Green Building Council, U.S. Department of Energy,《Achieving Zero Energy: Advanced Energy Design Guide for Small to Medium Office Buildings》[M]. ASHRAE, 2019.

[16]　American Society of Heating, Refrigerating and Air–Conditioning Engineers, The American Institute of Architects, Illuminating Engineering Society, U.S. Green Building Council, U.S. Department of Energy,《Advanced Energy Design Guide for Medium to Big Box Retail Buildings: Achieving 50% Energy Savings Toward a Net Zero Energy Building》[M]. ASHRAE, 2011.

[17]　中华人民共和国住房和城乡建设部. 被动式超低能耗绿色建筑技术导则（试行）（居住建筑）的通知[EB/OL]. [2015–11–10]. http://www.mohurd.gov.cn/wjfb/201511/t20151113_225589.html.

[18]　中华人民共和国住房和城乡建设部. 近零能耗建筑技术标准：GB/T 51350—2019[S]. 北京：中国建筑工业出版社，2019.

[19]　中华人民共和国住房和城乡建设部. 绿色建筑评价标准技术体系：GB/T 50378—2019[S]. 北京：中国建筑工业出版社，2019.

[20]　梅洪元，等. 东北严寒地区村镇建设绿色综合技术[M]. 北京：中国建筑工业出版社，2016.

[21]　梅洪元，等. 东北严寒地区绿色村镇建设适用技术导则[M]. 北京：中国建筑工业出版社，2015.

[22]　倪欣. 西北地区绿色生态建筑关键技术及应用模式[M]. 西安：西安交通大学出版社，2017.

[23]　杨靖，等. 长三角地区绿色住区适宜技术集成研究与应用[M]. 南京：东南大学出版社，2013.

[24]　上海市绿色建筑协会. 上海市绿色建筑设计应用指南[M]. 北京：中国建筑工业出版社，2018.

[25]　江苏省住房和城乡建设厅科技发展中心. 江苏省绿色建筑应用技术指南[M]. 南京：江苏科学技术出版社，2013.

[26]　黄维纲. 华南地区住宅建筑绿色技术适用性研究与集成应用分析[M]. 广州：华南理工大学出版社，2012.

[27]　郭卫宏，等. 岭南历史建筑绿色改造技术集成与实践[M]. 广州：华南理工大学出版社，2018.

第 **3** 章

绿色公共建筑空间性能

适应性设计技术体系

绿色建筑的根本目标在于人、自然、建筑和谐关系的重塑[1]。在完成针对不同气候的适应型设计时，塑造此和谐关系的核心需求，便是使用者所需的人居建成环境空间性能对不同气候条件的适应水平的提升。

本章首先从物理环境性能核心出发，对"空间性能"概念予以解析，并基于公共建筑关注环境品质与能耗等物理环境性能的现实，针对不同气候下，建筑的功能差别即建筑为"物"所决定的其不同空间的性能需求差别，以及建筑使用者，即所据建筑之"人"对空间性能的舒适感知需求差异，开展了广泛的调研总结。

其次，针对空间性能适应的外部作用阶段，即人居建成环境外部空间层面的性能适应提升——场地微气候营造，基于场地气候环境的关键影响因子提出了服务于微气候营造设计的室外物理环境指标体系。选取并建立典型公共建筑模型，通过仿真模拟对场地下垫面类别、建筑形体对场地辐射得热、室外热环境影响以及建筑形体对室外风环境影响等相关的关键设计技术进行了验证，并总结提出了相应的适宜设计策略。

最后，基于对建成环境外部层面的空间性能适应，即场地微气候营造为主体的相关设计技术的列举、介绍与分析，以资源节约、环境宜居为导向，构建了具有地域气候适应性的绿色公共建筑空间性能适应性设计技术体系，分别在区域空间规划与环境设计、体量设计形体生成两方面介绍了所涉的各项直接与间接设计技术内容，力求为建筑师在场地、形体等场地微气候营造设计阶段提供以绿色性能为导向的气候适应设计技术的体系化应用依据。

3.1　公共建筑的空间性能适应性

在"环境–建筑–人"整体系统中，空间性能适应指建筑空间在与自然环境和使用者交互作用中，通过一系列设计手段对自然环境与气候要素进行调节利用，经系统达到整体平衡，使人居建成环境的性能水平符合建筑空间的功能要求，并符合使用者舒适需求的过程与状态。当下各种类型的气候适应性建筑设计实践都是对此系统平衡进行调适的尝试与检验，如以"形式跟随气候"为主张的研究与实践便是在悄然探索着与自然辨证相处的策略与路径[2]。

而对空间性能进行科学而充分的认识，是实现空间性能适应的前提，只有完成公共建筑空间性能差异类别的梳理与界定，明确公共建筑各部分空间性能的适应目标，才能最终建立以差异化的需求性能为导向的公共建筑空间性能适应性设计技术体系。

3.1.1　公共建筑的空间性能

建筑的空间性能概念外延涵盖甚广，涉及建筑的科学、经济、社会、文化各方面属性。如建筑的风、光、热物理环境属性，建筑的使用功能属性，建筑的经济合理属性，建筑的可持续属性等，包括给建筑使用者带来的心理舒适度等等。为便于理解与研究，将建筑的空间性能简化归纳为空间功能性能、空间经济性能、空间美学文化性能及空间物理性能四大类，如图3-1所示。

图3-1　建筑性能分类

3.1.1.1　空间功能性能

为使用者创造一个或多个具有特定功能的独立空间或空间组合，是建筑设计最基本的目的之一。因此，空间的功能性是建筑最基本的性能，也是建筑师通常在建筑方案设计阶段首要关注的一种性能。同时，建筑的空间组织与建筑的外部形体互为表里，互相作用，因此建筑的空间性能也在一定程度上影响着建筑的美学性能。使用空间因不同功能而产生气候适应的要素差异和等级差异。要素差异是指对风、光、热、湿等气候要素所需的不同选择和权重。等级差异是指对气候要素及其指标要求的严格程度，据此可以分为普通性能空间、低性能空间和高性能空间等，详见表3-1分类。

建筑室内空间环境性能的等级分类[3]　　　　　　　　　　　　　　　　表3-1

	低性能空间	普通性能空间	高性能空间
能耗预期	低	取决于设计	高
案例	设备空间、杂物储存等	办公室、教室、报告厅、会议室、商店、健身等	观演厅、竞技比赛、恒温恒湿、洁净空间等

3.1.1.2　空间经济性能

建筑的空间经济性能通常是投资方最为关注的性能，表征了其在设计、建造、使用、运营、维护全过程各阶段所需的各项投资水平，这类性能通常可以通过各种经济指标进行量化衡量或评价。从表面上看，建筑的经济性能往往易与建筑的其他三类性能相矛盾，空间性能的丰富，物理性能的优化，美学文化性能的提升往往都伴随着投资的增加，但从根源上看，经济性能与其他三类性能形成了平衡与约束，具有确保建筑项目合理高效实施的重要意义。

3.1.1.3　空间美学文化性能

建筑空间具有特殊的美学和文化属性。其美学和文化性能随着社会、宗教、科学、艺术的发展而不断变化，人们对建筑美学的认识从朴素模糊到清醒客观，但一般情况下，对建筑美学、文化属性的评价往往难以量化，在绝大多数情况下依然靠建筑师或使用者的主观判断进行衡量或评价。建筑空间具有特殊的美学和文化属性，这一观点在建筑理论和实践不断发展的过程中已得到充分的确认。

3.1.1.4　空间物理性能

建筑的空间物理性能指建筑作为自然物质存在所具备的，不需要经过化学变化表现出来的物理属性。建筑的物理属性如一般物质一样，包括其力学机械性能，以及热、电等物理环境属性，分别主要对应了建筑的力学结构性能和建筑空间的物理环境性能两方面。

其中，建筑的力学机械性能主要表现为其结构或构件、材料的力学性能，决定了建筑结构或构件的安全性、耐久性，而建筑空间的物理环境性能在很大程度上决定了建筑的功能适用性以及舒适性。

建筑空间的常见物理环境性能一般包括声环境性能、光环境性能、热环境性能以及能耗性能（图3-2），例如建筑的隔声性能、天然采光性能、外围护结构的保温隔热性能、建筑夏季制冷能耗

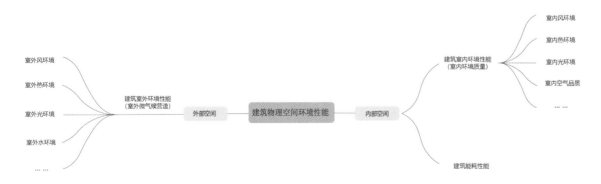

图3-2　建筑空间物理环境性能

性能等。因物理环境性能主要依托于各物理属性的指标水平具体表现，故其同经济性能一样是易于量化的性能属性。

建筑空间物理环境性能依据与建筑的空间层级关系可区分为外部与内部空间层面，外部空间层面即建筑室外环境性能，主要指建筑室外空间的微气候营造；内部空间层面则主要包括建筑的能源消耗性能，以及建筑的室内环境性能即室内环境质量。

建筑空间物理环境性能

为使相关研究内容与成果能与工程实践需求相契合，以形成设计技术体系从而更好的服务于设计实践，将所涉及的建筑核心空间物理环境性能主要确定为在建筑的全生命周期中，对使用者和建筑室内外物理环境产生主要影响的相关环境性能，主要包括下述几个类别：风环境性能、热环境性能、光环境性能以及能源消耗性能等。这些物理环境性能能够直接描述与评判建筑室外环境水平、建筑室内环境舒适度、建筑对能源的利用与消耗水平等，是评价建筑绿色性能的关键因素。

风环境性能

室外风环境主要是指自然风流经由建筑、构筑物、绿化景观等组成的特定空间形态时所形成的风场，主要受到建筑规划布局形式、院落布局模式、建筑尺度比例、植被绿化布置等设计结果的影响。缺乏对室外风环境考虑的建筑规划设计极易在建筑周围产生不良风环境，给人造成强烈不适感的同时也降低对室外热环境的感知。

室内风环境常指由天然动力驱动的室内自然通风。自然通风可分为风压作用下的自然通风，热压作用下的自然通风，以及热压、风压协同作用下的自然通风。空气在自然驱动力的作用下被动地流动，在建筑室内外环境之间交换热量、水蒸气、CO_2等能量与物质，从而达到调节建筑室内环境水平以满足使用者热、湿舒适与空气品质要求的目的。

热环境性能

室外热环境是发生于建筑室外空间以及作用于建筑外围护结构上的一切热物理量的总称。与室内热环境相比，室外热环境更受局地与区域气候影响与主导，空气温湿度、周围物体表面温度、太阳辐射、风速等，这些相关因素共同作用产生的温湿度场，直接影响室外热环境，从而对人的冷热感和健康程度产生影响。

室内热环境是指影响人体冷热感觉的室内环境因素，可通过室内空气温度、湿度、环境辐射温度、气流速度等相关指标进行描述与表征。建筑师在设计每一幢房屋时，应基于室内热环境对使用者的作用和可能产生的影响开展合理的设计。对于使用者而言，舒适的室内热环境是人们得以正常工作、学习、生活的前提条件，也是维护人体健康的重要因素。

光环境性能

室外光环境指由光照射在建筑外部而创造的环境，由亮度与光色分布形成的环境属性，可由自然光也可由人工光照射形成，主要通过亮度水平、亮度均匀度、眩光、光色等进行描述与评价。影响室外光环境的设计因素众多，例如地形、建筑与构筑物或景观等遮挡物的形态与分布等。光环境在人与空间的衔接中发挥着重要作用。

室内光环境是由室外光入射至建筑内部，与建筑内部光源照射协同形成的，同样包括亮度与光色等性质的光环境属性。室内光环境是室内物理环境的一个关键组成部分，常通过照度、均匀度、眩光水平等相关指标来描述。因人员的室内活动时间更长，室内光环境相较而言与人员的物理、视觉、心理及美观等方面的感受联系更为紧密。影响室内光环境的因素同样纷繁复杂，例如天然采光水平、人工照明功率密度、家具与陈设布置、内表面材质与色彩、室内绿化等均会影响室内光环境质量的优劣。

水环境性能

自然界中水形成、分布和转化时所处的空间环境统称为水环境，建筑水环境系统主要由给水排水系统、雨水系统、中水系统、景观水系统以及节水和用水管理等子系统组成，本章节涉及的主要内容是围绕人居环境空间，可直接或间接影响人类生活和发展的景观水系统。水在自然生态系统中具有重要的作用，水景已经成为室外环境设计的亮点。同时，水景还可以起到净化空气、消除空中悬浮物、调节局部环境温度等作用。水体对人们的视觉、触觉等感受影响非常大，往往会带来美的享受。

空气品质性能

人类的生存离不开空气，空气质量尤其是人群活动密集范围空气质量的好坏直接影响着每一个人和每个家庭。室内空气品质是在某个具体的环境内，空气中某些要素对人们工作、生活的适宜程度，是为反映人们具体要求而形成的一种概念。良好的室内空气环境应是一个为大多数室内成员认可的舒适的热湿环境，同时也是能够为室内人员提供新鲜适宜、激发活力并且对健康无负面影响的高品质空气，以满足室内人员舒适和身体健康的需要。室内空气品质与人体的热舒适性与空调的通风方式密切相关，不同的通风方式直接影响着人们的感官，对室内空气品质的影响具有重要的意义。

建筑能耗性能

建筑的能源消耗性能也是空间性能的关键组成部分。事实上，建筑能耗已逐渐成为我国能源消耗的重要部分。从建筑的全生命周期出发，建筑的能源消耗主要表现在三方面：首先是建造过程中的能耗，即与建筑物本身有关的能耗，它主要包括建筑材料、构件等的生产过程的能耗，即建筑材料、构件的内含能，以及建筑物在建筑材料运输、建造施工阶段的能耗；其次是建筑运行维护过程中的能耗，即建筑物在人们使用过程中对建筑物的使用、维护、修理、改善、更新以及物业管理等过程中所消耗的能量，它与当地的气候条件、供暖及制冷设备性能以及使用者对舒适度的要求均密切相关；最后，建筑的能源消耗还包括建筑使用后的拆除和废弃处置阶段的相应能耗。

建筑的规划设计结果主要影响的是建筑完工后运行使用过程中的能耗，故本书内容对建筑能耗性能的研究关注也将集中于建筑的使用与运行能耗。同时值得关注的是，为优化建筑的能耗性能，在建筑设计与运行过程中通过主动式或被动式手段充分利用可再生能源，可在维持相应能耗水平的基础上，大大降低实际能耗，如合理设置建筑朝向以充分利用太阳能资源、应用太阳能热水器、合理规划建筑布局以保持良好的自然通风、利用风能发电等都属于在建筑设计中对可再生能源的合理利用。

3.1.2　公共建筑空间性能的气候适应性解析

本章内容旨在研究推动典型地域性气候条件下公共建筑不同空间性能的气候适应性设计技术水平提升，相较于功能、经济、美学文化性能等，将更为关注建筑空间的物理环境性能，下文也将着重就此展开论述与研究。同时需指出，物理环境性能中的声环境性能等，因与气候条件相关性较弱，在本研究中暂不作为研究重点。

建筑的物理环境性能对气候的适应，对应其外部空间与内部空间的不同层级，则亦应主要包含两者对气候条件不同的适应表现。建筑师调节建筑外部空间物理环境性能对气候适应能力的主要手段为针对不同气候条件营造适宜的室外微气候，而提升建筑内部空间物理环境性能对气候适应水平的内容则主要包括应对不同气候条件，通过有效手段降低建筑的总体能耗，或提升室内环境的质量水平。

建筑内部与外部空间的物理环境性能气候适应并非相互独立。事实上，如第二章中所述，建筑物理环境性能外部层面的室外微气候和内部层面的室内人工气候共同构成了人居建成环境的不同方面。且因气候条件总是通过各种气候要素由外向内，由表及里影响建筑的室内外空间环境，建筑的室外微气候营造状况故而是其能耗水平、室内环境质量水平的先导条件和关键动因，而建筑的能耗表现、室内环境品质则是建筑外部微气候影响的结果呈现。

　　针对建筑的空间物理环境性能的适应性设计提升，本研究分别从内、外不同层面对所涉主要设计技术进行了研究解析。针对室外微气候营造，在本书的3.2章节中针对其主要影响因子与控制指标体系进行了系统的研究分析；针对室内物理环境质量控制与提升，首先在本章节3.1.3中针对不同室内空间环境性能的差异类别，以及不同气候区下使用者的热舒适感知差异进行了基础研究，并且在本书的第七章节中针对室内的热湿、光、空气质量的控制指标及相应的设计技术行了全面系统的研究梳理，同时针对由室内环境需求决定的建筑能耗资源节约，在本书的第四、五、六章节中分别从空间、围护结构实体、主动式设备实体不同层面进行了系统地梳理研究。

　　在本章3.3章节，则从空间物理环境性能适应性的外部先导层面，即建筑的室外微气候营造出发，系统化梳理建筑的区域空间规划与环境营造推演，和体量设计形体生成推演等包括场地规划与建筑布局设计、土地利用、景观设计以及建筑外部形体设计等所涉及的直接与间接技术，提出了基于室外微气候调节的空间性能适应性设计技术体系。

3.1.3　公共建筑室内环境性能区分与差异

　　建筑中各空间因组织区位不同，导致在自然环境影响下的性能分布自然存在差异。而不同功能空间本身有不同的性能需求，如何协调处理两者关系，达到在较低环境影响（能源消耗、物理环境改变等）下实现性能最佳适配是绿色建筑的空间设计重点。公共建筑功能空间的组织不仅是对不同空间功能与行为的组织布局，也是对自然气候影响下实现内部各空间区域的特定物理环境性能所进行的全局性安排，是对不同空间能耗状态及等级的前置性预设。

　　韩冬青等曾提出："气候性能的等级差异是指对气候性能要素及其指标要求的严格程度，公共建筑空间可据此分为普通性能空间、低性能空间、高性能空间（表3-1）。""普通性能空间通常占据各类公共建筑使用空间的最大比例，其空间应布置在利于气候适应性设计的部位。""使普通性能空间置于气候优先位置"[3]，即普通性能空间常于客观上成为建筑性能空间节能的重点。事实上，在公共建筑中，即使是在可普遍共识为节能关键的普通性能空间中，因功能性的显著不同，又可进一步区分为：①对性能要求较高的较高普通性能空间，如办公建筑的高档办公空间、教育建筑的报告厅空间、商业建筑的高档营业厅空间等，此类空间往往是公共建筑实现其特定功能性的功能空间，其物理环境性能要求虽不如观演厅、竞技比赛厅、洁净室等专业性功能空间那么严苛，但也需满足使用者从事相关工作、活动所需的较高舒适需求；②对性能要求偏低的较低普通性能空间，如公共建筑的中庭共享空间、大厅空间、办公建筑的普通办公空间、酒店建筑的一般客房空间等，此类空间往往并非公共建筑实现其特定功能性的空间，而或为其一般功能性空间，或为联系其各功能

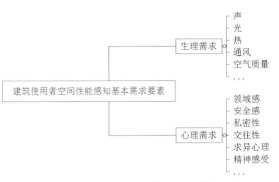

图3-3　建筑使用者空间性能感知基本需求要素

图3-4　空间环境对使用者的影响

单元、公共性较强的公共空间，其物理环境性能因人员停留时长、期望与耐受力的不同，较公共建筑的特定功能性空间性能而言相对更低，但仍与基本无须考虑物理环境性能的设备空间等有根本不同，因而无法归于普通低性能空间而需做进一步区分。

因此，本书考虑公共建筑不同典型空间的代表性、普适性以及各空间的性能差异程度和相应的节能潜力，选取办公建筑、酒店建筑、商业建筑以及图书馆建筑这四种典型公共建筑类型，对其不同空间类型分别从功能、物理环境以及能耗三方面进行调研与归纳，依据空间气候性能的整体优先和能耗的整体控制原则，结合前述公共建筑的低性能、（较高、较低）普通性能、高性能等性能区分，梳理其不同空间性能差异类别如表3-2所示。

四种典型公共建筑室内空间环境性能差异　　　　　　　　表3-2

建筑类型		低性能空间	较低普通性能空间	较高普通性能空间
办公建筑	功能	交通、辅助	普通办公、大厅	高档办公、设计室
	物理环境	需求低	需求中等	需求高
	能耗	较低	因设计而异	较高
酒店建筑	功能	交通、辅助	客房	会议室、宴会厅
	物理环境	需求低	需求中等	需求高
	能耗	较低	因设计而异	较高
商业建筑	功能	交通、辅助	一般营业厅	高档营业厅
	物理环境	需求低	需求中等	需求高
	能耗	较低	因设计而异	较高
图书馆建筑	功能	交通、辅助	一般阅览、公共活动	老年阅览室、修复
	物理环境	需求低	需求中等	需求高
	能耗	较低	因设计而异	较高

因不同性能类型的空间有显著不同的性能需求，本研究针对如上选取的典型公共建筑类别及其主要功能与性能空间类型，通过相关标准与关键文献调研，梳理归纳形成如下公共建筑各典型空间类型的性能差异类别（表3-3）。

空间类型性能差异类别梳理[4-46]　　　　　　　　表3-3

空间类型性能差异类别	办公建筑	低性能	功能	交通、辅助		
			物理环境	光环境	参考平面照度（lx）：50	
					采光系数（%）：1.0	
					天然光照度值（lx）：150	
				热环境	供热工况	参考舒适度温度（℃）：18～22
					供冷工况	参考舒适度温度（℃）：26～28
				风环境	供热工况	风速（m/s）：≤0.2
					供冷工况	风速（m/s）：≤0.3
			能耗	较低		
		普通性能（较低性能）	功能	普通办公、大厅		
			物理环境	光环境	参考平面照度（lx）：30	
					采光系数（%）：3.0	
					天然光照度值（lx）：450	
					窗地面积比：≥1/5	
				热环境	供热工况	参考舒适度温度（℃）：22～24
					供冷工况	参考舒适度温度（℃）：24～26
				风环境	供热工况	风速（m/s）：≤0.2
					供冷工况	风速（m/s）：≤0.25
			能耗	因建筑设计而定		
		普通性能（较高性能）	功能	高档办公、设计室		
			物理环境	光环境	参考平面照度（lx）：500	
					采光系数（%）：4.0	
					天然光照度值（lx）：600	
				热环境	供热工况	参考舒适度温度（℃）：22～24
					供冷工况	参考舒适度温度（℃）：24～26
				风环境	供热工况	风速（m/s）：≤0.2
					供冷工况	风速（m/s）：≤0.25
			能耗	较高		

空间类型性能差异类别	酒店建筑	低性能	功能	交通、辅助		
			物理环境	光环境	参考平面照度（lx）：50	
					采光系数（%）：1.0	
					天然光照度值（lx）：150	
				热环境	供热工况	参考舒适度温度（℃）：18~22
					供冷工况	参考舒适度温度（℃）：26~28
				风环境	供热工况	风速（m/s）：≤0.2
					供冷工况	风速（m/s）：≤0.3
			能耗	较低		
		普通性能（较低性能）	功能	客房		
			物理环境	光环境	参考平面照度（lx）：150	
					采光系数（%）：2.0	
					天然光照度值（lx）：300	
				热环境	供热工况	参考舒适度温度（℃）：22~24
					供冷工况	参考舒适度温度（℃）：24~26
				风环境	供热工况	风速（m/s）：≤0.2
					供冷工况	风速（m/s）：≤0.25
			能耗	因建筑设计而定		
		普通性能（较高性能）	功能	会议室、宴会厅		
			物理环境	光环境	参考平面照度（lx）：300	
					采光系数（%）：3.0	
					天然光照度值（lx）：450	
				热环境	供热工况	参考舒适度温度（℃）：22~24
					供冷工况	参考舒适度温度（℃）：24~26
				风环境	供热工况	风速（m/s）：≤0.2
					供冷工况	风速（m/s）：≤0.25
			能耗	较高		

续表

空间类型性能差异类别	商业建筑	低性能	功能	交通、辅助	
			物理环境	光环境	参考平面照度（lx）：50
				热环境	供热工况 参考舒适度温度（℃）：18~22
					供冷工况 参考舒适度温度（℃）：26~28
				风环境	供热工况 风速（m/s）：≤0.2
					供冷工况 风速（m/s）：≤0.3
			能耗	较低	
		普通性能（中性能）	功能	一般营业厅	
			物理环境	光环境	参考平面照度（lx）：300
				热环境	供热工况 参考舒适度温度（℃）：22~24
					供冷工况 参考舒适度温度（℃）：24~26
				风环境	供热工况 风速（m/s）：≤0.2
					供冷工况 风速（m/s）：≤0.25
			能耗	因建筑设计而定	
		普通性能（较高性能）	功能	高档营业厅	
			物理环境	光环境	平面照度（lx）：500
				热环境	供热工况 参考舒适度温度（℃）：22~24
					供冷工况 参考舒适度温度（℃）：24~26
				风环境	供热工况 风速（m/s）：≤0.2
					供冷工况 风速（m/s）：≤0.25
			能耗	较高	
	图书馆建筑	低性能	功能	交通、辅助	
			低性能	光环境	参考平面照度（lx）：50
					采光系数（%）：1.0
					天然光照度值（lx）：150
				热环境	供热工况 参考舒适度温度（℃）：18~22
					供冷工况 参考舒适度温度（℃）：26~28
				风环境	供热工况 风速（m/s）：≤0.2
					供冷工况 风速（m/s）：≤0.3
			能耗	较低	

续表

空间类型性能差异类别	图书馆建筑	普通性能（较低性能）	功能	一般阅览、公共活动	
			物理环境	光环境	参考平面照度（lx）：300
					采光系数（%）：3.0
					天然光照度值（lx）：450
				热环境	供热工况	参考舒适度温度（℃）：22～24
					供冷工况	参考舒适度温度（℃）：24～26
				风环境	供热工况	风速（m/s）：≤0.2
					供冷工况	风速（m/s）：≤0.25
			能耗	因建筑设计而定	
		普通性能（较高性能）	功能	老年阅览室、修复室	
			物理环境	光环境	参考平面照度（lx）：500
					采光系数（%）：3.0
					天然光照度值（lx）：450
				热环境	供热工况	参考舒适度温度（℃）：22～24
					供冷工况	参考舒适度温度（℃）：24～26
				风环境	供热工况	风速（m/s）：≤0.2
					供冷工况	风速（m/s）：≤0.25
			能耗	较高	

　　空间类型性能差异类别调研结果进一步佐证了公共建筑典型主体空间的空间性能和关键节能潜力差异，表中舒适度温度是综合平均指标参考，未考虑各气候区差异，不同于后文提出的不同气候区的舒适温度指标。

3.1.4　公共建筑室内空间环境性能的感知差异

　　感知即意识，对内外界信息的觉察、感觉、注意、知觉的一系列过程。使用者在对空间环境的感知过程中，主体为使用者感官，客体为建筑空间中的所有物质性的元素，或由物质组成的某种空间环境。建筑使用者对空间性能的感知包括生理需求和心理需求两个基本要素，其中生理需求即对空间环境的声、光、热、风、空气质量等的需求；心理需求则指使用者在空间内产生的领域感、安全感、私密性、交往性等基于自身对空间的综合性的情感投入（图3-3）。

　　建筑使用者置身于建筑空间内时，空间环境直接影响到使用者的生理方面。例如，使用者进入一个空气温度很高的环境中时，人体的温度感受器感应到外界过热的温度，生理上会首先产生不适感。而生理上的感觉会对使用者的心理产生作用，例如，产生烦躁不安的心理感受。进而，会对使用者的行为做出控制，以使自身回归热舒适状态，例如，做出开窗通风行为或利用空气调节工具等（图3-4）。

　　考虑到热工分区主要是基于各地域的温度差异划分，且空气温度是影响气候适应性设计与人体热舒适的主要气候因素，本研究选取商场空间、候车空间、办公空间、酒店空间等典型公共建筑空间为研究对象，基于地域气候、建筑形式、使用功能、生活习惯等因素差异，通过对热环境与热舒适的相关研究文献进行深入的归纳研究，梳理完成了不同气候区不同空间使用者室内热舒适的需求规律总结，针对不同气候区不同功能空间给出了详细的参考温度区间，如表3-4所示。调研结果表明，使用者的舒适性感知在不同的工况下存在显著差异，使用者对同一气候区不同空间的热环境需求也存在差异，且对同类空间在不同气候区的需求同样存在差异。

不同气候区使用者室内热舒适环境规律总结[47-58]　　　　　　　　　　表3-4

不同气候区使用者室内热舒适环境规律总结	严寒地区	候车空间	供热工况	参考舒适温度（℃）：22 ~ 24
				调研舒适温度（℃）：10 ~ 19.5
			供冷工况	参考舒适温度（℃）：24 ~ 26
				调研舒适温度（℃）：24.9 ~ 29.5
			自然调节	参考舒适温度（℃）：19.4 ~ 21.9
				调研舒适温度（℃）：15.5 ~ 22.4
		商场空间	供热工况	参考舒适温度（℃）：22 ~ 24
				调研舒适温度（℃）：16.6 ~ 25.2
			供冷工况	参考舒适温度（℃）：24 ~ 26
			自然调节	参考舒适温度（℃）：19.4 ~ 21.9
				调研舒适温度（℃）：15.5 ~ 22.4

续表

不同气候区使用者室内热舒适环境规律总结	严寒地区	酒店空间	供热工况	参考舒适温度（℃）：22～24
				调研舒适温度（℃）：16.6～25.2
			供冷工况	参考舒适温度（℃）：24～26
			自然调节	参考舒适温度（℃）：19.4～21.9
				调研舒适温度（℃）：15.5～22.4
		办公空间	供热工况	参考舒适温度（℃）：22～24
				调研舒适温度（℃）：15.8～27
			供冷工况	参考舒适温度（℃）：24～26
			自然调节	参考舒适温度（℃）：19.4～21.9
				调研舒适温度（℃）：15.5～22.4
	寒冷地区	候车空间	供热工况	参考舒适温度（℃）：22～24
				调研舒适温度（℃）：10～20.5
			供冷工况	参考舒适温度（℃）：24～26
				调研舒适温度（℃）：24.45～30.6
			自然调节	参考舒适温度（℃）：23.1～26
				调研舒适温度（℃）：15.4～26.3
		商场空间	供热工况	参考舒适温度（℃）：22～24
			供冷工况	参考舒适温度（℃）：24～26
			自然调节	参考舒适温度（℃）：23.1～26.2
				调研舒适温度（℃）：15.4～26.3
		酒店空间	供热工况	参考舒适温度（℃）：22～24
				调研舒适温度（℃）：19.8～24.3
			供冷工况	参考舒适温度（℃）：24～26
			自然调节	参考舒适温度（℃）：23.1～26.2
				调研舒适温度（℃）：15.4～26.3
		办公空间	供热工况	参考舒适温度（℃）：22～24
			供冷工况	参考舒适温度（℃）：24～26
				调研舒适温度（℃）：20.2～29.4
			自然调节	参考舒适温度（℃）：23.1～26.2
				调研舒适温度（℃）：15.4～26.3

续表

不同气候区使用者室内热舒适环境规律总结	夏热冬冷地区	候车空间	供热工况	参考舒适温度（℃）：22 ~ 24
				调研舒适温度（℃）：10 ~ 23.3
			供冷工况	参考舒适温度（℃）：24 ~ 26
				调研舒适温度（℃）：24.25 ~ 30.5
			自然调节	参考舒适温度（℃）：20.4 ~ 23.7
				调研舒适温度（℃）：15.1 ~ 22.4
		商场空间	供热工况	参考舒适温度（℃）：22 ~ 24
			供冷工况	参考舒适温度（℃）：24 ~ 26
			自然调节	参考舒适温度（℃）：20.4 ~ 23.7
				调研舒适温度（℃）：15.1 ~ 22.4
		酒店空间	供热工况	参考舒适温度（℃）：22 ~ 24
			供冷工况	参考舒适温度（℃）：24 ~ 26
			自然调节	参考舒适温度（℃）：20.4 ~ 23.7
				调研舒适温度（℃）：15.1 ~ 22.4
		办公空间	供热工况	参考舒适温度（℃）：22 ~ 24
				调研舒适温度（℃）：14.04 ~ 24.2
			供冷工况	参考舒适温度（℃）：24 ~ 26
				调研舒适温度（℃）：19.6 ~ 24.2
			自然调节	参考舒适温度（℃）：20.4 ~ 23.7
				调研舒适温度（℃）：15.1 ~ 22.4
	夏热冬暖地区	候车空间	供热工况	参考舒适温度（℃）：22 ~ 24
				调研舒适温度（℃）：16.1 ~ 22.7
			供冷工况	参考舒适温度（℃）：24 ~ 26
			自然调节	参考舒适温度（℃）：23.1 ~ 26.2
				调研舒适温度（℃）：22.1 ~ 28.7
		商场空间	供热工况	参考舒适温度（℃）：22 ~ 24
				调研舒适温度（℃）：23.62 ~ 27.21
			供冷工况	参考舒适温度（℃）：24 ~ 26
			自然调节	参考舒适温度（℃）：23.1 ~ 26.2
				调研舒适温度（℃）：22.1 ~ 28.7

续表

不同气候区使用者室内热舒适环境规律总结	夏热冬暖地区	酒店空间	供热工况	参考舒适温度（℃）：22～24
			供冷工况	参考舒适温度（℃）：24～26
			自然调节	参考舒适温度（℃）：23.1～26.2
				调研舒适温度（℃）：29.44～30.25
		办公空间	供热工况	参考舒适温度（℃）：22～24
			供冷工况	参考舒适温度（℃）：24～26
			自然调节	参考舒适温度（℃）：23.1～26.2
				调研舒适温度（℃）：22.1～28.7

　　总体而言，各气候区中各空间类型的使用者，在各个季节能够接受的舒适度温度区间比规范要求的区间更宽泛一些；同时，使用者对不同的公共建筑不同性能空间的使用工况有明显的需求差异，空间类型对人员所能接受的舒适度温度有较大影响，停留时间越长的空间，使用者对热环境要求越高；人员心理预期对舒适度温度也有一定的影响，如候车空间内的人员较其他空间内的人员普遍能接受更差的室内热环境，因人员对候车空间的环境期待较低，受心理因素影响，从而更能接受较差的室内热环境。

　　此外，使用者对不同空间热环境的适应性，包括生理适应、行为适应、心理适应等会造成不同空间使用者对热感觉、热舒适的要求不同。例如当使用者无法调控温度、风速、采光的时候，会导致焦虑；而如果温度、风速、采光比设计值降低，也会导致使用者不满意程度增加，但如果使用者认为自己能够控制环境，如通过绿化遮阳、控风，进行日照、温度调节，那么使用者对热舒适等满意度也能够得到较为明显的改善。

　　研究总结了不同气候区下不同类型的典型公共建筑空间，基于使用者感知差异的室内热舒适需求差异，为认识不同气候区不同类型的常见公共建筑空间基于人体热舒适的热环境性能提供了设计依据，便于建筑设计相关从业者查阅。

3.2　公共建筑室外环境性能与室外微气候营造

　　人居建成环境的外部空间层面主要指建筑所在区域的室外微气候，因由其尺度差异又可分为城市/乡村、区域、地段、建筑场地，主要涉及建筑的选址、场地设计、建筑布局设计以及建筑的外部形体设计等。建筑室外微气候是指建筑场地建成环境区域范围内的气候状况。场地微气候研究主要是针对建筑单体或建筑群周边范围内环境气候特征开展研究，从而协调气候、建筑、人三者之间的关系，在节约能耗的同时为使用者提供更舒适的建成环境。微气候指局限于100m以下高度，场地各方向1公里水平范围内的气候状况，其主要由场地范围内的太阳辐射、风、光、空气湿度、降水等气候要素，以及建筑形态、布局方式、下垫面物性、绿植、水体、来风方向等场地因素共同作用。

3.2.1   公共建筑室外微气候环境影响因子

在建筑室外微气候环境中，涉及的主要气候要素有：太阳辐射、风、光、降水与空气湿度等。

3.2.1.1   太阳辐射

太阳辐射，是指太阳以电磁波的形式向外传递能量，向宇宙空间发射的电磁波和粒子流。太阳辐射所传递的能量，称太阳辐射能。太阳辐射的热射线部分，也称作太阳光谱，主要分布在紫外、可见光和红外，其中97.8%是短波辐射，而地面及常温下物体的辐射为长波辐射。太阳光谱到达地面的太阳辐射由两部分组成：一是太阳直接射达地面的部分，称为直接辐射，其射线是平行的；另一部分是经大气散射后到达地面的，其射线来自各个方向，称为散射辐射。直接辐射与散射辐射之和就是到达地面的太阳辐射总量，称为总辐射量。太阳辐射过程影响辐射照度的因素有大气中射程的长短、太阳高度角、海拔高度以及大气质量。

3.2.1.2   风

风是由空气流动引起的一种自然现象，主要是由地表不均匀的太阳辐射热所引起。来流风的风速风向、街区或群落的形态布局、建筑自身的几何形态等均可对建筑周围的风环境产生影响，进而影响到与此相关的所有物理过程，例如外表面对流换热、通风和风驱雨等。

3.2.1.3   光

光即常规意义上的可见光，是以电磁波形式传播，并能为人眼感觉到的那一部分辐射能，其波长范围为380～780nm。光的强度由发光强度及亮度描述，光的色彩由色温描述。建筑室外光环境由外部用光即泛光照明、灯具照明以及室内透射照明三部分组成。

3.2.1.4   降水与空气湿度

降水是指空气中的水汽冷凝并降落到地表的现象，它包括两部分，一是大气中水汽直接在地面或地物表面及低空的凝结物，如霜、露、雾和雾凇，又称为水平降水；另一部分是由空中降落到地面上的水汽凝结物，如雨、雪、霰雹和雨淞等，又称为垂直降水。水文指的是自然界中水的变化、运动等各种现象。空气湿度是指空气中水蒸气的含量。

可透水地面、水体、植被与大气之间的水汽交换对场地内建筑周围的空气湿度分布有直接影响，进而通过通风和空气对流换热对建筑冷热负荷和室内环境产生影响。

3.2.2　公共建筑室外微气候调节的指标体系

室外空间物理环境性能控制是指缩小室外气候与使用者需求的舒适物理环境之间差距的过程。室外关注的气候要素跟室内稍有不同，鉴于此，基于使用者的室外舒适性需求提出气候适应性室外环境控制指标体系。

室外微气候调节的空间性能适应性指标体系是建立在建筑室外微气候需求基础上，针对建筑室外空间的气候适应性和节约能耗需求初步形成的全面评价机制。研究首先根据气候适应性与节能目标确定了评价指标项目，其次基于相应目标水平确认了评价标准，进而初步得到该室外环境控制设计的指标框架，结合相关的国内外评价标准作为参考和依据，并经过专家讨论初步验证了其合理性。根据目标层"气候适应型室外环境控制设计"，将准则层分为"室外光环境控制设计""室外热环境控制设计""室外风环境控制设计"以及"室外雨水控制设计"，就准则层一级指标"室外光环境控制设计"分解为二级指标"日照时数"等。对二级指标进行主成分分析或者专家讨论赋予权重，对主因子进行后评估（表3-5）。

3.2.3　空间性能适应性关键设计技术验证

3.2.3.1　空间性能适应性关键设计技术验证机理

从公共建筑区域空间规划与环境设计、体量设计形体生成气候适应性设计需求出发，以建筑能耗、室外环境质量为标准，在方案设计、初步设计阶段针对热辐射、热环境、风环境进行以性能模拟定量化验证分析为技术手段的关键设计技术示例性验证。在气候资源条件分析阶段，选取热辐射开展主要定量化研究；在场地区域空间规划与环境设计推演设计阶段，选取热环境开展主要定量化研究；在形体推演设计阶段，选取风环境开展主要定量化研究。

因此，主要验证内容分别为：通过研究建筑热辐射情况，对气候资源条件进行分析；通过研究下垫面物性对室外热环境的影响，对场地布局与资源利用进行分析；通过研究建筑形体对室外风环境的影响，对形体推演进行优化（图3-5、图3-6）。

气候适应型室外环境控制设计指标体系　　　　　　　表3-5

目标层	准则层	指标层	指标内容
	（一级指标）	（二级指标）	与指标相关的标准相关条文内容
气候适应型室外环境控制设计	室外光环境控制设计	日照时数	《托儿所、幼儿园建筑设计规范》JGJ 39—2016（2019年版）："3.2.8托儿所、幼儿园的活动室、寝室及具有相同功能的区域应布置在当地最好朝向，冬至日底层满窗日照不应小于3h"。 《中小学校设计规范》GB 50099—2011："4.3.3普通教室冬至日满窗日照不应少于2h。4.3.4中小学校至少应有1间科学教室或生物实验室的室内能在冬季获得直射阳光"。 《老年人照料设施建筑设计标准》JGJ 50—2018："4.1.1老年人照料设施建筑基地应选择在工程地质条件稳定、不受洪涝灾害威胁、日照充足、通风良好的地段。5.2.1居室应具有天然采光和自然通风条件，日照标准不应低于冬至日日照时数2h。当居室日照标准低于冬至日日照时数2h时，老年人居住空间日照标准应按下列规定之一确定： 1. 同一照料单元内的单元起居厅日照标准不应低于冬至日日照时数2h。 2. 同一生活单元内至少1个居住空间日照标准不应低于冬至日日照时数2h"。 《综合医院建筑设计规范》GB 51039—2014："4.2.6病房建筑的前后间距应满足日照和卫生间距要求，且不宜小于12m"
	室外热环境控制设计	热岛强度	室外热环境应满足《绿色建筑评价标准》GB 50378—2019： 1. 居住区夏季逐时湿球黑球温度不应大于33℃； 2. 居住区夏季平均热岛强度不应大于1.5℃；
		湿球黑球温度	
	室外风环境控制设计	风速	《绿色建筑评价标准》GB 50378—2019： 场地内风环境有利于室外行走、活动舒适和建筑的自然通风： 1. 在冬季典型风速和风向条件下： 建筑物周围人行区距地高1.5m处风速小于5m/s，户外休息区、儿童娱乐区风速小于2m/s，且室外风速放大系数小于2。除迎风第一排建筑外，建筑迎风面与背风面表面风压差不大于5Pa； 2. 过渡季、夏季典型风速和风向条件下： 场地内人活动区不出现涡旋或无风区； 50%以上可开启外窗室内外表面的风压差大于0.5Pa
		室外风速放大系数	
		风压差	
	室外雨水控制设计	年径流总量控制率	《绿色建筑评价标准》GB 50378—2019："8.2.2规划场地地表和屋面雨水径流，对场地雨水实施外排总量控制。场地年径流总量控制率达到55%以上。 8.2.5利用场地空间设置绿色雨水基础设施，评价总分值为15分，并按下列规则分别评分并累计： 1. 下凹式绿地、雨水花园等有调蓄雨水功能的绿地和水体的面积之和占绿地面积的比例达到40%，得3分；达到60%，得5分； 2. 衔接和引导不少于80%的屋面雨水进入地面生态设施，得3分； 3. 衔接和引导不少于80%的道路雨水进入地面生态设施，得4分； 4. 硬质铺装地面中透水铺装面积的比例达到50%，得3分"
		径流污染削减率	
		透水铺装率	
		屋顶绿化率	
		下沉式绿地率	
		单位面积蓄水容积	

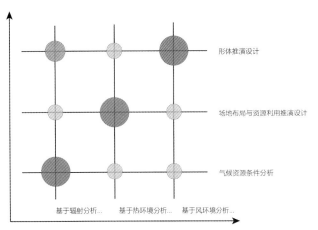

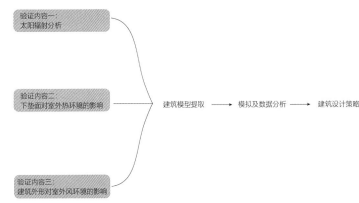

图3-5　基于室外微气候的空间性能适应性关键设计技术矩阵关系图

图3-6　基于室外微气候调节的空间性能适应性关键设计技术验证思路

按照"原形界定—模拟实测与后评估—适应性关系分析"的逻辑展开。首先，通过理论分析建筑功能要求和相关规范要求，建立典型建筑空间模型，设定边界条件。其次，通过Ladybug+Honeybee、斯威尔等软件对概念体量及周边环境进行模拟得出结果。最后，通过分析模拟结果，总结不同空间的气候适应性规律，为在各气候区应用该设计技术提供参考要点依据。

三种定量化研究都基于共同的气候资源环境信息。因此对全年不同气候区逐时8760h的气温、太阳辐射、湿度、风速等环境信息总结，如图3-7～图3-10所示。

3.2.3.2　形体得热与太阳辐射的影响分析

依据案例调研、归纳与整理，提炼出若干种公共建筑典型形体原型。根据体形系数、长宽比、宽高比等本体信息离散的特性，筛选出以下四种较为典型的公共建筑概念形体体块模型B1、B2、B3、B4，如图3-11所示。模型B1代表典型街网式公共建筑如多层商业建筑，普遍特点是体形系数偏小，体块方正，长宽比：宽高比=1：3；模型B2代表中心式公共建筑，如图书馆建筑，普遍特点是较B1类建筑体形系数偏大，体块方正，长宽比：宽高比=1：4；模型B3代表竖向叠加类公共建筑，如高层酒店建筑，普遍特点是体形系数偏小，体块方正，纵向凹凸型，长宽比：宽高比

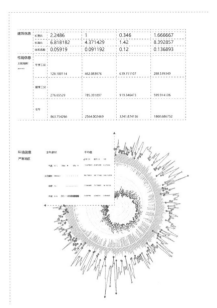

图3-7　严寒地区环境信息

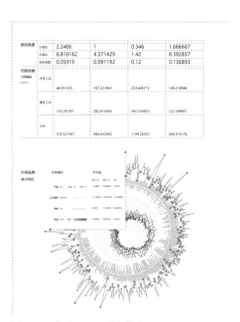

图3-8　寒冷地区环境信息

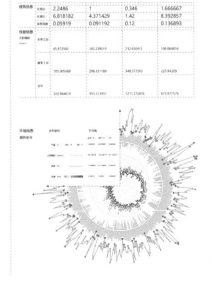

图3-9　夏热冬冷地区环境信息

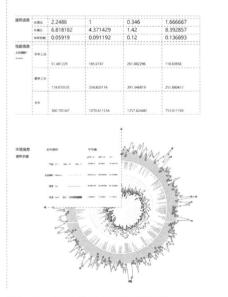

图3-10　夏热冬暖地区环境信息

=1∶6；模型B4代表平面异形类公共建筑，如多层图书馆建筑，特点是体形系数较大，体块较离散，横向凹凸型，长宽比∶宽高比=1∶8。利用Ladybug+Honeybee太阳辐照模拟模块对各概念形体体块模型在四个不同气候区进行模拟，模拟结果如图3-11、图3-12所示。

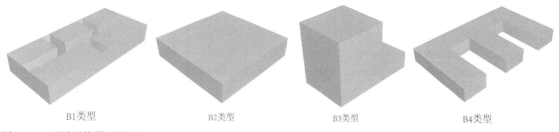

B1类型　　　B2类型　　　B3类型　　　B4类型

图3-11　不同形体模型设置

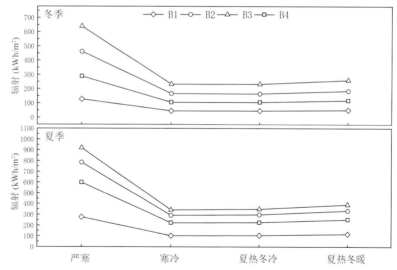

图3-12　不同气候区下不同建筑形体对辐射得热的影响（两季）

　　由上述结果可知，四个气候区下各典型建筑概念形体在冬夏两季及全年工况条件下的太阳辐射得热均为严寒地区最大，各气候区得热量顺序依次为哈尔滨＞海口＞上海＞北京，而各形体得热顺序依次为B3＞B2＞B4＞B1。高纬度严寒地区，太阳高度角较低，建筑立面接受辐射量较大，立面占比更高的B3模型与其他形体的差别体现得更为明显；低纬度夏热冬暖地区太阳高度角较高，建筑屋面接受辐射量较大，屋面占比较高的B2、B3实现了更高的辐射得热。建筑师在建筑方案设计阶段，可根据不同气候区气候特点，合理选择建筑形体以规划立面及屋面面积比例，以及各自围护结构保温隔热材料，严寒/寒冷地区建筑应充分利用冬季有利太阳辐射，增加建筑被动得热，夏热冬暖地区建筑应减小夏季不利太阳辐射。

3.2.3.3　下垫面对室外热环境的影响

查阅《民用建筑热工设计规范》GB 50176—2016附录A、C、D，严寒、寒冷、夏热冬冷和夏热冬暖各气候区代表性城市的最热月平均温度、水平总辐射量、水平总散射量具体如表3-6所示。

各气候区代表性城市最热月温度与辐射水平　　　　　　　　　　　　　表3-6

气候区	典型城市	纬度	最热月平均温度（℃）	水平总辐射量（W/m²）	水平总散射量（W/m²）
严寒	哈尔滨	北纬45°45′	23.8	529	121
寒冷	北京	北纬39°48′	27.1	422	152
夏热冬冷	上海	北纬31°10′	28.5	309	128
夏热冬暖	海口	北纬20°02′	29.1	149	122

对同一概念形体体块建筑原型的不同场地下垫面边界条件，利用斯威尔热环境模拟模块对概念形体模拟实施模拟，以场地下垫面属性作为边界条件变量，设置了周边道路、周边绿地、周边水体三个典型工况，如图3-13所示。

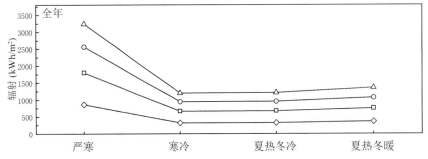

图3-13　不同气候区下不同建筑形体对辐射得热的影响（全年）

　　结果显示，在各气候区下，设置周边绿地、周边水体均能有效削弱热岛强度的影响，且绿地较水体更能降低热岛效应强度。绿地、水体在不同气候区下对热岛强度的改善率明显不同，均呈现寒冷气候区＞严寒和夏热冬暖气候区＞夏热冬冷气候区。建筑师在设计时可根据绿地与水体的热岛效应缓解效果合理设置场地边界下垫面种类，综合考虑场地微气候环境需要，提升场地微环境品质，规避不良气候影响（图3-14 ~ 图3-16）。

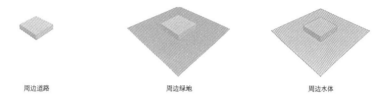

周边道路　　　　周边绿地　　　　周边水体

图3-14　不同下垫面属性边界条件工况设置

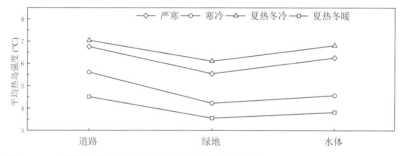

图3-15　不同气候区下垫面对室外热岛强度的影响

3.2.3.4　建筑形体对室外风环境的影响

　　查阅《民用建筑供暖通风与空气调节设计规范》GB 50736—2012中典型气象年参数，统计各气候区典型城市夏季主导风向、平均风速如表3-7所示。

各气候区典型城市风气候

表3-7

气候区	典型城市	夏季主导风向	平均风速 m/s
严寒	哈尔滨	SSW	3.9
寒冷	北京	SW	3.0
夏热冬冷	上海	SE	3.0
夏热冬暖	海口	S	2.7

如前所述，依据体形系数、长宽比、宽高比等本体信息离散特性，再次选取典型公共建筑概念形体模型如图3-11所示。利用斯威尔风环境模拟模块对各概念形体体块模型在四个不同气候区进行模拟，分析其在各气候区对室外风环境的影响，如图3-17所示。

结果显示，不同的建筑形体均能有效减弱室外风速。通过调整形体的设计举措，可基于场外气候营造不同的场地微气候。根据室外风速与场地微气候风速的整体走势相较而言，室外微气候风速基本基于场外气候风速等比例减小。冬夏季工况下，不同气候区室外风速均满足小于5m/s的要求。四个气候区下，B2、B4类典型公共建筑形体减小风速的效果较B1、B3类典型形体总体而言更为明显。结合各气候区的自然通风需求，建议在严寒地区选择较为离散或平铺的形体可在冬季防止散热加强保温，在夏热冬暖地区选择较为集中高耸的形体可有利于夏季通风，寒冷与夏热冬冷地区可折中选择或根据设计条件做相应权衡判断。

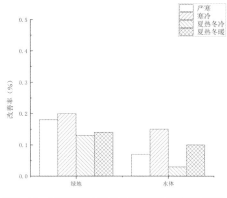

图3-16　下垫面对室外热环境改善率的影响

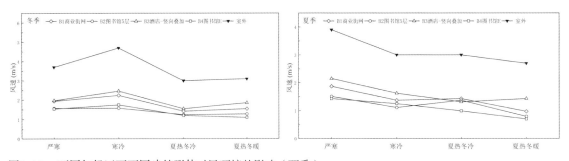

图3-17　不同气候区下不同建筑形体对风环境的影响（两季）

3.3　基于室外微气候调节的空间性能适应性设计技术体系

气候适应型空间性能适应性设计技术体系，在绿色建筑设计流程中，处于方案设计阶段，主要对应区域空间规划与环境营造设计和体量设计形体生成两大类，区域空间规划与环境营造推演设计下设室外环境与资源利用、规划布局、景观与微环境、土地使用与容量控制；体量设计形体生成推演设计包括建筑体量、建筑体型与建筑方位。下文将从绿色控制目标、技术简介、气候调节基本原理、各气候区设计策略等多个角度对各项设计技术进行表述（图3-18、图3-19）。

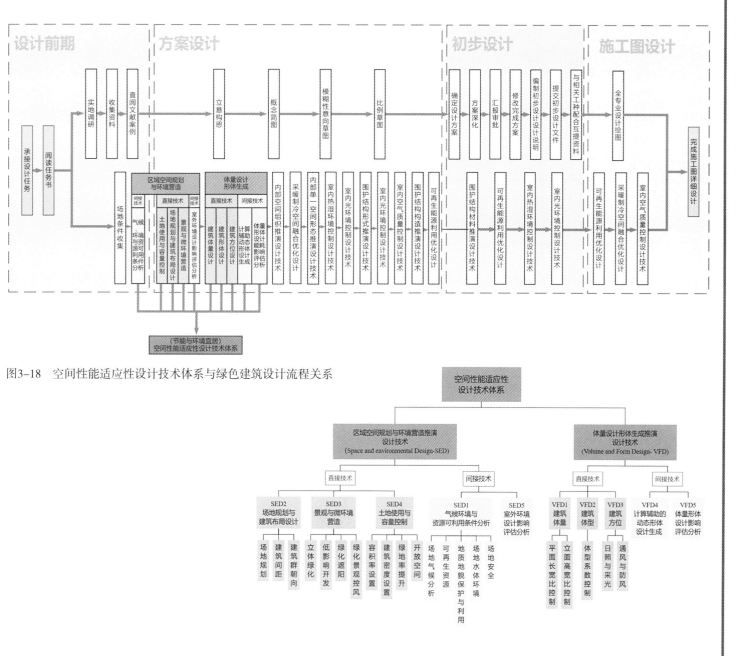

图3-18　空间性能适应性设计技术体系与绿色建筑设计流程关系

图3-19　空间性能适应性设计技术体系框架

3.3.1　区域空间规划与环境设计（Space and Environmental Design-SED）

SED1　室外环境与资源利用

SED1-1　场地气候分析

【绿色控制目标】

实现绿色建筑气候环境宜居：通过对场地气候要素分析调研，基于气候情况对项目进行规划设计，提升室外微气候环境质量。

【技术简介】

从研究区域气候要素变化的规律着手，分析气候随时间的变化规律及其在空间分布的特征，包含温湿度、风向与风速、太阳辐射、降水、焓湿图等，如图3-20所示。

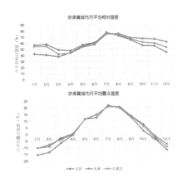
（a）四大气候区代表性地区平均温湿度对比温湿度

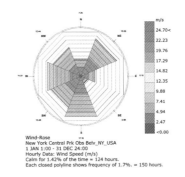
（b）风速和风玫瑰图

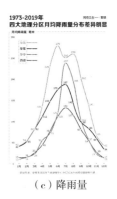
（c）降雨量

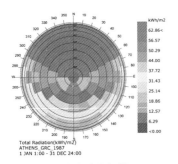
（d）太阳辐射

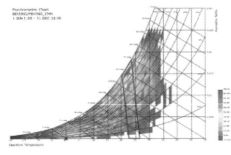
（e）焓湿图

图3-20　区域场地气候分析

【气候调节基本原理】

不同地域气候通过风、光、热、降水等气候要素，结合水体、土壤、植被等环境要素共同形成不同地区的气候环境。建筑受地域环境的长期影响，演化出具有不同风貌特点的地域性建筑。

以焓湿图为例，为了方便工程应用，将一定大气压力下湿空气的四个状态参数（温度、含湿量、比焓和相对湿度）按公式绘制成图，即为湿空气焓湿图（d图）。根据气象数据在焓湿图中对各种主动、被动式设计策略进行分析。其中被动式策略与建筑设计的关系尤为密切，恰当地使用被动式策略不仅可以减少建筑对周围环境的影响，还可以减少采暖空调等造价与运行费用。同时，主动式策略也有高能低效与低能高效之分，通过在焓湿图上分析主动式策略，也同样可以有效地节约能源。焓湿图可以用来确定空气的状态，确定空气的4个基本参数，包括温度、含湿量、大气压力和水蒸气分压力与热环境的关系。在气候分析过程中可以借用它来比较直观地分析和确定建筑室内外气候的冷、热及干、湿情况，以及距离舒适区的偏离程度。热舒适区域可以看作建筑热环境设计的具体目标，通过建筑设计的一些具体措施可改变环境中的因素，来缩小室外气候偏离室内舒适的程度。焓湿图可以对输入的气象数据进行可视化分析，并对多种被动式设计策略进行分析和优化。帮助建筑师在方案设计阶段使用适当的被动式策略，不但可以减轻建筑对周围环境的影响，更可减少建筑在使用过程中机械方面的压力。

【设计参数/指标】

温湿度、风向与风速、太阳辐射、降水。

【研究支撑】

《公共建筑节能设计标准》GB 50189—2015

第4.2.2条要求：为了保证整个建筑的变压器装机容量不因冬季采用电热方式而增加，要求冬季直接电能供热负荷不超过夏季空调供冷负荷的20%，且单位建筑面积的直接电能供热总安装容量不超过20W/m²。

【推荐分析工具】

依据附录表2-1，在方案设计前期阶段综合考虑区域空间规划/环境推演设计，针对风、光、热、降水等气候要素与计算分析的适应性要求；快速分析、实时反馈、可视化结果表达等推演分析过程与结果的有效性需求；以及建模与边界条件设定简单、辅助设计的设计建议推荐、自动方案推荐或比选等设计习惯匹配度需求，满足要求的常用软件分析工具有Weather Tool、Ecotect等。

【分析标准依据】

《绿色建筑评价标准》GB/T 50378—2019

第8.1.1条要求：建筑规划布局应满足日照标准，且不得降低周边建筑的日照标准；

第8.1.2条要求：室外热环境应满足国家现行有关标准的要求。

第8.1.4条要求：场地的竖向设计应有利于雨水的收集和排放，应有效组织雨水的下渗、滞蓄或再利用；

第8.2.8条要求：场地内风环境有利于室外行走、活动舒适和建筑的自然通风；

第8.2.9条要求：采取措施降低热岛强度。

【对接专业、工种、人员】

依据基于气象数据分析过程需要，在建筑师先导开展基础上，在建模与边界条件设定方面，需对接建筑物理/技术、建筑设备/暖通空调专业、数据分析人员、气象师、景观工程师；在结果评价方面，需对接绿色建筑工程师。

SED1-2 可再生资源

【绿色控制目标】

实现绿色建筑能源资源节约：结合当地气候和自然资源条件合理利用可再生能源，由可再生能源提供的生活用热水比例Rhw宜≥20%；由可再生能源提供的空调用冷量和热量比例Rch宜≥20%；由可再生能源提供电量比例Re宜≥0.5%。

【技术简介】

可再生能源是风能、太阳能、水能、生物质能、地热能和海洋能等非化石能源的统称。可再生能源主要就太阳能和地热能为主展开，太阳能是通过把太阳的热辐射能转换成热能或电能进行利用的可再生能源，可分为太阳能光热利用和光伏利用两种形式，太阳能利用系统设计应纳入建筑工程设计，与建筑专业及相关专业同步设计、同步施工。地热能是指蕴藏在浅层地表层的土壤、岩石、水源中的可再生能源，建筑领域中主要的利用方式是地源热泵技术（图3-21）。

【气候调节基本原理】

通过把太阳的热辐射能转换成热能或电能进行利用的可再生能源，可分为太阳能光热利用和光伏利用两种形式，太阳能利用系统设计应纳入建筑工程设计，与建筑专业及关专业同步设计、同步施工。地热能是指蕴藏在浅层地表层的土壤、岩石、水源中的可再生能源，建筑领域中主要的利用方式是地源热泵技术。

【设计参数/指标】

可再生能源贡献率、太阳能保证率。

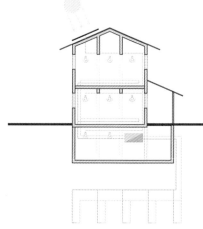

图3-21　可再生能源示意图

【研究支撑】

《可再生能源建筑应用工程评价标准》GB/T 50801—2013.

《民用建筑绿色设计规范》JGJ/T 229—2010，第5.3.2条.

《广西壮族自治区绿色建筑评价标准》DB45/T 567—2009.

《上海市绿色建筑评价标准》DG/TJ 08—2090—2020.

【推荐分析工具】

依据附录表2-2，在方案设计前期阶段综合考虑区域空间规划/环境推演设计，针对可再生能源与计算分析的适应性要求；快速分析、实时反馈、可视化结果表达等推演分析过程与结果的有效性需求；以及建模与边界条件设定简单、辅助设计的设计建议推荐、自动方案推荐或比选等设计习惯匹配度需求，满足要求的常用软件分析工具有ArchiWIZARD等。

【分析标准依据】

《绿色建筑评价标准》GB/T 50378—2019

第7.2.9条要求：结合当地气候和自然资源条件合理利用可再生能源。

【对接专业、工种、人员】

依据基于模拟分析过程需要，在建筑师先导开展基础上，在建模与边界条件设定方面，需对接建筑物理/技术、水文工程师、规划师；在结果评价方面，需对接绿色建筑工程师。

SED1-3　地质地貌保护与利用

【绿色控制目标】

实现绿色建筑土地资源节约：保护场地现有地形地貌，结合地形地貌进行场地设计与建筑布局。

【技术简介】

对开发前场地特有的湿地、河岸、水体等区域，农田、风景名胜、保护区、文物古迹等范围加以保护，注重与地形相融，山地建筑还应注意与山地自然植被、山石和水流等肌理的融合，不应随意改变场地原有的地形地貌（图3-22）。

【气候调节基本原理】

合理利用山坡地形，依山就势，减少土方量，降低资源消耗。利用山体坡地高差引导通风、防晒、防风。顺应山坡组织多层次的布局，达到利用高差形成垂直通风的效果，并营造丰富的景观层次。

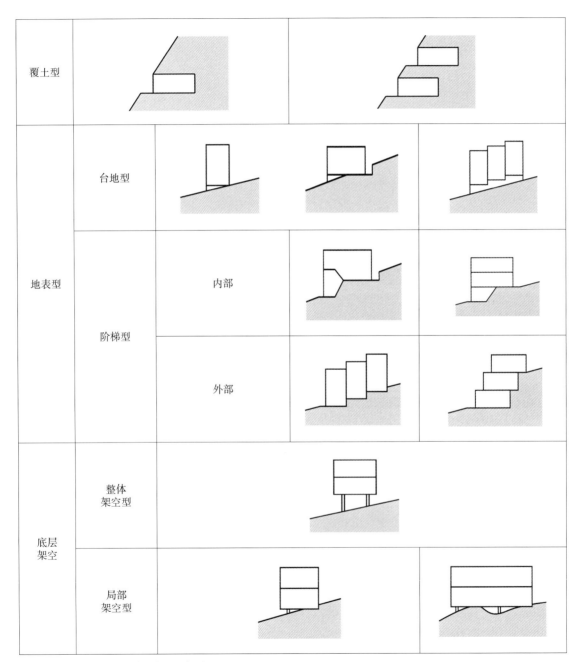

图3-22　地质地貌保护与利用示意图

【设计参数/指标】

土方量。

【研究支撑】

《民用建筑绿色设计规范》JGJ/T 229—2010，第5.2、5.3.1条.

《公园设计规范》GB 51192—2016，第5.2条.

《绿色住区标准》T/CECS 377—2018，第4.3条.

【推荐分析工具】

依据附录表2-2，在方案设计前期阶段综合考虑区域空间规划/环境推演设计，针对场地地质地貌、山体坡地与建筑设计的适应性要求；快速分析、实时反馈、可视化结果表达等推演分析过程与结果的有效性需求；以及建模与边界条件设定简单、辅助设计的设计建议推荐、自动方案推荐或比选等设计习惯匹配度需求，满足要求的常用分析工具方法有激光三维扫描仪、测绘等。

【分析标准依据】

《绿色建筑评价标准》GB/T 50378—2019

第1.0.4条要求：绿色建筑应结合地形地貌进行场地设计与建筑布局，且建筑布局应与场地的气候条件和地理环境相适应，并应对场地的风环境、光环境、热环境、声环境等加以组织和利用。

【对接专业、工种、人员】

依据基于模拟分析过程需要，在建筑师先导开展基础上，在建模与边界条件设定方面，需对接景观工程师、节能工程师；在结果评价方面，需对接绿色建筑工程师。

SED1-4　场地水环境

【绿色控制目标】

实现绿色建筑场地环境宜居：保护场地内原有的自然水域、湿地、植被等，保持场地内的生态系统与场地外生态系统的连贯性。

【技术简介】

指自然界中水的形成、分布和转化所处空间的环境，围绕人群空间及可直接或间接影响人类活动和发展的水体（图3-23）。

【气候调节基本原理】

建设场地应避免靠近水源保护区，应尽量保护并利用原有场地水面。在条件许可时，尽量恢复场地原有河道的形态和功能。场地

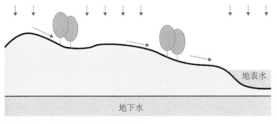

图3-23　场地水环境示意图

开发不能破坏场地与周边原有水系的关系，保护区域生态环境。

【研究支撑】

《民用建筑绿色设计规范》JGJ/T 229—2010，第5.3.1条.

《绿色建筑评价标准技术细则2019》，第5.2.3、5.2.4条.

【推荐分析工具】

依据附录表2-1，在方案设计前期阶段综合考虑区域空间规划/环境推演设计，针对场地水环境与建筑设计的适应性要求；快速分析、实时反馈、可视化结果表达等推演分析过程与结果的有效性需求；以及建模与边界条件设定简单、辅助设计的设计建议推荐、自动方案推荐或比选等设计习惯匹配度需求，满足要求的常用软件分析工具有Gis-weap、测绘等。

【分析标准依据】

《绿色建筑评价标准》GB/T 50378—2019

第8.2.1条要求：充分保护或修复场地生态环境，合理布局建筑及景观。保护场地内原有的自然水域、湿地、植被等，保持场地内的生态系统与场地外生态系统的连贯性。

【对接专业、工种、人员】

依据基于模拟分析过程需要，在建筑师先导开展基础上，在建模与边界条件设定方面，需对接建筑师、水文工程师、规划师；在结果评价方面，需对接绿色建筑工程师。

SED1-5 场地安全

【绿色控制目标】

实现绿色建筑场地安全：场地应避开滑坡、泥石流等地质危险地段，易发生洪涝地区应有可靠的防洪涝基础设施；场地应无危险化学品、易燃易爆危险源的威胁，应无电磁辐射、含氡土壤的危害。

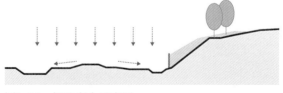

图3-24　场地安全示意图

【技术简介】

场地安全主要是满足无灾害、无污染的要求，并应避开滑坡、泥石流等地质危险地段以及易发生城市次生灾害的区域，应远离空气、噪声、电磁辐射、震动和有害化学品等污染（图3-24）。

【气候调节基本原理】

建筑不可建设在滑坡、泥石流等地质危险地段以及易发生城市次生灾害的区域，密集人群不适宜在空气、噪声、电磁辐射、震动和有害化学品污染区域生活和活动。

【设计参数/指标】

场地设计标高、退让距离。

【研究支撑】

《民用建筑统一设计标准》GB 50352—2019，第4.1条.

《城市居住区规划设计标准》GB 50180—2018，第3条.

《防灾避难场所设计规范》GB 51143—2015，第5.4、7.1条.

《城市居住区规划设计标准》GB 50180—2018，第3条.

《绿色建筑评价标准》GB/T 50378—2019，第8.1节.

《绿色住区标准》T/CECS 377—2018，第4.2节.

【推荐分析工具】

依据附录表2-2，在方案设计前期阶段综合考虑区域空间规划/环境推演设计，针对场地安全与建筑设计的适应性要求；快速分析、实时反馈等推演分析过程与结果的有效性需求；满足要求的常用分析手段：土壤氡采用土壤氡检测仪器测试，地质勘测采用地质勘测仪，空气检测采用大气采样器，气压表，气相色谱仪，温湿度计，分光光度计，空气氡测试仪，噪音采用声级计，检测结果直观可靠。

【分析标准依据】

《绿色建筑评价标准》GB/T 50378—2019

第4.1.1条要求：场地应避开滑坡、泥石流等地质危险地段，易发生洪涝地区应有可靠的防洪涝基础设施；场地应无危险化学品、易燃易爆危险源的威胁，应无电磁辐射、含氡土壤的危害。

【对接专业、工种、人员】

依据基于模拟分析过程需要，在建筑师先导开展基础上，在建模与边界条件设定方面，需对接建筑师、水文工程师、规划师；在结果评价方面，需对接绿色建筑工程师。

SED2　规划布局

SED2-1　场地规划

【绿色控制目标】

实现绿色建筑场地环境宜居：建筑规划布局应满足日照标准，且不得降低周边建筑的日照标准。场地内风环境有利于室外行走、活动舒适和建筑的自然通风。

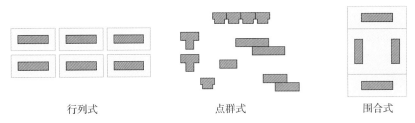

行列式　　　　　　　点群式　　　　　　　围合式

图3-25　场地规划示意图

【技术简介】

对土地进行刻意的人工改造与利用（图3-25）。

【气候调节基本原理】

合理规划建筑单体形体以及所有建筑的排列形式，调节室外风环境的状况，控制室外风速和涡流区的大小，使得建筑迎风面和背风面的风压力差在合适的范围内，以形成良好的室内通风和室外风场，减少对主动式设备的依赖，达到防风节能和提高自然通风效果的目的。

【设计参数/指标】

场地选址、建筑贴线率、建筑布局方式、建筑阴影率。

【设计策略】

设计策略如表3-8所示。

设计策略　　　　　　　　　　　　　　　　　　　　　　　　　表3-8

严寒	寒冷	夏热冬冷	夏热冬暖
场地空间宜采用密集式布局，建筑单体宜以围合式为主，确保建筑群体外部遮挡大部分的寒风，内部背风处形成避风、温暖的适合人们活动的室外场地。且周边辅以绿植，有助于冬季防风节能	场地空间宜采用密集式布局，建筑单体宜以围合式为主，确保建筑群体外部遮挡大部分的寒风，内部背风处形成避风、温暖的适合人们活动的室外场地。且周边辅以绿植，有助于冬季防风节能	场地空间宜采用分散式布局，建筑排列形式宜以点式排列方式为主，且周边辅以绿植，有助于冬季防风节能，利于夏季自然通风	根据夏热冬暖地区的特点，体型系数要求低，场地空间宜采用分散布局或高低层组合布局，建筑排列形式宜以条状或者带状排列方式为主，且周边辅以绿植，有助于冬季防风节能，利于夏季自然通风

【研究支撑】

《民用建筑设计统一标准》GB 50352—2019，第5.1.3条.

《夏热冬暖地区居住建筑节能设计标准》JGJ 75—2012，第4.0.2条.

《严寒和寒冷地区居住建筑节能设计标准》JGJ 26—2010，第4.1.2条.

SED2-2　建筑间距

【绿色控制目标】

实现绿色建筑场地环境宜居：在设计建筑间距时，考虑消防、采光、通风、日照间距等，满足相关标准要求。

【技术简介】

两栋建筑物外墙之间的水平距离。合理控制建筑间距，满足日照、通风、视觉、景观以及消防、交通、防造、防火的要求（图3-26）。

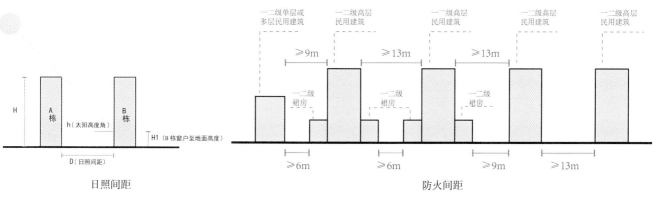

图3-26　建筑间距示意图

【气候调节基本原理】

根据场地周边建筑的高度和遮挡物的状况，对比主体建筑和周围建筑在不同间距条件下对日照、采光、通风、视线干扰、防噪和防火等方面的影响情况，最后选取能让主体建筑和周边建筑均能满足相关要求的数值。

【设计参数/指标】

建筑间距系数、日照间距、防火间距。

【设计策略】

设计策略如表3-9所示。

设计策略　　　　　　　　　　　　　　　　　　　　　　　　　　　表3-9

严寒	寒冷	夏热冬冷	夏热冬暖
1. 控制建筑间距，减少不利遮阳，争取日照时长。 2. 建筑物之间的间距应满足自然采光的要求。当窗墙面积比为0.5时，建筑高度与街道宽度之比不应高于1.5，以满足采光系数Ⅲ类要求（2%）。 3. 建筑物之间尽可能保持足够的间距，设置适当的空地、绿地，以促进建筑群内的空气流通及减低对周边通风环境的影响。 4. 建筑组团宜采用东西拉长的形态，其南北向的间距应确保充足的太阳辐射量。 5. 针对严寒地区的气候特点，结合当地纬度数，以沈阳地区朝向资料，沈阳地区最好朝向应为南向至南偏东30°以内，南向至南偏西30°为适宜朝向。冬至日正午一小时满窗日照的南偏东30°的日照间距要比冬至日正午一小时满窗日照的南向日照间距节省用地23%左右。由此可见，合理地选择建筑物朝向，是节约用地提高建筑密度的重要因素	1. 控制建筑间距，减少不利遮阳，争取日照时长。 2. 建筑物之间的间距应满足自然采光的要求。当窗墙面积比为0.5时，建筑高度与街道宽度之比不应高于1.5，以满足采光系数Ⅲ类要求（2%）。 3. 建筑物之间尽可能保持足够的间距，设置适当的空地、绿地，以促进建筑群内的空气流通及减低对周边通风环境的影响。 4. 建筑组团宜采用东西拉长的形态，其南北向的间距应确保充足的太阳辐射量。 5. 针对寒冷地区的气候特点；敬老院、老人公寓等特定为老年人服务的设施，其居住空间不应低于冬至日2小时的日照标准；托儿所、幼儿园的生活用房应不低于冬至日3小时的日照标准；中小学教学楼的教学用房应不低于冬至日2小时；医院病房楼的病房部分应满足冬至日不低于2小时的日照标准	1. 在满足防火间距要求的情况下，建筑的间距宜控制0.9~1.1H（H为主导风上游单体的平均高度）。 2. 针对夏热冬冷地区的气候特点，冬至日建筑底层区域在中午前后能获得1.3小时的满窗日照作为最低标准	1. 在满足防火间距要求的情况下，建筑的间距宜控制在0.9~1.1H（H为主导风上游单体的平均高度）。 2. 针对夏热冬暖地区的气候特点，冬至日建筑底层区域在中午前后能获得1小时的满窗日照作为最低标准

【研究支撑】

《民用建筑设计统一标准》GB 50352—2019，第5.1.2条.

《建筑设计防火规范》GB 50016—2014，第5.2.2条.

SED2-3　建筑群朝向优化

【绿色控制目标】

实现绿色建筑场地环境宜居：使采光、通风、日照等满足人体舒适性要求。

【技术简介】

指建筑群的正立面或者主要立面所面对的方向。公共建筑群正立面或者主要立面多指在形象上最为突出和最重要的立面，或是主要出入口所在的立面。建筑群朝向与日照、风向等因素相关性很大（图3-27）。

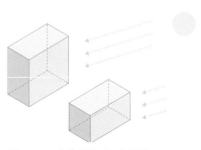

图3-27　建筑群朝向示意图

【气候调节基本原理】

合理布置建筑群的朝向及偏转角度，建筑群能够减轻太阳高强度辐射和暴雨风吹等影响，同时提升项目建设品质。

【设计参数/指标】

最佳太阳朝向面积比、建筑与夏季主导季风方向夹角、迎风面积比。

【设计策略】

设计策略如表3-10所示。

设计策略　　　　　　　　　　　　　　　　　表3-10

严寒	寒冷	夏热冬冷	夏热冬暖
针对严寒地区低温、冰冻、采光不足、土壤冻深等气候特点，建筑朝向应尽量避开冬季主导风向，布局应以朝南向和西向为主	针对寒冷地区冬季昼短夜长的气候特点，南北朝向并不是最佳的建筑朝向选择，建筑群体布局应以东西为基准（0°线），偏角度以±15°至±90°为宜	针对夏热冬冷地区的气候特点，建筑朝体宜朝向夏季主导风向上，并避免朝向冬季主导风向	针对夏热冬暖地区的气候特点，为防止强烈太阳辐射，建筑朝体的最佳朝向为南向，尽量避免东西朝向，建筑群体宜朝向夏季的主导风向上，朝向以南偏西5°到南偏东10°最佳

【研究支撑】

《民用建筑设计通则》GB 50352—2005，第5.1.2条.

SED3　景观与微环境

SED3-1　立体绿化

【绿色控制目标】

实现绿色建筑场地环境宜居：在场地内规划设计多样化的生态体系，如湿地系统、乔灌草复合绿化体系、结合多层空间的立体绿化系统等，为本土动物提供生物通道和栖息场所。为了合理提高绿容率，可优先保留场地原生树种和植被，合理配置叶面积指数较高的树种，提倡立体绿化，加强绿化养护，提高植被健康水平。绿化配置时避免影响低层用户的日照和采光。

【技术简介】

立体绿化成为一种新的环境美化与生态环境降温策略。将绿化植物与屋面、墙面、窗体、阳台、空中平台、遮阳构件等建筑空间与界面结合，垂直绿化主要指种植在墙面、窗体、遮阳构件等空中垂直建筑界面上的生态环境（图3-28）。

【气候调节基本原理】

增加绿化面积与景观美化作用，具有良好的隔热保温及环境降温性能，降低屋面反射热，改善室内热环境，改善局部环境微气候，减缓城市的热岛效应的作用，可以降低城市排水系统的负荷；获得较好的绿化景观效果，营造出优美舒适的环境。

【设计参数/指标】

湿球黑球温度、平均热岛强度、屋顶绿化率、屋顶绿化覆土深度、垂直绿化率。

【设计策略】

设计策略如表3-11所示。

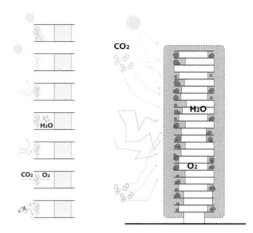

图3-28　立体绿化示意图

设计策略 表3-11

严寒	寒冷	夏热冬冷	夏热冬暖
气候干燥，立体绿化能有效增加空气含湿量；在冬季可以起到风屏作用，减少冷风渗透量；但是维护费用高，可依据成本设计	大量的屋顶和地面立体绿化景观设计提升整体区域环境品质，达到舒适性的全面优化和节能的目标	建议采用屋顶绿化、立体绿化，有助于夏季的降温增湿	推广屋顶绿化、立体绿化具有增加绿化面积与景观美化作用，还具有良好的隔热保温和环境降温性能，改善局部环境微气候，减缓城市的热岛效应

【研究支撑】

《民用建筑绿色设计规范》JGJ/T 229—2010，第5.4.4条.

SED3-2　低影响开发

【绿色控制目标】

实现绿色建筑场地环境宜居：场地的竖向设计应有利于雨水的收集或排放，应有效组织雨水的下渗、滞蓄或再利用；对大于$10hm^2$的场地应进行雨水控制利用专项设计。规划场地地表和屋面雨水径流，对场地雨水实施外排总量控制，场地年径流总量控制率达到55%及以上。

【技术简介】

低影响开发是通过源头分散的小型控制设施，达到对暴雨产生的径流和污染的控制，维持和保护场地自然水文功能，有效缓解洪峰流量、径流系数、面源污染负荷增大问题，实现雨水的资源化利用, 补充地下水源, 减小市政排水压力等目的 (图3-29)。

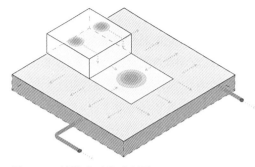

图3-29 低影响开发示意图

【气候调节基本原理】

瞬时强降雨或者长时间小雨, 容易造成雨水短时间排不出去, 市政排水压力骤增, 通过低影响开发, 设置透水路面、雨水蓄水模块、生物滞留设施、雨落管断接等设施或做法, 可以有效实现雨水的渗透、滞留、调蓄、净化、回用、排放。

【设计参数/指标】

降雨量、年径流总量控制率、年径流污染控制率、透水铺装率/渗透面积比率、屋顶绿化率、下沉式绿地率、单位面积蓄水容积。

【设计策略】

设计策略如表3-12所示。

设计策略 表3-12

严寒	寒冷	夏热冬冷	夏热冬暖
年径流总量控制率80%≤a≤90%; 铺设透水砖、局部浅根系种植调蓄雨水。在人行步道处选用透水砖作为硬质铺装, 缓解冻结结冰、夏季积水的问题; 在室外停车场选用嵌草砖, 增加场地的雨水蓄积能力; 在室外景观场地散铺砾石, 缓冲雨水下渗。引导透水铺装率达到50%	年径流总量控制率75%≤a≤85%; 海绵城市建设一定要符合气候特点: 关注夏雨冬雪的问题; 关注水资源利用的问题; 关注本地植被利用的问题; 关注丰水期枯水期的海绵体存活问题。对于城区内部建筑之间的小型海绵体(干塘、湿塘、生物滞留设施、宅间绿地、屋顶绿化等)进行见缝插针式建设。引导透水铺装率达到50%	年径流总量控制率70%≤a≤85%; 下凹式绿地、雨水花园等有调蓄雨水功能的绿地和水体的面积之和占绿地面积的比例达到30%; 引导透水铺装率达到50%	年径流总量控制率60%≤a≤85%; 雨量相对较充沛, 建议优先使用干塘、湿塘、生物滞留设施、宅间绿地、屋顶绿化、透水路面等为主的海绵城市设施。建筑屋顶等部位可采用特殊的形式或设计手法, 着重考虑排水坡度等问题, 有效地防雨和排雨。引导透水铺装率达到50%

【研究支撑】

《海绵城市建设技术指南》.

SED3-3 绿化遮阳

【绿色控制目标】

实现绿色建筑场地环境宜居: 充分设置绿化用地进行遮阳。

【技术简介】

建筑绿化遮阳是根据绿色植物能够遮挡阳光照射，调节风速流动，进行降温，改善室内外热舒适度，降低空调的使用频率，减少工能的损耗（图3-30）。

【气候调节基本原理】

将照射到建筑外围护结构的阳光进行转移、吸收、消耗或遮挡，较少阳光照射到建筑物上，减少建筑本身的热能吸收，一部分热辐射直接反射到建筑环境当中，另一部分传导的热能使其传导速率大大减缓。具体而言则是将绿植与建筑的外围护结构相结合，形成热交换的缓冲区域，充分利用绿色植物的特性，通过枝叶蒸发带走建筑周围的热量，把建筑本身的热量进行消耗和转

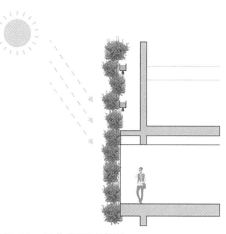

图3-30　绿化遮阳示意图

移。其中一些被蒸腾作用所带走，蒸腾的过程中可以吸收周边的热量，减少热能聚集，改善建筑环境微气候。

【设计参数/指标】

湿球黑球温度、平均热岛强度、遮阳覆盖率、遮荫率、林荫率。

【设计策略】

设计策略如表3-13所示。

设计策略　　　　　　　　　　　　　　　　　　　　　　　　表3-13

严寒	寒冷	夏热冬冷	夏热冬暖
考虑气候因素，不建议采用	考虑气候因素，不建议采用	植物选取冬季落叶植物，且不会在冬季影响建筑的被动式采暖，通过合理的绿化遮阳设计，可有效地改善居住建筑微气候环境和热舒适性	建筑的立体绿化隔热技术，充分利用建筑外墙面和屋顶，采用适宜的技术手段，对建筑进行绿化隔热处理，在炎热的夏季，充分利用绿化植物的发射、遮阳、通风、被动蒸发等方式，以有效改善室内外热环境品质，进而降低建筑空调负荷，达到建筑节能，改善城市的热岛效应

【研究支撑】

《民用建筑绿色设计规范》JGJ/T 229—2010，第5.4.4条.

SED3-4　绿化景观控风

【绿色控制目标】

实现绿色建筑场地环境宜居：充分设置绿化用地进行防风、引风、透风。

【技术简介】

合理的绿化景观布局，可以改善建筑的通风条件，引导场地的风场，有效防风、引风、透风，对场地内建筑和人形成良性影响（图3-31）。

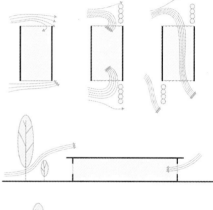

【气候调节基本原理】

绿化景观引导场地防风、引风、透风，合理设置绿化布局，进行气流导向，减少季风对场地建筑和人的影响。

【设计参数/指标】

湿球黑球温度、平均热岛强度、绿化布局、界面粗糙度。

图3-31　绿化景观控风示意图

【设计策略】

设计策略如表3-14所示。

设计策略　　　　　　　　　　　　　　　　　　　　　　　　　　　表3-14

严寒	寒冷	夏热冬冷	夏热冬暖
景观设计中宜增大隔离条带展示组团中常绿植物与高大乔木的比例，起到防风的作用	宜增大隔离条带展示组团中常绿植物与高大乔木的比例，在冬季季风期起到较好的防风的作用	沿街宜布置适当比例的常绿植物与高大乔木，在冬季起到防风、引风作用；绿化组团区域宜整体布置低矮花灌木，在夏季起到透风的作用	景观设计中沿街宜布置疏松的常绿植物与高大乔木，在冬季季风期起到防风、引风作用；绿化组团区域宜整体布置低矮花灌木，在夏季起到透风的作用

【研究支撑】

《绿色建筑评价标准》GB/T 50378—2014，第4.2.6条.

SED4 土地使用与容量控制

SED4-1 容积率控制

【绿色控制目标】

实现绿色建筑场地土地资源节约：节约集约利用土地。对于公共建筑，根据不同功能建筑的容积率（R）建议值（表3-15）。

不同功能建筑容积率（R）建议值　　　　　　　　　　　表3-15

行政办公、商务办公、商业金融、旅馆饭店、交通枢纽等	教育、文化、体育、医疗卫生、社会福利等
$1.0 \leqslant R < 1.5$	$0.5 \leqslant R < 0.8$
$1.5 \leqslant R < 2.5$	$R \geqslant 2.0$
$2.5 \leqslant R < 3.5$	$0.8 \leqslant R < 1.5$
$R \geqslant 3.5$	$1.5 \leqslant R < 2.0$

【技术简介】

容积率是衡量建设用地使用强度的一项重要指标，指建筑物地面以上各层建筑面积的总和与建筑基地面积的比值（图3-32）。

【气候调节基本原理】

容积率间接反映了单位土地上所承载的各种人为功能的使用量，即土地的开发强度，其影响局地热气候和室外舒适性。控制容积率，有利于改善局地热气候和室外舒适性，衰减局地风速和太阳辐射，达到局地热气候的平衡。

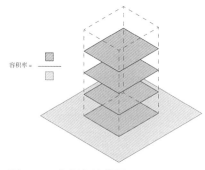

容积率 = ▢/▢

图3-32　容积率示意图

【设计参数/指标】

容积率。

【设计策略】

设计策略如表3-16所示。

【研究支撑】

《民用建筑设计通则》GB 50352—2005，第4.4.1、4.4.2条.

设计策略 表3-16

严寒	寒冷	夏热冬冷	夏热冬暖
1. 多层建筑容积率的增加有利于改善冬季局地热气候和室外热舒适性； 2. 公共建筑的容积率建议大于0.8； 3. 对于高层建筑来说，容积率超过3.0时，会对局地风速和太阳辐射造成大幅衰减	1. 多层建筑容积率的增加有利于改善冬季局地热气候和室外热舒适性；而对于高层建筑来说，容积率越大，将会对局地风速和太阳辐射造成一定程度衰减； 2. 应合理规划设计地下空间，提高土地综合利用效率，多层建筑的地下建筑容积率不宜小于0.3，高层建筑不宜小于0.5	1. 多层建筑容积率的增加有利于减弱冬季风的影响和提高室外热舒适性；而对于高层建筑来说，容积率越大，将会对局地风速和太阳辐射造成一定程度衰减； 2. 行政办公、商务办公、商业金融、旅馆饭店、交通枢纽等公共建筑容积率不宜低于1.0，条件允许时建议适当取较大的值；教育、文化、体育、医疗、卫生、社会福利等公共建筑容积率应不宜低于0.5，建议取值在1.5至2.0之间	1. 多层建筑容积率的增加不利于夏季局地的通风散热和室外热舒适性；而对于高层建筑来说，容积率越大，将会对局地风速和太阳辐射造成一定程度衰减； 2. 公共建筑的容积率不宜低于2.0

SED4-2 建筑密度设置

【绿色控制目标】

实现绿色建筑场地土地资源节约：节约集约利用土地。

【技术简介】

在一定范围内，建筑物的基底面积总和与占用地面积的比例（%），是建筑物的覆盖率，它可以反映出一定用地范围内的空地率和建筑密集程度（图3-33）。

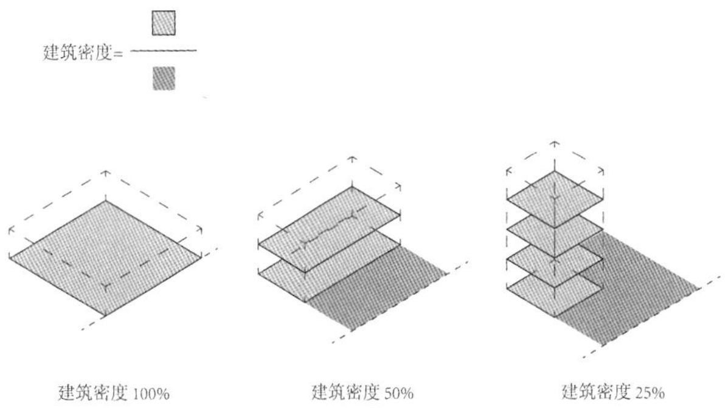

图3-33 建筑密度设置示意图

【气候调节基本原理】

调整各单体建筑高度差及控制密度，改变其附近的日照和通风条件而调节城市局部的热环境。降低建筑密度有利于冷热空气的交换，提高区域内的空气通风效率。而高层建筑区建筑物之间的距离较大，有利于空气通风效率，并且高层建筑能够适当增加地面阴影面积，使区域累积日照时间减少，从而减少非建筑地表接受的太阳直射辐射，减少太阳辐射产生的增温。达到最佳的土地利用强度，防止建筑过密造成街廓消失、空间紧缺。

【设计参数/指标】

建筑密度。

【设计策略】

设计策略如表3-17所示。

设计策略　　　　　　　　　　　　　　　　　　　　　　　　　　　表3-17

严寒	寒冷	夏热冬冷	夏热冬暖
建筑密度最大值：低层（1~3层）：35%；多层Ⅰ类（4~6层）：28%；多层Ⅱ类（7~9层）：25%；高层Ⅰ类（10~18层）：20%；高层Ⅱ类（19~26层）：20%	建筑密度最大值：低层（1~3层）：40%；多层Ⅰ类（4~6层）：30%；多层Ⅱ类（7~9层）：28%；高层Ⅰ类（10~18层）：20%；高层Ⅱ类（19~26层）：20%	建筑密度最大值：低层（1~3层）：43%；多层Ⅰ类（4~6层）：32%；多层Ⅱ类（7~9层）：30%；高层Ⅰ类（10~18层）：22%；高层Ⅱ类（19~26层）：22%	建筑密度最大值：低层（1~3层）：43%；多层Ⅰ类（4~6层）：32%；多层Ⅱ类（7~9层）：30%；高层Ⅰ类（10~18层）：22%；高层Ⅱ类（19~26层）：22%

【研究支撑】

《民用建筑设计通则》GB 50352—2005，第4.4.1、4.4.2条.

SED4-3 绿地率提升

【绿色控制目标】

实现绿色建筑场地环境宜居：充分利用场地空间设置绿化用地，①公共建筑绿地率达到规划指标105%及以上；②绿地向公众开放。

【技术简介】

绿地率是绿地面积与用地面积的比值。在控规要求的前提下，合理提高绿地率，对微气候起调节作用（图3-34）。

【气候调节基本原理】

合理设置绿地率大小，可降温增湿，调节局地微气候。增大绿地率可以美化城市景观，通过植被叶片对太阳辐射的遮挡和叶片本身的作用将太阳辐射转化为潜热，使城市空气湿度增加、地表温度与绿地上部的空气温度减小，使区域的温度降低。

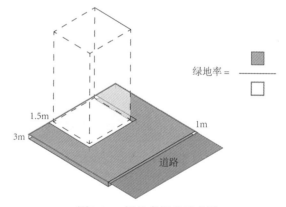

图3-34　绿地率提升示意图

【设计参数/指标】

绿地率。

【设计策略】

设计策略如表3-18所示。

设计策略　　　　　　　　　　　　　　　　　　　　表3-18

严寒	寒冷	夏热冬冷	夏热冬暖
绿地率最小值：低层（1~3层）：30%；多层Ⅰ类（4~6层）：30%；多层Ⅱ类（7~9层）：30%；高层Ⅰ类（10~18层）：35%；高层Ⅱ类（19~26层）：35%	绿地率最小值：低层（1~3层）：28%；多层Ⅰ类（4~6层）：30%；多层Ⅱ类（7~9层）：30%；高层Ⅰ类（10~18层）：35%；高层Ⅱ类（19~26层）：35%	绿地率最小值：低层（1~3层）：25%；多层Ⅰ类（4~6层）：30%；多层Ⅱ类（7~9层）：30%；高层Ⅰ类（10~18层）：35%；高层Ⅱ类（19~26层）：35%	绿地率最小值：低层（1~3层）：25%；多层Ⅰ类（4~6层）：30%；多层Ⅱ类（7~9层）：30%；高层Ⅰ类（10~18层）：35%；高层Ⅱ类（19~26层）：35%

【研究支撑】

《绿色建筑评价标准》GB/T 50378—2019，第8.2.3条.

《民用建筑设计统一标准》GB 50352—2019，第4.1.1、5.4.1条.

SED4-4　开放空间

【绿色控制目标】

实现绿色建筑场地环境宜居：绿地向公众开放，合理开发利用地下空间。

【技术简介】

开放空间强调了自然特征、游憩休闲的功能。利用公共建筑的开放空间设计，丰富建筑形态，使公共建筑更好地融入环境，提升公众参与度和便民度，同时改善城市通风效果、日照条件和空气温度，调节城市局部空间的微气候和生态气候（图3-35）。

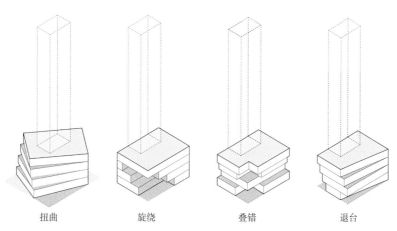

扭曲　　　　　旋绕　　　　　叠错　　　　　退台

图3-35　开放空间示意图

【气候调节基本原理】

针对不同位置和空间形式的开放空间进行功能导向性设计，促进采光及热、自然通风，同时为使用者提供良好的休憩交流场所，考虑遮阳、避雨、防风等要求设置功能性构筑物，为户外活动者遮蔽不利气候。

【设计参数/指标】

开放空间率、开放空间可达性。

【设计策略】

设计策略如表3-19所示。

设计策略　　　　　　　　　　　　　　　　　　　　表3-19

严寒	寒冷	夏热冬冷	夏热冬暖
可采取室内化、半室内化的公共空间设计，以达到节能降耗的目的	公共空间设置适宜采用半室内化的设计，冬季节能保温，夏季又能做到自然通风	公共空间设置宜采用半室内化的设计，冬季节能保温，夏季又能做到自然通风	公共空间设置主要以开敞式加遮风挡雨的屋顶为主，自然通风效果最好；如设置建筑空间，则需要保证进风口和出风口之间的空气压力差，形成风道，使得建筑内部空间的路径获得良好的室内通风效果

【研究支撑】

《民用建筑热工设计规范》GB 50176—2016，第4.2.5条.

SED5　室外环境设计影响评估分析

> SED5　室外模拟技术

【绿色控制目标】

实现绿色建筑场地环境宜居：建筑规划布局应满足日照标准，且不得降低周边建筑的日照标准。室外热环境应满足国家现行有关标准的要求。场地内的环境噪声优于现行国家标准《声环境质量标准》GB 3096—2008的要求，小于或等于3类声环境功能区标准限值。建筑及照明设计避免产生光污染。场地内风环境有利于室外行走、活动舒适和建筑的自然通风。

【技术简介】

室外模拟技术包含日照模拟、室外热模拟、室外声环境、室外夜景照明、室外风环境模拟

（图3-36）。PKPM、斯维尔等软件是属于集成综合性软件。

【设计参数/指标】

日照时数、平均照度、风速、风压差、风速放大系数。

【推荐分析工具】

依据附录表2-2、2-3，综合考虑方案阶段空间规划/环境推演设计针对室外场地空间设计的日照模拟、室外热模拟、室外风环境模拟需求等模拟对象与计算分析的适用性要求，SU、Revit平台与模型分析设计的兼容性需求；快速计算、实时反馈、可视化结果表达等推演分析过程与结果的有效性需求；以及建模与边界条件设定简单、辅助设计的设计建议推荐、自动方案推荐或比选等设计习惯匹配度需求，满足要求的常用软件分析工具有Airpak、Phoenics、Ecotect、斯维尔、PKPM、Honeybee等。

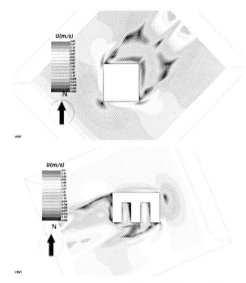

图3-36　室外模拟技术示意图

【分析标准依据】

《绿色建筑评价标准》GB/T 50378—2019

第8.1.1条要求：建筑规划布局应满足日照标准，且不得降低周边建筑的日照标准。

第8.1.2条要求：室外热环境应满足国家现行有关标准的要求。

第8.1.4条要求：场地的竖向设计应有利于雨水的收集和排放，应有效组织雨水的下渗、滞蓄或再利用。

第8.2.8条要求：场地内风环境有利于室外行走、活动舒适和建筑的自然通风。

第8.2.9条要求：采取措施降低热岛强度。

【对接专业、工种、人员】

依据基于气象数据分析过程需要，在建筑师先导开展基础上，在建模与边界条件设定方面，需对接建筑物理/技术、建筑节能、软件应用工程师、景观工程师、数据分析人员；在结果评价方面，需对接绿色建筑工程师。

3.3.2 体量设计形体生成（Volume and Form Design-VFD）

VFD1 建筑体量

VFD1-1 平面长宽比控制

【绿色控制目标】

实现绿色建筑场地资源节约：应结合场地自然条件和建筑功能需求，对建筑的体形、平面布局、空间尺度、围护结构等进行节能设计，且应符合国家、行业和地方现行有关节能设计的要求。

【技术简介】

建筑外表面水平投影下的长度和宽度比值，如表3-20所示。

平面长宽比示意图   表3-20

建筑平面轮廓							
长宽比	1：1	1.3：1	1.5：1	2：1	2.7：1	3.2：1	4.2：1
长度（m）	24.5	28	30	35	40	44	50
宽度（m）	24.5	21.4	20	17.1	15	13.6	12
南向面积比	25%	28%	30%	34%	36%	38%	40%

【气候调节基本原理】

合理设置建筑平面长宽比，通过对建筑外表面积的调节，降低建筑冷热负荷，控制建筑被动太阳得热，降低建筑能耗。

【设计参数/指标】

平面长宽比。

【设计策略】

设计策略如表3-21所示。

【研究支撑】

高宏逵. 夏热冬冷地区办公建筑节能设计对策研究[D]. 哈尔滨：哈尔滨工业大学，2007.

设计策略 表3-21

严寒	寒冷	夏热冬冷	夏热冬暖
严寒地区建筑以防寒保温为主,因此宜采用紧凑的建筑形体,并使热工性能较差的外表面积将至最少,从而减少热量损失。 1. 严寒地区建筑设计应在满足建筑功能与美观的基础上,尽可能减小建筑体量。 2. 根据具体的基地环境,通过平面形态的有效调整阻挡寒风、排除积雪、减少自遮挡。 3. 整体平面形态宜尽可能加大进深,避免过多凹凸变化,使平面布局紧凑,空间形体规整	针对寒冷地区的气候特点,需要减少冬季的能量损失,因此应尽量选取圆形、正方形作为基本平面形状,以降低能耗。 1. 平面造型规整:在满足建筑使用要求与建筑美观的前提下,寒冷地区的建筑平面宜适当加大进深、避免过多凹凸变化,使平面布局紧凑、空间形体规整。 2. 平面形态布局:当建筑物采用U形、L形或T形等平面形式时,应注意避免凹口部位形成涡流和二次回风;同时,建筑物凹口应面向冬季主导风的下风向,以增加挡风区域的面积,塑造良好微环境的建筑外部空间。 3. 平面洞口位置:建筑洞口应避免朝向冬季主导风,尽量面对夏季主导风向。 4. 平面错动优化:顺应夏季主导风向布置,建筑呈错动关系,在夏季形成风道,不阻碍穿堂风形成	夏热冬冷地区建筑平面设计需要充分考虑夏季通风遮阳、防热、防雨、通风降温;冬季减少热流失、保持舒适风环境。 物理外环境结合气候特色在建筑形态中的应用特点为:建筑多为条状东西向分布、建筑宜采用规整体形,避免凹凸变化	夏热冬暖地区建筑应以遮阳通风防潮为主。 1. 根据具体的基地环境,通过平面形态有效增加通风效率、增加自遮挡。 2. 顺应夏季主导风向布置建筑呈错动关系,在夏季形成风道,不阻碍穿堂风形成

VFD1-2 立面宽高比控制

【绿色控制目标】

实现绿色建筑场地资源节约:应结合场地自然条件和建筑功能需求,对建筑的体形、平面布局、空间尺度、围护结构等进行节能设计,且应符合国家、行业和地方现行有关节能设计的要求。

【技术简介】

控制建筑外立面的宽度和建筑高度的比值,可控制建筑被动太阳得热及建筑阴影区(图3-37)。

【气候调节基本原理】

合理设置建筑立面宽高比,合理调控建筑外表面积,通过对建筑高度及外表面积的调节,控制建筑被动太阳得热及建筑阴影区,调节建筑室外微环境,降低建筑能耗。

【设计参数/指标】

立面宽高比。

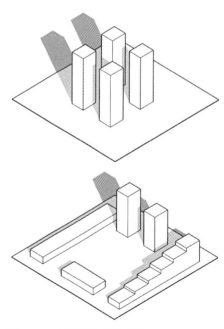

图3-37 立面宽高比示意图

【设计策略】

设计策略如表3-22所示。

设计策略　　　　　　　　　　　　　　　　　　　　　　　　　　　　　　　表3-22

严寒	寒冷	夏热冬冷	夏热冬暖
严寒地区建筑应以防寒保温为主，因此宜采用紧凑的建筑形体，并使热工性能较差的外表面积将至最少，从而减少热量损失。 严寒地区建筑设计应在满足建筑功能与美观的基础上，尽可能降低建筑高度。 1. 在满足建筑使用功能的前提下，应合理控制建筑高度，减小建筑体量，控制阴影区。 2. 控制自然光射入的同时，兼顾空间形体，避免产生自遮阳。 3. 合理设计建筑屋顶形式，使其有利于冬季排雪，减少遮阳，增加热辐射获取。 4. 在不影响建筑功能的条件下，可通过对建筑进行覆土或下沉处理，合理控制建筑体量，减少建筑外露表面积，起到有效防寒作用	当建筑物采用中庭进行自然采光和通风优化时，应根据采光效果动态调整中庭的高宽比、中庭顶部的开合、面向中庭房间的洞口的位置与面积，并合理确定房间的开间与进深。 1. 中庭高宽比宜控制在3∶1左右。 2. 寒冷地区的供暖需求较高，一般采用市政集中供暖，应尽量采用高宽比与长宽比较小的空间形态，在保障供暖效果，达到舒适状态的同时，平衡能耗	在夏热冬冷的长三角地区，体形控制原则出发点主要为考虑建筑风环境舒适性。 当建筑为正南北时，综合考虑风、光、热环境，东西向宽高比（Y/H）越小，综合性能越优，建议值在0.3～0.5之间；南北向宽高比（Y/H）越大越好，建议大于1.3	夏热冬暖气候区公共建筑在进行体量设计时，可通过适当手法拆解建筑体量，增大建筑外表接触系数，增加建筑空间与室外热交换的界面面积，为增设窗户提供可行性，有利于提高建筑的通风散热。 1. 宜在较佳太阳辐射面增加建筑外表接触面积。 2. 合理设计建筑屋顶形式，使其有利于夏季排雨，增加自遮阳，减小热辐射获取。 3. 在满足建筑使用功能的前提下，应合理控制建筑高度，控制阴影区

【研究支撑】

高宏遒. 夏热冬冷地区办公建筑节能设计对策研究[D]. 哈尔滨：哈尔滨工业大学，2007.

VFD2　建筑体型

VFD2　体型系数控制

【绿色控制目标】

实现绿色建筑场地资源节约：不应采用建筑形体和布置严重不规则的建筑结构。

【技术简介】

体形系数是指建筑物与室外大气接触的外表面积与其所包围的体积比值（表3-23）。

【气候调节基本原理】

控制建筑的外形变化量到最低，不宜凹凸过多，结构不宜复杂，以减少建筑的外表面积，从而降低建筑冷热负荷，减少建筑的能耗。

体型系数控制示意图　　　　　　　　　　　　　　　　　表3-23

体型系数	0.064	0.067	0.075	0.075	0.093
热负荷（kWh）	12415	13289	14274	14302	15662

【设计参数/指标】

体型系数。

【设计策略】

设计策略如表3-24所示。

设计策略　　　　　　　　　　　　　　　　　　　表3-24

严寒	寒冷	夏热冬冷	夏热冬暖
严寒地区建筑设计应在满足建筑功能与美观的基础上，尽可能降低体型系数。 1. 在满足建筑功能与美观的基础上，应尽可能降低体型系数，严寒地区的建筑应具有不大于0.4的体形系数。 2. 根据具体的基地环境，通过平面形态的有效调整阻挡寒风、排除积雪、减少自遮挡。 3. 整体平面形态宜尽可能加大进深，避免过多凹凸变化，使平面布局紧凑，空间形体规整。 4. 控制自然光射入的同时，兼顾空间形体避免产生自遮阳。 5. 形体设计应考虑冬季避风与夏季合理利用自然通风的有机结合。 6. 合理设计建筑屋顶形式，使其有利于冬季排雪，减少遮阳，增加热辐射获取。 7. 在不影响建筑功能的条件下，可通过对建筑进行覆土或下沉处理，合理控制建筑体量，减少建筑外露表面积，起到有效防寒作用。 8. 在满足建筑使用功能的前提下，应合理控制建筑高度减小建筑体型系数	冬季寒冷、夏季炎热，气候反差较明显，以防寒保温为主，尽量降低体形系数	地处长江中下游，属于气候过渡区域，夏季闷热、冬季湿冷、年降水量大，建筑物需满足夏季防热、防雨、通风降温要求，同时，适当兼顾冬季防寒要求。与北方严寒和寒冷地区节能建筑相比，在体形系数方面没有非常严格的控制。但从节能的角度来看，单位面积对应的外表面积越小，外围护结构的热损失越小，从降低建筑能耗的角度出发，应将体形系数控制在一个较低的水平	根据夏热冬暖地区的气候特征，建筑主要以防热通风为主，因此可以一定程度上放宽对于体形系数的要求，从而采用较为开敞式的形体布置，同时，可以考虑利用建筑本身进行互相遮阳

【研究支撑】

《公共建筑节能设计标准》GB 50189—2015，第3.2.1、3.1.5条.

VFD3　建筑方位

VFD3-1　日照与采光

【绿色控制目标】

实现绿色建筑场地资源节约和环境宜居:建筑规划布局应满足日照标准,且不得降低周边建筑的日照标准。

【技术简介】

通过形体方位布局、形体凹凸充分利用太阳光,保证日照和采光满足要求(图3-38)。

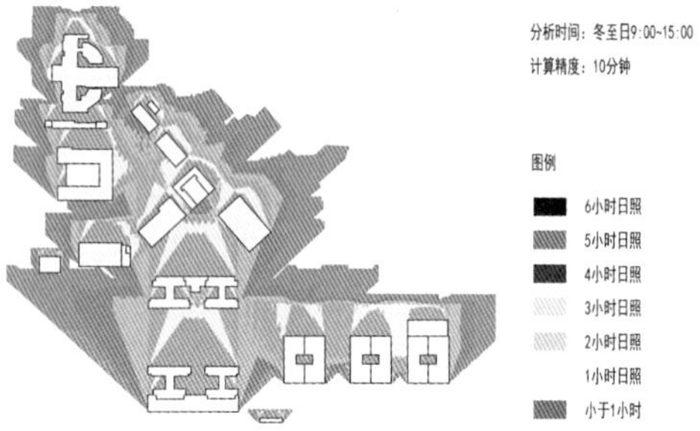

【气候调节基本原理】

根据气候特色,通过形体方位布局、形体凹凸充分利用太阳光。增强建筑自然采光。冬季通过直射光获得太阳能增加得热量。夏季通过遮阳措施。减少太阳热辐射得热与直射光得热。

【设计参数/指标】

冬至日底层满窗日照时数、最佳太阳朝向面积比。

【设计策略】

设计策略如表3-25所示。

分析时间:冬至日9:00-15:00
计算精度:10分钟

图例
■ 6小时日照
▨ 5小时日照
■ 4小时日照
▧ 3小时日照
▧ 2小时日照
□ 1小时日照
▨ 小于1小时

图3-38　日照与采光示意图

设计策略　　　　　　　　　　　　　　　　　　　　　　表3-25

严寒	寒冷	夏热冬冷	夏热冬暖
1. 建筑群采用L型或U型、口字型等防风式布局,并保证开口方向为南向,以争取更多日照采光,改善建筑群内部的物理环境。 2. 针对严寒地区的气候特点,结合当地纬度数,以沈阳地区朝向资料,沈阳地区最好朝向应为南向至南偏东30°以内,南向至南偏西30°为适宜朝向。 3. 冬至日正午一小时满窗日照的南偏东30°的日照间距要比冬至日正午一小时满窗日照的南向日照间距节省用地23%左右。由此可见,合理地选择建筑物朝向,是节约用地提高建筑密度的重要因素	1. 根据太阳运行特点,将高体量形体位于北侧低体形位于南侧,形成错落有致的形体,可使建筑形体在冬季获得更多的日照。 2. 针对寒冷地区的气候特点;敬老院、老人公寓等特定的为老年人服务的设施,其居住空间不应低于冬至日2小时的日照标准。 3. 托儿所、幼儿园的生活用房应不低于冬至日3小时的日照标准。 4. 中小学教学楼的教学用房应不低于冬至日2小时。 5. 医院病房楼的病房部分应满足冬至日不低于2小时的日照标准。 6. 寒冷地区建筑物的适宜朝向是南偏西15°到南偏东30°范围内,最佳朝向是南偏东18°,不利朝向是东偏北18°	1. 宜采用南北向布局,南北向体形长度宜长于东西向,从而获得更多自然采光。 2. 西向形体尽量减少洞口,减少夏季太阳热辐射,宜在南向增加洞口数量及面积,合理引入直射光。 3. 针对夏热冬冷地区的气候特点,冬至日建筑底层区域在中午前后能获得1.3小时的满窗日照作为最低标准	1. 尽可能增加最佳太阳朝向及其近似朝向的建筑空间体积。 2. 针对夏热冬暖地区的气候特点,冬至日建筑底层区域在中午前能获得1小时的满窗日照作为最低标准。 3. 夏热冬暖地区的建筑宜以南北朝向为主,较佳的朝向与南北朝向夹角小于30°

【研究支撑】

《绿色建筑评价标准》GB/T —50378，第8.1.1条.

《城市居住区规划设计规范》GB 50352—2019.

《住宅设计规范》GB 50096—2011.

《宿舍建筑设计规范》JGJ 36—2016.

《托儿所、幼儿园建筑设计规范》JGJ 39—2016.

《中小学校设计规范》GB 50099—2011.

《老年人照料设施建筑设计标准》JGJ 450—2018.

《适应夏热冬暖气候的绿色公共建筑设计导则》.

《适应严寒气候区的绿色公共建筑设计导则》.

《适应寒冷气候区的绿色公共建筑设计导则》.

VFD3-2　通风与防风

【绿色控制目标】

实现绿色建筑场地环境宜居：场地内风环境有利于室外行走、活动舒适和建筑的自然通风。

【技术简介】

通过形体方位布局、形体凹凸充分组织风环境。冬季通过形体布局减少冷风渗透量及冷风影响夏季疏导季风流过形体，增强气流交换，带走室内热量（图3-39）。

【气候调节基本原理】

对建筑物的体型进行合理组织，如通过改变迎风面积比、调整建筑体型、建筑间距和庭院开口比等设计参数来获得良好的室外自然通风效果。避免场地内风速过大或涡流区产生，并借助热压或风压使得空气流动，让室内外的空气进行交换。

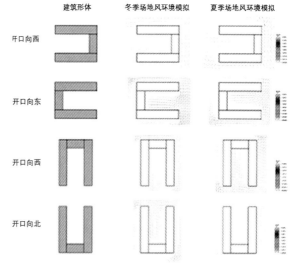

图3-39　通过与防风示意图

【设计参数/指标】

风速、风速放大系数、风压差。

【设计策略】

设计策略如表3-26所示。

设计策略

表3-26

严寒	寒冷	夏热冬冷	夏热冬暖
1. 在严寒气候环境下宜选择围合程度高的建筑形体，减少建筑内部冬季热量损耗，减少冷风倒灌。 2. 严寒地区建筑形体设计应考虑冬季避风与夏季合理利用自然通风的有机结合，兼顾冬季避风与夏季通风。 3. 柔化建筑边角形态，降低冬季建筑周围风速，减少冷风侵袭。 4. 建筑采用L形或U形、口字形等防风式布局，通过布局围合降低冬季冷风侵袭，并保证开口方向为南向，以争取更多日照采光，改善建筑群内部的物理环境	1. 当建筑物采用U形、L形或T形等平面形式时，应注意避免凹口部位形成涡流和二次回风。 2. 建筑物凹应面向冬季主导风的下风向，以增加挡风区域的面积，塑造良好微环境的建筑外部空间。 3. 平面洞口位置：建筑洞口应避免朝向冬季主导风，尽量面对夏季主导风向。 4. 平面错动优化：顺应夏季主导风向布置建筑呈错动关系，在夏季形成风道，不阻碍穿堂风形成。 5. 有高低错落、形体变化的造型需求时，可利用建筑形体的高度错动、围合形态、体型优化等设计策略，采取气候适应性的防风策略，建筑形体在迎风面外凸，可以有效缓解高层建筑室外下冲涡流效应。迎风面外凸有台阶状和倾斜状两种类型，即建筑形体逐渐向上收缩，尺度逐渐减小的形式。 6. 边角圆润优化风环境：有条件时，在建筑上留出泄风口或建筑的边部和角部转角处采用圆弧形，防止转角部位产生不良风环境。 7. 高层建筑形体设计宜有弧形的、适于空气流动的外形，并使其窄端的立面朝向冬季主导风向或与风向成斜角，以改善街道和开敞空间冬季风环境。 8. 相邻建筑的退台避风：当建筑比位于其冬季主导风上风向的相邻建筑高出1倍以上时，宜采用阶梯、退台状，阶梯或退台应从距离街道上方6~10m开始，从建筑沿街的墙到建筑高层塔楼部分的墙之间的退台不应低于6m。 9. 相邻建筑形体高度控制：两个建筑之间的高度渐变不应超过100%，以防止街道和开放空间不良风环境的产生。 10. 建筑单体对街道的影响：步行道两侧的建筑应尽量采用梯级式的平台，将气流从上空引导至地面的行人路	1. 夏季风以东南向为主，形体布局宜留出东南向风道，建筑面向东南洞口大小、数量可适宜增加，加强对夏季风疏导。 2. 夏季主导风向上，形体可采取前短后长、前疏后密的布局形式，冬季主导风向上封闭设计，以疏导夏季风和阻挡冬季风。 3. 在建筑呈围合和半围合形态时，在主导风向上应留出风口，做到开敞式布局，可采取局部断开、退层、架空等形态。冬季风向上应采取封闭性设计，减少开洞，减少冷风渗透率。 4. 当布局呈一字平直排开且建筑体形较长时（超过30m），首层宜采用部分开敞、架空或骑楼结构。 5. 通过形体围合形成的室外庭院，具有一定程度的围合感与向心性，在过渡季能够调节形体自然通风，改善微气候。综合自然通风与自然采光的研究情况，将两者耦合，院落长宽比宜为1.3：1~2：1，高宽比为1：2.5~1：1.8，实际情况应结合功能与用地指标等其他因素一同考虑。 6. 庭院设计应结合场域文脉进行统一的策划与设计，应考虑与室内功能相结合，增强其空间的延展度与使用丰富度，同时庭院内的生态设计应具有渗透性，为室内空间使用者提供愉快的心情。 7. 增加形体夏季迎风面开洞大小与开洞数量，有利于过渡季自然通风。 8. 控制形体内部开敞程度及内部隔墙布局，有利于过渡季通风，具体详见B2-2-2-2控制空间开敞调节微气候。 9. 通过开敞空间，如中庭、通风井的设置能增强过渡季风压、热压通风效应。 10. 通过形体构造形成"冷巷"或导风墙，有利于过渡季通风	1. 以通风廊道、架空层、庭院等优化建筑的通风条件。 2. 宜设置夏季主导风方向上由低到高以及由虚到实的建筑体量，为夏季风进入建筑及场地创造有利条件，提高夏季建筑表面平均风压。 3. 通过适当手法拆解建筑体量，增大建筑外表接触系数，增加建筑空间与室外热交换的界面面积，为增设窗户提供可行性，有利于提高建筑的通风散热。 4. 应尽可能使更多的建筑空间有良好的太阳朝向，宜尽可能减少冬季主导风向朝向的建筑空间面积

【研究支撑】

邓寄豫. 基于微气候分析的城市中心商业区空间形态研究[D]. 南京：东南大学，2018.

《适应夏热冬暖气候的绿色公共建筑设计导则》.

《适应严寒气候区的绿色公共建筑设计导则》.

VFD4　计算辅助的动态形体设计生成

VFD4　与日照、迎风特性耦合技术

【绿色控制目标】

实现绿色建筑资源节约：应结合场地自然条件和建筑功能需求，对建筑的体形、平面布局、空间尺度等进行节能设计，且应符合国家、行业和地方现行有关节能设计的要求。

【技术简介】

通过计算辅助手段，以适应室外气候及节能为目的，对建筑形体进行动态设计及调整。推荐使用Ladybug+Honeybee模拟，是按照"原形界定–适应性关系分析–形体自动寻优–模拟实测与后评估"的设计流程，探索以节能为目标的建筑形体自动寻优设计方法（图3-40）。

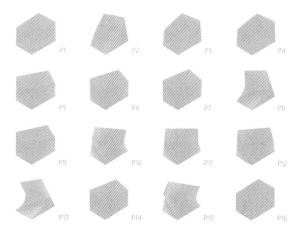

图3-40　动态形体设计生成示意图

【设计参数/指标】

位置、建筑朝向、迎风面积比、日照间距、建筑高度。

【推荐分析工具】

依据附录表2-3，综合考虑方案阶段空间规划/环境推演设计针对建筑形体等模拟对象与模拟分析的适用性要求，SU、Revit平台与模型分析设计的兼容性需求；快速计算、实时反馈、可视化结果表达等推演分析过程与结果的有效性需求；以及建模与边界条件设定简单、辅助设计的设计建议推荐、自动方案推荐或比选等设计习惯匹配度需求，满足要求的常用软件分析工具有Ladybug+Honeybee等。

【分析标准依据】

《绿色建筑评价标准》GB/T 50378—2019

第7.1.1条要求：应结合场地自然条件和建筑功能需求，对建筑的体形、平面布局、空间尺度等进行节能设计，且应符合国家、行业和地方现行有关节能设计的要求。

【对接专业、工种、人员】

依据基于气象数据分析过程需要，在建筑师先导开展基础上，在建模与边界条件设定方面，需对接建筑物理/技术、建筑节能、软件应用工程师、景观工程师、数据分析人员；在结果评价方面，需对接绿色建筑工程师。

VFD5 体量形体设计影响评估分析

VFD5 建筑形体与综合能耗耦合评估

【绿色控制目标】

实现绿色建筑资源节约：不应采用建筑形体和布置严重不规则的建筑结构。

【技术简介】

对建筑形体规则性判定以及评估的一种方式（图3-41）。

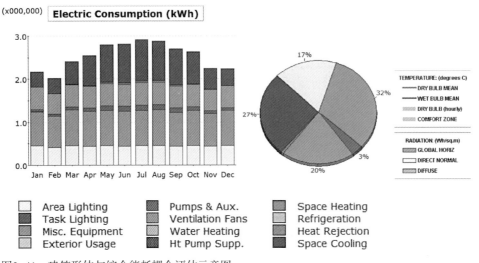

图3-41　建筑形体与综合能耗耦合评估示意图

【设计参数/指标】

建筑总能耗、建筑能耗密度。

【推荐分析工具】

依据附录表2-2、表2-5，综合考虑方案阶段空间规划/环境推演设计针对建筑形体、建筑能耗等模拟对象与模拟分析的适用性要求，SU、Revit平台与模型分析设计的兼容性需求；快速计算、实时反馈、可视化结果表达等推演分析过程与结果的有效性需求；以及建模与边界条件设定简单、辅助设计的设计建议推荐、自动方案推荐或比选等设计习惯匹配度需求，满足要求的常用软件分析工具有Eques等。

【分析标准依据】

《绿色建筑评价标准》GB/T 50378—2019

第7.1.8条要求：不应采用建筑形体和布置严重不规则的建筑结构。

【对接专业、工种、人员】

依据基于气象数据分析过程需要，在建筑师先导开展基础上，在建模与边界条件设定方面，需对接建筑物理/技术、建筑节能、软件应用工程师；在结果评价方面，需对接绿色建筑工程师。

参考文献

[1] 栾洁莹. 当代坡地建筑设计研究[D]. 大连：大连理工大学，2012.

[2] Jiaxi Hu, Zhenyu Wang, Wang Chen. A Study on Automatic Form Optimization Procedures of Building Performance Design Based on "Ladybug+Honeybee" [J]. IOP Conference Series Earth and Environmental Science, 2020, 531.

[3] 韩冬青，顾震弘，吴国栋. 以空间形态为核心的公共建筑气候适应性设计方法研究[J]. 建筑学报，2019，607（4）：78–84

[4] 杜宇航. 不同围合度下院落的风环境研究[D]. 广州：广州大学，2019.

[5] 徐晓达. 超高层建筑周边行人高度处平均风速分布特性及风环境评估[D]. 北京：北京交通大学，2019.

[6] 王凯. 城市绿色开放空间风环境设计和风造景策略研究[D]. 北京：北京林业大学，2016.

[7] 黄焕春. 城市热岛的形成演化机制与规划对策研究[D]. 天津：天津大学，2014.

[8] 张宇娟. 城市住区室外风热环境研究[D]. 合肥：安徽建筑大学，2015.

[9] 徐苏宁. 创造符合寒地特征的城市公共空间以哈尔滨为例[J]. 时代建筑，2007（6）：27–29.

[10] 张欣宇. 东北严寒地区村庄物理环境优化设计研究[D]. 哈尔滨：哈尔滨工业大学，2017.

[11] 金喆. 哈尔滨商业步行街室外光环境设计研究[D]. 哈尔滨：哈尔滨工业大学，2017.

[12] 董旭. 寒地既有公共建筑更新改造评价体系研究[D]. 哈尔滨：哈尔滨工业大学，2016.

[13] 杨洁. 寒冷地区大型商业建筑空间与能耗和环境舒适度调查研究——以京津地区为例[D]. 天津：天津大

学，2014.

[14] 王兰. 寒冷地区酒店建筑中庭空间与环境舒适度及能耗关系初探[D]. 天津：天津大学，2014.

[15] 王怡. 寒冷地区居住建筑夏季室内热环境研究[D]. 西安：西安建筑科技大学，2003.

[16] 冯建学. 基于全寿命周期能耗理论的建筑节能战略研究[D]. 天津：天津理工大学，2007.

[17] 岳梦迪. 基于人行区域风环境的板式高层居住区优化设计研究[D]. 北京：北京建筑大学，2019.

[18] 黄莹颖. 基于日照的东北严寒地区农村住宅建筑形体生成研究[D]. 哈尔滨：哈尔滨工业大学，2015.

[19] 韩昀松. 基于日照与风环境影响的建筑形态生成方法研究[D]. 哈尔滨：哈尔滨工业大学，2013.

[20] 麦华. 基于整体观的当代岭南建筑气候适应性创作策略研究[D]. 广州：华南理工大学，2016.

[21] 程征. 基于自然通风模拟的体育馆设计策略研究[D]. 哈尔滨：哈尔滨工业大学，2017.

[22] 徐汇宁. 建筑环境调控的空间策略初探——以夏热冬冷地区高校建筑院/系馆为例[D]. 南京：东南大学，2019.

[23] 仲平. 建筑生命周期能源消耗及其环境影响研究[D]. 成都：四川大学，2005.

[24] 梁思思，庄惟敏. 建筑性能化评估：建筑全生命周期及环境可持续发展的保障——《建筑性能评估》评介[J]. 建筑师，2007（2）：55-58.

[25] 曲大刚. 建筑性能驱动设计流程研究[D]. 哈尔滨：哈尔滨工业大学，2015.

[26] 隋艳娥. 居住建筑节能研究[D]. 西安：西安建筑科技大学，2005.

[27] 张贺. 冷表皮对建筑性能的影响研究——以长三角地区为例[D]. 南京：东南大学，2017.

[28] 卫莎莎. 热带海岛半敞开式建筑空间自然通风及热舒适研究[D]. 天津：天津大学，2014.

[29] 苏宇川. 陕西省既有经济型酒店建筑节能改造技术群研究[D]. 西安：长安大学，2017.

[30] 张紫和. 商业建筑的中庭空间研究[D]. 太原：太原理工大学，2019.

[31] 赵巍. 商业建筑中庭声光环境优化设计研究[D]. 哈尔滨：哈尔滨工业大学，2016.

[32] 李坤明. 湿热地区城市居住区热环境舒适性评价及其优化设计研究[D]. 广州：华南理工大学，2017.

[33] 王昭俊，王刚，廉乐明. 室内热环境研究历史与现状[J]. 哈尔滨建筑大学学报，2000，33（6）：97-101.

[34] 皇甫昊. 室外热环境因素对人体热舒适的影响[D]. 长沙：中南大学，2014.

[35] 景云峰. 西安办公建筑室内物理环境现状及优化设计研究[D]. 西安：西安建筑科技大学，2019.

[36] 宋密. 西安市中高强度商品住区公共空间的开放性研究[D]. 西安：西安建筑科技大学，2015.

[37] 张景. 西北地区生土民居室内环境改善技术及其评价[D]. 西安：西安建筑科技大学，2017.

[38] 邓蕾. 夏热冬冷地区住宅的气候适应性设计研究[D]. 武汉：华中科技大学，2004.

[39] 梁传志. 夏热冬暖地区办公建筑能耗特性研究[D]. 天津：天津大学，2011.

[40] 水滔滔. 严寒地区城市住区风热环境预测与评价研究[D]. 哈尔滨：哈尔滨工业大学，2018.

[41] 张冉. 严寒地区低能耗多层办公建筑形态设计参数模拟研究[D]. 哈尔滨：哈尔滨工业大学，2014.

[42] 刘正洋. 严寒地区高层住宅气候适应性设计研究[D]. 沈阳：沈阳建筑大学，2018.

[43] 傅文裕. 严寒地区住宅建筑日照优化设计研究[D]. 哈尔滨：哈尔滨工业大学，2008.

[44] 吴彦霖. 中国北方寒冷地区居住建筑生态设计研究[D]. 北京：北京林业大学，2007.

[45] 蔡伟光. 中国建筑能耗影响因素分析模型与实证研究[D]. 重庆：重庆大学，2011.

[46] 樊轶男. 基于热环境模拟的严寒地区特等火车站进站厅空间研究[D]. 沈阳：沈阳建筑大学，2018.

[47] 刘哲铭. 哈尔滨大型商场中庭热环境分析及设计研究[D]. 哈尔滨：哈尔滨工业大学，2013.

[48] 陈其针，牛润萍，黄晓燕. 沈阳市商场冬季热舒适现场调查与分析[C]// 全国暖通空调制冷2004年学术年会.

[49] 端木琳，孙星维，李祥立，等. 中国各地区人体热舒适与室内热环境参数的关系[J]. 建筑科学，2017，33（6）：118–125.

[50] 管勇，张金萍，胡万玲. 兰州市冬季办公房间热舒适研究[J]. 建筑科学，2009，25（8）：94–97.

[51] 邢金城，李泽青，凌继红，等. 天津地区办公建筑人体热舒适研究[J]. 暖通空调，2018（2）.

[52] 李百战，刘晶，姚润明. 重庆地区冬季教室热环境调查分析[J]. 暖通空调，2007，37（5）：115–117.

[53] 黄华明. 珠三角商场中庭夏季热舒适性优化研究[D]. 广州：广州大学，2018.

[54] 徐诚，翟永超，周翔，等. 长沙地区某集中空调办公建筑热舒适现场研究[J]. 暖通空调，2019，49（3）：121–128.

[55] 罗明智，李百战，徐小林. 重庆夏季教室热环境研究[J]. 土木建筑与环境工程，2005，27（1）：88–91.

[56] 袁涛，李剑东，王智超，等. 过渡季节不同气候区公共建筑热环境研究（Ⅰ）[J]. 四川建筑科学研究，2010，36（5）：249–251.

[57] 陈谋朦. 寒冷地区会展建筑展览空间设计对舒适度及能耗的影响研究[D]. 天津：天津大学，2016.

[58] 张宇峰，王进勇，陈慧梅. 我国湿热地区自然通风建筑热舒适与热适应现场研究[J]. 暖通空调，2011，41（9）：91–99.

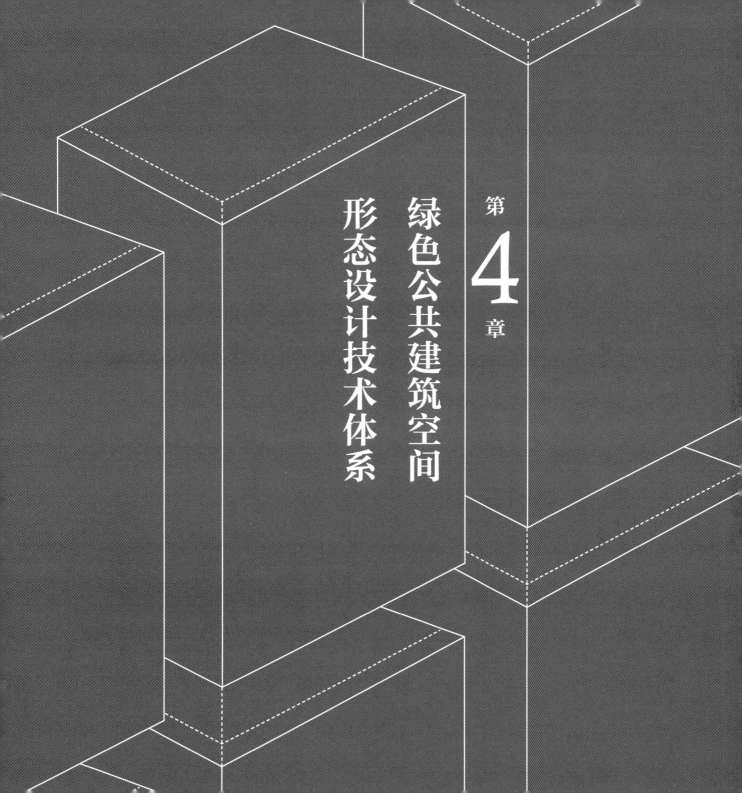

第 **4** 章

绿色公共建筑空间形态设计技术体系

公共建筑是一种包含种类多、功能复杂的建筑类型，其在建筑形态上表征为形体与界面的复杂多样[1]。建筑师在进行建筑设计时，基于功能的考虑，设计对应的空间形式，赋予建筑内部各空间不同大小、形状及边界状态，即空间的形态、体量及构成边界；这些不同功能的空间通过怎样的形式相互联系，即总体空间形式选型，是建筑设计必要的环节之一。

功能是影响建筑创作的主要因素之一，不同空间基于功能被赋予了不同的形态、体量及构成边界。然而，不同功能的空间，因形态、体量、构成边界、组合模式等形态设计要素的不同而具有空间性能的差异，进而影响着建筑的能耗，这一影响在建筑创作的过程中往往被忽略或不够重视。

本章首先通过大量案例调研分析总结出建筑空间形态设计的三个阶段，即总体空间形式、功能组织、单一空间形态的共性与特征；其次，选择典型公共建筑建立典型物理模型，分别对三个设计阶段下的若干设计要素进行定量化验证，通过对比试验总结出各项设计技术在各气候区的适应性策略；最后，依据上述验证结果，构建具有气候适应性的绿色公共建筑空间形态设计技术体系，力求为建筑师在建筑设计阶段提供一个以性能为导向的空间形态设计技术依据。

4.1 公共建筑空间形态设计要素特征与共性

建筑是将多个空间以某种联系组织在一起形成的一个有机整体，这种将若干空间衔接在一起的方式即为建筑总体空间形式。组成建筑的各个空间被赋予不同的功能，各空间的功能既有区别又相互联系，"区别"与"联系"将不同功能空间按一定的规律组织起来的过程，即内部功能组织。组成建筑的最小单元空间，即为建筑内部单一空间，由于其功能的差异，表现出不同的大小、容量、体型等特点。

依据建筑空间形态设计的不同阶段，将建筑空间形态设计由外到内、由粗到细分为三个层级：总体空间形式、功能组织方式、单一空间形态（图4-1）。

马克思主义哲学认为内容与形式是辩证法的一对基本范畴。内容是事物一切内在要素的总和，形式是这些内在要素的结构和组织方式。任何事物既有其内容，也有形式，内容决定形式，形式服从内容，并随内容的变化而变化。对于建筑空间来说，其内容为该空间的属性，即建筑功能，由功能决定该空间的性能。建筑空间的形式是指建筑总体空间形式、功能组织方式、单一空间形态，即建筑形态设计的三个层级。建筑总体空间形式受空间功能影响不明显，功能组织方式与空间功能的联系最为密

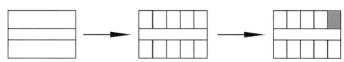

图4-1 建筑空间形态设计步骤

切，而建筑单一空间形态设计与空间性能关系最为直接。

根据我国典型地域气候区划，针对研究重点关注公建类型，依据文献及设计案例资料信息，选取4个气候区的115个项目案例进行建筑空间形态设计调研。按使用年限、建筑规模、空间布局形式、主导空间形态要素与参数等关键信息进行了案例分析，归纳总结了其空间形态设计要素特征与共性。

4.1.1 总体空间形式的特征与共性

总体空间形式是指不同空间以什么方式衔接在一起，组合成一个建筑整体。总体空间形式是多样的，即使对于同一种类型的公共建筑，也表现出若干形式。如利用走廊、垂直交通、厅堂等连接各空间所形成的形式。

通过大量案例的调研与总结可知，不同类型的公共建筑普遍存在着差异化的总体空间形式。彭一刚院士在著作《建筑空间组合论》中提出：采用不同空间的衔接方式概括出典型空间组合形式[2]，本文参考其方法，对典型的空间形式进行提炼和总结，将公共建筑总体空间组合形式分为走廊式、垂直式、中央围合式、分散式四大类（表4-1）。

总体空间形式案例统计表 表4-1

	走廊式	垂直式	中央围合式	分散式
商业建筑	√		√	√
办公建筑	√	√	√	
酒店建筑	√	√	√	
图书馆建筑	√		√	

4.1.1.1 走廊式

走廊式的总体空间形式利用一条狭长的走道将各个功能空间组织起来，各个空间之间相互独立且没有直接联系；当走廊位于中间则称为内廊式，当走廊位于一侧称为外廊。走廊式建筑平面一般沿线性展开、呈矩形分布，大部分空间可获得良好的自然采光，各使用空间相互独立，确保了私密性。走廊起到交通空间的作用，将其他各使用空间连接起来。此形式在多层公共建筑中较为常见，如政府类办公建筑、商业街式的商业建筑、酒店建筑的客房、部分图书馆（图4-2）。

4.1.1.2　垂直式

垂直式的总体空间形式利用一种垂直式贯通空间将其他各使用空间联系在一起，通过竖向标准层叠加形成塔楼的形式。垂直式的总体空间形式平面布局较为紧凑，走道比走廊式短，具有占地面积小、内部空间分隔自由灵活的特点。垂直式贯通空间通常均为由电梯井及楼梯间组成的交通空间，标准层围绕核心筒四向组织，使用空间通常作为办公室、客房等，如高层办公建筑、酒店建筑等（图4-3）。

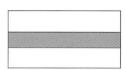

图4-2　走廊式示意图

4.1.1.3　中央围合式

中央围合式的总体空间形式是指建筑中央为中庭等高大空间，其他空间围绕中央大空间组织，其平面呈"回"字形，布局紧凑。与垂直式的总体空间形式区别在于垂直式中央为核心筒，仅作为交通空间使用，而中央围合式的中央则为一过渡空间，具有人流集散及交通联系的功能；其次垂直式多见于高层建筑，而中央围合式则多见于多层建筑。

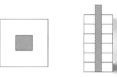

图4-3　垂直式示意图

根据中央大空间的具体功能的不同，将其归类为中心式及院落式等多种形式。

中心式的中央大空间作为中庭使用，顶部常设天窗，为建筑内部空间；而院落式的中央大空间为庭院，即为建筑外部空间（图4-4）。

1）中心式

中心式是以中庭为中心环形组织各功能空间的形式，其他功能空间围绕中庭布置，中庭除了具有人流集散和联系交通的功能外，还能实现自然采光、被动式采暖、自然通风的效果。中心式由于中庭具有良好的采光效果，常被用于酒店、图书馆等公共建筑中（图4-5）。

图4-4　中央围合式与垂直式的对比

2）院落式

院落式以庭院为中心，各使用空间围绕庭院布置，庭院既是交通联系空间，也起到营造室外环境的作用。院落式适用于图书馆、度假式酒店等公共建筑（图4-6）。

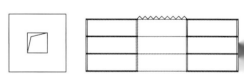

图4-5　中心式示意图

3）其他

此外，因中庭形式不同，中央围合式还包括街网式、组合式等（图4-16）。

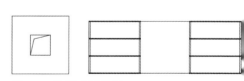

图4-6　院落式示意图

4.1.1.4　分散式

分散式的总体空间形式是指多栋分散布置，由室内连廊或室外步道连接起来形成一个整体的建筑单位，其平面布局较为灵活自由。典型代表有商业街式的商业建筑，其中每个建筑单体具有售卖、餐饮等功能（图4-7）。

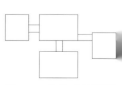

图4-7　分散式示意图

4.1.2 功能组织的特征与共性

"形式由功能而来"，功能既然作为人们建造建筑的首要目的，理所当然是构成建筑内容的一个重要组成部分，为此，它必然要左右建筑的形式，关于这点是庸无质疑的。[2]

建筑总体空间形式设计不强调各空间的功能，仅从空间衔接方式的角度分析多个建筑空间是如何组成建筑整体的；而功能空间组织则强调功能对于空间组合的决定作用。本小节主要论述在功能需求的影响下，建筑的形式表现，即建筑内部功能空间是如何组织的（图4-8）。

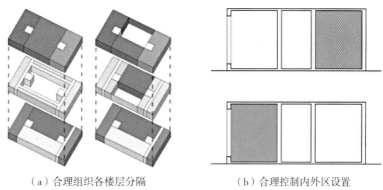

（a）合理组织各楼层分隔　　　　　　（b）合理控制内外区设置

图4-8　功能组织示意图

按使用功能可将公共建筑空间划分为公共性空间与私密性空间、洁净性空间与污染性空间、安静性空间与吵闹性空间。从空间组织的角度上又可将公共建筑空间划分为使用空间与联系空间、主导空间与从属空间。

在建筑设计的过程中，功能组织通常按主与次、内与外、动与静的关系来安排各空间，主要使用空间布置在主要位置上，即优势朝向、采光好及交通便利的位置，把次要使用空间安排在次要的位置上，再考虑各辅助空间的位置，使空间有明确的主次关系。如在办公建筑中，其主要使用空间为办公空间，次要空间有会议室、茶水间，交通空间、卫生间等为辅助空间。这三者在空间上应有明确的区分，在功能组织上则相互联系。

与此同时，功能组织安排时还应考虑人员流线。一栋公共建筑的各功能空间通常通过顺序关系体现；对于不同类型的公共建筑，其不同使用性质而导致不同人流特点，从而由人流特点决定的流线组织最终也体现在功能组织上。

　　建筑师在建筑创作的功能组织阶段，通常以功能合理性、使用便利性为目标，往往忽视了建筑方案设计对建筑能耗的关键影响。公共建筑空间形态组织不仅是对功能和行为的一种组织布局，也是对内部空间各区域气候性能及实现方式所进行的全局性安排，是对不同空间能耗状态的前置性预设[3]。若在此阶段将节能因素考虑在内，建筑运营阶段的能耗将会显著降低。

　　依据体量的不同，将公共建筑内部各空间分为小空间、中等空间及大空间；由于不同功能的空间对室内物理环境性能的要求不同，将公共建筑空间划分为低性能空间、普通性能空间及高性能空间。通过研究发现，大空间由于其体量较大，故围护结构面积较大，与周围其他空间热量交换也较多，一般情况下其能耗也较高，因此大空间宜布置在建筑内部。大空间若布置在建筑边界处，则优先选择南向位置；而体量小能耗小的小空间则适宜布置在建筑边界处。由于小空间较大空间更为节能，在功能组织阶段应优先安排小空间的位置，其次中等空间、再次大空间；尽量将大空间分隔成多个小空间从而降低建筑能耗。高性能空间由于其对室内物理环境参数要求较高，应优先考虑布局在建筑内部，远离建筑边界，尽量减少外部气候要素的影响，而低性能空间则宜布局在建筑边界处，作为缓冲空间。韩冬青等在其研究中曾提出普通性能空间应置于气候优先位置[3]。相同性能空间应放置在相邻位置或建筑的同一层；不同性能空间应分层设置，从而降低能耗。

　　当然，公共建筑功能空间组织过程应综合考虑设计要求及节能需求，在满足使用要求的基础上尽可能满足节约能耗对功能组织的要求。具体的功能组织还应结合实际建筑类型、所处气候分区等因素综合分析后确定（表4-2）。

绿色公共建筑功能空间组织特征与共性　　　　　　　　　　　　　　表4-2

	空间分类方式	空间名称	功能组织特征/原则
设计角度	使用功能	主要使用空间	应位于建筑主要位置
		次要使用空间	应位于建筑次要位置
		辅助空间	其他位置，起联系作用
节能角度	空间体量大小	大空间	应远离建筑边界处
		中等空间	其他位置
		小空间	应位于建筑边界处
	空间性能	高性能空间	应远离建筑边界处
		普通性能空间	其他位置
		低性能空间	应位于建筑边界处

4.1.3　单一空间形态的特征与共性

依据功能需求的不同，单一空间具有与其功能相适应的形状、大小、容量、位置、开放度等。即使是相同功能的空间，在不同类型的建筑中也具有不同的形状、大小、容量、位置、开放度，这些要素共同组成了建筑内部单一空间形态。公共建筑类型的多样性导致公共建筑中不同空间具有功能多样性，而诸多单一空间形态要素也使得不同功能的空间同样具有形态多样性。

在单一空间的形态设计过程中，平面或剖面形状的不同是功能对于空间体态的要求；大小或容量的选择则是功能对于空间体量的要求；位置、朝向及数量的设置会涉及采光、通风、日照等因素，是功能对于空间在建筑整体中分布的要求；开放程度则是功能对于空间边界的要求。

通过大量案例的调研与总结，对单一空间的形态设计要点进行提炼和总结，形成空间体态、空间体量、空间分布、空间边界四类要素。

4.1.3.1　空间体态

体态指具有合适的形状，一般多指平面形状。例如中庭空间常见的形状有方形、矩形、圆形、椭圆形、不规则四边形等，办公空间平面形状则多为矩形，报告厅平面形状有矩形、梯形，考虑到声学设计亦有扇形（图4-9）。

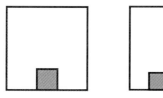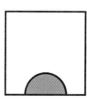

图4-9　典型空间体态特征与共性

4.1.3.2　空间体量

体量指具有合适的大小和容量。反映在建筑设计上为空间的面宽、进深、高度等尺寸。如机场、高铁站由于人流集散量较大，其空间尺度较大，而中庭、门厅等大型空间体量则明显小于前者，而教室、办公室等具有明确功能的空间则体量远远小于中庭门厅这种过渡空间。

通过典型地域性公共建筑空间案例调研，依据空间形态的体量特征，将公共建筑典型空间形态体量分为高大空间、窄高空间、扁阔空间、狭长空间、低促空间、狭高空间六类，各典型空间特征及内容如表4-3、图4-10所示。

典型空间形态体量特征与类型   表4-3

空间设计要素	典型类型	内容
形态体量	高大空间（XYZ）	常见此类空间包括大跨空间、通高空间、部分高层建筑的中厅与中庭空间等
	窄高空间（XyZ或xYZ）	常见此类空间包括通高或跃层边廊空间、部分高层建筑的中厅与中庭空间等
	扁阔空间（XYz）	常见此类空间包括开放办公空间、大型设备空间、部分展厅空间等
	狭长空间（Xyz或xYz）	常见此类空间包括廊道空间、走道空间等
	低促空间（xyz）	常见此类空间包括尺度较小的工作空间、设备空间等
	狭高空间（xyZ）	常见此类空间包括部分高层建筑的中厅与中庭空间等

高大空间：面宽、进深、高度尺寸均较大的空间，如机场、高铁站候车厅。

窄高空间：面宽和高度远大于进深的空间，或进深和高度远大于面宽的空间。

扁阔空间：面宽、进深远大于高度的空间，如展厅空间。

狭长空间：面宽远大于进深和高度的空间，或进深远大于面宽和高度的空间，如廊道空间。

低促空间：面宽、进深、高度尺寸均较小的空间，如普通办公空间、设备空间。

狭高空间：面宽和进深远小于高度的空间，如部分中庭空间。

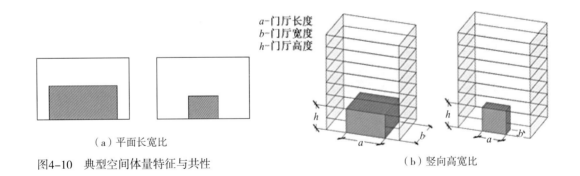

（a）平面长宽比   （b）竖向高宽比

图4-10 典型空间体量特征与共性

4.1.3.3 空间分布

分布是指空间在建筑中的朝向、位置及数量。空间的朝向即空间门窗坐落的方向；空间的位置分为空间在建筑平面上与剖面上的位置，平面位置决定了空间的朝向，比如位于建筑南侧的门厅朝向为南向，位于建筑东南角的边庭朝向为东南向；空间的数量是指同一建筑中某单一空间的数量的多少，包括该空间的有与无，如图4-11所示。

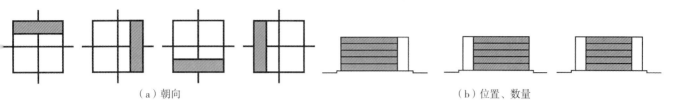

（a）朝向   （b）位置、数量

图4-11　典型空间分布特征与共性

4.1.3.4　空间边界（开放度）

开放度是指空间边界的闭合、开放、模糊，即建筑内部某单一空间与其周围空间是通过内围护结构完全分隔开，或是有部分连通，抑或是没有明显的边界。比如办公建筑中的办公空间、图书馆中的阅览空间有独立式的也有开放式的（图4-12）。

4.2　绿色公共建筑空间形态设计技术体系关键技术验证

从公共建筑空间形态角度出发，以建筑能耗或负荷为标准，依据建筑师方案设计阶段的设计流程——先设计外部形体，再进行内部空间的处理，对方案设计、初步设计阶段的部分设计技术进行定量化验证。验证内容分别为：通过研究总体空间形式对能耗的影响，对公共建筑总体空间形式进行优化；通过研究内部空间组织对能耗的影响，对功能空间组织进行优化；通过研究单一空间中形态变量对能耗的影响，对单一空间形态进行优化（图4-13）。

公共建筑类型繁多，本文选择量大面广且较为常见的四种类型：办公建筑、商业建筑、酒店建筑、图书馆建筑做地域气候适应性关键设计技术的定量化验证，分别选择哈尔滨、北京、上海、广州作为严寒地区、寒冷地区、夏热冬冷地区、夏热冬暖地区的典型城市进行模拟验证。

依照《公共建筑节能设计标准》GB 50189—2015中对各围护结构热工性能的限值，将规范中设计的热工参数作为模拟中的默认变量。下文对功能组织方式及单一空间模拟设计的围护结构各参数也参照表4-4设置。

对绿色公共建筑空间形态设计技术体系的关键技术验证，主要探究各设计内容对能耗的影响，通过能耗模拟软件Design Builder调用Energy Plus能耗计算核心计算冷热负荷及全年能耗。

图4-12　典型边
界特征与共性

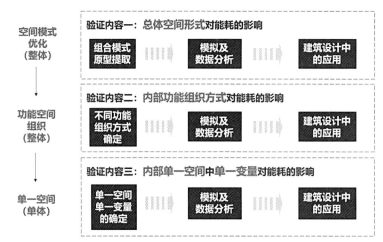

图4-13　绿色公共建筑空间形态设计技术体系关键技术验证思路

围护结构参数设置　　　　　　　　　　　　　　　表4-4

部位	构造层次	热工性能
外墙	水泥砂浆20mm	传热系数为0.362（W/（m²·k））
	聚苯乙烯泡沫板80mm	
	混凝土砌块100mm	
	石膏抹面15mm	
内墙	石膏板25mm	传热系数为1.639（W/（m²·k））
	空气间层100mm	
	石膏板25mm	
玻璃隔断	普通玻璃3mm	传热系数为2.178（W/（m²·k））
	空气间层6mm	
	普通玻璃3mm	
	空气间层6mm	
	普通玻璃3mm	
外窗	双层Low-E玻璃	传热系数为1.786（W/（m²·k））
屋面	水泥砂浆20mm	传热系数为0.237（W/（m²·k））
	沥青10mm	
	泡沫塑料150mm	
	混凝土铸件100mm	
	石膏抹面20mm	

4.2.1　总体空间形式选型对能耗的影响

根据4.1.1所示案例调研、归纳与整理，依据四类公共建筑提炼出四大类总体空间形式：走廊式、垂直式、中央围合式和分散式，其中中央围合式又依据核心空间是否直接与室外接触细分为庭院式与中心式。调查研究显示，不同类型的公共建筑通常具有其特定的总体空间形式表现，如商业建筑多为多层建筑，常见的有中心式、走廊式，近些年也逐渐兴起如商业步行街的分散式总体空间形式。

《民用建筑设计通则》GB 50352—2005中规定，除住宅建筑之外的高度不大于24m的民用建筑为单层和多层建筑，高度大于24m则为高层建筑（不包括建筑高度大于24m的单层公共建筑），故下文中以24m分界对高层公共建筑与多层公共建筑加以区分。

调研结果显示在办公建筑和酒店建筑中，高层和多层都很常见，而庭院式组合模式经常在多层公共建筑中使用，不同层数的差别对总体空间形式选型有一定的影响，对能耗模拟结果也会造成改变，故总体空间形式选型从高层建筑与多层建筑两部分进行验证（表4-5）。

公共建筑总体空间形式应用　　表4-5

总体空间形式		高层	多层
走廊式		酒店、图书馆、办公	酒店、图书馆、商业、办公
垂直式		酒店、办公	/
中央围合	庭院式	/	酒店、图书馆
	中心式	办公	商业、铁路客站、展览馆
分散式		/	商业

对总体空间形式的定量化验证思路为：首先，建立符合规范及适用要求的基准模型；其次，设置对照组时需控制同类型建筑中不同总体空间形式体量保持不变，利用Design Builder模拟不同气候区总体空间形式对建筑能耗的影响，从而以定量化的结果为设计师在建筑设计阶段提供理论参考。

根据上节对严寒地区、寒冷地区、夏热冬冷地区及夏热冬暖地区典型公共建筑的案例调研，选择商业建筑、办公建筑、酒店建筑及图书馆建筑四类常见的公共建筑进行研究，提取各类建筑典型总体空间形式，如商业建筑多为多层建筑，其常见典型总体空间形式有中心式、走廊式、分散式；办公建筑典型总体空间形式为垂直式、中心式、走廊式等。确定总体空间形式的同时，根据调研结果和相关规范确定各类型公共建筑的典型模型，选择通用的建筑体量，即适合各总体空间形式的总建筑面积。

4.2.1.1　高层公共建筑总体空间形式选型对能耗的影响

　　高层公共建筑常见的总体空间形式有走廊式、垂直式、中心式（中央围合式），如图4-14所示。

　　由于常见办公建筑对此三类总体空间形式均有涉及，故此部分验证以办公建筑为例。典型总体空间形式模拟结果如图4-15所示。

垂直式　　　　　中心式　　　　　走廊式

图4-14　高层公共建筑总体空间形式模型设置

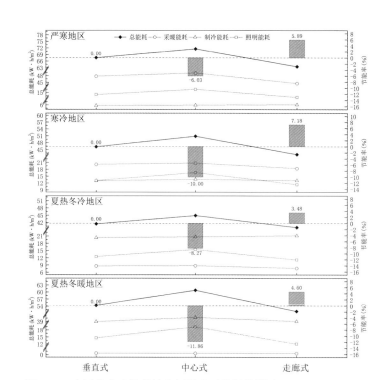

图4-15　高层公共建筑总体空间形式对能耗的影响

　　由模拟结果可以得出，四个气候区总体空间形式对能耗的影响趋势均相同，为走廊式＜垂直式＜中心式（中央围合式）。对比走廊式与中央围合式，走廊式各气候区照明能耗均大幅降低，因为走廊式比中央围合式体形系数更大，外围护结构面积较大，在窗墙比不变的情况下，自然采光照度大大增加，从而降低人工照明所需的能耗。从建筑体型的角度出发，总体空间形式选型的不同会导致体形系数的差异，而体形系数是节能设计的一个关键指标，本部分研究控制了体量一致，但结果不能排除由此引起的体形系数的不同对最终能耗结果的影响。

4.2.1.2　多层公共建筑总体空间形式选型对能耗的影响

　　商业建筑多为中央围合式多层建筑，通过上节调研结果总结出常见商业建筑典型总体空间形式包括中央围合式的中心式、街网式与组合式等，控制建筑面积相同，建立典型模型如图4-16所示以分析其影响。

　　根据图4-17模拟结果可知，就中央围合式多层建筑而言在四个气候区街网式商业建筑最为节

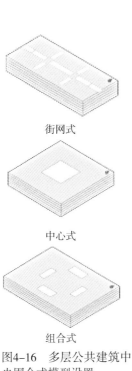

图4-16　多层公共建筑中
央围合式模型设置

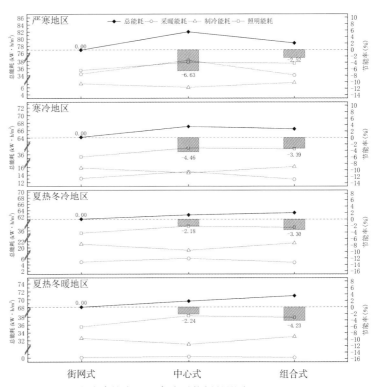

图4-17　多层公共建筑中央围合式对能耗的影响

能，在严寒、寒冷等冬季采暖地区，组合式总体空间形式优于中心式，这是因为组合式布局可为建筑内部引入更多太阳辐射，从而降低采暖能耗；在夏热冬冷地区和夏热冬暖地区，中心式布局则优于组合式，中心式总体空间形式主要降低了建筑的制冷能耗。

　　根据上节调研可知，多层酒店以走廊式及庭院式总体空间模式居多，故将这两种空间形式进行模拟并对此验证分析，以探究其对能耗的影响（图4-18）。

　　在四个气候区，庭院式总体空间形式能耗均小于走廊式。夏热冬暖地区庭院式主要节约的是照明能耗，而严寒地区、寒冷地区、夏热冬冷地区各分项能耗受总体空间形式影响较小（图4-19）。

图4-18　多层公共建筑总体空间形式模型设置

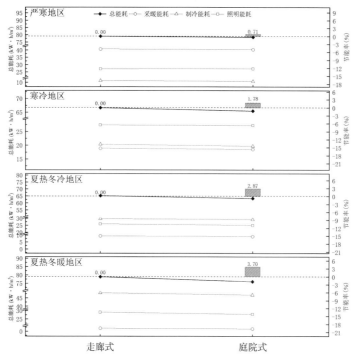

图4-19　多层公共建筑总体空间形式对能耗的影响

　　通过对中心式及庭院式的多层图书馆进行建模计算，分析中央围合式下的两种相似但不同的总体空间形式即中央大空间有无封顶对建筑能耗的影响（图4-20）。

　　由图4-21可知，在四个气候区，庭院式布局均比中心式节能。在严寒地区和寒冷地区，庭院式的采暖能耗更高，在夏热冬冷和夏热冬暖地区，庭院式的制冷能耗略高于中心式，而造成其总能耗更低的原因是庭院式建筑的自然采光条件更好，大大降低了其照明能耗。

图4-20　多层公共建筑中央围合式模型设置

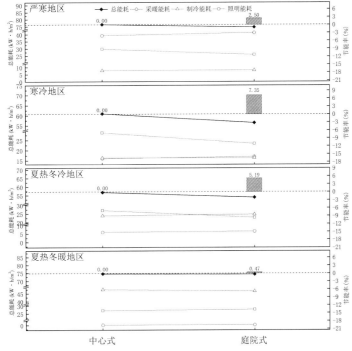

图4-21　多层公共建筑中央围合式对能耗的影响

4.2.2　功能组织方式对能耗的影响

通过4.1.2节理论分析可知，从节能的角度出发，可知空间体量和空间性能在功能组织阶段对能耗产生较大的影响，故在本节探究功能组织方式对能耗的影响时，将各空间朝向、位置（即位于建筑内区或外区）、数量、集中或分散布置作为变量，定量化地研究不同空间布局与气候边界的关系、不同的空间配置对能耗的影响，如图4-22所示。本小节内容只对下图中部分内容加以验证。

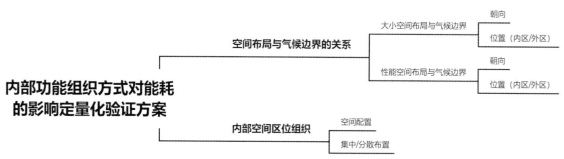

图4-22　内部功能组织方式对能耗的影响定量化验证方案

4.2.2.1　大小空间布局与气候边界

大空间朝向

以酒店建筑为例，对酒店建筑功能组织方式进行调研后，确定酒店建筑中的大空间多为大堂及宴会空间，以大空间的朝向作为变量，分别设置大堂空间、宴会空间两个大空间位于西南东北角、西北东南角、西侧、东侧、南侧、北侧6组模型（图4-23），对其在四个气候区下的能耗进行模拟计算，结果如图4-24所示。

由上述结果可知，在夏热冬冷和夏热冬暖地区，大空间位于北侧最节能，其次是位于南向。大空间对角布置与东向、西向布置对能耗影响不大，但对角布置能耗略低于东向、西向布置。照明能耗受大空间朝向影响较大，采暖能耗及照明能耗受其影响较小。

空间位置

空间的不同朝向也决定了空间所处的不同位置，在上一步已做过验证，而本部分内容的空间位置主要指大/小空间在建筑平面的内区还是外区。以中央围合式的办公建筑为例，将用做开放办公

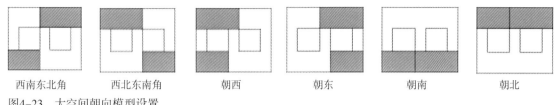

图4-23　大空间朝向模型设置

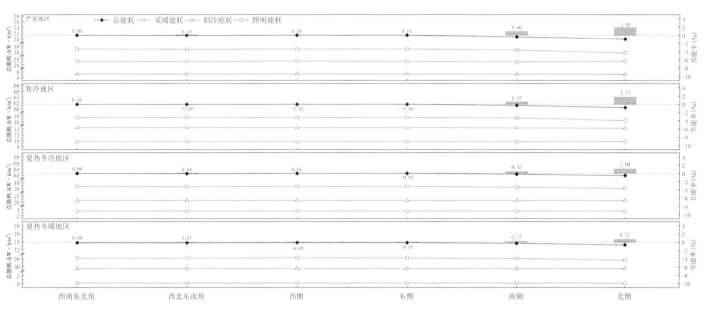

图4-24　大空间朝向对能耗的影响

的空间位于外侧气候边界处还是位于内侧作为两组模型，对空间位置的能耗影响进行定量化探究（图4-25）。

　　模拟结果如图4-26所示。综合四个气候区大空间位置对能耗的影响，发现在四个气候区均是小空间布置在内侧能耗较高而小空间布置在外侧气候边界处更有利于节能。由图中还可看出，大空间布置在气候边界处的外侧后制冷和照明能耗明显增大，而采暖能耗均有所降低。横向对比四个气候区，夏热冬冷地区和夏热冬暖地区，将小空间布置在外侧，大空间布置在内侧节能效果更为明显。

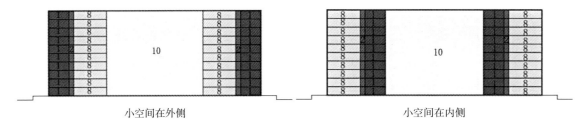

小空间在外侧　　　　　　　　　　　　　　　　小空间在内侧

图4-25　小空间位置模型设置

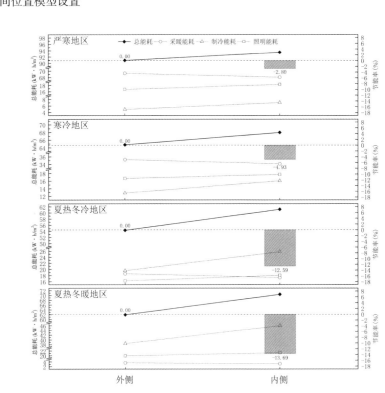

图4-26　小空间位置对能耗的影响

4.2.2.2　大小空间配置

以中心式图书馆建筑为例，中心为中庭大空间，其他功能空间围绕中庭布置，其中方案一中为纵向贯通式中庭，方案二为交通空间优化组，而方案三中庭则错层布置，1~3层位于建筑平面中心，4~5层中庭位于西侧。这两组对比模型可用来探究同一建筑下，将单一功能大空间独立设置或分隔成若干小空间设置对能耗的影响（图4-27、图4-28）。

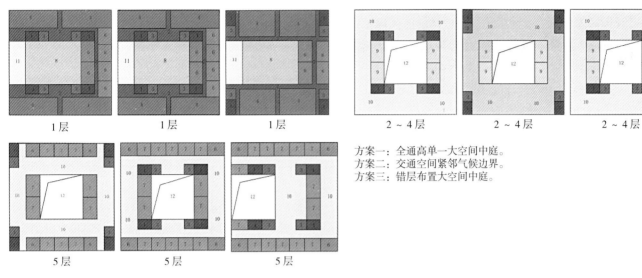

1层　　1层　　1层

2~4层　　2~4层　　2~4层

方案一：全通高单一大空间中庭。
方案二：交通空间紧邻气候边界。
方案三：错层布置大空间中庭。

5层　　5层　　5层

图4-27　大小空间配置模型设置

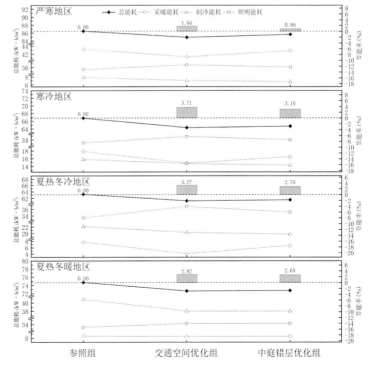

图4-28　大小空间配置对能耗的影响

　　对比图4-27中交通空间优化组和中庭错层优化组可知，在四个气候区下，竖向叠加优化组的总能耗均最低，说明将大空间的中庭分隔成多个较小空间的中庭错层布置的组合方式更为节能。大空间分隔成小空间后，严寒和寒冷地区采暖能耗和制冷能耗均下降，夏热冬冷和夏热冬暖地区则主要降低了制冷能耗，各气候区的照明能耗均有所上升。

4.2.2.3　性能空间

　　性能空间对能耗的影响研究主要体现在两方面：一是不同性能空间布置的位置是在内区还是外区；二是相同或相近性能空间是集中布置还是分散布置。

　　1）内区/外区

　　以中心式图书馆为例（图4-27），方案一将交通空间、辅助空间等低性能空间布置在建筑内部，方案二将低性能空间布置在建筑外区气候边界处。由模拟结果可知，交通空间、辅助空间等对室内物理环境要求不高的低性能空间，在严寒、寒冷及夏热冬冷地区布置在气候边界处作为过渡空间均更节约能耗，对比将低性能空间布置在内侧的方案一，主要降低了建筑的采暖能耗与制冷能耗。

　　以中心式商业建筑为例（图4-29），方案二对比方案一，将相对性能较低的一般售卖空间设于顶层，将性能较高的高档商铺设于中间层，将性能较高的餐饮功能空间放置于底层。由图4-30可知，在各气候区气候边界优化组的能耗均低于参照组的总能耗。

　　2）集中布置/分散布置

　　以商业建筑为例，在功能组织阶段，实际使用需求就限定了部分空间的位置，如能耗较高的影院空间一般位于建筑气候边界的顶层，而超市建筑则位于商业的底层。对性能空间影响研究的模型设置上，在尊重商业建筑既有的功能组织模式基础上，将相同性能空间同层布置，即图4-29方案三。

　　模拟结果如图4-30所示，在四个气候区下，各方案间的节能率变化并不明显，但整体而言，除严寒地区将同性能空间同层布置的优化组都更节能。

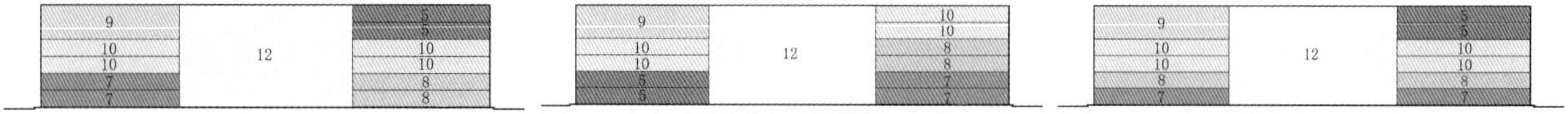

方案一　典型的商业建筑功能组合模式　　方案二　气候边界优化组（低能耗空间位于顶部）方案三　竖向叠加优化组（同性能空间同层布置）

图4-29　性能空间布置模型设置

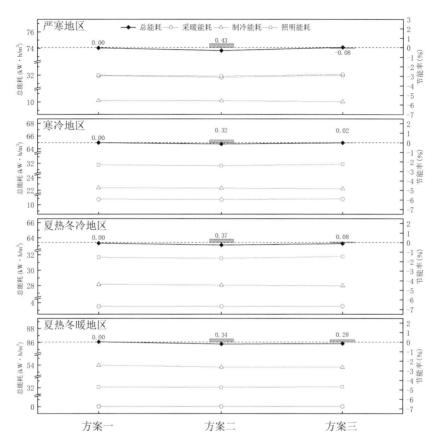

图4-30 性能空间布置对能耗的影响

4.2.3 单一空间设置对能耗的影响

公共建筑内部单一空间按功能不同可分为门厅、交通空间、卫生间、休息室、客房、办公室、教室、阅览空间、卖场、机房、报告厅、会议室、中庭等。不同功能需求对空间尺度要求不同,同时对环境的需求也不同,有时即使是同一功能,其使用时间及人员密度的差异也会导致对环境的需求不同,如普通办公空间与高档办公空间。依据物理空间性能差异可将建筑内部空间分为高性能空间、普通性能空间、低性能空间。高性能空间如高档办公室、特殊病房、恒温恒湿空间、洁净空间等;普通性能空间有办公室、教室、会议室、售卖空间、阅览空间等;低性能空间有交通空间、卫生间、储藏室等。

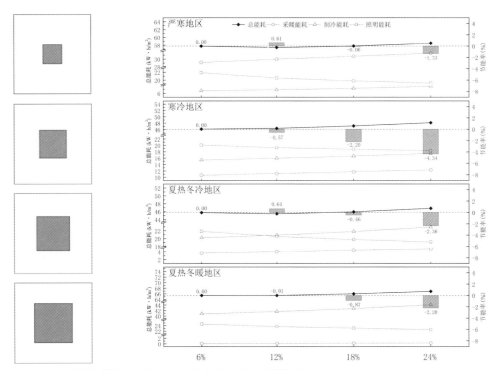

图4-31　中庭体量模型设置　　图4-32　中庭体量对能耗的影响

在进行单一空间形态设置对能耗的影响研究时，主要将较低及较高普通性能空间作为研究对象。因为高性能空间对物理空间性能要求较高，通过改变其空间形态而降低能耗的可能性较小；而低性能空间有尺度较小的卫生间、储藏室等，因其单一功能及有限尺度而导致能耗可调节性不足，故本节关键技术的验证选用尺度较大且功能多样的中庭、门厅等过渡空间，及数量较多、面积适中的办公空间、阅览空间作为研究对象，从空间体量、空间体态和空间边界三个方面探究其空间形态对能耗的影响。

4.2.3.1　较低性能空间

1. 中庭

1）体量

中庭的体量在平面上主要受中庭占比的影响。经前期调研可知，虽然不同业态、不同定位的商业建筑的中庭面积占比往往不同，但中庭占比大致范围为6%~24%。因此，在模拟中设置梯度为6%，中庭占比参数设置为6%、12%、18%和24%（图4-31）。

　　总体来看，各气候区中心式中庭平面占比越大，单位面积能耗越高。但是中庭占比特别小时（6%），不利于采光，照明能耗较高。单位面积制冷能耗和采暖能耗均随中庭面积占比增大而升高。单位面积照明能耗随中庭面积占比增大而降低。严寒和寒冷地区的中庭占比对于总能耗的影响相较于夏热冬冷及夏热冬暖地区更小。这主要是由于随中庭变大，单位面积采暖能耗对总能耗产生的损益效果不如制冷能耗明显。

　　在设计时，各气候区建议选择较小中庭，但需注意中庭面积不可过小，以防止照明能耗显著增加。严寒气候区中庭面积的过大能耗损益有限，因此中庭面积设计较其他气候区享有更多自由。寒冷、夏热冬冷、夏热冬暖气候区中庭面积过大时制冷能耗损益明显，均需严格控制中庭面积。尤其注意寒冷地区中庭面积不可过大（图4-32）。

　　2）体态

　　中心式中庭的剖面形态与中庭的采光、通风以及空间感受密切相关。中庭的剖面形状是中庭形

图4-33　中庭体态模型设置

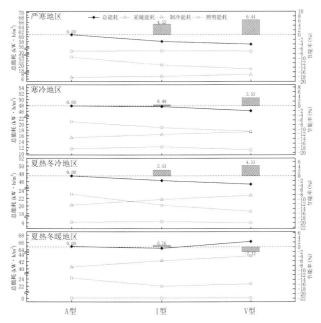

图4-34　中庭体态对能耗的影响

态研究的一个重点，商业综合体建筑中的中庭剖面形状较为丰富。经文献调研，将中庭剖面形状分为A字形、V字形、H形和平行四边形。在进行体态变化时，天窗的变化将作为形体变化的一部分进行探讨（图4-33、图4-34）。

　　在体量相同的前提下，剖面形状会对能耗产生较为明显的影响。在严寒地区、寒冷地区和夏热冬冷地区，V字型比A字型更加节能，这主要是由于V字形在严寒地区更有利于采光得热。在夏热冬暖地区，单位面积总能耗A字型比V字形更加节能，这主要是由于A字形是有效的遮阳体态，较为明显的降低了制冷能耗。在四个气候区I字型均具有比较明显的节能效果，因为该体态既没有因开窗面积过大而导致制冷能耗的增加，也没有因开窗过小而对照明能耗产生明显损益，达到了较好的平衡。建议在设计时，严寒地区、寒冷地区和夏热冬冷地区中心式商业中庭剖面形状选择V字形。夏热冬暖地区则可以考虑选择A字形的中庭形态。各地区均可设置I字形中庭。

图4-35　中庭分布模型设置

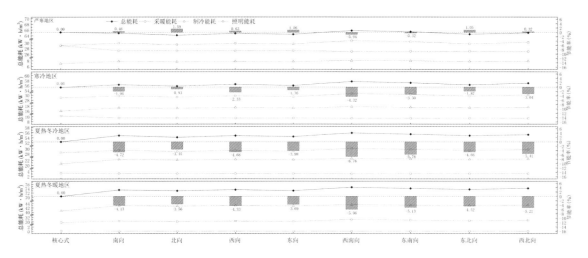

图4-36　中庭分布对能耗的影响

3）分布

中心式的平面布局，依据中庭平面位置的不同，可将中庭分为核心、单向、双向三组进行模拟，核心式为参照组，中庭空间位于建筑中心，四边有售卖空间环绕。单向类中庭位于建筑边缘，除了顶部，其侧面也采用透明围护结构。双向类中庭位于建筑角部，三面采用透明围护结构（图4-35、图4-36）。

由图4.36可知，在中庭面积一定的情况下，其位置分布对能耗有较为明显的影响。在严寒地区能耗变化总趋势是：单向中庭<核心式中庭，这主要是由于边庭的置入在冬季强化了透明围护结构的温室效应，降低了采暖能耗。双向中庭根据其分布位置不同，节能情况略有不同，靠近北侧和东侧的节能效果明显，主要是由于中庭放置在北侧弥补了照明不足的影响。

在寒冷、夏热冬冷和夏热冬暖地区的能耗变化总趋势为：核心式<单向中庭<双向中庭。这主要是由于中庭布局的变化导致围护结构随之变化，从而造成了制冷能耗的增加。

在设计过程中严寒地区适合设置边庭，其中单向中庭以北向中庭为最佳，双向中庭宜放置在东北侧。其他三个气候区宜设置核心式中庭，边庭设置均对节能不利。当必须设置边庭时，单向中庭可考虑北向，双向中庭亦可优先考虑东北向。

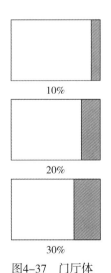

图4-37　门厅体量模型设置

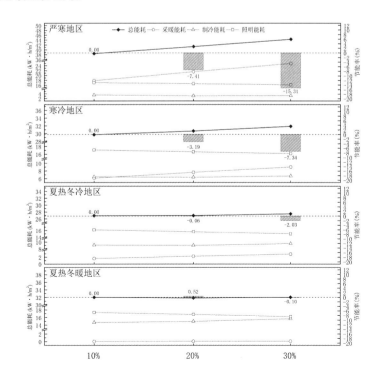

图4-38　门厅体量对能耗的影响

2. 门厅

1) 体量

在严寒、寒冷和夏热冬冷气候区中,建筑总能耗趋势基本相同,门厅占比增大使得采暖能耗上升,进而导致总能耗增加,都表现为随门厅面积占比增加而上升。在夏热冬暖气候区中,制冷能耗与照明能耗趋势相反,其综合效益基本相抵,建筑总能耗随门厅面积占比增加的变化不明显(图4-37、图4-38)。

由此得出门厅空间体量设计建议:在严寒、寒冷和夏热冬冷地区中,宜适当减小或控制门厅面积占比。在夏热冬冷地区,可结合实际设计需求考虑设置门厅面积占比。

同时,在各个气候区中,建筑总能耗变化趋势都表现为随门厅通高层数增加而上升,采暖与制冷能耗随门厅通高层数增加而上升,但变化较小,总能耗主要受照明能耗增加影响(图4-39、图4-40)。

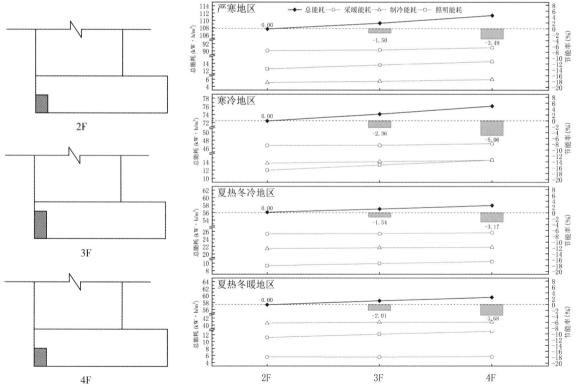

图4-39 门厅通高层数模型设置 图4-40 门厅通高层数对能耗的影响

由此得出门厅空间体量设计建议：在四个气候区中，建议控制与背向空间有一定进深的门厅通高高度，避免门厅通高过高。

2）体态

门厅的空间体态主要通过控制门厅的长宽比来实现，门厅高度保持不变，将模拟分为4组，长宽比分别为4∶1、2∶1、1∶1和1∶2（图4-41）。

在四个气候区中，建筑总能耗趋势相同，都表现为随门厅长宽比减小而降低。在严寒、寒冷气候区，采暖与制冷能耗趋势相反，且波动变化较小，其综合效益基本相抵，总能耗主要受照明能耗

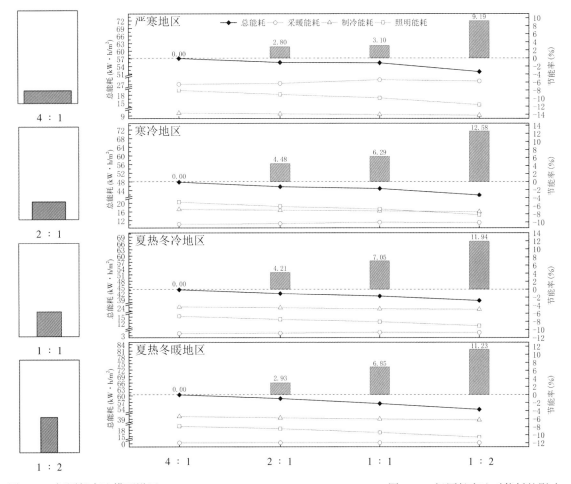

图4-41　门厅长宽比模型设置　　　　　　　　　　　　　　　图4-42　门厅长宽比对能耗的影响

变化影响。在夏热冬冷和夏热冬暖地区，制冷能耗和照明能耗均随长宽比减小而降低。

由此得出门厅空间体态设计建议：在四个气候区中，针对背向空间具有一定进深的办公建筑，作为高大空间的门厅的设计应适当降低长宽比，尽量避免其背向空间的长宽比过低，进深过大。（图4-42）。

3）分布

门厅的空间布局，依据门厅平面位置的不同，可将其分为南向、东向、北向和西向四组进行模拟（图4-43）。

在严寒、寒冷和夏热冬冷地区，建筑总能耗趋势相同，都表现为门厅在北向和东向时节能效果较佳，南侧与西侧总能耗差别不大。在夏热冬暖地区，门厅在北向和西向节能效果均佳。在严寒、

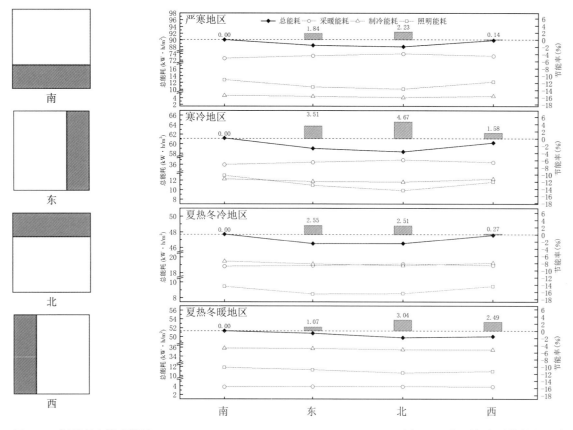

图4-43　门厅朝向模型设置

图4-44　门厅朝向对能耗的影响

寒冷气候区，采暖与照明能耗趋势相反，但照明能耗变化更为明显，总能耗主要受照明能耗变化影响。在夏热冬冷和夏热冬暖地区，制冷能耗和照明能耗变化趋势类似。

　　由此得出门厅空间布局设计建议：在严寒、寒冷和夏热冬冷地区气候区中，建议门厅布置在北侧和东侧；在夏热冬暖地区，建议门厅布置在北侧和西侧（图4-44）。

4.2.3.2　较高性能空间

1. 办公空间（办公建筑）

1）体量

　　在严寒、夏热冬冷和夏热冬暖地区，总能耗随开放办公面积占比增加（自各朝向居中设置由小及大变化为全覆盖环绕式设置），先增加后减小；在寒冷地区，建筑总能耗随着开放办公空间面积的增加，先减小后增加。在严寒、夏热冬冷和夏热冬暖地区，当开放办公空间面积占比增大时，采暖能耗和制冷能耗呈上升趋势，照明能耗变化幅度较小；由非全覆盖环绕式转变为全覆盖环绕式设

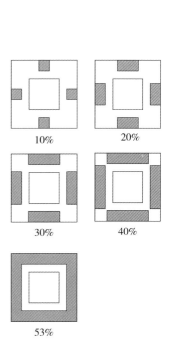

图4-45　开放办公体量模型设置

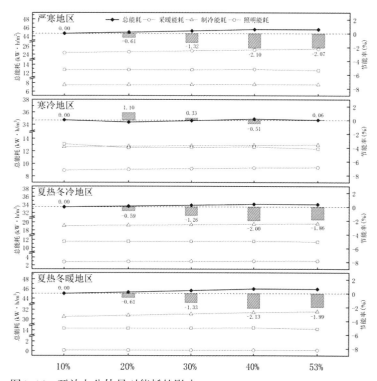

图4-46　开放办公体量对能耗的影响

置时，由于照明能耗下降，总能耗会稍有降低。在寒冷地区，从分项能耗来看，当开放办公空间面积占比约为20%时总能耗最低；同样，由非全覆盖转变为全覆盖设置时，由于照明能耗下降，总能耗会稍有降低。

由此得出开放办公空间布局设计建议：在四个气候区，综合考虑实际设计需求，宜尽量控制开放办公空间面积占比，选择较小范围；设计中，当开放办公空间面积占比较大时，相较于非全覆盖环绕式，更宜选择全覆盖环绕式设置（图4-45、图4-46）。

2）体态

开放办公空间的空间体态主要通过控制开放办公空间的开间进深比来实现，将模拟分为3组，开间进深比分别为6：1、4：1和2：1（图4-47）。

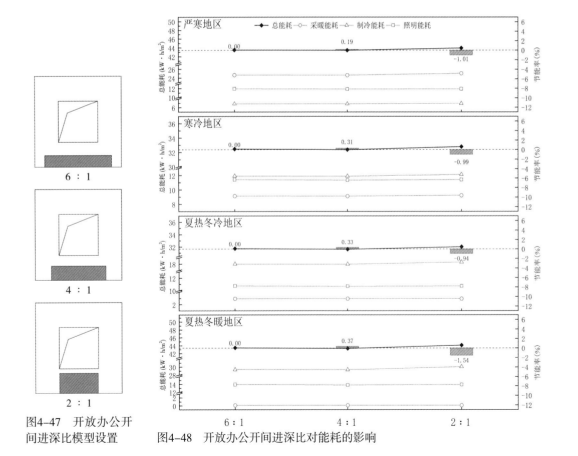

图4-47 开放办公开间进深比模型设置

图4-48 开放办公开间进深比对能耗的影响

　　在各气候区，当开放办公空间开间进深比相对适中时，能耗最低；当其较小或较大时，节能率均略有下降。在严寒地区，总能耗的下降主要由采暖能耗的下降引起，在其他三个气候区，总能耗的下降主要由制冷能耗的下降引起。

　　由此得出开放办公空间设计建议，在四个气候区中，开放办公空间的进深不宜过大，也不宜过小，应结合实际情况，取相对适中的开间进深比，可以得到最佳节能效果（图4-48）。

　　3）分布

　　开放办公空间的空间布局主要通过控制开放办公空间的朝向来实现，开放办公空间的开间进深比为4∶1，将其分为南向、西向、北向和东向四组进行模拟（图4-49）。

　　在各气候区，开放办公空间朝向设置对总能耗影响不大。以南侧分布为基准相对而言，在严寒气候区，开放办公在东侧时，总能耗更低；在寒冷、夏热冬冷和夏热冬暖气候区，开放办公在北侧时，总能耗更低，其次为东侧。就分项能耗而言，采暖和制冷能耗变化不显著，节能效益均主要来

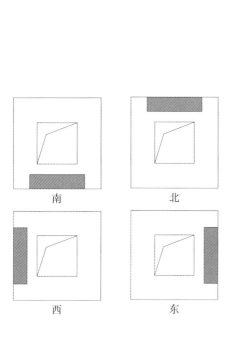

图4-49　开放办公朝向模型设置

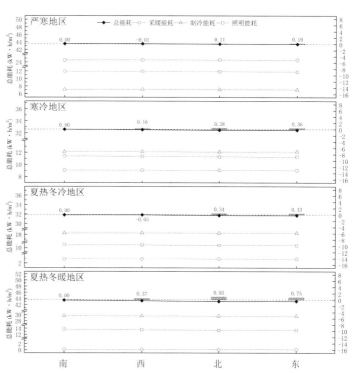

图4-50　开放办公朝向对能耗的影响

自于照明能耗的变化。

由此得出开放办公空间设计建议：在严寒气候区中，综合节能效益以开放办公空间分布在东向为最佳；在寒冷、夏热冬冷和夏热冬暖气候区中，综合节能效益以开放办公空间分布在北向为最佳，亦可考虑设置为东向（图4-50）。

2. 阅览空间（图书馆建筑）

1）体量

经查阅相关文献和有关规范得知，阅览空间在整个图书馆建筑中的体量占比对建筑的能耗有着显著的影响，不仅因为阅览区空间对采光有严格的要求，同时也因为阅览区空间对热舒适环境有高标准的控制。通过实际案例的分析，结合功能分区的需求，归纳出三种不同的体量模式：全阅览空间、阅览空间+走道空间、阅览空间+公共活动空间。即通过控制阅览区空间的面积值变化，来间接改变其体量变化，从而探求阅览空间在体量上的能耗变化规律（图4-51）。

图4-51 阅览空间体量模型设置

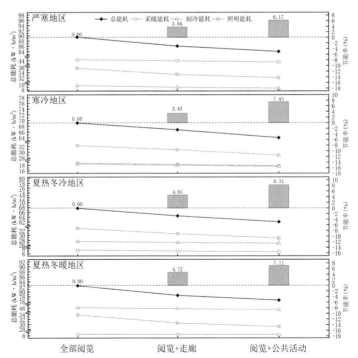

图4-52 阅览空间体量对能耗的影响

　　影响建筑整体综合能耗的主要因素，在严寒地区为单位面积采暖能耗的变化。在寒冷地区和夏热冬冷地区为单位面积照明能耗的变化。在夏热冬暖地区为单位面积制冷能耗的变化。综合分析，在绿色图书馆建筑设计中，宜避免单一化的阅览空间，可综合考虑将阅览空间与不同的功能空间相互结合的体量设计布置，从而达到空间的多样化与能耗的最小化（图4-52）。

　　2）分布

　　根据现有案例的调研和相关文献的查阅，总结归纳出阅览空间在整个图书馆建筑中的分布模式，在控制阅览空间面积一致的前提下，大致分为三种样式：四边式、东西式和南北式（图4-53）。

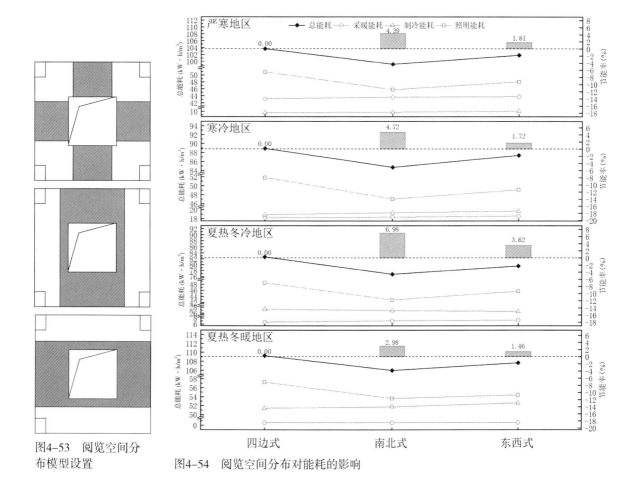

图4-53　阅览空间分布模型设置

图4-54　阅览空间分布对能耗的影响

在各气候区，阅览空间均为南北式的分布模式时能耗最低，虽单位面积制冷和采暖能耗相对于其他两组变化不大，但其单位面积照明能耗的降低较为明显，因此单位面积总能耗最低，节能率最高。因此，在绿色图书馆建筑设计中，应优先考虑将阅览空间南北向布置，其次东西向布置，最后考虑将阅览空间分散于四边布置。在平面设计过程中，因阅览区对采光有较高的要求，宜将阅览空间设置于采光较为优越的方向，从而降低建筑的整体能耗。

在夏热冬冷地区，阅览空间为南北式的节能效率较其他三个气候区更高，因此在夏热冬冷地区的南北式分布具有较大的节能潜力。夏热冬暖地区与严寒地区的南北式节能率基本一致。

在各气候区，四边式、南北式和东西式的单位面积采暖和制冷能耗基本无变化，单位面积照明能耗的变化趋势与单位面积的总能耗趋势趋于吻合，由此可分析出在分布模式下，影响不同气候区的综合能耗的主要因素为单位面积照明能耗。因此综合考虑，在绿色图书馆建筑设计中，应结合所在地区的地域性特征，综合考虑多方面因素，选择合适的最佳阅览空间平面分布方式（图4-54）。

3）边界

在严寒、寒冷和夏热冬冷地区，无边庭的边界模式能耗最低。在夏热冬暖地区，南北向设置边庭的边界模式能耗最低。在严寒、寒冷和夏热冬冷地区，从无边庭到东西侧设置边庭，能耗处于递增趋势，在东西侧均布置边庭时，建筑总能耗最高。因此在绿色图书馆建筑设计中，当建筑项目位于严寒、寒冷和夏热冬冷地区时，可优先考虑无边庭设置的模式。当建筑项目位于夏热冬暖地区时，可优先考虑南北边庭设置的模式（图4-55）。

针对其他边界模式，在严寒、寒冷、夏热冬冷和夏热冬暖地区，南侧单边设置边庭比西侧单边设置边庭的总能耗低，南北侧设置边庭比东西侧设置边庭的能耗低。综合考虑，在如上气候区绿色图书馆建筑设计中除无边庭模式外，可优先考虑南向边庭或南北向边庭与阅览空间相结合的设计模式，有利于建筑整体能耗的降低（图4-56）。

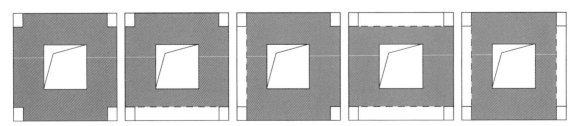

图4-55　阅览空间边界模型设置

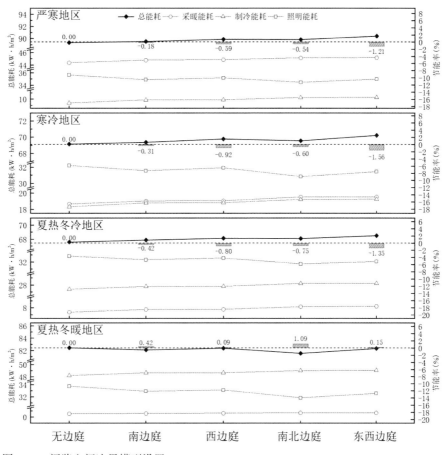

图4-56　阅览空间边界模型设置

　　通过4.2章节对绿色公共建筑空间形态设计关键技术的定量化验证，发现总体空间形式选型及功能组织方式受地域气候的影响相对较小，而对于气候敏感度较高的空间形态节能设计为单一空间形态设计，即单一空间的体量、体态、分布。建议建筑师在建筑节能创作中多考虑单一空间形态的设计。

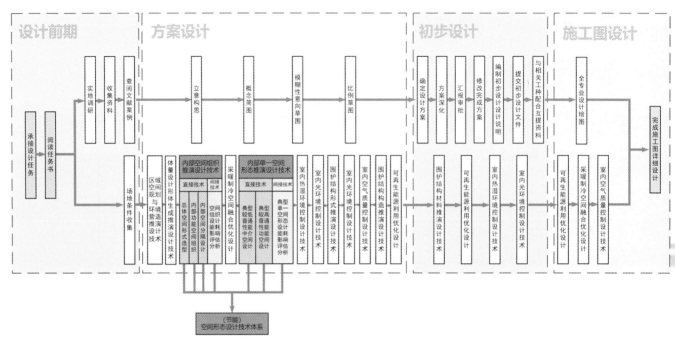

图4-57　空间形态设计技术体系与绿色建筑设计流程关系

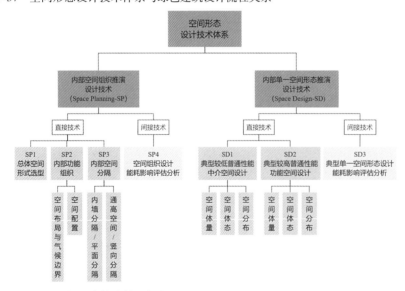

图4-58　空间形态设计技术体系框架

4.3　基于典型性能空间优化的空间形态设计技术体系

　　气候适应型空间形态设计技术体系，在绿色建筑设计流程中，处于方案设计阶段，主要对应内部空间组织、内部单一空间形态设计技术，如图4-57所示。建筑内部空间组织下设总体空间形式选型、内部功能组织、空间分隔设计及空间组织能耗影响评估分析；建筑内部单一空间包括较低普通性能中介空间设计、较高普通性能功能空间设计及单一空间能耗影响评估分析（图4-58）。下文将从绿色控制目标、技术简介、气候调节基本原理、各气候区设计策略等多个角度对各项设计技术进行表述。

4.3.1　建筑内部空间组织（Space Planning-SP）

SP1　总体空间形式选型

SP1　总体空间形式选型

【绿色控制目标】

　　实现绿色建筑能源资源节约：建筑供暖空调负荷降低比例满足《绿色建筑评价标准》GB 50378—2019的相关要求。

【技术简介】

　　指在建筑空间组织设计中，通过控制建筑不同功能空间的序列与衔接方式确定建筑总体空间形式，实现建筑空间组织设计与建筑节能优化协同设计（图4-59）。

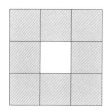  

图4-59　总体空间形式

【气候调节基本原理】

　　建筑因各功能空间不同的组织序列衔接形成的总体体型布局会显著影响其日照得热、体型表面得热散热，以及场地内自然通风效果。在进行建筑总体空间形式选型时，应结合地域气候条件的自然调节需求控制总体体型接受日照采光的多寡，控制总体体型布局的集中与分散。

在以冬季保温、蓄热需求为主的地域，应尽可能降低因体型分散导致的散热，但亦需考虑多引进太阳辐射得热、自然采光；在以夏季通风、散热需求为主的地域，应尽可能降低因体型向阳或分散导致的过多日照辐射，同时通过体型的合理布局提升场地内自然通风效果，以实现较好的总体节能效果和各空间适宜的空间性能。

【设计参数/指标】

总体空间形式（走廊式、垂直式、中央围合式——中心式&院落式、组合式、街网式）。

【设计策略】

设计策略如表4-6所示。

设计策略　　　　　　　　　　　　　　　　　　　　　　　　　　　　表4-6

严寒	寒冷	夏热冬冷	夏热冬暖
1. 高层公共建筑总体空间形式选择为走廊式最利于节能，竖向叠加式次之，中央围合最不利于节能； 2. 多层公共建筑宜选用组合中央围合式，引进更多太阳辐射与自然光，降低采暖照明能耗，其次考虑使用中心中央围合式	1. 高层公共建筑总体空间形式选择为走廊式最利于节能，竖向叠加式次之，中央围合最不节能； 2. 多层公共建筑宜选用组合中央围合式，引进更多太阳辐射与自然光，降低采暖照明能耗，其次考虑使用中心中央围合式	1. 高层公共建筑总体空间形式选择为走廊式最利于节能，竖向叠加式次之，中央围合式最不节能； 2. 多层公共建筑宜选用中心中央围合式总体空间形式，组合式次之	1. 高层公共建筑总体空间形式选择为走廊式最利于节能，竖向叠加式次之，中央围合式最不节能； 2. 多层公共建筑宜选用中心中央围合式总体空间形式，组合式次之

【研究支撑】

彭一刚. 建筑空间组合论（第二版）[M]. 北京：中国建筑工业出版社，1998.

《民用建筑设计通则》GB 50352—2005，第6.1.3条.

SP2　内部功能组织

SP2-1　空间布局与气候边界

【绿色控制目标】

实现绿色建筑能源资源节约：建筑供暖空调负荷降低比例满足《绿色建筑评价标准》GB 50378—

2019的相关要求。

【技术简介】

指在建筑空间布局设计中，通过控制不同功能的空间与气候边界的关系，实现对不同室外气候条件的应对，以实现对建筑能耗与室内空间物理环境的控制（图4-60）。

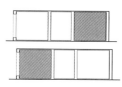

图4-60　位置、朝向

【气候调节基本原理】

位于气候边界处的空间（外区）受室外气候影响作用大于远离气候边界处的空间（内区），相比大尺度空间，尺度较小的空间由于围护结构的调节作用对室外气候变化有较好的适应性能，以维持更稳定的室内环境。据此小空间宜布置在气候边界处，而大空间宜远离气候边界；对性能要求较高的空间需减少受室外气候的影响，宜布置在建筑内区，对性能要求较低的空间可作为缓冲空间布置在建筑外区。应利用气候边界处的建筑空间的缓冲效应削弱室外气候对室内物理环境的不利影响。

【设计参数/指标】

位置、朝向。

【设计策略】

设计策略如表4-7所示。

设计策略　　　　　　　　　　　　　　　　　　　　　　　　　　　　　　　　　　　　表4-7

严寒	寒冷	夏热冬冷	夏热冬暖
1. 小空间应布置气候边界处，而大空间应尽量位于内区； 2. 高性能空间应远离气候边界处，低性能空间应位于气候边界处作为气候缓冲空间	1. 小空间应布置气候边界处，而大空间应尽量位于内区； 2. 高性能空间应远离气候边界处，低性能空间应位于气候边界处作为气候缓冲空间	1. 小空间应布置气候边界处，而大空间应尽量位于内区； 2. 高性能空间应远离气候边界处，低性能空间应位于气候边界处作为气候缓冲空间	1. 小空间应布置气候边界处，而大空间应尽量位于内区； 2. 高性能空间应远离气候边界处，低性能空间应位于气候边界处作为气候缓冲空间

【研究支撑】

韩冬青，顾震弘，吴国栋. 以空间形态为核心的公共建筑气候适应性设计方法研究[J]. 建筑学报，2019：78-84.

安琪，黄琼，张颀. 基于能耗模拟分析的建筑空间组织被动设计研究[J]. 建筑节能，2019：77-84.

深圳市建筑设计研究总院. 建筑设计技术细则与措施[M]. 北京：中国建筑工业出版社，2009：26.

SP2-2　内部空间区位组织

【绿色控制目标】

实现绿色建筑能源资源节约：建筑供暖空调负荷降低比例满足《绿色建筑评价标准》GB 50378—2019的相关要求。

【技术简介】

在建筑空间布局设计中，通过配置相同或相近功能或性能空间的区位，完成空间组织与建筑能耗优化的协同设计，以实现建筑节能的目标（图4-61）。

图4-61　相对区位关系

【气候调节基本原理】

相同或相近功能的空间往往同样具有相同或相近的性能调控需求，性能迥异的空间之间易因较大的性能差别产生冷、热、湿等物理环境要素的强烈互扰，而相同或相近空间毗邻布置可降低具有性能差异的空间之间的性能互扰。在建筑内部空间布局设计中，应将相同或相近性能的空间同层或临近设置，而将性能差异较大的空间分开设置，其间通过性能适宜的空间过渡缓冲以降低空间性能差异导致的调控互扰，以实现较好的总体节能效果和各空间稳定的空间性能。

【设计参数/指标】

相对关系（同层/分层）、通高/错层。

【设计策略】

设计策略如表4-8所示。

【研究支撑】

《民用建筑绿色设计规范》JGJ/T 229—2010，第6.2.4条.

设计策略　　　　　　　　　　　　　　　　　　　　　　　　　　　　表4-8

严寒	寒冷	夏热冬冷	夏热冬暖
1. 相同或相近性能空间应位于不同层，竖向设置； 2. 相同功能的多个局部错层小空间比一个通高大空间更节能	1. 相同或相近性能空间应位于同一层，不同性能空间独立设层； 2. 相同功能的多个局部错层小空间比一个通高大空间更节能	1. 相同或相近性能空间应位于同一层，不同性能空间独立设层； 2. 相同功能的多个局部错层小空间比一个通高大空间更节能	1. 相同或相近性能空间应位于同一层，不同性能空间独立设层； 2. 相同功能的多个局部错层小空间比一个通高大空间更节能

SP3　空间分隔设计

SP3-1　内墙分隔（平面分隔）

【绿色控制目标】

实现绿色建筑能源资源节约：建筑供暖空调负荷降低比例满足《绿色建筑评价标准》GB 50378—2019的相关要求。

【技术简介】

指在建筑设计中，通过平面、剖面中不同的内部空间界面设置，完成建筑内部不同功能空间的分隔组织协同设计，以实现对建筑不同功能空间的性能控制与区分（图4-62）。

【气候调节基本原理】

建筑内部各部位与各朝向分隔构件的多寡，显著影响各内围与外围空间的保温隔热与通风散热性能。在进行建筑内部分隔设计时，应结合地域气候条件的自然调节需求控制内部各部位与各朝向分隔构件的通透程度。在以保温、蓄热需求为主的地域，应针对内部空间，尤其内围核心空间，以及各风向，尤其主导风向，设置更多的分隔，保证其更低的通透度；在以通风、散热需求为主的地域，应针对内部空间，尤其内围核心空间，以及各风向，尤其主导风向，降低总体分隔的数量设置，合理设计分隔的走向和位置，保证其具有更高的通透度，利于组织自然通风。以实现较好的总体节能效果和各空间适宜的空间性能。

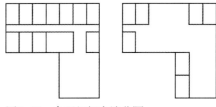

【设计参数/指标】

分隔量、分隔通透度、分隔走向、分隔位置。

【设计策略】

设计策略如表4-9所示。

图4-62　合理组织内墙分隔

设计策略　　　　　　　　　　　　　　　　　　　　　　　　　　　　表4-9

严寒	寒冷	夏热冬冷	夏热冬暖
1. 建筑的功能区靠近平面中心布置，从数量上来说平面分隔应多一些，有利于保温； 2. 从分隔构件的通透度来说，应尽量避免通透才能更好地保温	主要考虑隔热保温，策略与严寒地区基本一致，隔热要求稍低，可适当安排兼顾功能性要求	应灵活处理隔墙密度，尽量降低隔墙通透性，分隔墙体应顺应夏季主导风向	主要矛盾在于散热，因此平面分隔从数量上来说，应少一些，从通透度上来说应尽量通透，从方向上来说，要顺应风向

【研究支撑】

邓樱. 全国民用建筑工程设计技术措施——节能专篇（2007）[J]. 建筑结构，2007（3）：121.

SP3-2 通高空间（竖向分隔）

【绿色控制目标】

实现绿色建筑能源资源节约：建筑供暖空调负荷降低比例满足《绿色建筑评价标准》GB 50378—2019的相关要求。

【技术简介】

空间分隔设计指建筑的平面和剖面分隔组织设计。应综合考虑，合理设置横向、竖向分隔，使各个位置的空间获得适宜的采光，有利于主要功能空间的热环境，有利于组织空气流通（图4-63）。

【气候调节基本原理】

依据不同气候区建筑的不同保温、隔热、蓄热、采光和组织自然通风的必要性要求，合理设置建筑的横向和竖向分隔量、分隔通透度和分隔走向。一般而言，当建筑的保温、蓄热要求较高时，需要更多的分隔，更低的通透度来保温、蓄热。在需要组织自然通风的气候区，横向和竖向分隔则需要依照风压、热压、文丘里效应等原理，合理设计分隔的走向和位置，组织自然通风。

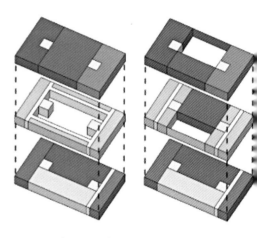

图4-63 合理组织各楼层分隔

【设计参数/指标】

分隔量、分隔位置。

【设计策略】

设计策略如表4-10所示。

设计策略

表4-10

严寒	寒冷	夏热冬冷	夏热冬暖
1. 严寒地区建筑的功能区靠近剖面中心布置，从数量上来说剖面分隔应多一些，有利于保温； 2. 从分隔构件的通透度来说，应尽量避免通透，以达到蓄热目的	寒冷地区的剖面分隔设计原则主要考虑隔热保温，设计策略与严寒地区基本一致，但隔热要求稍低，同时可兼顾功能空间的合理适当布局	夏热冬冷地区应灵活处理竖向分隔密度，尽量降低通透性，分隔应顺应夏季主导风向，便于形成烟囱效应	夏热冬暖地区的主要矛盾在于散热，因此竖向分隔从数量上来说应尽量减少，从通透度上来说应尽量降低通透性，从方向上来说，要顺应风向，便于形成烟囱效应

【研究支撑】

《2007全国民用建筑工程设计技术措施》节能专篇.

安琪，黄琼，张颀. 基于能耗模拟分析的建筑空间组织被动设计研究[J]. 建筑节能，2019，47（1）：63–70.

SP4 空间组织设计能耗影响评估分析（Dynamic Form Generation）

SP4 空间组织设计能耗影响评估分析

【绿色控制目标】

实现绿色建筑能源资源节约：通过模拟分析等手段对建筑的功能组织、空间布局设计等的能耗影响进行评估，以进一步指导优化其节能设计，使建筑总体或单项能耗水平符合国家、行业和地方现行规范中有关节能设计的要求。

【技术简介】

通过计算机辅助仿真工具（推荐使用EnergyPlus、Openstudio或DesignBuilder等）手段，以降低空间整体或单项能耗为目的，进行能耗影响模拟分析，以对功能空间组织方式进行设计优化。是按照"原形界定–空间组织优化–影响模拟评估"的设计流程，探索以节能为目标的建筑空间组织优化设计的设计技术（图4-64）。

【设计参数/指标】

单位面积总能耗/负荷、采暖能耗/负荷、制冷能耗/负荷、照明能耗/负荷。

【推荐分析工具】

依据附录表2-5，综合考虑方案阶段。内部空间设计针对空间组织设计的能耗影响等模拟对象与计算分析的适用性要求，SU、Revit平台与模型分析设计的兼容性需求；快速计算、实时反馈、可视化结

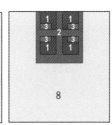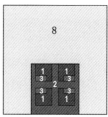

图4-64 竖向叠加式办公建筑核心筒位置与能耗关系

果表达等推演分析过程与结果的有效性需求；以及建模与边界条件设定简单、辅助设计的设计建议推荐、自动方案推荐或比选等设计习惯匹配度需求，重点推荐选用Sefaira、Moosas、DesignBuilder、Ecotect等建模操作友好、计算快速结果直观并具备自动方案比选潜力的分析工具。

【分析标准依据】

《公共建筑节能设计标准》GB 50189—2015

第4.2.2条要求：为了保证整个建筑的变压器装机容量不因冬季采用电热方式而增加，要求冬季直接电能供热负荷不超过夏季空调供冷负荷的20%，且单位建筑面积的直接电能供热总安装容量不超过20W/m²。

《绿色建筑评价标准》GB/T 50378—2019

第7.1.2条要求：应采取措施降低部分负荷、部分空间使用下的供暖、空调系统能耗，应区分房间的朝向，细分供暖、空调区域，并应对系统进行分区控制；空调冷源的部分负荷性能系数(IPLV)、电冷源综合制冷性能系数（SCOP）应符合现行国家标准《公共建筑节能设计标准》GB 50189—2015的规定。

第7.2.4条要求：优化建筑围护结构的热工性能，建筑供暖空调负荷降低5%至15%。

第9.2.1条要求：采取措施进一步降低建筑供暖空调系统的能耗，建筑供暖空调系统能耗相比国家现行有关建筑节能标准降低40%及以上。

【对接专业、工种、人员】

基于模拟分析过程需要，在建筑师先导开展基础上，在建模与边界条件设定方面，需对接建筑物理/技术、建筑设备/暖通空调专业、模拟分析人员；在结果评价方面，需对接绿色建筑工程师、造价工程师、项目投资方人员。

4.3.2　建筑内部单一空间（Space Design-SD）

SD1　典型较低普通性能中介空间形态设计–中庭

SD1-1　中庭空间体量

A.　中庭通高层数

【绿色控制目标】

实现绿色建筑能源资源节约：建筑供暖空调负荷降低比例满足《绿色建筑评价标准》GB 50378—2019的相关要求。

【技术简介】

通过对中庭空间的长宽高比例进行优化，达到夏季通风散热，冬季充分利用太阳辐射的效果，从而降低建筑能耗（图4-65）。

图4-65　中庭通高层数

【气候调节基本原理】

中庭高度设置是利用中庭产生的烟囱效应，依据热压、风压通风原理，达到冬季日间利用温室效应贮热，夏季日间、夜间利用烟囱效应进行自然通风的目的。

【设计参数/指标】

中庭通高层数。

【设计策略】

设计策略如表4-11所示。

设计策略　　　　　　　　　　　　　　　　　　　　　　　　　　　表4-11

严寒	寒冷	夏热冬冷	夏热冬暖
1. 中庭空间高度不宜设置较高，减少中庭空间的垂直体量； 2. 若设计较高体量中庭，应尽量引入天窗，可极大改善采光效果	1. 中庭空间高度不宜设置较高，减少中庭空间的垂直体量； 2. 若设计较高体量中庭，应尽量引入天窗，可极大改善采光效果	1. 中庭空间高度设计有较大自由，但不建议设置较高中庭； 2. 若设计较高体量中庭，应尽量引入天窗，可极大改善采光效果	1. 中庭空间高度设计有较大自由，可适当增加中庭空间的垂直体量； 2. 在条件允许时，宜尽量引入天窗，可极大改善采光效果

【研究支撑】

《建筑设计技术细则与技术措施》（深圳市建筑设计研究总院编），第24.6.2、24.6.3条.

《民用建筑热工设计规范》GB 50176—2016，第8.2.3、8.2.6条.

《公共建筑节能设计标准》DGJ 32/J96—2010，第3.3.9条.

《湖南省公共建筑节能设计标准》DBJ 43/003—2017，第3.2.1条.

《民用建筑绿色设计规范》JGJ/T 229—2010，第3.3.9、6.4.5条.

侯寰宇，张颀，黄琼. 寒冷地区中庭空间低能耗设计策略图建构初探[J]. 建筑学报，2016（5）：72-76.

葛家乐. 基于气候适应性的寒地建筑中庭设计研究[D]. 哈尔滨：哈尔滨工业大学，2013.

B. 中庭空间进深

【绿色控制目标】

实现绿色建筑能源资源节约：建筑供暖空调负荷降低比例满足《绿色建筑评价标准》GB 50378—2019的相关要求。

【技术简介】

通过对中庭空间的长宽高比例进行优化，达到夏季通风散热，冬季充分利用太阳辐射的效果，从而降低建筑能耗（图4-66）。

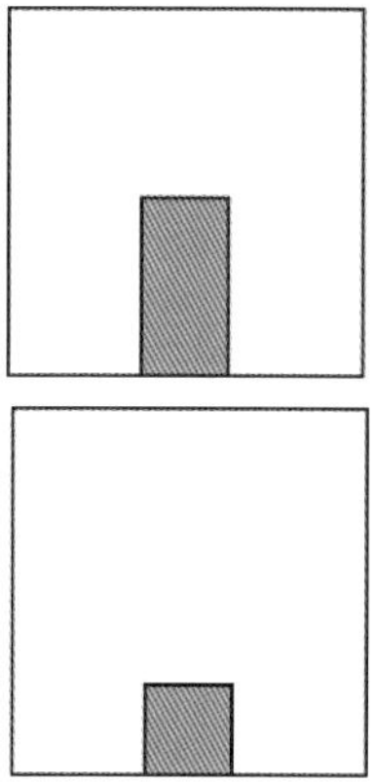

【气候调节基本原理】

中庭空间进深设置，根据热、光、风等气候要素，合理配置空间体量导向下的中庭空间的进深，依据风压原理控制通风，同时利用自然采光，减少照明能耗从而达到降低能耗的目的。

【设计参数/指标】

中庭空间进深。

【设计策略】

设计策略如表4-12所示。

图4-66　中庭空间
进深

设计策略　　　　　　　　　　　　　　　　　　　　　　　表4-12

严寒	寒冷	夏热冬冷	夏热冬暖
1. 中庭进深不宜过长，保证室内良好采光； 2. 单面采光进深一般为9m，双面采光进深15m	中庭进深不宜过长，保证室内良好采光	1. 中庭进深不宜过长，保证室内良好采光； 2. 中庭进深较长时，宜适当增加中庭高度，保证室内采光	1. 中庭进深不宜过长，保证室内良好采光； 2. 中庭进深较长时，宜适当增加中庭高度，保证室内采光

【研究支撑】

《建筑设计技术细则与技术措施》(深圳市建筑设计研究总院编)，第24.6、24.6.2、24.6.3条.

《民用建筑热工设计规范》GB 50176—2016，第8.2.3、8.2.6条.

《公共建筑节能设计标准》DGJ 32/J96—2010，第3.2.1、3.3.9条.

《民用建筑绿色设计规范》JGJ/T 229—2010，第3.3.9、6.4.5条.

《湖南省公共建筑节能设计标准》DBJ 43/003—2017，第3.2.1条.

王萌. 现代建筑中庭节能设计方法的探索与研究[D]. 天津：天津大学，2014.

衡贵猛. 大型商业综合体中庭空间设计研究[D]. 南京：南京工业大学，2012.

朱琳. 建筑中庭的被动式生态设计策略[D]. 长沙：湖南大学，2008.

C. 中庭面积占比

【绿色控制目标】

实现绿色建筑能源资源节约：建筑供暖空调负荷降低比例满足《绿色建筑评价标准》GB 50378—2019的相关要求。

【技术简介】

中庭空间面积占比通过对中庭空间的长宽高比例进行优化，达到夏季通风散热，冬季充分利用太阳辐射的效果，从而降低建筑能耗（图4-67）。

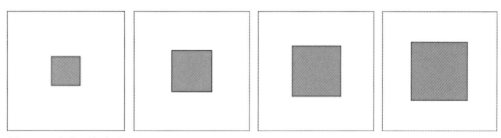

图4-67　中庭面积占比

【气候调节基本原理】

中庭空间面积占比通过改变中庭空间在建筑中所占比例，从而改变引入建筑的自然采光、太阳辐射以及通风等，从而改变建筑的照明能耗、采暖能耗以及制冷能耗。

【设计参数/指标】

中庭面积占比。

【设计策略】

设计策略如表4-13所示。

设计策略　　　　　　　　　　　　　　　　　　　　　　　表4-13

严寒	寒冷	夏热冬冷	夏热冬暖
1. 中庭面积设计较其他气候区享有更多自由。 2. 建议选择较小中庭，但需注意中庭面积不可过小	建议选择较小中庭，尤其注意该地区中庭面积不可过大	建议选择较小中庭，但需注意中庭面积不可过小，并严格控制中庭面积	建议选择较小中庭，需严格控制中庭面积

【研究支撑】

《建筑设计技术细则与技术措施》（深圳市建筑设计研究总院编），第24.6.2、24.6.3条.

《民用建筑热工设计规范》GB 50176—2016，第8.2.3、8.2.6条.

《公共建筑节能设计标准》DGJ 32/J96—2010，第3.3.9条.

《湖南省公共建筑节能设计标准》DBJ 43/003—2017，第3.2.1条.

《民用建筑绿色设计规范》JGJ/T 229—2010，第3.3.9、6.4.5条.

朱琳. 建筑中庭的被动式生态设计策略[D]. 长沙：湖南大学，2008.

王萌. 现代建筑中庭节能设计方法的探索与研究[D]. 天津：天津大学，2014.

D. 中庭平面长宽比设置

【绿色控制目标】

实现绿色建筑能源资源节约：建筑供暖空调负荷降低比例满足《绿色建筑评价标准》GB 50378—2019的相关要求。

【技术简介】

通过对中庭空间的长宽高比例进行优化，达到夏季通风散热，冬季充分利用太阳辐射的效果，从而降低建筑能耗（图4-68）。

【气候调节基本原理】

依据不同地域气候条件差异性，中庭长宽比的合理设置可以优化房间的自然采光效果，降低照明能耗，有助于利用各地区太阳辐射得热，可以达到降低能耗的目的。

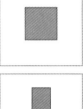

图4-68 中庭平面长宽比设置

【设计参数/指标】

中庭平面长宽比设置。

【设计策略】

设计策略如表4-14所示。

设计策略   表4-14

严寒	寒冷	夏热冬冷	夏热冬暖
1. 中庭平面宜采用较小长宽比； 2. 当采用较大长宽比时，宜采用贯通中庭结合立面玻璃幕墙形式；充分利用侧边采光，降低照明能耗	1. 中庭平面宜采用较小长宽比； 2. 当采用较大长宽比时，可使中庭连通围护结构，可极大改善采光效果，降低照明能耗。但制冷能耗会随之增加，可依据实际需要权衡采光与制冷	中庭平面宜采用较小长宽比	中庭平面宜采用较小长宽比

【研究支撑】

《建筑设计技术细则与技术措施》(深圳市建筑设计研究总院编),第24.6.2、24.6.3条.

《民用建筑热工设计规范》GB 50176—2016,第8.2.3、8.2.6条.

《公共建筑节能设计标准》DGJ 32/J96—2010,第3.3.9条.

《湖南省公共建筑节能设计标准》DBJ 43/003—2017,第3.2.1条.

《民用建筑绿色设计规范》JGJ/T 229—2010,第3.3.9、6.4.5条.

刘立,吴迪,李晓俊,等. 空间设计要素对建筑能耗的影响研究——以寒冷地区点式高层办公楼为例[J]. 建筑节能,2016,44(9):59-65.

高阳. 夏热冬冷地区方案设计阶段建筑空间的节能设计手法研究[D]. 长沙:湖南大学,2010.

E. 中庭空间剖面高宽比

【绿色控制目标】

实现绿色建筑能源资源节约:建筑供暖空调负荷降低比例满足《绿色建筑评价标准》GB 50378—2019的相关要求。

【技术简介】

通过对中庭空间的长宽高比例进行优化,达到夏季通风散热,冬季充分利用太阳辐射的效果,从而降低建筑能耗(图4-69)。

【气候调节基本原理】

中庭高宽比设置依据不同地域气候条件差异性、利用中庭产生的烟囱效应,依据热压、风压通风原理,合理进行空间体量导向下的中庭空间剖面高宽比设置,发掘中庭空间自然采光的节能潜力,达到冬季日间利用温室效应贮热,夏季日间、夜间利用烟囱效应进行自然通风的目的。

图4-69　中庭空间剖面高宽比

【设计参数/指标】

中庭空间剖面高宽比。

【设计策略】

设计策略如表4-15所示。

设计策略　　　　　　　　　　　　　　　　　　　　表4-15

严寒	寒冷	夏热冬冷	夏热冬暖
尽量降低中庭空间高宽比,以获得更多的自然采光	中庭空间宜低矮宽敞	宜尽量增大中庭空间高宽比	中庭空间宜高耸狭长以加强烟囱效应

【研究支撑】

《建筑设计技术细则与技术措施》（深圳市建筑设计研究总院编），第24.6.2、24.6.3条.

《民用建筑热工设计规范》GB 50176—2016，第8.2.3、8.2.6条.

《公共建筑节能设计标准》DGJ 32/J96—2010，第3.3.9条.

《湖南省公共建筑节能设计标准》DBJ 43/003—2017，第3.2.1条.

《民用建筑绿色设计规范》JGJ/T 229—2010，第3.3.9、6.4.5条.

任彬彬. 寒冷地区多层办公建筑低能耗设计原型研究[D]. 天津：天津大学，2014.

侯寰宇，张颀，黄琼. 寒冷地区中庭空间低能耗设计策略图建构初探[J]. 建筑学报，2016（5）：72–76.

葛家乐. 基于气候适应性的寒地建筑中庭设计研究[D]. 哈尔滨：哈尔滨工业大学，2013.

朱琳. 建筑中庭的被动式生态设计策略[D]. 长沙：湖南大学，2008.

王萌. 现代建筑中庭节能设计方法的探索与研究[D]. 天津：天津大学，2014.

SD1-2 中庭空间体态

A. 中庭平面形状

【绿色控制目标】

实现绿色建筑能源资源节约：建筑供暖空调负荷降低比例满足《绿色建筑评价标准》GB 50378—2019的相关要求。

【技术简介】

通过对中庭空间的体形进行优选，达到夏季通风散热，冬季充分利用太阳辐射的效果，从而降低建筑能耗（图4-70）。

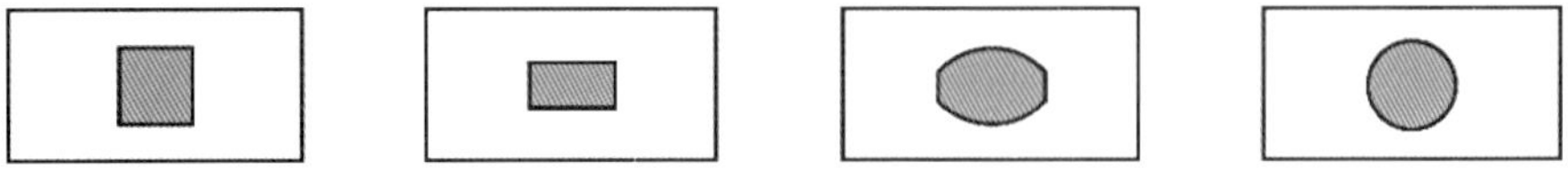

图4-70 中庭平面形状设置

【气候调节基本原理】

依据不同地域气候条件差异性，根据热、光等气候要素，通过合理配置中庭的平面形状，提高圆形、正方形作为主要平面形状的比例，削弱矩形或椭圆形因会扩大受热面，增大太阳得热量而无法规避夏季过热的情况，达到冬季减少热量损失，降低能耗的目的。

【设计参数/指标】

中庭平面形状设置。

【设计策略】

设计策略如表4-16所示。

设计策略 表4-16

严寒	寒冷	夏热冬冷	夏热冬暖
宜采取体形系数较小的形状，如圆形	宜采取体形系数较小的形状，如圆形	应合理设置中庭的平面形状，尽可能多的采用圆形和正方形	中庭平面形状应减少矩形或椭圆形的平面形状设置，选用体形系数较大的中庭形状

【研究支撑】

《建筑设计技术细则与技术措施》（深圳市建筑设计研究总院编），第24.6.2、24.6.3条.

《民用建筑热工设计规范》GB 50176—2016，第8.2.3、8.2.6条.

《公共建筑节能设计标准》DGJ 32/J96—2010，第3.3.9条.

《湖南省公共建筑节能设计标准》DBJ 43/003—2017，第3.2.1条.

《民用建筑绿色设计规范》JGJ/T 229—2010，第3.3.9、6.4.5条.

刘立. 基于能耗模拟的寒冷地区高层办公建筑节能整合设计研究[D]. 天津：天津大学，2017.

朱琳. 建筑中庭的被动式生态设计策略[D]. 长沙：湖南大学，2008.

曾琳雯. 重庆地区大中型百货商场中庭空间自然通风设计研究[D]. 重庆：重庆大学，2015.

B. 中庭平面形式

【绿色控制目标】

实现绿色建筑能源资源节约：建筑供暖空调负荷降低比例满足《绿色建筑评价标准》GB 50378—2019的相关要求。

【技术简介】

通过对中庭空间的体形进行优选，达到夏季通风散热，冬季充分利用太阳辐射的效果，从而降低建筑能耗（图4-71）。

【气候调节基本原理】

1. 经过中庭的过渡，外环境的变化才可以对建筑内部空间的使用产生影响，这样可以使室内热环境始终保持一个舒适的状态，同时降低了建筑因使用机械设备而消耗的能源；

2. 对于外界的气候变化，中庭作为一个承载着空气介质的庞大载体，使建筑内部产生了气候梯度，合理设置中庭，增加室内气候梯度可以有效应对外界不良气候对于建筑内部的影响。

【设计参数/指标】

中庭平面形式设置。

【设计策略】

设计策略如表4-17所示。

【研究支撑】

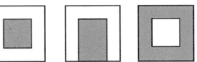

图4-71　中庭平面形式设置

《民用建筑热工设计规范》GB 50176—2016，第8.2.3、8.2.6条.

《公共建筑节能设计标准》DGJ 32/J96—2010，第3.3.9条.

《民用建筑绿色设计规范》JGJ/T 229—2010，第6.4.5条.

朱琳. 建筑中庭的被动式生态设计策略[D]. 长沙：湖南大学，2008.

C. 中庭空间剖面形式

【绿色控制目标】

实现绿色建筑能源资源节约：建筑供暖空调负荷降低比例满足《绿色建筑评价标准》GB 50378—2019的相关要求。

【技术简介】

通过对中庭空间的体形进行优选，达到夏季通风散热，冬季充分利用太阳辐射的效果，从而降低建筑能耗（图4-72）。

【气候调节基本原理】

以建筑热物理与能源审计为基础，依据不同地域气候条件差异性，根据热、光、风等气候要素，通过合理配置中庭空间的剖面形状，针对不同地域气候区，采用与之对应的合理剖面形状，提高矩形作为主要剖面形状的比例，规避V形或A形中庭剖面形状带来的不利影响，达到降低能耗的目的。

设计策略　　　　　　　　　　　　　　　　　　　　　　　　表4-17

严寒	寒冷	夏热冬冷	夏热冬暖
平面形式宜采用核心式（核心式中庭温度波动最小，有利于冬季中庭的内部保温，有利于降低能耗）	平面形式宜采用外廊式和外包式（有对于热量的蓄存，可以将中庭作为一个缓冲空间来阻挡冬季的冷风寒流，减少建筑热量损失，从而降低能耗）	平面形式宜采用外廊式和外包式（对于冬季保温和夏季隔热更为有利，可以将中庭作为缓冲空间，减少建筑热量损失，从而降低能耗）	对于热环境有较高要求的功能性中庭，平面形式宜采用核心式（有利于夏季防热，调节室内温度，达到降低能耗的目的）

图4-72　中庭空间剖面形式

【设计参数/指标】

中庭空间剖面形式（A形、V形、矩形）。

【设计策略】

设计策略如表4-18所示。

设计策略　　　　　　　　　　　　　　表4-18

严寒	寒冷	夏热冬冷	夏热冬暖
1. 中心式商业中庭剖面形状选择V形，以获得较多的天然采光； 2. 也可考虑设置I形中庭	1. 中心式商业中庭剖面形状选择V形，以获得较多的天然采光； 2. 也可考虑设置I形中庭	1. 中心式商业中庭剖面形状选择V形，以获得较多的天然采光； 2. 也可考虑设置I形中庭	1. 中心式商业中庭剖面形状选择A形，充分利用A形的遮阳体态； 2. 也可考虑设置I形中庭

【研究支撑】

《民用建筑热工设计规范》GB 50176—2016，第8.2.3、8.2.6条.

《公共建筑节能设计标准》DGJ 32/J96—2010，第3.3.9条.

《民用建筑绿色设计规范》JGJ/T 229—2010，第3.3.9、6.4.5条.

衡贵猛. 大型商业综合体中庭空间设计研究[D]. 南京：南京工业大学，2012.

SD1-3 中庭空间分布

A. 中庭平面分布

【绿色控制目标】

实现绿色建筑能源资源节约：建筑供暖空调负荷降低比例满足《绿色建筑评价标准》GB 50378—2019的相关要求。

【技术简介】

通过对中庭空间在平面和剖面的布局优选，选出外界气候对于建筑能耗损耗最小的空间分布，从而达到建筑节能效果（图4-73）。

图4-73 中庭平面分布设置

【气候调节基本原理】

在空间分布布局上，依据不同地域气候条件差异性，根据热、光等气候要素，相同的中庭体量，在剖面位置不同时，也会由于围护结构外环境的影响而产生能耗差异，通过合理的空间位置，减少气候边界对于空间的影响，达到降低能耗的目的。

【设计参数/指标】

中庭平面分布设置。

【设计策略】

设计策略如表4-19所示。

设计策略 表4-19

严寒	寒冷	夏热冬冷	夏热冬暖
1. 中庭可布置在核心中央；单向中庭置于北侧，双向中庭置于东北侧； 2. 考虑北方采暖能耗的影响，建议选择单向或双向式布置； 3. 尽可能规避将中庭放于西侧，以减少西晒的影响	1. 中庭可布置在核心中央；单向中庭置于北侧，双向中庭置于东北侧； 2. 考虑北方采暖能耗的影响，建议选择单向或双向式布置； 3. 尽可能规避将中庭放于西侧，以减少西晒的影响	1. 中庭宜布置在核心中央； 2. 尽可能规避将中庭放于西侧，以减少西晒的影响； 3. 单向中庭置于北侧，双向中庭置于东北侧。但考虑到制冷能耗的影响，不建议采取单向或双向式中庭	1. 中庭宜布置在核心中央； 2. 尽可能规避将中庭放于西侧，以减少西晒的影响； 3. 单向中庭置于北侧，双向中庭置于东北侧。但考虑到制冷能耗的影响，不建议采取单向或双向式中庭

【研究支撑】

《公共建筑节能设计标准》DGJ 32/J96—2010，第3.3.9条.

《湖南省公共建筑节能设计标准》DBJ 43/003—2017，第3.2.1条.

《民用建筑绿色设计规范》JGJ/T 229—2010，第6.4.5条.

朱琳. 建筑中庭的被动式生态设计策略[D]. 长沙：湖南大学，2008.

王萌. 现代建筑中庭节能设计方法的探索与研究[D]. 天津：天津大学，2014.

B. 中庭剖面位置

【绿色控制目标】

实现绿色建筑能源资源节约：建筑供暖空调负荷降低比例满足《绿色建筑评价标准》GB 50378—

2019的相关要求。

【技术简介】

通过对中庭空间在平面和剖面的布局优选，选出外界气候对于建筑能耗损耗最小的空间分布，从而达到建筑节能效果（图4-74）。

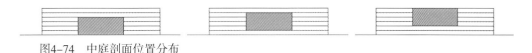

图4-74 中庭剖面位置分布

【气候调节基本原理】

在空间分布布局上，依据不同地域气候条件差异性，根据热、光等气候要素，相同的中庭体量，在剖面位置不同时，也会由于围护结构外环境的影响而产生能耗差异，通过合理的空间位置，减少气候边界对于空间的影响，达到降低能耗的目的。

【设计参数/指标】

中庭剖面位置分布。

【设计策略】

设计策略如表4-20所示。

设计策略 　　　　　　　　　　　　　　　　　　　　　　　　　　　　　　表4-20

严寒	寒冷	夏热冬冷	夏热冬暖
应注意保温，将中庭置于建筑中间或者贴地设置	建议将中庭贴顶设置，并加设天窗，以获得良好的光环境	建议将中庭贴顶设置，并加设天窗，以使内部空间获得良好的光热环境	建议将中庭贴顶设置，并加设天窗，以使内部空间获得良好的光热环境

【研究支撑】

《公共建筑节能设计标准》DGJ 32/J96—2010，第3.3.9条.

《湖南省公共建筑节能设计标准》DBJ 43/003—2017，第3.2.1条.

《民用建筑绿色设计规范》JGJ/T 229—2010，第6.4.5条.

侯寰宇，张颀，黄琼. 寒冷地区中庭空间低能耗设计策略图建构初探[J]. 建筑学报，2016（5）：72-76.

葛家乐. 基于气候适应性的寒地建筑中庭设计研究[D]. 哈尔滨：哈尔滨工业大学，2013.

朱琳. 建筑中庭的被动式生态设计策略[D]. 长沙：湖南大学，2008.

SD1 典型较低普通性能中介空间形态设计-门斗

SD1-1 门斗空间体量

【绿色控制目标】

实现绿色建筑能源资源节约：建筑供暖空调负荷降低比例满足《绿色建筑评价标准》GB 50378—2019的相关要求。

【技术简介】

合理配置空门斗空间的进深，利用自然采光和对流通风保障冬季采暖、夏季隔热，降低能耗（图4-75）。

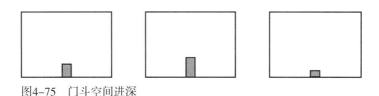

图4-75　门斗空间进深

【气候调节基本原理】

门斗作为室内外环境的过渡衔接空间，兼有室内空间和室外环境的双重身份，当受到室外气候条件的影响时，门斗会起到缓冲和阻挡作用，从而对室内物理环境产生控制作用，同时也可防止室内舒适环境的热量损失，起到协调两种空间环境的作用。

【设计参数/指标】

门斗空间进深。

【设计策略】

设计策略如表4-21所示。

设计策略　　　　　　　　　　　　　　　　　　　　　　　　　　　　　　　　　　　　　　表4-21

严寒	寒冷	夏热冬冷	夏热冬暖
应合理设置进深较大的门斗，使得墙体厚度和热阻增大，以提供较好的保温性能；但同时要规避建造费用的提高和减小室内使用面积所带来的消极影响	应使门斗进深相对较大，以更好地发挥门斗冬季保温隔热的功能，达到降低能耗的目的	门斗进深即不宜过大，也不宜过小，在合理范围内，以实现夏季散热和冬季贮热，达到降低能耗的目的	门斗进深和墙体厚度不宜过大，以提高夏季室内散热能力，并通过合理调节室内热环境，增强自然通风，达到降低能耗的目的

【研究支撑】

《民用建筑热工设计规范》GB 50176—2016，第4.2.6条.

《公共建筑节能设计标准》DGJ 32/J96—2010，第3.3.10条.

《河南省公共建筑节能设计标准》DBJ 41/T075—2016，第3.2.10条.

《民用建筑绿色设计规范》JGJ/T 229—2010，第6.4.3条.

金虹，邵腾，赵丽华. 严寒地区建筑入口空间节能设计对策[J]. 建设科技，2014（21）：40-42.

燕文姝. 建筑入口气候缓冲区的设计方法研究[D]. 大连：大连理工大学，2009.

赵丽华. 严寒地区建筑入口空间热环境研究[D]. 哈尔滨：哈尔滨工业大学，2013.

SD1-2　门斗空间体态

【绿色控制目标】

实现绿色建筑能源资源节约：建筑供暖空调负荷降低比例满足《绿色建筑评价标准》GB 50378—2019的相关要求。

【技术简介】

合理设置门斗形式，增设双层门的门斗形式，考虑双层门的布置及开启状况，合理调节室内温度及气流组织，降低能耗（图4-76）。

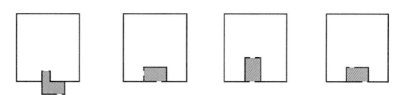

图4-76　双层门的布置方式

【气候调节基本原理】

在门厅底面积不变的情况下，随着门厅所占的层数变化，会导致裙房室内照明、制冷和采暖负荷的变化。因此在满足采光和功能需求时，可适量调整门厅的竖向高度，限制空间能耗，最终达到节能目标。

【设计参数/指标】

双层门的布置方式（平行关系、平行且错开关系、垂直关系）。

门斗的平面形式（长方形、偏正方形、L形）。

【设计策略】

设计策略如表4-22所示。

设计策略　　　　　　　　　　　　　　　　　　　　　　　　　　　表4-22

严寒	寒冷	夏热冬冷	夏热冬暖
双层门的门斗采用垂直布置形式，室外冷空气对室内的影响最小，室内温度场和风速场更稳定；L型空间的转折处理会对室外冷空气有再次的阻挡作用，有利于室内温度场的稳定性和逐渐过渡性，减少室外冷空气的负面影响	双层门可优先采用垂直布置形式，使室内温度场和风速场趋于稳定；门斗的平面形式宜采用L形，并可综合其他要求灵活调整	为满足夏季防晒和冬季避寒的要求，应综合考虑双层门的布置及开启状况，采用合理的形式，以实现夏季散热和冬季贮热，降低能耗的目的	为增强夏季室内外空气对流通风，门斗双侧门采用平行错开布置，增大门斗进深方向上的温度场和风速场变化，利用自然通风调节室内热环境，促进夏季热量扩散，以降低能耗

【研究支撑】

《民用建筑热工设计规范》GB 50176—2016，第4.2.6条.

《公共建筑节能设计标准》DGJ 32/J96—2010，第3.3.10条.

《河南省公共建筑节能设计标准》DBJ 41/T075—2016，第3.2.10条.

《民用建筑绿色设计规范》JGJ/T 229—2010，第6.4.3条.

赵丽华. 严寒地区建筑入口空间热环境研究[D]. 哈尔滨：哈尔滨工业大学，2013.

金虹，邵腾，赵丽华. 严寒地区建筑入口空间节能设计对策[J]. 建设科技，2014（21）：40-42.

SD1-3 门斗空间分布

【绿色控制目标】

实现绿色建筑能源资源节约：建筑供暖空调负荷降低比例满足《绿色建筑评价标准》GB 50378—2019的相关要求。

【技术简介】

合理设置门斗空间入口朝向位置，合理调节空气流动、自然采光、热量分布，降低能耗（图4-77）。

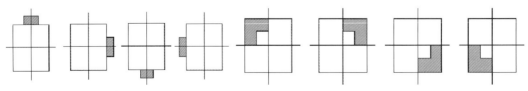

图4-77　门斗空间的合理朝向

【气候调节基本原理】

门斗作为室内外环境的过渡衔接空间，兼有室内空间和室外环境的双重身份，当受到室外气候条件的影响时，门斗会起到缓冲和阻挡作用，从而对室内物理环境产生控制作用，同时也可防止室内舒适环境的热量损失，起到两种空间环境的作用。

【设计参数/指标】

门斗空间的合理朝向。

【设计策略】

设计策略如表4-23所示。

设计策略　　　　　　　　　　　　　　　　　　　　　　　　　　　　表4-23

严寒	寒冷	夏热冬冷	夏热冬暖
门斗作为防寒缓冲区，应设置在冬季主导风向的下风区，有助于利用太阳辐射采暖，避开冬季不利风向，同时避免冷风直接灌入室内，达到建筑节能目标	在朝向冬季主导风的迎风面设置门斗入口时，设置改变入口方向的突出门斗，使门斗空间内空气有较大回旋，有利于入口朝向背风方向，亦有效避免了寒风直吹，可以达到冬季贮热，降低能耗的目的	宜将门斗入口朝向设为两侧双向，夏季使用背阴通风侧的门斗入口，冬季使用阳通风侧的门斗入口，通过门斗的缓冲和阻挡作用，以降低能耗	门斗入口设置应尽量位于背阴面,使建筑入口处免受过多的太阳辐射,利用自然通风调节室内热环境,促进夏季热量扩散,以降低能耗

【研究支撑】

《民用建筑热工设计规范》GB 50176—2016，第4.2.6条.

《公共建筑节能设计标准》DGJ 32/J96—2010，第3.3.10条.

《河南省公共建筑节能设计标准》DBJ 41/T075—2016，第3.2.10条.

《民用建筑绿色设计规范》JGJ/T 229—2010，第6.4.3条.

赵丽华. 严寒地区建筑入口空间热环境研究[D]. 哈尔滨：哈尔滨工业大学，2013.

殷欢欢. 适应夏热冬冷地区气候的公共建筑过渡空间被动式设计策略[D]. 重庆：重庆大学，2010.

燕文姝. 建筑入口气候缓冲区的设计方法研究[D]. 大连：大连理工大学，2009.

SD1　典型较低普通性能中介空间形态设计-门厅

SD1-1　门厅空间体量

A. 门厅面积占比

【绿色控制目标】

实现绿色建筑能源资源节约：建筑供暖空调负荷降低比例满足《绿色建筑评价标准》GB 50378—

2019的相关要求。

【技术简介】

控制门厅的面积占比在合理范围内，平衡能源消耗和设计需求，达到节能的目标（图4-78）。

图4-78　面积占比

【气候调节基本原理】

当维持高度不变，门厅面积占比增加，与外界接触越多，换热量越大，能耗随之变高。因此在保证室内功能使用需求的前提下，宜适量调整门厅的面积占比，限制空间能耗，最终达到节能目标。

【设计参数/指标】

面积占比。

【设计策略】

设计策略如表4-24所示。

设计策略　　　　　　　　　　　　　　　　　　　　　　　　表4-24

严寒	寒冷	夏热冬冷	夏热冬暖
在保证室内功能使用需求的前提下，需严格控制门厅的面积占比，限制空间能耗，最终达到节能目标	在保证室内功能使用需求的前提下，宜减小或控制门厅的面积占比，限制空间能耗，最终达到节能目标	在保证室内功能使用需求的前提下，宜适当减小门厅的面积占比，限制空间能耗，最终达到节能目标	门厅空间面积占比对于建筑总能耗影响不大，可结合实际设计需要设置门厅空间面积占比

【研究支撑】

《办公建筑设计标准》JGJ/T 67—2019，第4.1.3、4.1.4、4.1.8、4.2.3、4.3.2条.

《公共建筑节能设计标准》GB 50189—2015，第3.1.4、3.1.5、3.1.6条.

陈红. 湖南地区公共建筑门厅空间节能及模拟分析研究[D]. 长沙：中南大学，2010.

张妍. 寒冷地区高校教学建筑门厅空间光热环境设计研究[D]. 天津：河北工业大学，2012.

王自耕. 基于能耗与热环境的严寒地区办公建筑腔体设计研究[D]. 沈阳：沈阳建筑大学，2019.

付名扬. 高层办公建筑内部公共空间设计研究[D]. 上海：上海交通大学，2015.

黄璐. 办公建筑低碳设计方案优选研究[D]. 南京：东南大学，2016.

B. 门厅通高层数

【绿色控制目标】

实现绿色建筑能源资源节约：建筑供暖空调负荷降低比例满足《绿色建筑评价标准》GB 50378—

2019的相关要求。

【技术简介】

控制门厅高度，选用合理的通高层数，从而控制门厅的空间体量占比，平衡能源消耗和设计需求，达到节能的目标（图4-79）。

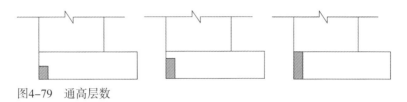

图4-79　通高层数

【气候调节基本原理】

在门厅底面积不变的情况下，随着门厅所占的层数变化，会导致裙房室内照明、制冷和采暖负荷的变化。因此在满足采光和功能需求时，可适量调整门厅的竖向高度，限制空间能耗，最终达到节能目标。

【设计参数/指标】

通高层数。

【设计策略】

设计策略如表4-25所示。

设计策略　　　　　　　　　　　　　　　　　　　　　　表4-25

严寒	寒冷	夏热冬冷	夏热冬暖
建议在进行竖向叠加式办公建筑的门厅空间设计时，宜控制与背向空间隔断的门厅通高高度，避免门厅通高过高	建议在进行竖向叠加式办公建筑的门厅空间设计时，宜控制与背向空间隔断的门厅通高高度，避免门厅通高过高	建议在进行竖向叠加式办公建筑的门厅空间设计时，宜控制与背向空间隔断的门厅通高高度，避免门厅通高过高	建议在进行竖向叠加式办公建筑的门厅空间设计时，宜控制与背向空间隔断的门厅通高高度，避免门厅通高过高

【研究支撑】

《办公建筑设计标准》JGJ/T 67—2019，第4.1.3、4.1.4、4.1.8、4.2.3、4.3.2条.

《公共建筑节能设计标准》GB 50189—2015，第3.1.4、3.1.5、3.1.6条.

陈红. 湖南地区公共建筑门厅空间节能及模拟分析研究[D]. 长沙：中南大学，2010.

张妍. 寒冷地区高校教学建筑门厅空间光热环境设计研究[D]. 天津：河北工业大学，2012.

王自耕. 基于能耗与热环境的严寒地区办公建筑腔体设计研究[D]. 沈阳：沈阳建筑大学，2019.

付名扬. 高层办公建筑内部公共空间设计研究[D]. 上海：上海交通大学，2015.

黄璐. 办公建筑低碳设计方案优选研究[D]. 南京：东南大学，2016.

SD1-2　门厅空间体态

A. 门厅平面形状

【绿色控制目标】

实现绿色建筑能源资源节约：建筑供暖空调负荷降低比例满足《绿色建筑评价标准》GB 50378—2019的相关要求。

【技术简介】

控制门厅体型，选用合理的平面布置及空间形态体系，从而控制与外界接触面积，达到节能的目标（图4-80）。

【气候调节基本原理】

同等体积下与外界接触越多，交换热量越大，在不同气候区通过选用合理的平面形状，以缓解相应的采暖/制冷问题，达到节能目标。

图4-80　门厅平面形状

【设计参数/指标】

平面形状（长方形、正方形、L形）。

【设计策略】

设计策略如表4-26所示。

设计策略　　　　　　　　　　　　　　　　　　　　　　　　　　　　　　　　　　表4-26

严寒	寒冷	夏热冬冷	夏热冬暖
合理设置平面形状，尽可能减小门厅与室外环境的接触面积，减少换热量，限制能耗，达到节能目的。其中L形最优，其入口转折处理有防寒缓冲作用，其次为正方形、长方形	合理设置平面形状，尽可能减小门厅与室外环境的接触面积，减少换热量，限制能耗，达到节能目的	同一体积不同形状门厅，全年总能耗：半圆形＜矩形＜方形，这是因为同等体积下，方形玻璃幕墙面积最大，与外界接触多，换热量大。在门厅其他条件相同的情况下，应选择玻璃幕墙面积较小的门厅平面形状	合理设置平面形状，尽可能增大门厅与室外环境的接触面积，减少换热量，限制能耗，达到节能目的

【研究支撑】

《办公建筑设计标准》JGJ/T 67—2019，第4.1.3、4.1.4、4.1.8、4.2.3、4.3.2条.

《公共建筑节能设计标准》GB 50189—2015，第3.1.4、3.1.5、3.1.6条.

陈红. 湖南地区公共建筑门厅空间节能及模拟分析研究[D]. 长沙：中南大学，2010.

张妍. 寒冷地区高校教学建筑门厅空间光热环境设计研究[D]. 天津：河北工业大学，2012.

王自耕. 基于能耗与热环境的严寒地区办公建筑腔体设计研究[D]. 沈阳：沈阳建筑大学，2019.

付名扬. 高层办公建筑内部公共空间设计研究[D]. 上海：上海交通大学，2015.

黄璐. 办公建筑低碳设计方案优选研究[D]. 南京：东南大学，2016.

B. 门厅长宽比

【绿色控制目标】

实现绿色建筑能源资源节约：建筑供暖空调负荷降低比例满足《绿色建筑评价标准》GB 50378—2019的相关要求。

【技术简介】

控制门厅体态，选用合理的剖面形式，达到节能的目标（图4-81）。

【气候调节基本原理】

在门厅体量、门厅高度保持不变时，随着门厅进深变化，长宽比会随之变化。长宽比变化导致室内外光热交换的变化，进而影响建筑的照明、制冷以及采暖负荷。在满足采光和功能需求时，可适量调整门厅的长宽比，限制空间能耗，最终达到节能目标。

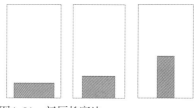

图4-81　门厅长宽比

【设计参数/指标】

长宽比。

【设计策略】

设计策略如表4-27所示。

设计策略　　　　　　　　　　　　　　　　　　　　　　　　　　表4-27

严寒	寒冷	夏热冬冷	夏热冬暖
针对背向空间具有一定进深的办公建筑，作为高大空间的门厅的设计应适当降低长宽比，尽量避免其背向空间的长宽比过低、进深过大	针对背向空间具有一定进深的办公建筑，作为高大空间的门厅的设计应适当降低长宽比，尽量避免其背向空间的长宽比过低、进深过大	针对背向空间具有一定进深的办公建筑，作为高大空间的门厅的设计应适当降低长宽比，尽量避免其背向空间的长宽比过低、进深过大	针对背向空间具有一定进深的办公建筑，作为高大空间的门厅的设计应适当降低长宽比，尽量避免其背向空间的长宽比过低、进深过大

【研究支撑】

《办公建筑设计标准》JGJ/T 67—2019，第4.1.3、4.1.4、4.1.8、4.2.3、4.3.2条.

《公共建筑节能设计标准》GB 50189—2015，第3.1.4、3.1.5、3.1.6条.

陈红. 湖南地区公共建筑门厅空间节能及模拟分析研究[D]. 长沙：中南大学，2010.

张妍. 寒冷地区高校教学建筑门厅空间光热环境设计研究[D]. 天津：河北工业大学，2012.

王自耕. 基于能耗与热环境的严寒地区办公建筑腔体设计研究[D]. 沈阳：沈阳建筑大学，2019.

付名扬. 高层办公建筑内部公共空间设计研究[D]. 上海：上海交通大学，2015.

黄璐. 办公建筑低碳设计方案优选研究[D]. 南京：东南大学，2016.

C. 门厅平面形式

【绿色控制目标】

实现绿色建筑能源资源节约：建筑供暖空调负荷降低比例满足《绿色建筑评价标准》GB 50378—2019的相关要求。

【技术简介】

控制门厅体型，选用合理的平面形式，从而控制与外界接触面积，达到节能的目标（图4-82）。

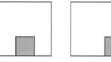

图4-82　门厅平面形式

【气候调节基本原理】

不同的平面形式的门厅因其与室外空气直接接触面积大小不同，从而产生能耗不同。

【设计参数/指标】

平面形式（单向型、贯穿型、角部型）。

【设计策略】

设计策略如表4-28所示。

设计策略 表4-28

严寒	寒冷	夏热冬冷	夏热冬暖
1. 从防寒与蓄热能力考虑，单面环绕式>角部型>单向型>贯穿型； 2. 虽然单向型门厅防寒效果不如前两者，但综合考虑考虑到其占地空间小，功能多样等特点，可权衡判断是否选用； 3. 贯穿型平面，其热环境分布不均且散热较多，应尽量避免	合理设置平面形式，尽量减小与外界接触面积，采用单向型、角部型	1. 耗能的大小顺序为单向型门厅、西南角部型、东南角部型、贯穿型、三向型； 2. 三向型门厅建筑能耗较其他形式上升幅度较高，应慎用	合理设置平面形式，尽量增加与外界接触面积，宜采用贯穿性、角部型

【研究支撑】

《办公建筑设计标准》JGJ/T 67—2019，第4.1.3、4.1.4、4.1.8、4.2.3、4.3.2条.

《公共建筑节能设计标准》GB 50189—2015，第3.1.4、3.1.5、3.1.6条.

陈红. 湖南地区公共建筑门厅空间节能及模拟分析研究[D]. 长沙：中南大学，2010.

张妍. 寒冷地区高校教学建筑门厅空间光热环境设计研究[D]. 天津：河北工业大学，2012.

王自耕. 基于能耗与热环境的严寒地区办公建筑腔体设计研究[D]. 沈阳：沈阳建筑大学，2019.

付名扬. 高层办公建筑内部公共空间设计研究[D]. 上海：上海交通大学，2015.

黄璐. 办公建筑低碳设计方案优选研究[D]. 南京：东南大学，2016.

SD1-3 门厅空间分布

【绿色控制目标】

实现绿色建筑能源资源节约：建筑供暖空调负荷降低比例满足《绿色建筑评价标准》GB 50378—2019的相关要求。

【技术简介】

门厅作为与室外直接接触的空间，优

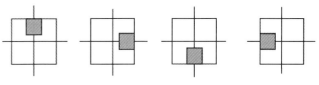

图4-83 门厅位置、朝向

化其位置、朝向，通过改变门边厅接触的室外光热环境状况从而降低能耗（图4-83）。

【气候调节基本原理】

根据不同气候区的气候条件差异，通过对门厅位置、朝向的优化，合理利用建筑外部空间进行采光、通风、集热，平衡各设计要素，从而达到降低能耗的目的。

【设计参数/指标】

门厅位置、朝向。

【设计策略】

设计策略如表4-29所示。

设计策略　　　　　　　　　　　　　　　　　　　　　　　　　　　　表4-29

严寒	寒冷	夏热冬冷	夏热冬暖
1. 入口空间宜优先选择北向，其次南向； 2. 应尽量避免选择南向、西向	1. 入口空间宜优先选择北向，其次西向； 2. 应尽量避免选择南向、西向	1. 入口空间朝向为北向与东向时差距不大，可结合实际设计需求选取； 2. 应尽量避免选择南向、西向	1. 入口空间宜优先选择北向，其次西向； 2. 应尽量避免选择南向、东向

【研究支撑】

《办公建筑设计标准》JGJ/T 67—2019，第4.1.3、4.1.4、4.1.8、4.2.3、4.3.2条.

《公共建筑节能设计标准》GB 50189—2015，第3.1.4、3.1.5、3.1.6条.

陈红. 湖南地区公共建筑门厅空间节能及模拟分析研究[D]. 长沙：中南大学，2010.

张妍. 寒冷地区高校教学建筑门厅空间光热环境设计研究[D]. 天津：河北工业大学，2012.

王自耕. 基于能耗与热环境的严寒地区办公建筑腔体设计研究[D]. 沈阳：沈阳建筑大学，2019.

付名扬. 高层办公建筑内部公共空间设计研究[D]. 上海：上海交通大学，2015.

黄璐. 办公建筑低碳设计方案优选研究[D]. 南京：东南大学，2016.

SD2 典型较高普通性能功能空间形态设计-办公

SD2-1 办公空间体量

【绿色控制目标】

实现绿色建筑能源资源节约：建筑供暖空调负荷降低比例满足《绿色建筑评价标准》GB 50378—2019的相关要求。

【技术简介】

开放办公空间作为办公类建筑的主要使用空间，其体量大小会影响建筑能耗，在满足使用要求的基础上可适当优化其面积占比，从而达到节能的效果（图4-84）。

【气候调节基本原理】

根据不同气候区的气候条件差异，通过对开放办公空间体量的优化，合理利用建筑外部资源进行采光、通风、得热，平衡各性能要素，从而达到总能耗最低的目的。

【设计参数/指标】

开放办公空间面积。

【设计策略】

设计策略如表4-30所示。

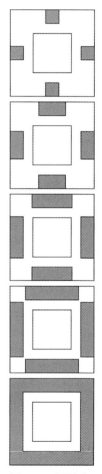

图4-84 开放办公空间面积

设计策略　　　　　　　　　　　　　　　　　　表4-30

严寒	寒冷	夏热冬冷	夏热冬暖
综合考虑实际设计需求，宜尽量控制开放办公空间面积占比，选择较小范围；设计中，当开放办公空间面积占比较大时，相较于非全覆盖环绕式，更宜选择全覆盖环绕式设置	综合考虑实际设计需求，宜尽量控制开放办公空间面积占比，选择较小范围；设计中，当开放办公空间面积占比较大时，相较于非全覆盖环绕式，更宜选择全覆盖环绕式设置	综合考虑实际设计需求，宜尽量控制开放办公空间面积占比，选择较小范围；设计中，当开放办公空间面积占比较大时，相较于非全覆盖环绕式，更宜选择全覆盖环绕式设置	综合考虑实际设计需求，宜尽量控制开放办公空间面积占比，选择较小范围；设计中，当开放办公空间面积占比较大时，相较于非全覆盖环绕式，更宜选择全覆盖环绕式设置

【研究支撑】

《办公建筑设计标准》JGJ/T 67—2019，第4.1.3、4.1.4、4.1.8、4.2.3、4.3.2条.

《公共建筑节能设计标准》GB 50189—2015，第3.1.4、3.1.5、3.1.6条.

孙惠萱. 工效导向下寒地开放办公空间形态节能设计研究[D]. 哈尔滨：哈尔滨工业大学，2018.

贝氏建筑事务所. 中国银行总行大厦[J]. 建筑学报，2002（6）：4-9.

SD2-2　办公空间体态

【绿色控制目标】

实现绿色建筑能源资源节约：建筑供暖空调负荷降低比例满足《绿色建筑评价标准》GB 50378—2019的相关要求。

【技术简介】

开放办公空间作为办公类建筑的主要使用空间，其体态会影响建筑能耗，在满足使用要求的基础上可适当优化其体态，从而达到节能的效果（图4-85）。

【气候调节基本原理】

根据不同气候区的气候条件差异，通过对开放办公空间开间进深比的优化，合理利用建筑外部资源进行采光、通风、得热，平衡各性能要素，从而达到总能耗最低的目的。

【设计参数/指标】

开放办公空间开间进深比。

【设计策略】

设计策略如表4-31所示。

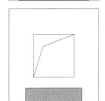
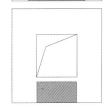

图4-85　开放办公空间开间进深比

设计策略 表4-31

严寒	寒冷	夏热冬冷	夏热冬暖
开放办公空间的进深不宜过大，也不宜过小，应结合实际情况，取相对适中的开间进深比，可以得到最佳节能效果	开放办公空间的进深不宜过大，也不宜过小，应结合实际情况，取相对适中的开间进深比，可以得到最佳节能效果	开放办公空间的进深不宜过大，也不宜过小，应结合实际情况，取相对适中的开间进深比，可以得到最佳节能效果	开放办公空间的进深不宜过大，也不宜过小，应结合实际情况，取相对适中的开间进深比，可以得到最佳节能效果

【研究支撑】

《办公建筑设计标准》JGJ/T 67—2019，第4.1.3、4.1.4、4.2.3条.

《公共建筑节能设计标准》GB 50189—2015，第3.1.4、3.1.5、3.1.6条.

孙惠萱. 工效导向下寒地开放办公空间形态节能设计研究[D]. 哈尔滨：哈尔滨工业大学，2018.

贝氏建筑事务所. 中国银行总行大厦[J]. 建筑学报，2002（6）：4-9.

SD2-3 办公空间分布

【绿色控制目标】

实现绿色建筑能源资源节约：建筑供暖空调负荷降低比例满足《绿色建筑评价标准》GB 50378—2019的相关要求。

【技术简介】

开放办公空间作为办公类建筑的主要使用空间，其朝向会影响建筑能耗，在满足使用要求的基础上可适当优化其体态，从而达到节能的效果（图4-86）。

【气候调节基本原理】

根据不同气候区的气候条件差异，通过对开放办公空间朝向的优化，合理利用建筑外部资源进行采光、通风、得热，平衡各性能要素，从而达到总能耗最低的目的。

【设计参数/指标】

开放办公空间朝向。

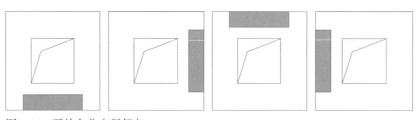

图4-86 开放办公空间朝向

【设计策略】

设计策略如表4-32所示。

设计策略　　　　　　　　　　　　　　　　　　　　　　　　　　　　表4-32

严寒	寒冷	夏热冬冷	夏热冬暖
综合节能效益以开放办公空间分布在东向为最佳	综合节能效益以开放办公空间分布在北向为最佳，亦可考虑设置为东向	综合节能效益以开放办公空间分布在北向为最佳，亦可考虑设置为东向	综合节能效益以开放办公空间分布在北向为最佳，亦可考虑设置为东向

【研究支撑】

《办公建筑设计标准》JGJ/T 67—2019，第4.1.3、4.1.4、4.2.3条.

《公共建筑节能设计标准》GB 50189—2015，第3.1.4、3.1.5、3.1.6条.

孙惠萱. 工效导向下寒地开放办公空间形态节能设计研究[D]. 哈尔滨：哈尔滨工业大学，2018.

贝氏建筑事务所. 中国银行总行大厦[J]. 建筑学报，2002（6）：4-9.

SD2　较高性能功能空间形态设计–阅览

SD2-1　阅览空间体量

【绿色控制目标】

实现绿色建筑能源资源节约：建筑供暖空调负荷降低比例满足《绿色建筑评价标准》GB 50378—2019的相关要求。

【技术简介】

控制阅览的平面面积在合理范围内，减小了能源消耗，达到节能的目标（图4-87）。

【气候调节基本原理】

阅览空间平面面积设置依据不同地域气候条件差异性、利用阅览空间对能耗的高需求性，依据热压、风压通风原理，合理进行空间体量导向下的阅览空间平面设置，发掘阅览空间节能潜力。

【设计参数/指标】

阅览空间的面积大小

【设计策略】

设计策略如表4-33所示。

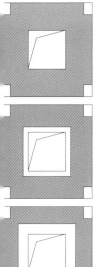

图4-87　阅览空间的面积大小

设计策略 表4-33

严寒	寒冷	夏热冬冷	夏热冬暖
阅览空间的平面面积对能耗影响显著，可优先考虑将阅览空间与活动空间相结合的组合模式	不同功能区的能耗差异对建筑整体能耗有较大影响，可优先考虑将阅览空间与活动空间相结合的组合模式	高性能空间的体量变化对能耗形象较为突出，可优先考虑将阅览空间与活动空间相结合的组合模式	阅览空间与其他性能空间的组合对总能耗有较大的影响，可优先考虑将阅览空间与活动空间相结合的组合模式

【研究支撑】

《图书馆建筑设计规范》JGJ 38—2015，第4.3.1、4.3.2、4.3.3、4.3.4、4.3.7、4.3.8、4.3.9、4.3.10、4.3.11、4.3.12、4.3.13条.

冯雷. 试论图书馆的绿色发展之路——以美国绿色图书馆实践为例[J]. 情报探索，2017（10）：117-121.

衡贵猛. 大型商业综合体中庭空间设计研究[D]. 南京：南京工业大学，2012.

SD2-2 阅览空间体态

【绿色控制目标】

实现绿色建筑能源资源节约：建筑供暖空调负荷降低比例满足《绿色建筑评价标准》GB 50378—2019的相关要求。

【技术简介】

适当设置阅览空间体型，选用合理的剖面边界形式，从而控制阅览空间体态形式，达到节能的目标（图4-88）。

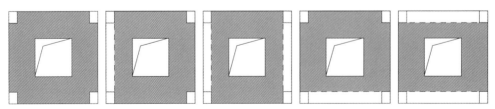

图4-88　阅览空间中边庭通高的形式与方位

【气候调节基本原理】

不同竖向剖面形式的边庭可以改变进入阅览空间的太阳辐射光线，进一步影响室内热环境、光环境、风环境，从而影响建筑能耗。

【设计参数/指标】

阅览空间中边庭通高的形式与方位。

【设计策略】

设计策略如表4-34所示。

设计策略　　　　　　　　　　　　　　　　　　　　　　　　　　　　表4-34

严寒	寒冷	夏热冬冷	夏热冬暖
边庭的通高形式对阅览空间的影响较为显著，可优先考虑南向边庭与阅览空间相结合的设计模式	边庭空间的体量大小对总能耗有一定影响，可优先考虑南向边庭或南北向边庭与阅览空间相结合的设计模式	阅览空间与边庭的结合对建筑能耗影响较为显著，可优先考虑南向边庭或南北向边庭与阅览空间相结合的设计模式	边庭的剖面变化对建筑能耗有一定影响，可优先考虑南向边庭或南北向边庭与阅览空间相结合的设计模式

【研究支撑】

《图书馆建筑设计规范》JGJ 38—2015，第4.3.1、4.3.2、4.3.3、4.3.4、4.3.7、4.3.8、4.3.9、4.3.10、4.3.11、4.3.12、4.3.13条.

白超仁. 基于BIM的图书馆建筑被动式节能策略研究[D]. 哈尔滨：哈尔滨工业大学，2019.

罗琳. 学习效率导向下的严寒地区高校图书馆形态节能设计策略[D]. 哈尔滨：哈尔滨工业大学，2018.

鲍家声. 现代图书馆建筑设计[M]. 北京：中国建筑工业出版社，2002-1.

SD2-3　阅览空间分布

【绿色控制目标】

实现绿色建筑能源资源节约：建筑供暖空调负荷降低比例满足《绿色建筑评价标准》GB 50378—2019的相关要求。

【技术简介】

阅览空间作为室内主要使用空间，可以通过优化其布置方位，改变室内能耗需求的变化，达到节能目标（图4-89）。

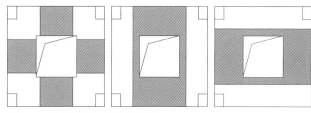

图4-89　阅览空间的分布方位

【气候调节基本原理】

合理布置阅览空间朝向位置，达到主动调节室内热环境的舒适性需求，最终达到节能目标。

【设计参数/指标】

阅览空间的分布方位。

【设计策略】

设计策略如表4-35所示。

设计策略　　　　　　　　　　　　　　　表4-35

严寒	寒冷	夏热冬冷	夏热冬暖
阅览空间的朝向方位对建筑能耗有一定影响，应优先考虑将阅览空间南北向布置，其次东西向布置，最后考虑将阅览空间分散于四边布置	阅览空间的平面方位对建筑整体能耗有一定影响，应优先考虑将阅览空间南北向布置，其次东西向布置，最后考虑将阅览空间分散于四边布置	作为能耗较高的阅览空间，应优先考虑将其南北向布置，其次东西向布置，最后考虑将阅览空间分散于四边布置	不同性能空间的布局方式对建筑整体能耗有一定影响，应优先考虑将阅览空间南北向布置，其次东西向布置，最后考虑将阅览空间分散于四边布置

【研究支撑】

《图书馆建筑设计规范》JGJ 38—2015，第4.3.1、4.3.2、4.3.3、4.3.4、4.3.7、4.3.8、4.3.9、4.3.10、4.3.11、4.3.12、4.3.13条.

冯雷. 试论图书馆的绿色发展之路——以美国绿色图书馆实践为例[J]. 情报探索，2017（10）：117-121.

罗琳. 学习效率导向下的严寒地区高校图书馆形态节能设计策略[D]. 哈尔滨：哈尔滨工业大学，2018.

SD3 单一空间形态设计能耗影响评估分析

SD3 单一空间形态设计能耗影响评估分析

【绿色控制目标】

实现绿色建筑能源资源节约：通过模拟分析等手段对建筑的单一空间形态设计的能耗影响进行评估，以进一步指导优化其节能设计，使建筑总体或单项能耗水平符合国家、行业和地方现行规范中有关节能设计的要求。

【技术简介】

通过计算机辅助仿真工具（推荐使用EnergyPlus、Openstudio或DesignBuilder等）手段，以降低空间整体或单项能耗为目的，进行能耗影响模拟分析，以对单一空间形态进行设计优化。是按照"原形界定—单一空间形态优化—影响模拟评估"的设计流程，探索以节能为目标的建筑单一空间形态优化设计的设计技术（图4-90）。

图4-90　集中式图书馆建筑中庭空间剖面形状与能耗关系

【设计参数/指标】

单位面积总能耗/负荷、采暖能耗/负荷、制冷能耗/负荷、照明能耗/负荷。

【推荐分析工具】

依据附录表2-5，综合考虑方案阶段。空间推演设计针对空间设计的能耗影响模拟、3D建模需求等模拟对象与计算分析的适用性要求，SU、Revit平台与模型分析设计的兼容性需求；快速计算、实时反馈、可视化结果表达等推演分析过程与结果的有效性需求；以及建模与边界条件设定简单、辅助设计的设计建议推荐、自动方案推荐或比选等设计习惯匹配度需求，满足要求的常用软件分析工具有Sefaira、Moosas、DesignBuilder、Ecotect等。

【分析标准依据】

《绿色建筑评价标准》GB/T 50378—2019

第7.2.8条要求：采取措施降低建筑能耗，建筑能耗相比国家现行有关建筑节能标准降低10%至20%。

第7.1.2条要求：应采取措施降低部分负荷、部分空间使用下的供暖、空调系统能耗。

第7.2.4条要求：建筑供暖空调负荷降低5%至15%。

《近零能耗建筑技术标准》GB/T 51350—2019

第2.0.1条要求：近零能耗建筑：其建筑能耗水平应较国家标准《公共建筑节能设计标准》GB 50189—2015降低60%～75%以上。

第2.0.2条要求：超低能耗建筑：其建筑能耗水平应较国家标准《公共建筑节能设计标准》GB 50189—2015降低50%以上。

第2.0.3条要求：零能耗建筑：零能耗建筑能是近零能耗建筑的高级表现形式，其室内环境参数与近零能耗建筑相同，充分利用建筑本体和周边的可在生能源，使可再生能源年产能大于或等于建筑全年全部用能的建筑。

【对接专业、工种、人员】

基于模拟分析过程需要，在建筑师先导开展基础上，在建模与边界条件设定方面，需对接建筑物理/技术、建筑设备/暖通空调专业、模拟分析人员；在结果评价方面，需对接绿色建筑工程师、造价工程师、项目投资方人员。

参考文献

[1]　孙倩. 几何逻辑视角下北疆公共建筑的形态设计研究[D]. 广州：华南理工大学，2019.

[2]　彭一刚. 建筑空间组合论[M]. 北京：中国建筑工业出版社，2008.

[3]　韩冬青，顾震弘，吴国栋. 以空间形态为核心的公共建筑气候适应性设计方法研究[J]. 建筑学报，2019，607（4）：78–84.

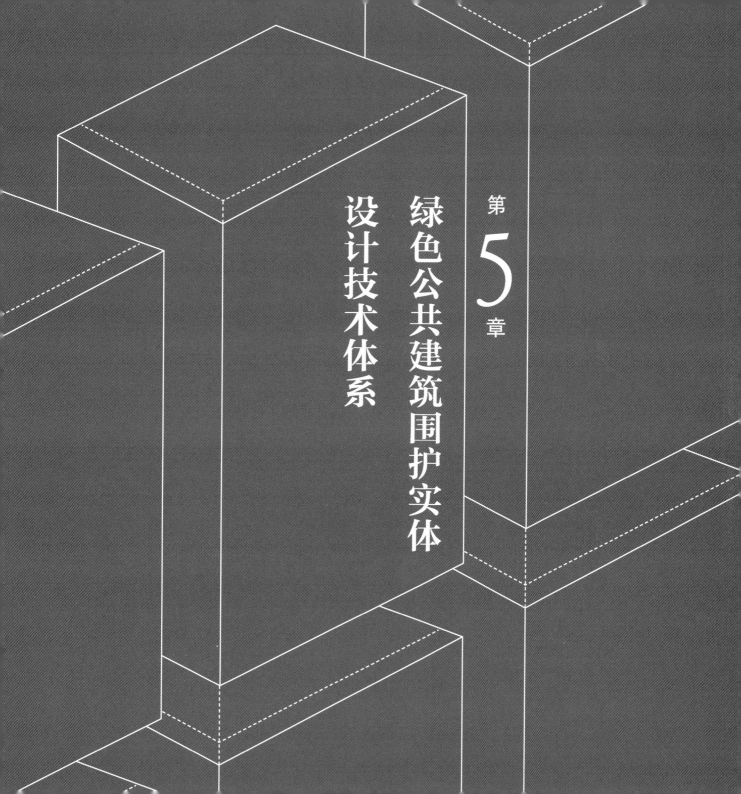

第5章

绿色公共建筑围护实体
设计技术体系

围护实体即围护结构，是指围合建筑空间的墙体、门、窗等。根据在建筑物中的位置,围护结构分为外围护结构和内围护结构。外围护结构包括外墙、屋顶、外窗、外门等，用以抵御风雨、温度变化、太阳辐射等，应具有保温、隔热、隔声、防水、防潮、耐火、耐久等性能；内围护结构如隔墙、楼板和内门窗等，起分隔室内空间作用，应具有隔声、隔视线以及某些特殊要求的性能[1]。气候适应性围护实体是指通过优化设计和采用创新技术，保障围护实体能够充分与气候互动，促使建筑实现借势、借光、借风、借材、借水和借绿[2]，从而在保障建筑环境舒适的前提下最大程度地节约能源资源。本章从能源资源节约的角度出发，通过对气候适应性采光遮阳设计、自然通风设计及高性能围护实体材料组合优化技术的研究，形成了气候适应性绿色公共建筑围护实体设计技术体系。

5.1 围护结构实体性能分类与气候适应特征

所谓外围护结构是指将建筑物围合其中的外墙或面层，在考虑气候的建筑设计中，建筑围护结构是非常重要的，它将是整个建筑系统中的一个具有动态调节机能和反应能力的系统。如戴利在一份建筑设计的评述报告中所述："建筑物并非一堆毫无生机的砖、石、钢铁，它也算得上是一具有其自己的血液循环系统及神经系统的生命体……通过此系统，冬季可以输入热量，夏季可以引进新鲜空气，并且，在全年中，光线、冷热水、人体营养物及高级文明社会的无数附属物全都通过此系统得到处理。"由此可见，围护结构在功能上有在建筑物内外间形成过滤器的作用，调节着室内人工气候环境，控制着建筑内部和外部之间的能量流动，可通过一定的手段，对不同气候下建筑的采暖、降温、采光和通风等需求做出回应。

按是否同室外空气接触，围护结构可分为外围护结构和内围护结构。外围护结构是指同室外空气直接接触的围护结构，如外墙、屋顶、外门和外窗等；内围护结构是指不同室外空气直接接触的围护结构，如隔墙、楼板、内门和内窗等。外围护结构中除了可开启的通风口以外，其他部位如墙壁、地面和屋顶等一般都是固定的。它们的功能包括热工方面（例如，可以利用围护结构的隔热性能以及遮阳设计进行室内热环境和能耗的调节），也包括一些其他方面，如隔声和产生能量等。

按透明度，外围护结构又可分为非透明围护构件和透明围护构件。非透明围护构件如外墙、屋顶、外门、外挑楼板等；透明围护构件如外窗、天窗等。围护结构的透明构件根据内部及外部条件的短期和长期变化能够做出更为主动的反应。它们具有更加复杂的功能，如采光、观景、太阳能采暖与自然通风等。通常，我们用传热系数和热惰性等指标来描述非透明围护构件的性能。

传热系数代表了墙体系统的热工性能，有研究表明外墙传热系数的优化将明显地降低建筑能耗。热惰性是表征围护结构受温度波动影响程度的指标。通常热惰性指数越大，温度波动在材料中的衰减越快，围护结构的热稳定性越好。

围护结构的气候适应性创作设计的关注点，目前集中体现于采光遮阳设计、自然通风设计以及热工性能设计几个重要方面。

5.2 气候适应性采光遮阳耦合设计关键技术

5.2.1 自然采光与围护结构窗墙比设计

建筑利用自然采光的首要途径是透明围护结构的设置，建筑围护结构的透明构件（侧窗、玻璃幕墙、高窗和天窗）会影响围护结构的性能，通过透明围护结构吸纳更多的太阳光，是建筑适应不同地域气候的关键手法。相应的，透明围护结构的核心设计议题是建筑的窗墙比设置。在进行围护结构设计时，建筑立面的窗墙比，即建筑立面透明部分面积和墙面总面积的比值，会极大程度地影响建筑的自然采光、自然通风、建筑空调通风系统能耗等，是建筑外围护结构的重要设计参数之一。

建筑窗墙比越大，建筑室内自然采光效果越好，太阳光能够进入室内进深更大的区域，减少白天人工照明的使用，降低建筑照明能耗。建筑立面上可开启面积越大，建筑自然通风效果越好，室内自然风流通效果更好，在过渡季能够通过建筑自然通风，减少空调的使用，降低建筑能耗。与之相对，较大的建筑窗墙比意味着夏季更多的太阳光会进入到室内，增加夏季空调的制冷负荷；同时，随着建筑窗墙比的增大，围护结构的传热系数随之增大，增加建筑整体的空调负荷。在进行建筑围护结构设计时，需要根据地理和气候特征，通过合

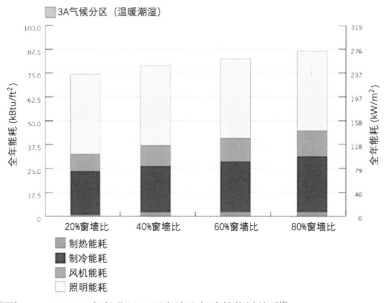

图5-1 ASHRAE气候分区3A区窗墙比与建筑能耗关系[3]

理的窗墙比设计，在优化建筑自然采光和自然通风的同时，权衡建筑围护结构性能表现。

Ajla[3]对美国ASHRAE标准中不同气候分区内，窗墙比设计对于建筑制冷、制热、照明、风机系统的能耗影响进行了分析。图5-1为温和湿润气候分区3A，不同窗墙比对于建筑能耗的影响。从图5-1可得，随着窗墙比的升高，建筑照明能耗逐渐减少，空调能耗和风机能耗逐渐增加，建筑总能耗增加。

5.2.2　自然采光与遮阳

5.2.2.1　常见的建筑遮阳形式

在适应不同气候条件的采光控制方面，与自然采光相辅相成的，是建筑遮阳。合理设计外遮阳和内遮阳设备是围护结构实体设计的一个重要设计策略。采用被动式太阳能采暖或被动式采光的建筑，需要合理设计阳光控制和遮光设备。

（1）固定和活动内遮阳

内遮阳是较常被采用的遮阳方式，指的是安装在建筑围护结构内侧的遮阳设施，被应用于各类公共建筑。常见的内遮阳方式包括内遮阳卷帘、内遮阳百叶、中置百叶遮阳、中置卷帘等（图5-2）。

图5-2　不同形式的内遮阳

（2）固定外遮阳

建筑最为常见的遮阳系统就是固定外遮阳，广泛应用于各类建筑。常见的固定外遮阳包括横向遮阳、竖向遮阳、遮阳百叶、穿孔或花纹铝板等形式（图5-3）。

固定外遮阳主要是遮挡夏季的太阳直射光，减少太阳直射光直接进入到室内，减少眩光和辐射得热；同时不影响太阳散射光进入到室内，改善室内的自然光环境。在进行固定遮阳设计时，需要均衡考虑外遮阳在夏季和冬季的室内太阳辐射得热量影响，在夏季减少太阳辐射量的同时，尽可能不影响冬季的室内采光。

图5-3　铝制建筑遮阳构件、横向遮阳构件和竖向百叶

（3）活动外遮阳

不同于传统的固定外遮阳系统，可调外遮阳系统通过调整外遮阳的角度、位置、开合等状况，调整外遮阳的效果。比如可调外遮阳百叶、可调外遮阳卷帘、可调遮阳板，都属于可调外遮阳。

相对固定外遮阳的设计，可调外遮阳可以根据建筑使用者的实际需求，对外遮阳进行调节和控制。结合建筑楼宇自控系统和智能化设备，可调外遮阳系统还能够和照度传感器、太阳辐射传感器联动，实现外遮阳的自动控制，降低建筑的空调能耗（图5-4）。

除了常见的固定外遮阳和活动外遮阳，还有一种结合建筑立面变化的动态外遮阳系统（Kinetic Shading System）。不同于传统的遮阳形式，动态外遮阳会根据季节和天气的变化，进行动态调节。结合建筑立面设计，动态外遮阳可以带来更多的创新与变化（图5-5）。

动态外遮阳系统设计的目的是根据气候条件进行自我调节。在太阳辐射较强，需要对建筑立面进行遮阳时，尽可能遮盖建筑立面，室内适当采用人工照明和自然光结合的方式，减少建筑室内的太阳辐射得热，改善室内舒适度，减少室内眩光，降低建筑的空调能耗。在建筑室内需要更多自然光的时候，动态遮阳系统能够调节为更为透光的类型，不影响室内的自然采光。动态外遮阳系统在国外一些新建项目中已经得到应用。

5.2.2.2　遮阳设计相关标准要求

（1）《民用建筑热工设计规范》GB 50176—2016

《民用建筑热工设计规范》GB 50176—2016[5]中的有关规定如下：

1）第3.3.3条："建筑物的向阳面，特别是东、西向窗户，应采取有效的遮阳措施。"

2）第3.3.3条文说明："南向和北向（在北回归线以南的地区），宜采用水平式遮阳；东北、

图5-4　可调外遮阳案例

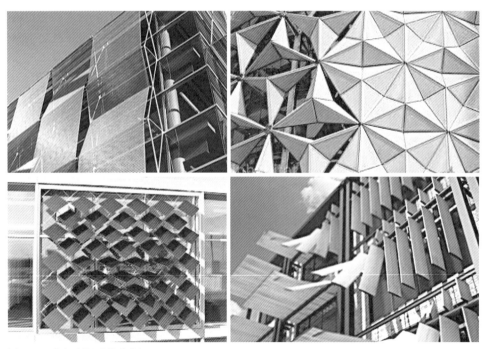

图5-5　动态遮阳系统案例

北和西北向，宜采用垂直式遮阳;东南和西南向，宜采用综合式遮阳;东、西向，宜采用挡板式遮阳……"

3）第3.4.8条："向阳面，特别是东、西向窗户，应采取热反射玻璃、反射阳光涂膜、各种固定式和活动式遮阳等有效的遮阳措施。"

（2）《公共建筑节能设计标准》GB 50189—2005

《公共建筑节能设计标准》GB 50189—2005[4]中的有关规定如下：

1）在第4.2.2条中，对寒冷地区、夏热冬冷及夏热冬暖地区公共建筑围护结构的热工性能提出了具体要求，包括遮阳系数限值要求，如表5-1、表5-2所示。

寒冷地区外窗遮阳系数SC限值　　　　表5-1

位置	体形系数 ≤ 0.3	0.3< 体形系数 ≤ 0.4
单一朝向外窗（包括透明幕墙）	遮阳系数SC（东、南、西向/北向）	
窗墙面积比≤0.2	—	—
0.2<窗墙面积比≤0.3	—	—
0.3<窗墙面积比≤0.4	≤0.7/–	≤0.7/–
0.4<窗墙面积比≤0.5	≤0.6/–	≤0.6/–
0.5<窗墙面积比≤0.7	≤0.5/–	≤0.5/–
屋顶透明部分	≤0.5	≤0.5

夏热冬冷、夏热冬暖地区外窗遮阳系数SC限值　　　　表5-2

位置	体形系数 ≤ 0.3	0.3< 体形系数 ≤ 0.4
单一朝向外窗（包括透明幕墙）	遮阳系数SC（东、南、西向/北向）	
窗墙面积比≤0.2	—	—
0.2<窗墙面积比≤0.3	≤0.55/–	≤0.50/0.60
0.3<窗墙面积比≤0.4	≤0.50/0.60	≤0.45/0.55
0.4<窗墙面积比≤0.5	≤0.45/0.55	≤0.40/0.50
0.5<窗墙面积比≤0.7	≤0.40/0.50	≤0.35/0.45
屋顶透明部分	≤0.40	≤0.35

2）第4.2.5条："夏热冬暖地区、夏热冬冷地区的建筑以及寒冷地区中制冷负荷大的建筑，外窗（包括透明幕墙）宜设置外部遮阳，外部遮阳的遮阳系数按本标准附录A确定"。

（3）《严寒和寒冷地区居住建筑节能设计标准》JGJ 26—2010

《严寒和寒冷地区居住建筑节能设计标准》JGJ 26—2010[6]中的有关规定如下：

1）4.2.2条中明确提出了寒冷（B）区外窗综合遮阳系数限值要求，如表5-3所示。

寒冷（B）区外窗综合遮阳系数限值　　　　　　　　表5-3

		遮阳系数SC（东、西向/南、北向）		
		≤3层建筑	（4~8）层建筑	≥9层建筑
外窗	窗墙面积比<20%	–/–	–/–	–/–
	20%<窗墙面积比≤30%	–/–	–/–	–/–
	30%<窗墙面积比≤40%	0.45/–	0.45/–	0.45/–
	40%<窗墙面积比≤50%	0.35/–	0.35/–	0.35/–

注：本表摘自《严寒和寒冷地区居住建筑节能设计标准》JGJ 26—2010。

2）第4.2.4条："寒冷（B）区建筑的南向外窗（包括阳台的透明部分）宜设置水平遮阳或活动遮阳。东、西向的外窗宜设置活动遮阳。外遮阳的遮阳系数应按本标准附录D确定。当设置了展开或关闭后可以全部遮蔽窗户的活动式外遮阳时，应认定满足本标准第4.2.2条对外窗的遮阳系数的要求。"

3）第4.2.4条文说明："……在南窗的上部设置水平外遮阳，夏季可减少太阳辐射热进入室内，冬季由于太阳高度角比较小，对进入室内的太阳辐射影响不大。有条件最好在南窗设置卷帘式或百叶窗式的外遮阳。东西窗也需要遮阳，但由于太阳东升西落时其高度角比较低，宜设置展开或关闭后可以全部遮蔽窗户的活动式外遮阳。冬夏两季透过窗户进入室内的太阳辐射对降低建筑能耗和保证室内环境的舒适性所起的作用是截然相反的。活动式外遮阳容易兼顾建筑冬夏两季对阳光的不同需求，所以设置活动式的外遮阳更加合理。窗外侧的卷帘、百叶窗等就属于'展开或关闭后可以全部遮蔽窗户的活动式外遮阳'，虽然造价比一般固定外遮阳（如窗口上部的外挑板等）高，但遮阳效果好，最能兼顾冬夏，鼓励使用。"

5.2.2.3　气候适应遮阳设计策略

1）气候适应型遮阳与朝向

除了建筑所在的地理位置信息，项目所在地区的气候特征也是外遮阳设计的影响因素之一。

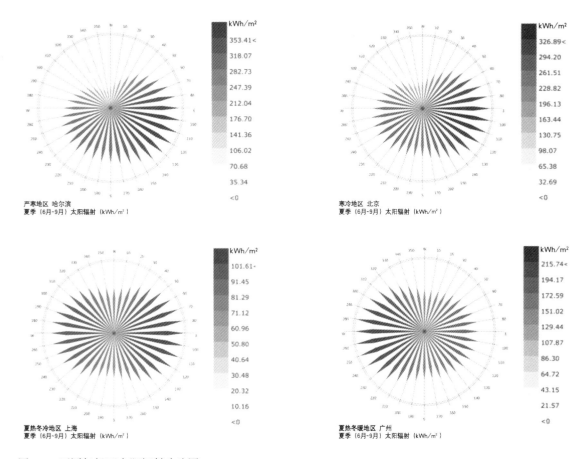

图5-6 不同气候区太阳辐射玫瑰图

不同气候区域，由于气候条件的不同，不同朝向太阳辐射资源也会有所差异。以严寒地区的哈尔滨、寒冷地区的北京、夏热冬冷地区的上海、夏热冬暖地区的广州四个城市为例，根据CSWD天气文件，可以得到4个城市夏季不同朝向的太阳辐射玫瑰图。北京和哈尔滨的太阳辐射玫瑰图较为一致，东向的夏季累计太阳辐射得热量较大，南向、西向、北向逐渐减小，夏季累计太阳辐射量峰值在300~350kWh/m²；上海和广州的太阳辐射玫瑰图相反，广州西向夏季较高，上海东向夏季较高（图5-6）。

在进行外遮阳设计时，需要考虑不同朝向的太阳辐射得热量特征，根据气候气象文件的辐射量数据，分析夏季和冬季太阳辐射得热量的不利朝向和有利朝向，合理地设计各个朝向的外遮阳。在累计太阳辐射量较高的朝向，合理加设外遮阳构件，通过合理的外遮阳设计，降低建筑全年负荷（表5-4）。

不同气候区典型城市遮阳朝向设计优先级　　　　　　　　　　　表5-4

气候区	城市	遮阳朝向优先级
严寒地区	哈尔滨	东＞南＞西＞北
寒冷地区	北京	东＞南＞西＞北
夏热冬冷	上海	西＞东＞南＞北
夏热冬暖	广州	东＞西＞南＞北

2）气候适应型横向遮阳设计

合理的遮阳设计应该同时考虑遮阳效果、自然采光和太阳辐射得热量。通过合理的外遮阳遮挡，在减少夏季直射光进入到室内的同时，不影响室外的天空散射光进入到室内，尽可能减少夏季室内太阳辐射得热量。同时，通过合理的遮阳设计，能够减少太阳光直接进入到室内造成的眩光不适（图5-7）。

为了能够因地制宜地设计外遮阳，需要考虑建筑所在城市的经度和纬度特征。纬度较低的地区，夏季太阳高度角较高，外遮阳在建筑立面形成的阴影遮挡较大；纬度较高的区域，夏季太阳高度角较低，外遮阳在建筑立面形成的阴影遮挡较小。图5-8为严寒地区、寒冷地区、夏热冬冷地区、夏热冬暖地区相应低、中、高不同纬度城市（哈尔滨、北京、上海、广州）在夏至日的太阳轨迹图。

在建筑设计前期，可以通过二维计算的方法，根据特定时间太阳高度角和方位角的变化，设计外遮阳的长度和角度。一年中随着季节和时间的变化，太阳有不同的高度角和方位角，因此可以估算外遮阳在建筑立面上形成的阴影区域，优化外遮阳的表现，避免无效设计或过度设计。除了项目所在的地理位置信息，建筑立面上外窗高度位置也是重要的影响因素。

以一个简单的横向外遮阳设计估算为例，在计算前，首先要确定计算地区和计算时间的水平遮阳角度（HSA）和垂直遮阳角度（VSA），如图5-9所示。

水平遮阳角度（HSA）是外窗所在平面的向量和太阳方位角指向的水平夹角。

垂直遮阳角度（VSA）是太阳高度角投影在外窗所在平面垂直面的夹角。

图5-7 遮阳设计与太阳直射光和散射光

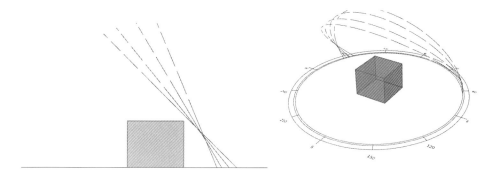

图5-8 不同纬度城市夏至日太阳轨迹图

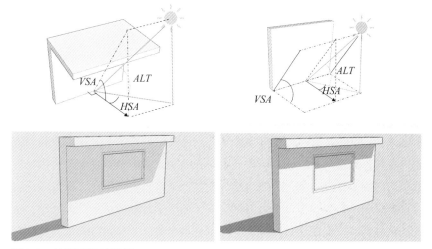

图5-9 外遮阳设计案例

$$VSA=\text{atan}(\tan SA)/\cos(HAS)$$

其中 SA 为太阳高度角。

因此可以简单估算外窗所需要的横向外遮阳长度为：

$$D=H/\text{Tan}(VSA)$$

其中 H 为外窗高度。对于不需要阴影外圈遮挡的设计状况，H 为需要阴影遮挡的高度。

外窗所需要的竖向外遮阳长度为：

$$W=D \cdot \text{Tan}(HSA)$$

其中 D 为外窗宽度。对于不需要阴影外圈遮挡的设计状况，W 为需要阴影遮挡的宽度。

根据不同气候地区城市的纬度特征，以夏至日的太阳高度角为例，建筑4个朝向的最优横向外遮阳设计如图5-10所示。

3）气候适应型竖向遮阳设计

以夏热冬冷地区城市上海为例，通过315个不同间距和突出长度工况的分析，得出不同竖向遮阳工况外窗表面的太阳辐射得热量。通过数值分析，对竖向遮阳间距0.5~2.5m，以0.1m为间隔，竖向遮阳突出长度0.1~1.5m的315个不同工况进行分析，得到不同竖向遮阳对建筑不同立面朝向的遮阳效果。图5-11为不同工况下部分分析模型的模型示意图和分析结果示意图。

对不同气候区典型城市不同朝向立面竖向遮阳的遮阳效果进行分析，如图5-12~图5-15所示。根据不同朝向外窗上太阳辐射得热量的减少率，得到竖向遮阳改善效果，对于不同朝向的竖向遮阳间隔和突出长度的选取提出了建议取值范围（深色区域）。

5.3 气候适应性自然通风设计关键技术

5.3.1 自然通风与设计

5.3.1.1 自然通风原理

自然通风是建筑界面普遍采用的一项改善室内热环境、节约空调耗能的技术，采用自然通风方式的目的是部分取代空调制冷系统。自然通风有两个重要的意义：一是实现有效被动制冷，当室外空气温湿度较低时，自然通风可以在不消耗任何不可再生能源的情况下降低室内温度，带走潮湿空气，达到室内热舒适要求，即使室外空气温度湿度超过舒适范围，需要消耗能源进行降温处理，也可以利用自然通风输送处理后的新风，从而减少风机能耗，降低空调负荷；二是可以提供新鲜的自

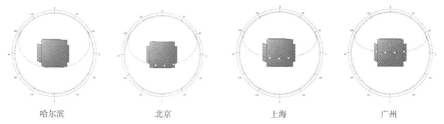

图5-10　不同纬度城市各个朝向最优横向遮阳设计

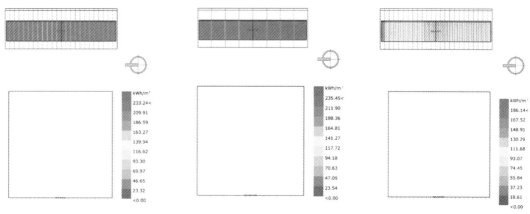

图5-11　夏热冬冷气候区不同地区各个立面夏季辐射得热量

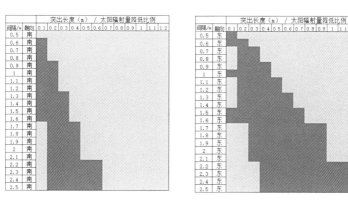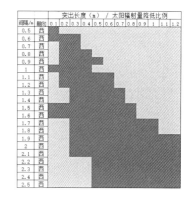

图 5-12　严寒地区（哈尔滨）竖向遮阳设计

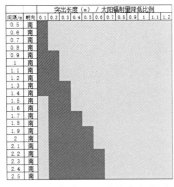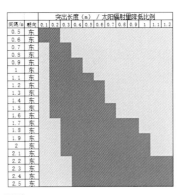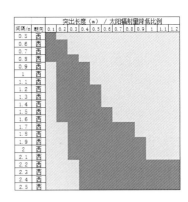

图 5-13　寒冷地区（北京）竖向遮阳设计

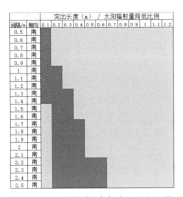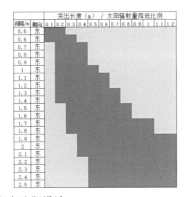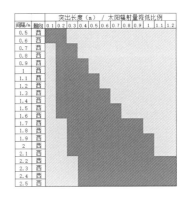

图 5-14　夏热冬冷气候区（上海）竖向遮阳设计

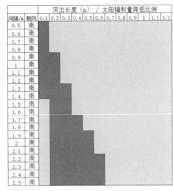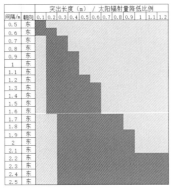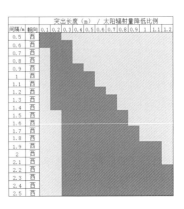

图 5-15　夏热冬暖气候区（广州）竖向遮阳设计

然空气，有利于人生理和心理健康。室内空气品质的恶化在很大程度上是由于缺少充足的新风量造成的，此外恒温恒湿的空调环境也容易使人的抵抗力下降，从而引发各种"空调病"，通过在过渡季节引入自然通风，可以排除室内污浊空气，同时有利于满足人和外环境交互的心理需求。

风吹过地面，由于地面上各种粗糙元（如草地、庄稼、树林、建筑物等）会对风的运动产生摩擦阻力，使得近地面的风速减小。该摩擦阻力对风运动的影响随离地高度的增加而降低，直至达到某一高度时，其影响力可以忽略，我们将受地球摩擦阻力影响的大气层称为"大气边界层"（图5-16）。大气边界层的高度随气象条件、风的强度、地形和地面粗糙度的不同而有差异（图5-17）。

建筑群体的布局应考虑主导风向和建筑周边涡流的影响。

一般建筑的朝向建议和设计季节的主导风向呈90°布局，以获得更大的建筑迎风面和背风面的风压差，有利于建筑内的穿堂风通过。通常标准中建议建筑迎风面与夏季主导风向夹角不小于45°（图5-18）。

来流风受到建筑的阻挡，会在建筑的迎风面形成高风压区域，在建筑的背风面形成空气涡流区，处在建筑背风面涡流区域的建筑不易获得穿堂风，不利于通风换气。加强自然通风的群体布局

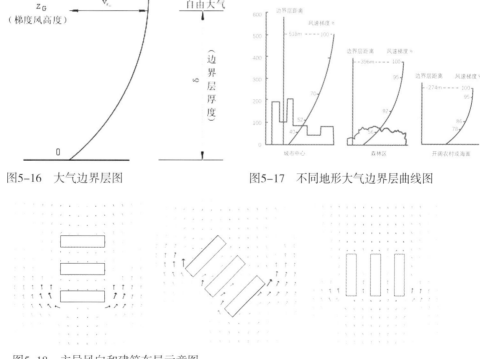

图5-16　大气边界层图　　　　　　　　图5-17　不同地形大气边界层曲线图

图5-18　主导风向和建筑布局示意图

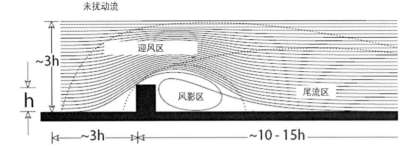

图5-19　建筑尺度风流场[5]

原则就是减少前排建筑的背风面涡流区对于后排建筑的影响。建筑背风面涡流区的长度与建筑的形体有关，一般来说，建筑物越高，迎风长度越大，深度越小，正面风压越大，对通风越有利，同时背风面涡流区就越大，对其后建筑的通风越不利（图5-19）。

建筑周围的风场和建筑的高度以及间距有着一定的关系。当街区的尺度相对较大，街区内建筑高度H和建筑间距W的比值H/W小于0.3~0.5，相邻建筑的风场不会产生互相干扰。这时候街区尺度不同的建筑其风场可以看作是各自独立的风场（图5-20）。

当街区的尺度更为紧凑，街区内建筑高度和建筑间距的比值H/W在0.5到0.65之间时，建筑与建筑之间的空间会产生二次风场，前一栋建筑背风面的涡流受到后一栋建筑迎风面下行风场的影响。建筑周边的增强涡流和背风面的涡流一起增强了建筑间涡流的扰动。由于建筑间涡流的影响，建筑之间的风速通常要比大间距的风速要小（图5-21）。

当街区尺度非常紧凑时，街区内建筑高度H和建筑间距W的比值H/W大于0.65，建筑间的空间可以考虑不会受到外界来流风的直接影响。建筑之间的气流主要受到开阔空间或水域空间比如公园、湖泊的影响。建筑之间的气流流动主要是由于局部温差或太阳辐射造成的空气流动（图5-22）。

围护结构的自然通风设计，是通过围护结构界面的形体和细部构造设计形成风压差，从而形成气流的运动，带动和促进室内自然通风。围护结构自然通风设计的首要环节是研究环境风流方向，环境风流方向是由建筑所在地区的气候条件、周边环境和建筑群排布所决定的。在确定环境风流方向后，可以通过建筑立面体型、合理的开窗布局以及挡风板的设计，优化建筑内部和外部的风环境，达到科学引导外界气流、创造舒适的室内热环境的最终目标。

不同的围护结构体型在典型风流环境中，其方向性的改变能够造成不同的影响。最直观的是外界气流对建筑表面覆盖面积具有明显差异。根据特定地区不同季节主导风向和风速，在夏季通过合

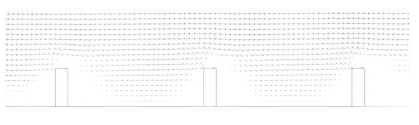

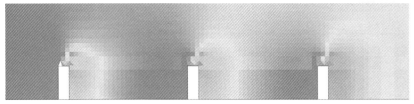

图5-20 建筑之间的独立风场

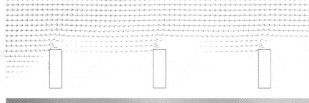

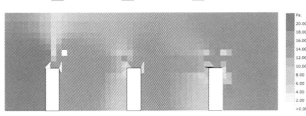

图5-21 邻近建筑之间的干扰风场　　　　　　　　图5-22 紧凑街区建筑之间的风场

理的建筑朝向布局，提高主导风向的覆盖面积，为室内通风提供良好的外部条件，冬季则相反。根据这个原则，在进行外围护结构设计时，需要对围护结构不同立面的水平和垂直方向进行变形，最大限度地为建筑创造有利于进风的设计。

自然通风的主要形式分为：风压通风、热压通风。风压通风包括单侧通风、穿堂风等，热压通风主要指烟囱效应。

（1）单侧通风的开口在房间的同一侧，另一侧是关闭的门，它是自然通风中最简单的一种形式，局限于房间内的通风。空气的交换是通过风的湍流、外部的洞口和外部气流的相互作用来完成的。因此，单侧式局部通风的驱动力小，而且变化不大。

（2）穿堂风主要指当空气从房间一侧开口进入，从另一侧开口流出时形成的风。穿堂风取决于设计相对面开口是否充分打开，进气窗和出气窗之间的风压差大小，建筑内部空气流动阻力大小。建筑内部在通风方向的进深不能太大，一般最大有效进深大约为层高的5倍。此时主要依靠对面的风压差，但只要在进风口和出风口间有明显的温差，热压作用也会较为明显。与此同时，建筑内部大进深空间的通风效果也会受内部隔断和障碍物的影响，阻碍气流的运动。

建筑通过合理的朝向设计，迎风面产生正压，侧面产生负压，背面产生涡流，有气压差存在就会产生空气流动，根据地区的主导风向设计合理的间距，为设计组织良好的自然通风提供了可行性。

建筑外围护结构设计时，考虑对自然通风的利用也很重要。自然通风通过围护结构立面的开口流入或者流出，则立面上开口的优化配置以及开口的尺寸、形式和开启方式等的合理设计，直接影响着内部的空气流动以及通风效果。

（3）热压通风指利用空气温差形成的烟囱效应产生的通风。烟囱效应是烟囱形容间内的空气被加热，温度高于外界温度，密度小而上升被排出室内，同时室外的冷空气补充代替原来室内的热空气。而反烟囱效应是从室外吸入热空气，与烟囱内的冷空气交换，通常应用在炎热地区无风的早晨。烟囱越高，顶部与底部之间的温度、压力差越大，顶部通风口周围的空气流速就越大，这就增大了烟囱内空气的流动速度。

利用热压通风的围护结构设计方法主要是双层围护结构设计。双层围护结构的热压通风法对于中高层建筑比较有效。建筑外侧可以利用两层玻璃作为围护结构，玻璃之间留有一定宽度的通风道并配有可调节的百叶。冬季，双层玻璃之间封闭形成阳光温室，增加了建筑室内表面的温度，有利于节约采暖。夏季，中午利用烟囱效应借双层围护结构形成通风道进行通风，使玻璃之间的热空气不断被排出，达到降温的目的；早晨利用反烟囱效应，使室内获得舒适的空气流动。

当采用单侧通风时，建议房间的进深W和房间高度的关系H为：$W \leq 2H$；当采用双侧通风时，建议房间的进深W和房间高度的关系H为：$W \leq 5H$；并且根据建筑迎风面背风面风压，利用风压差，合理布置开窗。当采用热压通风时，建议房间的进深W和房间高度的关系H为：$W \leq 5H$。

5.3.1.2　自然通风相关标准要求

（1）《绿色建筑评价标准》GB/T 50378—2019

对于公共建筑经常存在有大进深内区或者单侧通风的状况，通常通过换气次数来评价建筑自然通风状况。《绿色建筑评价标准》GB/T 50378—2019[7]中对公共建筑的通风换气次数做出了相应要求，标准中要求公共建筑过渡季节主要功能空间通风换气次数不小于2次/h。

建筑围护结构中影响室内自然通风换气效果的主要是建筑的布局、朝向和建筑通风开口的位置大小。

（2）《公共建筑节能设计标准》GB 50189—2015

《公共建筑节能设计标准》GB 50189—2015[4]中对于建筑外窗的可开启面积也提出了对应的要求，如表5-5所示。

建筑有效通风换气面积要求　　　　　　　　　　　　　　　　表5-5

建筑类型	有效通风换气面积 / 外墙面积
甲类公共建筑	≥10%
乙类公共建筑	≥30%

（3）《民用建筑供暖通风与空气调节设计规范》GB 50736—2012

《民用建筑供暖通风与空气调节设计规范》GB 50736—2012[8]中针对建筑自然通风，对建筑的朝向和通风开口面积做出了相应的规定和建议，其中建议建筑迎风面与夏季主导风向夹角不小于45°，在60°到90°之间，同时为了保证有效的通风进口，建议房间通风开口有效面积应不小于房间地板面积的5%。

（4）《中国建筑热环境分析专用气象数据集》

《中国建筑热环境分析专用气象数据集》[9]等气象数据标准中对中国不同气候区各个城市的主导风向进行汇总，同时也可以参考各地历史气象数据，获得各个季节的主导风向。表5-6为根据《中国建筑热环境分析专用气象数据集》统计的部分城市的过渡季节主导风向，可为建筑平面布局和建筑群布局设计提供参考。

不同气候分区主要城市过渡季节主导风向　　　　　　　　　　　　　　表5-6

气候分区	城市	过渡季主导风向	来源
夏热冬冷地区	上海	春季：ESE 秋季：NNE	《中国建筑热环境分析专用气象数据集》
寒冷地区	哈尔滨	春季：S 秋季：N	《中国建筑热环境分析专用气象数据集》
夏热冬暖地区	广州	春季：S 秋季：NEN	《中国建筑热环境分析专用气象数据集》

5.3.2 气候适应性自然通风设计

5.3.2.1 气候适宜性

气候适应性自然通风设计首先需考虑的是自然通风适宜性。建筑采用自然通风设计，在春季和秋季的过渡季节，利用室外自然风，改善室内温度，减少空调负荷，是常用的可持续设计方式。

在进行不同气候区建筑的自然通风设计时，可以通过不同地区和城市的气象文件，根据全年不同季节室外温度，评估自然通风适用天数，合理地设计和评估建筑的自然通风策略。利用室外温度和湿度的气象数据，可以分析自然通风在不同气候区全年不同月份的适用性。

利用焓湿图和舒适时间比例图可以得出，严寒地区的哈尔滨采用自然通风设计时，主要适用于6~8月；寒冷地区的北京采用自然通风设计时，主要适用于5~6月和8月；夏热冬冷地区的上海采用自然通风设计时，主要适用于5~6月和9~10月；夏热冬暖地区的广州采用自然通风设计时，主要适用于3~4月和10~11月（图5-23）。

表5-7总结了不同气候区典型城市，在不同室外气候参数条件下，自然通风适宜采用的时间段。自然通风措施的适用性根据气候区温度和湿度等气候参数的变化而改变。在严寒地区和寒冷地区，夏季部分月份，也可采用自然通风措施，改善室内的气流组织，减少建筑空调能耗；在夏热冬冷地区，自然通风措施适用的时间主要是春季和秋季的过渡季节。在夏热冬暖地区，自然通风主要适用于冬季前后1个月，气温较为温和的月份。

不同气候区自然通风改善效果分析

表5-7

气候区	典型城市	自然通风适用时间
严寒地区	哈尔滨	6~8月
寒冷地区	北京	5~6月、8月
夏热冬冷	上海	5~6月、9~10月
夏热冬暖	广州	3~4月、10~11月

5.3.2.2 开口位置和朝向

气候适应性自然通风设计的第二个要素是开口位置和朝向。

开口设计的主要目标是使得室外的空气能够在室内形成良好的通风路径。当建筑外墙上不同开口之间存在风压差的时候，不同开口之间的空气就会流动；当不同开口之间有一个贯通的气流通道

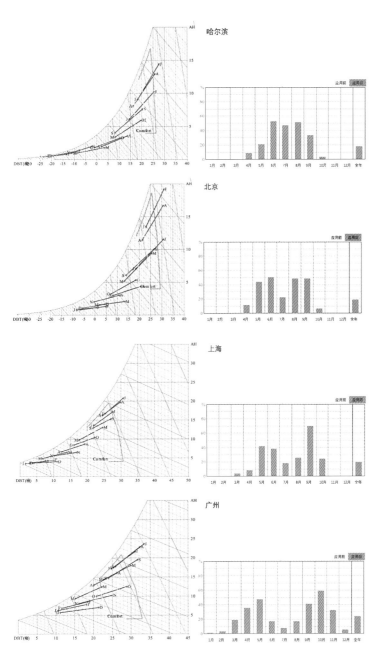

图5-23 不同气候区自然通风技术适用性分析

时，就产生了穿堂风。因此，通常建筑相对面设置可开启的窗户，就更容易获得穿堂风。进风口和出风口的相对位置和大小对气流组织有相当的影响。

当风垂直地吹向矩形建筑时，迎风面承受压力而两侧和背风面都位于负压区；如风向偏斜，则有两个迎风面处于正压区，而另外两面为背风面，其中心处正压最大，在屋角及屋脊处负压最大。当建筑垂直于风力方向时，其风压通风效果最佳，风压的压力差与建筑的形式、建筑与风向的夹角以及周围的建筑布局等因素相关（图5-24）。

开口的相对位置对气流路线起着决定作用。进风窗口与出风窗口宜相对错开位置，如果进、出风口错开互为对角，气流在室内经过的路线会长一些，影响的区域会大一些。若进、出风窗口相距太近，可能会出现气流短路或偏向的情况，室内的通风效果变差。如果进、排风窗口都开在负压区墙面一侧或整个房间只有一个开口，此时，空气的流动依靠房间内的热压效应和微弱的风压效应，

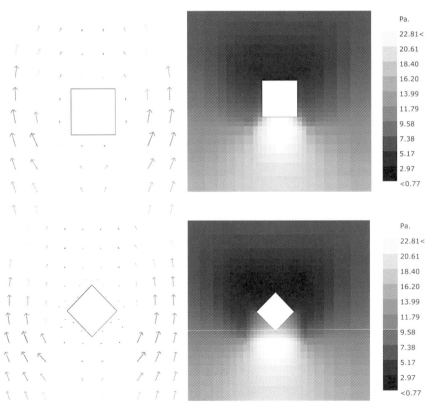

图5-24　不同风向和风压的关系

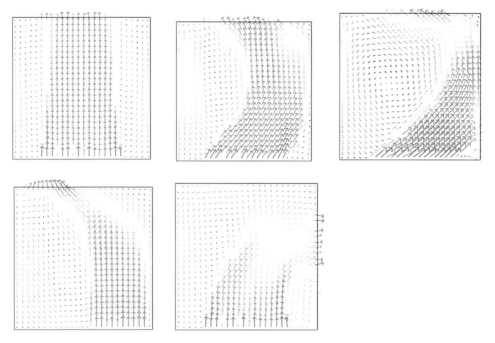

图5-25　开口的位置与自然通风

驱动力甚小且不易控制，室内通风状态较差。有研究表明，在相对两面墙各有一个窗户的房间，若通风窗正对风向，则主要气流由通风口笔直地流向出风口，除在出风口墙角会起到局部紊流外，对室内其他地点影响很小。沿两个侧墙的气流很弱，特别是在通风口一边的两个墙角。如风向偏斜45°，即可在室内引起大量紊流，沿着房间四周作环形运动，从而增加沿侧墙及墙角处的气流量。在相邻墙上分设窗户的房间，风向垂直比偏斜效果好（图5-25）。

因此，在进行开口朝向设计时，应优先考虑建筑所在城市或者所在街区的夏季的主导风向，优先将开口设置在迎风面的朝向，或者设在迎风面朝向±45°范围内，让室外的自然风尽可能地进入到室内。一般建筑的朝向建议和设计季节的主导风向呈90°布局，以获得更大的建筑迎风面和背风面的风压差，有利于建筑内的穿堂风通过。《民用建筑供暖通风与空气调节设计规范》GB 50736—2012附录A中给出了不同城市和地区夏季和冬季的主导风向及风速。分别选取严寒地区、寒冷地区、夏热冬冷地区、夏热冬暖地区的典型城市哈尔滨、北京、上海、广州作为分析对象，如表5-8所示。

不同气候区典型城市夏季主导风向和风速　　　　　表5-8

气候区	典型城市	夏季		冬季	
		风向	风速	风向	风速
严寒地区	哈尔滨	西南偏南	3.9	西南	3.7
寒冷地区	北京	西南	3	北向	4.7
夏热冬冷地区	上海	东南	3	西北	3
夏热冬暖地区	广州	东南偏南	2.3	东北偏北	2.7

　　综上所述，建议各个气候区不同城市建筑窗洞的开口朝向优先考虑与夏季主导风向呈±45°以内角度的朝向布置，同时尽可能避免开口朝向冬季主导风向（图5-26）。在了解主导风向的基础上，建筑背风面应合理设置开口，引导风流出室内。综合严寒地区、寒冷地区、夏热冬冷地区、夏热冬暖地区的典型城市哈尔滨、北京、上海、广州夏季和冬季的主导风向和风速，建议自然通风开口优先设置朝向，如表5-9所示。

不同气候区自然通风最优朝向　　　　　表5-9

气候区	典型城市	自然通风最优朝向
严寒地区	哈尔滨	东南偏南-西南向
寒冷地区	北京	南向-西南向
夏热冬冷地区	上海	东南向-西南向
夏热冬暖地区	广州	东南偏东-东南偏南

5.3.2.3　开口大小与自然通风

　　气候适应性自然通风设计的第三个要素是开口大小设计。

　　进风口和出风口的大小也影响通风状况。在开口总面积一定的情况下，小进风口配大出风口容易增加风速，但是气流分布更不均匀。相反，则气流速度减少，但是流场较均匀（图5-27）。可以根据使用区的要求选择模式。如果希望风吹过集中的使用区，则选择前者；如果室内活动区域较大较分散，则选择后者。可见，并不是窗户越大，通风情况就越好。有研究表明，当窗墙面积比超过

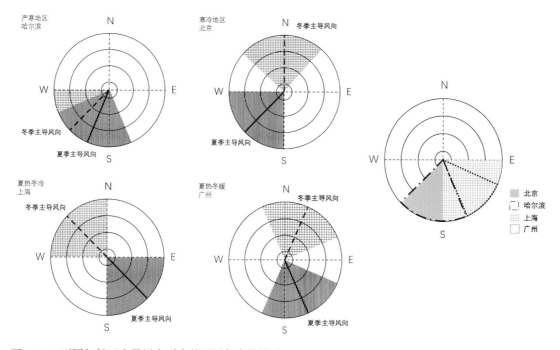

图 5-26　不同气候区主导风向对自然通风朝向的影响

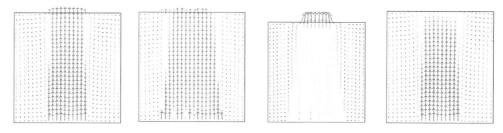

图5-27　开口大小与自然通风

40%时，再增加窗户面积，室内风速也不会有很大提高。而且，根据节能与室内热稳定性的要求，也不期望窗户面积过大。

　　表征开口大小的关键设计指标，如立面窗墙比、透明部分可开启面积，也会较大地影响建筑室内的冷热负荷表现。根据地区气候特征的不同，合理地设计建筑表皮的开口大小，能够有效地减少建筑能耗。

5.3.2.4 开口形式与自然通风

窗户形式也是开口设计的重要内容。窗的类型及可开启方式对室内自然通风效果也会产生影响，应通过设计窗的可开启面积大小对空气流量进行控制，利用窗不同的开启方式对进入室内的空气进行引导或制约，达到可控的目的（图5-28）。

国内建筑常见的外窗形式有平开窗、推拉窗、立式滑动窗、上开窗、下开窗等。不

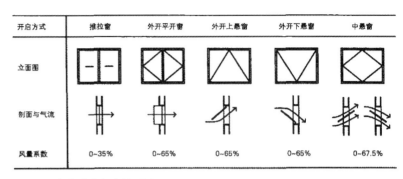

开启方式	推拉窗	外开平开窗	外开上悬窗	外开下悬窗	中悬窗
立面图					
剖面与气流					
风量系数	0~35%	0~65%	0~65%	0~65%	0~67.5%

图5-28 窗户形式与自然通风

同窗户形式对气流有不同的引导作用。外推窗的窗扇容易影响气流方向；平开窗的迎风窗扇可以增加正压，可以利用平开窗来增加室内通风量；上开窗可以引导气流向上；下开窗可以引导气流向下；上下滑动的窗户，可以灵活改变开口的上下位置，适应不同的通风需求；推拉窗减少了通风口的面积，有较大的采光面积和较小的通风口。

不同气候区的开口形式设计，可以在项目方案设计时，根据当地的气象和风速文件，利用CFD软件以及能耗分析软件，进行动态模拟分析，比较不同开口形式以及外窗开启形式对于项目的影响，综合考虑选择合理的开口形式。

5.4 高性能围护实体材料组合优化技术

通过研究明确了不同气候区主要围护结构性能指标对建筑节能的影响排序，形成了不同气候区的气候适应性表皮模式，北方严寒和寒冷地区以适应"保温为主"的围护结构设计模式，夏热冬暖气候区以"隔热为主"的围护结构设计模式，夏热冬冷地区需要根据公共建筑的具体要求，在围护结构设计时需要兼顾保温和隔热；剖析了气密性对建筑的影响，阐述了气候适应性围护结构气密性设计的关键节点和构造设计要点；梳理了非透明围护结构保温材料及典型技术，给出了高性能门窗部品、内围护关键设计技术及气候适应范围。

5.4.1 围护结构热工设计相关标准要求

《公共建筑节能设计标准》GB 50189—2005[4]中对于不同气候区建筑外围护结构的热工性能作出一系列的要求（表5-10）。通过对屋面、外墙、架空或外挑楼板、外窗、天窗的传热系

数以及外窗天窗遮阳系数等物理参数的限制，对建筑围护结构的节能设计提出了规定和指标性要求。

本研究梳理验证了不同气候区外围护结构的不同性能因素，如外墙传热系数、屋面传热系数、外窗玻璃传热系数、外窗窗框传热系数、外窗玻璃太阳得热系数、外窗玻璃太阳能反射率、外遮阳系数、内遮阳系数对建筑能耗指标的影响（表5-11），得到了不同气候区建筑外围护结构的设计策略。

标准中不同气候区围护结构热工性能要求　　　　　　　　　　　表5-10

气候分区	形体系数	屋面 K[W/（m²·K）]	外墙 K[W/（m²·K）]	架空或外挑楼板 K[W/（m²·K）]	外窗 K[W/（m²·K）]	天窗 K[W/（m²·K）]
严寒 AB区	≤0.30	0.28	0.38	0.38	1.3～2.7	2.2
	0.30～0.50	0.25	0.35	0.35	1.2～2.5	2.2
严寒 C区	≤0.30	0.35	0.43	0.43	1.4～2.9	2.3
	0.30～0.50	0.28	0.38	0.38	1.3～2.7	2.3
寒冷地区	≤0.30	0.45	0.50	0.50	1.5～3.0 SHGC：0.30～0.52	2.4SHGC：0.44
	0.30～0.50	0.40	0.45	0.45	1.4～2.8 SHGC：0.30～0.52	2.4SHGC：0.35
夏热冬冷	热惰性指标 0～2.5	0.40	0.60	0.70	1.8～3.5 SHGC：0.24～0.48	2.6SHGC：0.30
	热惰性指标 >2.5	0.50	0.80			
夏热冬暖	热惰性指标 0～2.5	0.50	0.80	1.5	2.0～5.2 SHGC：0.18～0.52	3.0SHGC：0.30
	热惰性指标 >2.5	0.80	1.5			

不同气候区围护结构性能指标的节能效果　　　　　表5-11

气候区	围护结构性能指标对节能的影响
严寒地区	外墙传热系数＞外窗传热系数＞太阳能反射率＞太阳得热系数＞屋面传热系数＞外遮阳系数＞内遮阳系数＞窗框传热系数
寒冷地区	外墙传热系数＞外窗传热系数＞太阳能反射率＞屋面传热系数＞太阳得热系数＞外遮阳系数＞内遮阳系数＞窗框传热系数
夏热冬冷	外墙传热系数＞外窗传热系数＞太阳能反射率＞屋面传热系数＞外遮阳系数＞太阳得热系数＞内遮阳系数＞窗框传热系数
夏热冬暖	太阳能反射率＞太阳得热系数＞外遮阳系数＞外窗玻璃传热系数＞外墙传热系数＞内遮阳系数＞屋面传热系数＞窗框传热系数

1）夏热冬暖地区适宜的围护结构节能技术为遮阳型外窗玻璃以及内、外遮阳措施；

2）夏热冬冷地区适宜的围护结构节能技术为围护结构保温、遮阳型外窗玻璃以及内、外遮阳措施；

3）寒冷地区适宜的围护结构节能技术为围护结构保温、Low-e外窗玻璃以及内、外遮阳措施；

4）严寒地区适宜的围护结构节能技术为围护结构保温、Low-e外窗玻璃。

围护结构安全耐久性方面，建筑外墙、屋面、门窗、幕墙及外保温等围护结构应满足安全、耐久和防护的要求。围护结构应与建筑主体结构连接可靠，经过结构验算确定能适应主体结构在多遇地震及各种荷载工况下的承载力与变形要求。设计图中应有完整的外围护结构设计大样，明确材料、构件、部品及连接与构造做法，门窗、幕墙的性能参数等要求。

5.4.2　高性能围护结构气密性构造关键设计技术

5.4.2.1　气密性对建筑性能的影响

房屋气密性，指门窗处于关闭状态时，阻止空气透过围护结构的能力，一般用室内外为50Pa压差下，房间每小时的换气次数大小，来衡量房间气密性能的优劣。由于建筑围护结构往往由多层材料构成，各层之间存在着空气渗透的可能性，其中，通过建筑门窗洞口与墙体的缝隙损失的能量是影响建筑能耗的重要因素。在实际应用中，应尽量采用气密性等级较高的门窗，以节约建筑能耗。目前，国内对建筑气密性的研究还广泛停留在门窗等构部件上，而建筑节能是一个复合型问题，需从整个围护结构角度考虑影响建筑节能的因素[12]。

建筑保温隔热的一个突出问题是存在墙缝、门窗洞口等预制接缝。正是这些保温隔热的薄弱环节的存在，使得建筑整体的热工效果下降，达不到预期的要求。建筑气密性是影响其围护结构渗透量的决定性因素。绿色建筑气密性设计理论主要从气密性设计原理、基本要求、气密性相关部位、相关参数以及密封材料等进行理论分析。

5.4.2.2　围护结构气密性设计关键节点

建筑气密性设计所有关键节点的位置主要集中在围护结构上。

1）墙体。墙体气密性是在高效保温隔热基础上，通过连续性的抹灰来控制。关键节点中，首先是装配式墙板的设计，包含了墙板尺寸、墙体锚固件布置和板端形状的设计；其次是墙体与主体结构的连接方式；第三是板缝位置的保温构造；第四是外墙构造密封、板缝位置密封做法。

2）门窗洞口。首先需采用高性能的门窗，框材类型主要有铝包木、塑钢、木窗、依靠自身性能及构造技术来实现气密性；其次是门窗洞口位置的保温构造；最后是门窗洞口的密封做法。

3）屋顶楼板。屋顶楼板上方铺设具有隔气性能的材料，如防水卷材（隔气性）、隔离层的塑料膜等，室内一侧采取连续性抹灰作为气密层。

4）穿墙管道。因消防、生活用水管道，电器、设备管线的安装，需在楼板与墙体上开设洞口。该类型的部位应综合考虑保温、防潮、气密性等因素。如在管道口处设穿管，为延续保温性，需内设岩棉，并用密封胶将其包裹在内，以切断热桥。然后在洞口上下两侧进行无断点的抹灰密封。

5.4.2.3　围护结构气密性构造设计

确定气密层是设计建筑外围护结构的一个重要原则。应只有一个包裹整栋建筑的围护结构平面，两个半气密性围护结构加起来还是半个密封。气密性外围护结构必须能用一条连续的线在剖面图上完整走通。在设计时一定要考虑到以后的施工，尽量避免穿透墙体。气密层一般位于墙体内侧，它同时可以作为隔汽层，而且至少在施工阶段必须位于可触及的位置，以便在被意外破坏后方便施工人员进行修补[13]。

管线穿透总是一个薄弱环节，并且可能成为缺略的源头。所以在设计阶段必须限制这种穿透口的数量。线路应尽可能集中。应尽量避免在外墙上安装插座。有不可避免的地方，应在建筑上使用气密性插座盒[13]。

1）外墙构造密封，实心墙体的气密层原则上位于墙体内侧，抹灰层可作为气密层，不同建筑构件的连接必须保证永久气密性。不同温度性能的建筑构件会因为热胀差而导致构件间错位，容易引起裂缝（图5-29）。

2）板缝密封，板缝位置是建筑密封的薄弱环节，而板缝是不可避免的，板缝密封的质量直接决定了建筑气密性。为了尽量延长板缝位置密封材料的使用年限及密封效果，板缝端部可采用错口连接。为了保证气密性，除了在所有的墙体接缝处使用预压密封带及密封胶填充之外，还在接缝内侧粘贴留有膨胀变形缝的气密性胶带。

3）窗洞口密封，为了保证窗口气密性，窗墙连接处须使用气密胶进行密封。直接接触气密胶带的门窗洞口须平整，凹凸不平部位应首先使用密封胶等填充找平。为了充分保证气密性，密封胶应将防水隔气膜覆盖（图5-30）。

4）穿墙管道密封，因消防、生活用水管道，电器、设备管线的安装，需在楼板或墙体上开设洞口。该类型的部位应综合考虑保温、防潮、气密性等因素。如在管道口处设穿管，为延续保温性，需内设岩棉，并用密封胶将其包裹在内，以切断热桥。然后在洞口上下两侧进行无断点的抹灰密封（图5-31）。

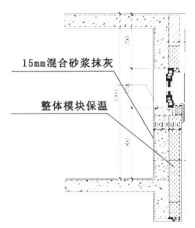

图5-29　墙体密封构造示意图

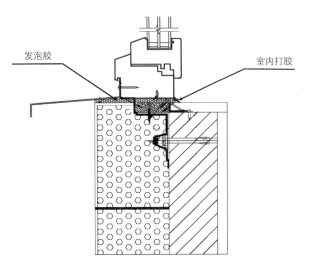

图5-30　门窗洞口密封构造示意图

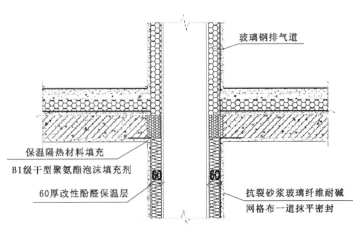

图5-31　穿墙管道密封构造示意图

5.4.3 高性能墙体材料发展现状及特征

5.4.3.1 建筑表皮发展现状

改革开放以来，我国建筑业发生了翻天覆地的变化，并且进入了飞速发展阶段。作为建筑物不可缺少的重要组成部分，墙体材料也随之发生改变。墙体材料不断进步，不断跟随着建筑行业的大潮前行。但是我国的建筑行业一向是粗放型发展，所以，我国墙体材料也一直是粗放型的。在新形势下，我国的建筑行业正向着建筑产业化方向迈进，建筑行业势必进行一场大的变革，改变传统的粗放型方式向着低能耗、低污染、再循环的方向发展。随着国民经济的飞速发展、建筑行业的蓬勃崛起及人类环境保护意识的不断加强，取而代之的是新型高性能墙体材料。高性能墙体材料不仅具有质轻、高强、节土、节能、利废等保护生态环境的优点，还具有隔热、隔音、保温等改善建筑功能的优势[11]，高性能墙体材料一度被广泛研究和推广应用。

近年来，社会上研发出现了越来越多的新型墙体材料，从材质上分，主要有天然的、化学的、金属及非金属的等；从种类上看，主要有小型混凝土空心砌块、加气混凝土砌块、石膏砌块、纤维石膏板、活性炭墙体、彩钢板、实心混凝土砖、陶粒砌块、PC大板、石膏或水泥轻质隔墙板、烧结多孔砖、水平孔混凝土墙板、页岩砖、新型隔墙板等。其中，应国家政策引导，应用较多的一般为节能环保型新型墙体材料，其能适应当代建筑节能要求，充分利用自然中的光能、热能，达到节约化石能源消耗、降低环境污染排放、可再生循环利用和减少对人体健康危害的功能，可谓一举多得。可见，进一步掌握并了解我国建筑业新型墙体材料的种类、应用现状及发展趋势，对我国建筑业的发展及全社会健康稳定的保障具有重要的现实意义。

国家及地方非常重视对新材料、新技术的应用，并颁布了各类推广项目目录或产品目录，或者明确了禁止或限制生产使用的建筑材料目录，具体如表5-12所示。

国家及地方绿色建材推广目录统计　　　　　　　　　　　　　表5-12

国家、省、自治区	名录
国家	2013年度住房和城乡建设领域新技术新产品推广项目目录
	2014年度住房城乡建设领域新技术新产品推广项目目录
	2015年度住房城乡建设领域新技术新产品推广项目目录
	2016年度住房城乡建设领域新技术新产品推广项目目录
	绿色技术推广目录（2020年）（发改办环资〔2020〕990号）

续表

国家、省、自治区	名录
重庆市	《重庆市建筑材料热物理性能指标计算参数目录（2018年版）》附件1-4
	2017年重庆市建筑节能材料发展报告
	重庆市2018年第二批绿色建材评价标识产品目录（渝建〔2018〕516号）
	重庆市2018年第二批绿色建材认定性能产品目录（渝建〔2018〕717号）
	重庆市2018年第一批绿色建材评价标识产品目录（渝建〔2018〕135号）
	重庆市2018年第一批绿色建材性能认定产品目录（渝建〔2018〕534号）
	重庆市2019年第一批绿色建材评价标识产品目录（渝建〔2019〕120号）
	重庆市2019年第一批绿色建材评价标识公示名单
	重庆市建设领域推广应用新技术公告（第二号）
	重庆市建设领域推广应用新技术公告（第一号）
	重庆市建设领域禁止、限制使用落后技术的通告（第八号）（渝建发〔2015〕74号）
	重庆市建设领域禁止、限制使用落后技术通告（2019年版）
河北省	河北省推广使用农村绿色建材企业目录
	河北省推广、限制和禁止使用建设工程材料设备产品目录（2018年版）
	河北省推广、限制和禁止使用建设工程材料设备产品目录（2015年版）
	河北省建设工程材料设备绿色节能产品推广目录（冀建材〔2013〕10号）
	河北省建设工程材料设备绿色节能产品推广目录（2013版）编制说明
	河北省不同地区绿色建筑技术分类适用目录（2016）
	河北省"十三五"住房城乡建设科技重点攻关技术需求目录
	河北省推广、限制和禁止使用建设工程材料设备产品目录（冀建材〔2015〕8号）
	河北省推广、限制和禁止使用建设工程材料设备产品目录（冀建科〔2018〕21号）

续表

国家、省、自治区	名录
河北省	《河北省实心粘土砖和粘土制品替代产品（技术）目录（第一批）》（冀建科〔2015〕15号）
	河北省村镇建设新型建材产品目录
吉林省	吉林省新型墙体材料目录（吉建墙〔2018〕2号）
	吉林省建筑节能技术（产品）推广使用目录（A级防火保温材料）（吉建科〔2018〕8号）
	吉林省绿色建材评价标识（第二批）目录（吉建联发〔2018〕13号）
	吉林省绿色建材评价标识（第三批）目录（吉建联发〔2018〕25号）
	吉林省绿色建材评价标识（第四批）目录（吉建联发〔2018〕21号）
	吉林省绿色建材评价标识（第五批）目录（吉建联发〔2018〕42号）
	吉林省绿色建材评价标识（第一批）目录（吉建联发〔2018〕10号）
	吉林省绿色建材评价标识（第一批）目录（吉建联发〔2019〕11号）
青海省	青海省建设领域先进适用技术与产品目录（第二批）
	青海省建设领域先进适用技术与产品目录（第一批）
	青海省建设领域先进适用技术与产品目录（第四批）
	青海省建设领域限制、禁止技术与产品目录（第二批）
	青海省建设领域限制、禁止技术与产品目录（第一批）
	青海省绿色建材评价标识产品目录（第二批）
	青海省建设领域先进适用技术与产品目录（第三批）
	青海省建设领域先进适用技术与产品目录（第四批）
	青海省建设领域先进适用技术与产品目录（第五批）
	青海省建设领域先进适用技术与产品目录（第六批）
	青海省建设领域先进适用技术与产品目录（第七批）
	青海省绿色建材评价标识产品目录（第一批）
	青海省绿色建材评价标识产品目录（第二批）
	青海省绿色建材评价标识产品目录（第三批）
	青海省绿色建材评价标识产品目录（第四批）
	青海省绿色建材评价标识产品目录（第五批）
	青海省绿色建材评价标识产品目录（第六批）

续表

国家、省、自治区	名录
上海市	上海市禁止或者限制生产和使用的用于建设工程的材料目录（第一批）（沪建材办〔2000〕083号）
	上海市禁止或者限制生产和使用的用于建设工程的材料目录（第二批）（沪建建〔2003〕617号）
	上海市禁止或者限制生产和使用的用于建设工程的材料目录（第三批）（沪建交〔2008〕1044号）
	上海市禁止或者限制生产和使用的用于建设工程的材料目录（第四批）（沪建建材〔2018〕212号）
	上海市禁止或者限制生产和使用的用于建设工程的材料目录（第五批）（沪建建材〔2020〕539号）
	上海市绿色建筑协会第一批《新材料推介目录》
	上海市既有建筑绿色更新改造适用技术目录（试行）
陕西省	陕西省建设领域推广应用新技术目录（陕建发〔2016〕344号）
	2016年度陕西省建设领域推广应用新技术与产品目录
	2017年度陕西省建设领域推广应用新技术与产品目录
	2018年度建设领域推广应用新技术与产品目录
	2020年度陕西省建设领域推广应用新技术与产品目录
北京市	北京市绿色建筑适用技术推广目录附件（2012公示）
	北京市绿色建筑适用技术推广目录（2014）
	北京市绿色建筑适用技术推广目录（2016）
	北京市绿色建筑和装配式建筑适用技术推广目录（2019）
	北京市禁止使用建筑材料目录（2018年版）
江西省	江西省建设领域第一批推广应用技术目录
	江西省建设领域第一批限制、禁止类技术产品目录
广东省	广州地区绿色建筑技术应用指引（建筑分册）2014版本
	深圳市绿色建筑适用技术与产品推广目录（2017版）入选技术与产品名单公告
	深圳市绿色建筑适用技术与产品推广目录（2019版）入选技术与产品名单公告
浙江省	· 浙江省建设领域禁止和限制使用技术公告（建设发〔2014〕284号）
	浙江省建设领域推广应用技术公告（建设发〔2014〕284号）
四川省	四川省绿色建筑适用技术推广目录（2017版）
	四川省绿色建筑适用技术推广目录
	四川省建筑保温材料推广、限制和禁止产品目录

续表

国家、省、自治区	名录
安徽省	2017年度第一批安徽省建设领域新技术新产品推广项目目录
海南省	海南省绿色建筑适用技术推广目录
宁夏	《宁夏建设领域推广应用和限制禁止使用技术与产品目录》（2016版技术公告）
江苏省	江苏省建设领域十三五重点推广应用新技术和限制、禁止使用落后技术公告》（第一批）的公告
	江苏省新型墙体材料产品目录（2019版）
福建省	福建省绿色建筑适宜技术和产品推广目录
云南省	云南省绿色建筑适用技术推广目录（2020版）
	云南省绿色装配式建筑"四新"与建材推广目录（2020年第一批）
	云南省绿色装配式建筑"四新"与建材推广目录（2020年第二批）
山东省	山东省建筑节能推广和限制禁止使用技术产品目录（第一批）
广西壮族自治区	广西建设领域技术、工艺、材料、设备和产品推广使用目录（2020版）
黑龙江省	黑龙江省推广使用建筑节能技术及产品目录（2019年第一批）
	黑龙江省推广使用建筑节能绿色技术及产品目录（2021年第一批）
山西省	2018年第一批建筑节能技术（产品）推广目录
	2018年第二批建筑节能技术（产品）推广目录
	2018年第三批建筑节能技术（产品）推广目录
	2018年第四批建筑节能技术（产品）推广目录
	2019年第一批建筑节能技术（产品）推广目录
	2019年第二批建筑节能技术（产品）推广目录
	2019年第三批建筑节能技术（产品）推广目录
	2020年第一批建筑节能技术（产品）推广目录
	2020年第二批建筑节能技术（产品）推广目录
	2020年第三批建筑节能技术（产品）推广目录
天津市	天津市建筑节能技术、工艺、材料、设备的推广、限制和禁止使用目录（2017版）
	天津市建筑节能技术、工艺、材料、设备的推广、限制和禁止使用目录（2019版）

5.4.3.2　高性能墙体材料主要特征

　　高性能墙体材料的研究与应用，打破了传统建筑材料以往的建筑模式，其从无到有、由弱变强的发展过程不仅是我国建筑行业的一大进步，还可满足现代社会不断发展的基本要求。新型节能墙体材料有共同的特点，主要表现为能够节能、节材、适应建筑工业化要求、不危害人类身体健康和可再生重复循环利用，此外还具有质量轻、强度高、功能多及易于施工等优点[10]，如表5–13所示。

高性能墙体材料主要特征

表5–13

类别	项目	具体描述
主要特点	节能	节能是高性能墙体材料最主要的特点，要根据各地气候特点，资源条件，因地制宜，就地取材地生产节能、保温的建筑材料。围护结构材料的保温隔热性能及结构密封性能决定着建筑使用能耗，因此，所用墙体材料选择是否恰当科学，组合是否合理直接关系到建筑节能
	节材	在保持建筑材料基本特性的基础上，以尽量减少材料资源消耗为出发点，采用地方性材料及固体废料为原料，通过先进的工艺方法，加工制作而成
	适应建筑工业化要求	根据目前装配式建筑等新型建筑工业化的发展要求，墙体材料应满足工业化生产的要求
	不危害人类身体健康	以往建筑材料不仅浪费资源和能源，在加工制作过程及成品后还会产生对人体有毒有害的物质，影响人类身体健康，新型墙体材料采用无毒、无害、无污染的材料，从源头遏制了危害人体健康物质的产生
	可再生重复循环利用	以往的墙体材料在达到使用寿命期限时，除了变成废弃物抛弃，再无选择，而新型节能墙体材料在达到其使用寿命时，可通过进一步改造、加工等方式对其可再生回收利用，符合资源循环利用的现代化要求
其他优点	质量轻	新型节能墙体材料质量轻，不仅易于工地搬运与起重机吊装，还可大大减轻基础承受的荷载，节省投资成本
	强度高	新型节能墙体材料具有较高的抗压强度，完全符合现代化建筑墙材的基本要求
	易于施工	大多数新型节能墙体材料无需砌筑，只需定位摆放，可以大大减少人力，降低工人劳动强度，提高施工速度
	功能多	大多数新型节能墙体材料具有隔热、隔声、保温、保湿等优势功能，一方面建造的房屋冬暖夏凉，另一方面大大节省了房屋建造的工序和多种材料，降低了成本

5.4.3.3　新型装配式建筑常用的围护结构材料

　　新型建筑工业化是通过新一代信息技术驱动，以工程全寿命期系统化集成设计、精益化生产施工为主要手段，整合工程全产业链、价值链和创新链，实现工程建设高效益、高质量、低消耗、低排放的建筑工业化。以装配式建筑为代表的新型建筑工业化快速推进，建造高水平和高品质建筑。需全面贯彻新发展理念，推动城乡建设绿色发展和高质量发展，以新型建筑工业化带动建筑业全面转型升级。装配式建筑作为目前主要推荐的建设方式，其装配式围护结构常用的面材和芯材分别如表5-14和表5-15所示。

装配式墙板常用面材   表5-14

材料名称	材料简介	材料特点
纤维增强硅酸钙板	以硅、钙为主要材料。用于建筑的内墙板、外墙板、吊顶板、幕墙衬板、复合墙体面板、绝缘材料、屋面铺设等部位	具有轻质、高强、防火、无烟、防水、防霉、防潮、隔音、隔热、不变形、不破裂的优良特性
纤维水泥板	用于外墙挂板，室内（卫生间）隔板，吸音吊顶，幕墙衬板，复合墙体面板	防火绝缘、防水防潮、隔热隔音、轻质高强、施工简易、安全无害、可加工及二次装修性能好
玻纤增强混凝土板	GFRC是以耐碱玻纤网为增强材料，水泥砂浆为基材的纤维混凝土复合材料。用于装饰构件、外墙挂板、复合外墙板、园林景观制品、轻质隔墙、保温板、通风管道等	高抗拉强度、高弹性模量、耐腐蚀、与水泥粘结性好

装配式墙板常用芯材   表5-15

材料名称	材料简介	材料特点
加气混凝土板	硅质和钙质材料为主要原料，铝粉为发气材料，配以经防腐处理的钢筋网片，经加工制成的多气孔板材	轻质环保、保温隔热、耐火阻燃、吸声隔音、承载力强、可锯、可钻、可磨、可钉
硬泡聚氨酯	硬泡聚醚多元醇与聚合MDI（又称黑料）反应制备。应用于冰箱、冷库、喷涂、太阳能、热力管线、建筑等领域	保温、防水性能优、轻质、粘结能力强、憎水性能好、尺寸稳定、性能恒定
模塑聚苯板EPS	以含有挥发性液体发泡剂的可发性聚苯乙烯珠粒为原料，经加热发泡后，在模具中加热成型的保温板材，主要用于建筑墙体和屋面的节能保温	具有质轻、隔热、隔音、耐低温等特点
挤塑聚苯板XPS	以聚苯乙烯树脂为原料加上辅料、聚合物、催化剂，挤塑压出成型的硬质泡沫塑料板。主要用于建筑墙体和屋面的节能保温	保温隔热性好、高强度抗压、优憎水、防潮、质轻、使用方便、稳定、防腐、产品环保性能
发泡水泥板	主要材料是水泥，加入双氧水、硬钙、粉煤灰和水泥发泡剂等搅拌融合发泡而成。主要用于屋面保温板、内外墙保温板	抗压强度度高、导热系数低、与混凝土粘接牢固、膨胀系数一致、使用年限与建筑物一致
无机保温砂浆	用于建筑物内外墙粉刷的新型保温节能砂浆材料	节能利废、保温隔热、防火防冻、耐老化、价格低廉
聚苯颗粒保温砂浆	以聚苯颗粒为轻质骨料与聚苯颗粒保温胶粉料按照一定比例配置而成的有机保温砂浆材料	轻质高强、隔热防水、抗裂性能优、干缩率低、整体性强、耐候、耐冻融；无毒环保；施工方便，现场加适量水配制成浆即可施工
发泡陶瓷保温板	产品适用于建筑外墙保温、防火隔离带、建筑自保温等	具有A1级防火、保温、防腐、防霉、防水、抗冻融、无辐射、隔音降噪、与建筑同寿命

5.4.4 高性能围护实体保温关键设计技术

5.4.4.1 非透明围护结构保温材料分类及典型技术

（1）非透明围护结构保温材料分类

建筑围护结构非透明保温材料主要分为两大类，一是储热材料；二是保温隔热材料。其具体优缺点如图5-32、图5-33所示。

（2）典型围护实体保温技术

1）石墨聚苯乙烯板外保温技术[15]

①技术简介

石墨聚苯乙烯板是在传统的聚苯乙烯板的基础上，通过化学工艺改进而成的产品。与传统聚苯乙烯相比具有导热系数更低、防火性能高的特点[15]。石墨聚苯乙烯外墙保温系统常用于建筑物外墙外侧，由胶粘剂、石墨聚苯乙烯板、锚栓、抹面胶浆、耐碱玻纤网格布、饰面层等组成。

②基本性能指标

其基本性能指标如表5-16所示。

基本性能指标

表5-16

项目	指标
密度（kg/m³）	≥18
压缩强度（10%变形）kPa	≥100
导热系数（W/（m·K））	≤0.033
燃烧性能等级	B1级

③基本构造

其基本构造及实物如图5-34、图5-35所示。

④适用范围

适宜在严寒、寒冷和夏热冬冷地区使用。

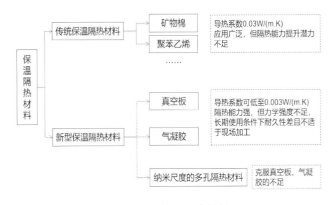

图5-32　非透明围护结构——保温隔热材料

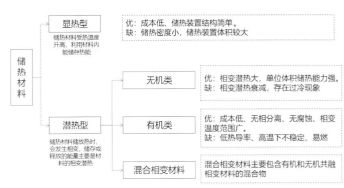

图5-33　非透明围护结构——储热材料

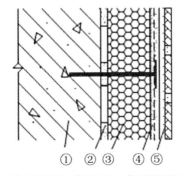

①基层墙体；②粘结层；③石墨聚苯乙烯板；
④抹面层；⑤饰面层
图5-34　石墨聚苯乙烯板外墙保温系统
构造示意图

图5-35　石墨聚苯乙烯板外墙保温系统实物图

2）硬泡聚氨酯板外保温技术

①技术简介

聚氨酯是由双组份混合反应形成的具有保温隔热功能的硬质泡沫塑料。聚氨酯硬泡保温板是以聚氨酯硬泡为芯材，两面覆以非装饰面层，在工厂成型的保温板材。由于硬泡聚氨酯板采用工厂预先发泡成型的技术，因此硬泡聚氨酯板外保温系统与现场喷涂施工相比具有不受气候干扰、质量保证率高的优点。常用于建筑物外墙外侧，由胶粘剂、聚氨酯板、锚栓、抹面胶浆、耐碱玻纤网格布、饰面层等组成。

②基本性能指标

基本性能指标如表5-17所示。

基本性能指标 表5-17

项目	性能指标
抗风压值	系统抗风压值不小于风荷载设计值，且安全系数K值不小于1.5
抗冲击强度	首层墙面以及门窗口等易受碰撞部位：≥10J级；二层以上墙面等部位：≥3J级
吸水量g/m²	＜1000
耐冻融性能	30次冻融循环后，抹面层无裂纹、空鼓、脱落现象；保护层与保温层拉伸粘结强度不小于0.1MPa，破坏部位应位于保温层
耐候性	经80次高温（70℃）、淋水（15℃）循环和5次加热（50℃）、冷冻（-20℃）循环后，无饰面层起泡或剥落、保护层空鼓或脱落，不产生渗水裂缝

③基本构造

如图5-36、图5-37所示。

④适用范围

适宜在严寒、寒冷和夏热冬冷地区使用。

3）高效外墙自保温技术

①技术简介

常用自保温体系以蒸压加气混凝土、陶粒增强加气砌块、硅藻土保温砌块（砖）、蒸压粉煤灰砖、淤泥及固体废弃物制保温砌块（砖）和混凝土自保温（复合）砌块等为墙体材料，并辅以相应的节点保温构造措施。高效外墙自保温体系对墙体材料提出了更高的热工性能要求，以满足夏热冬冷地区和夏热冬暖地区节能设计标准的要求。

②基本性能指标

其基本性能指标如表5-18所示。

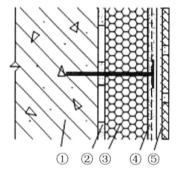

①基层墙体；②粘结层；③硬泡聚氨酯板；④抹面层；⑤饰面层
图5-36 硬泡聚氨酯板外墙保温系统构造示意图

图5-37 硬泡聚氨酯板外墙保温材料实物图

基本性能指标 表5-18

项目	指标
干体积密度kg/m³	425~825
抗压强度MPa	≥3.5，且符合对应标准等级的抗压强度要求
导热系数W/（m·K）	≤0.2
体积吸水率%	15~25

图5-38 自保温外墙实物图

③基本构造

其基本构造如图5-38所示。

④适用范围

适用于夏热冬冷地区和夏热冬暖地区的建筑外墙、分户墙等，可用于高层建筑的填充墙或低层建筑的承重墙体。

4）高性能外墙保温材料

围护结构保温需采用导热系数较低的保温材料，才能实现优良的保温性能。

高性能保温材料主要有：矿物纤维保温材料、聚苯板、挤塑板、聚氨酯、泡沫玻璃、纤维素保温材料、硅酸钙板、真空绝热板、气凝胶等[16]。常用保温材料导热系数如表5-19所示。

常用保温材料导热系数 表5-19

保温材料	导热系数 W/（m·K）
多孔混凝土	0.080~0.250
保温砖砌体	0.070~0.120
轻质刨花板	0.045~0.090
岩棉	0.036~0.045

续表

保温材料	导热系数 W/（m·K）
聚苯乙烯	0.031 ~ 0.045
聚氨酯	0.024 ~ 0.035
泡沫玻璃	0.040 ~ 0.060
气凝胶	0.014 ~ 0.017
真空绝热板	0.007 ~ 0.008

针对不同的气候区以及不同的围护结构形式，合理选择保温材料，才能使围护结构系统实现其最优的性能。

5.4.4.2　高性能门窗部品关键设计技术

（1）高性能保温门窗部品

1）高性能断桥铝合金保温窗

通过尼龙隔热条将铝合金型材分为内外两部分，阻隔铝合金框材的热传导。框材为多腔体中空结构，腔壁垂直于热流方向分布，多道腔壁对通过的热流起到多重阻隔作用，腔内传热相应被削弱，特别是辐射传热强度随腔数量增加而成倍减少，使门窗的保温效果大大提高。高性能断桥铝合金保温门窗采用的玻璃主要为中空Low-E玻璃、三玻双中空玻璃及真空玻璃。

2）高性能塑料保温门窗

采用U-PVC塑料型材制作而成的门窗。塑料型材本身具有较低的导热性能，使得塑料窗的整体保温性能大大提高。另外通过增加门窗密封层数、增加塑料异型材截面尺寸厚度、增加塑料异型材保温腔室、采用质量好的五金件等方式来提高塑料门窗的保温性能。同时为增加窗的刚性，在塑料窗窗框、窗扇、梃型材的受力杆件中，使用增强型钢增加了窗户的强度。高性能塑料保温门窗采用的玻璃主要采用中空Low-E玻璃、三玻双中空玻璃及真空玻璃。

3）复合窗

型材采用两种不同材料复合而成，使用较多的是铝木复合窗和铝塑复合窗。铝木复合窗是以铝合金挤压型材为框、梃、扇的主料作受力杆件（承受并传递自重和荷载的杆件），另一侧覆以实木装饰制作而成的窗。铝塑复合窗是用塑料型材将室内外两层铝合金既隔开又紧密连接成一个整体。复合窗采用的玻璃主要为中空Low-E玻璃、三玻双中空玻璃及真空玻璃。

4）适用范围

广泛应用于各气候区。

（2）一体化遮阳窗

1）技术简介

遮阳是控制夏季室内热环境质量、降低制冷能耗的重要措施。遮阳装置多设置于建筑透光围护结构部位，以最大限度地降低直接进入室内的太阳辐射。将遮阳装置与建筑外窗一体化设计，便于保证遮阳效果、简化施工安装、方便使用保养。

活动遮阳产品与门窗一体化设计，主要受力构件或传动受力装置与门窗主体结构材料或与门窗主要部件设计、制造、安装成一体，并与建筑设计同步的产品。主要产品类型有：内置百叶一体化遮阳窗、硬卷帘一体化遮阳窗、软卷帘一体化遮阳窗、遮阳篷一体化遮阳窗和金属百叶帘一体化遮阳窗等。

分类如下：

①按遮阳位置分外遮阳、中间遮阳和内遮阳。

②按遮阳产品类型分内置遮阳中空玻璃、硬卷帘、软卷帘、遮阳篷、百叶帘及其他。

③按操作方式分电动、手动和固定。

2）基本构造

其基本构造如图5-39所示。

3）适用范围

适合于夏热冬冷、夏热冬暖、温和等地区。

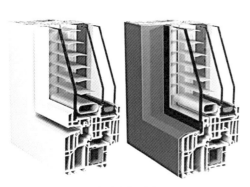  

中置遮阳百叶　　　　　　　　　遮阳卷帘

图5-39　一体化遮阳窗构造示意图

5.4.4.3 高性能内围护关键设计技术

目前，我国的高性能内围护技术主要分为三大体系：轻钢龙骨内隔墙技术、轻质条板内隔墙技术和轻质砌块内隔墙技术。

（1）轻钢龙骨内隔墙

1）技术简介

轻钢龙骨内隔墙技术是由轻质薄板与轻钢龙骨及其配件组合组成的复合结构，若对隔墙有更高的绝热和隔声要求，还可在墙体的空腔内添加绝热吸声材料[17]。轻钢龙骨内隔墙的组成有板材（水泥基、石膏基、硅酸盐基）、轻钢龙骨及其配件、配套材料和固定件。

2）主要产品

内墙用轻钢龙骨：用于内隔墙面板的支撑（俗称：轻钢龙骨），是以镀锌钢板为原料，采用冷弯工艺生产的薄壁型钢。型钢（带）的厚度为0.5 ~ 1.5mm。

内墙用纸面石膏板：纸面石膏板是以建造石膏为主要原料，掺入纤维和外加剂构成芯材，并与护面牢固地结合在一起的建筑板材。

纤维水泥加压板：采用木纤维、改性维尼纶纤维、矿物纤维、水泥及添加料，经抄造（辅料）成型、加压、蒸养、砂磨等工艺制成的高强度、轻质、不燃、防水、高密度、耐久、抗冻融的建筑板材。

加压低收缩性硅酸钙板：采用硅质、钙质材料和木纤维、矿物纤维及添加材料，经抄造（辅料）成型、加压、蒸养、高温高压蒸压，反应合成托勃莫来石、砂磨等工艺制成的新型建筑板材，经加压后的板材材性稳定，具有耐久性、耐水性、抗冻融性、防火性。

纤维石膏板：采用木纤维、石膏为主要原料，经抄造（辅料）成型、蒸养、砂磨等工艺制成。

粉石英硅酸钙板：粉石英硅酸钙板是以天然粉石英为主，辅以钙质材料、植物纤维材料，按一定硅钙比优化工艺配方，经高温高压蒸养处理，生成托勃莫来石晶体和游离二氧化硅晶体。粉石英硅酸钙板耐潮、防水、防冻、防火、高强、保温、阻燃、隔声、隔热，且具有耐腐蚀、不裂变等特点，表面亲和力良好、可锯、可钉、可刨，施工方便，有利于实现干作业。

（2）轻质条板内隔墙

1）技术简介

根据隔墙材料的组成，轻质条板可分为增强水泥条板（GRC）、增强石膏条板、硅镁加气混凝土条板（GM）、轻质混凝土条板、植物纤维复合条板（FGC）及粉煤灰泡沫水泥条板（ASA）等[18]。轻质条板产品具有重量轻、强度高、防火、隔声、可加工、施工方便等优点。

2）主要产品

轻混凝土空心（实心）条板内隔板：是以普通硅酸盐水泥或低碱硫铝酸盐水泥及浮石、陶粒、煤矸石、炉渣、粉煤灰、石粉等工业废渣为主要原料，辅以低碳冷拔钢丝或短纤维，工厂预制生产的空心或实心条板。该产品具有很好的隔声、防火、防水、保温性能，强度高、施工方便，可根据工程设计要求，分别用于分户隔墙、分室隔墙、走廊隔墙和楼梯间隔墙。

水泥空心条板内隔墙：以低碱硫铝酸盐水泥或快硬铁铝酸盐水泥、膨胀珍珠岩、粉煤灰等为主要原料，以耐碱玻璃纤维涂塑网格布为增强材料制成的空心条板。该产品具有较好的隔声、防火、防水性能，轻质、施工方便，可组装成单层、双层隔墙，用于分户隔墙、分室隔墙、走廊隔墙。

石膏空心条板内隔墙：是采用建筑石膏（掺加小于10%的普通硅酸盐水泥）、膨胀珍珠岩及以中碱玻璃纤维涂塑网格布（或短切玻璃纤维）增强制成的空心条板。该产品具有较好的隔声、防火性能，轻质、施工方便，可组装成单层、双层隔墙，可根据设计要求，分别用于分户隔墙、分室隔墙、走廊隔墙。

铝镁空心（实心）条板内隔墙：采用轻烧镁粉、氯化镁，掺加工业废料粉煤灰，适量的外加剂，以PCA维尼纶短切纤维、聚丙烯纤维为增强材料，有空心和实心两种板型。该产品具有较好的隔声、保温、防火性能，轻质、施工方便，可组装成单层、双层隔墙，可分别用于分户隔墙、分室隔墙、走廊隔墙。

泡沫水泥空心（实心）条板内隔墙：是以硫铝酸盐水泥为胶凝材料，掺加粉煤灰，适量的外加剂，以中碱涂塑或无碱玻纤网格布为增强材料，采用机制成型的微孔空心或实心条板。该产品具有较好的隔声、保温、防火性能，轻质、施工方便，可根据设计要求，分别用于分户隔墙、分室隔墙、走廊隔墙。

植物纤维空心条板内隔墙：是以锯末、麦秸、稻草、玉米秆等植物秸秆中的一种材料，以轻烧镁粉、氯化镁、改性剂等为原料配置的粘合剂为胶凝材料，以中碱或无碱短玻纤为增强材料制成的中空型轻质条板。该产品具有重量轻、防火、隔声性能好、施工方便等优点，可根据设计要求，分别用于分户隔墙、分室隔墙、走廊隔墙。

聚苯颗粒水泥条板内隔墙：是采用不同材质面板与夹芯层材料复合制成的预制实心条板，板内芯材为聚苯颗粒和水泥或陶粒。面板一般采用纤维水泥平板、纤维增强硅酸钙板、玻镁平板、石膏平板等。该产品具有重量轻、防火、隔声性能好、施工方便等优点，可组装成单层、双层隔墙，可根据设计要求，分别用于分户隔墙、分室隔墙、走廊隔墙。

纸蜂窝夹芯复合条板内隔墙：该结构为经特殊加工处理的纸蜂窝芯材与不同材质的面板复合制成的条板。面板有纤维水泥平板、纤维石膏平板、纤维增强硅酸钙板、玻镁平板等，隔墙骨架采用轻钢龙骨或木龙骨、钙塑龙骨等。该产品具有重量轻、阻燃防火、保温、隔声性能好、可加工性能好、施工方便等优点，其组装形式有单层墙板隔墙、双层墙板隔墙，纸蜂窝隔墙不宜应用于潮湿环境和防盗标准高的部位。可根据设计要求，分别用于房间隔墙、分室隔墙、走廊隔墙。

（3）轻质砌块内隔墙

1）技术简介

轻质砌块内隔墙的主体材料按基本原材料可分为混凝土类、石膏类和硅酸盐类三种。典型产品有超轻陶粒混凝土砌块、石膏砌块和蒸压加气混凝土砌块[19]。

2）主要产品

超轻陶粒混凝土砌块：以陶粒为粗骨料，以陶砂加细骨料，以水泥为胶凝材料，经机械搅拌，机械模具成型，自然养护而成。采用陶粒砌块作墙体材料，能降低工人的劳动强度，省工省料，且粉刷不空鼓，不易产生裂缝。隔音、隔热性能优良，装饰方便，可直接在墙体打钉或膨胀螺丝，不下木砧等，且牢固度高，是节能建筑理想的自保温节能墙材。

石膏砌块：以建筑石膏为主要原材料，经加水搅拌、浇注成型和干燥制成的轻质建筑石膏制品。生产中允许加入纤维增强材料或轻集料，也可加入发泡剂。它具有隔声防火、施工便捷等多项优点，是一种低碳环保、健康、符合时代发展要求的新型墙体材料。

蒸压加气混凝土砌块：以粉煤灰、石灰、水泥、石膏、矿渣等为主要原料，加入适量发泡剂、调节剂、气泡稳定剂，经配料搅拌、浇注、静停、切割和高压蒸养等工艺过程而制成的一种多孔混凝土制品。

5.5 基于采光遮阳耦合与自然通风调节的围护实体设计技术体系

气候适应型围护实体设计技术体系，在绿色建筑设计流程中，对方案设计和初步设计阶段的设计内容都有所覆盖，主要对应围护结构形式、围护结构构造和围护结构材料推演技术三大类（图5-40）。围护结构形式推演技术下设透明围护结构设计、遮阳设计、通风设计及围护结构形式设计能耗影响评估分析；围护结构构造推演技术下设屋面设计、设计及围护结构构造设计能耗影响评估分析；围护结构材料下设高性能材料设计、防潮隔气材料设计、玻璃系统设计及围护结构材料设计能耗影响评估分析等（图5-41）。下文将通过绿色控制目标、技术简介、气候调节基本原理、设计

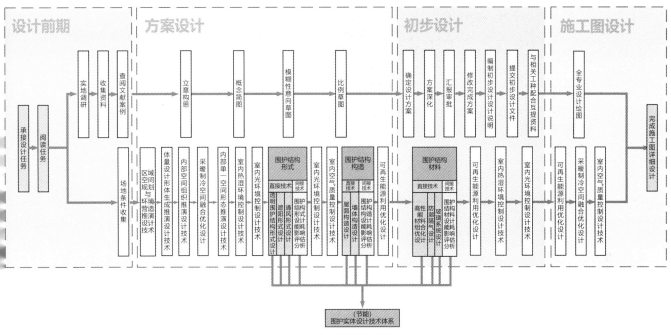

图5-40　围护实体设计技术体系与绿色建筑设计流程关系

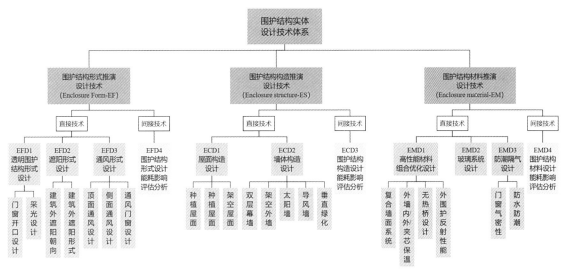

图5-41　围护实体设计技术体系框架

参数指标、各气候区设计策略、研究支撑等多个角度对设计策略进行表述。

5.5.1　围护结构形式（Enclosure Form Design-EFD）

EFD1　透明围护结构设计

EFD1-1　门窗开口设计

【绿色控制目标】

实现绿色建筑能源资源节约：

门窗开口朝向和大小满足《民用建筑供暖通风与空气调节设计规范》GB 50736—2012对于开口位置和朝向相关要求。

门窗面积比例满足《公共建筑节能设计标准》GB 50189—2015对于窗墙比和热工性能的相关要求。

建筑供暖空调负荷降低比例满足《绿色建筑评价标准》GB 50378—2019的相关要求。

【技术简介】

门窗的开口设计是指通过外门和外窗在建筑立面上开口位置、朝向和大小的不同，将室外自然风和太阳光引入到室内。同时合理地控制外窗和外门的面积比例，避免外门外窗面积比例过大，造成建筑制冷制热负荷过高，影响建筑节能表现的情况。通常影响门窗开口设计的参数指标包括门窗朝向、门窗大小、门窗开启类型、单侧及双侧门窗等（图5-42）。

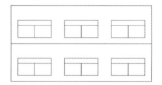

图5-42　控制适宜的透明围护结构比例

【气候调节原理】

根据不同地域气候条件差异，分析热、光等要素，权衡建筑自然采光需求和建筑围护结构负荷，针对建筑不同朝向立面，采用不同的窗墙比设计，在保证建筑内自然采光的同时，降低建筑制冷制热负荷。

【设计参数/指标】

门窗开口位置、方式、可开启比例。

设计策略 表5-20

严寒	寒冷	夏热冬冷	夏热冬暖
1. 南偏东45°到南偏西45°朝向的范围内为较佳的建筑朝向； 2. 建筑的主要功能区面向南向，并将窗户适当开大些，北向尽量安排建筑的次要功能区，并尽量少开门窗，且尺度要小些； 3. 本气候区制热负荷远大于制冷负荷，建议采用较小的窗墙比设计； 4. 在采用较大窗墙比设置时，需选择保温性能较好的外窗系统	1. 北偏东60°到南偏西60°朝向的范围内，是冬季建筑物防寒的适宜朝向； 2. 建筑的主要功能区面向南向，并将窗户适当开大些，尽可能争取光照，而北向尽量安排建筑的次要功能区，并尽量少开门窗，且尺度要小些； 3. 本气候区制热负荷远大于制冷负荷，建议采用较小的窗墙比设计； 4. 在采用较大窗墙比设置时，需选择保温性能较好的外窗系统	1. 门窗的朝向应多为南向，少有北向，避免东西向，便于南向采光通风，防止西晒； 2. 窗的大小应该是南向>北向>东西向； 3. 本气候区制热负荷和制冷负荷相对较为均衡，建议设置较大的窗墙比； 4. 在采用较大窗墙比设置时，需合理设计外遮阳系统	1. 建筑门窗设计应有利于自然通风，外窗的面积不应过大； 2. 门窗的最佳朝向为南向或南偏东10°及南偏西10°，不宜朝向为东或西向； 3. 本气候区制冷负荷远大于制热负荷，建议设置较小的窗墙比； 4. 在采用较大窗墙比设置时，需合理设计外遮阳系统

【设计策略】

设计策略如表5-20所示。

【研究支撑】

《民用建筑供暖通风与空气调节设计规范》GB 50736—2012，第6.2.1~6.2.9条.

《公共建筑节能设计标准》GB 50189—2015，第3.2.6、3.3.1条.

《被动房透明部分用玻璃》JC/T 2450—2018.

李志英，李芃，杨木和，等. 体形系数和窗墙比对玻璃幕墙建筑冷负荷的影响[J]. 建筑热能通风空调，2010，29（1）：41-44.

冉茂宇. 居住建筑最小窗面积及窗墙比的确定[J]. 华侨大学学报（自然科学版），2000，21（4）：384-389.

张欣苗. 天津地区办公建筑窗墙比和自然采光对建筑能耗影响的研究[D]. 天津：天津大学，2012.

高敏，陈思宇，程远达，等. 寒冷地区半透明光伏窗天然采光质量与节能潜力的研究[J]. 可再生能源，2018，36：237（5）：54-61.

冯乾乾，付祥钊，刘刚，等. 浅析外窗对建筑能耗及自然采光的影响[J]. 建设科技，2008，000（18）：100-103.

陆游，王亚楠，芦岩，等. 外窗尺寸对办公建筑采光影响因素研究[J]. 建筑节能，2017（2）.

王金奎，史慧芳. 窗墙比在公共建筑节能设计中的应用[J]. 低温建筑技术，2010，32（9）：

102–103.

黄金美，刘以龙，郭清，等. 夏热冬冷地区不同窗墙比对公共建筑的能耗影响分析[J]. 建筑节能，2016，44（2）：68–70+95.

EFD1–2　采光设计

【绿色控制目标】

实现绿色建筑能源资源节约：

外窗开口朝向和大小满足《民用建筑供暖通风与空气调节设计规范》GB 50736—2012对于开口位置和朝向相关要求。

建筑的采光系数和动态采光照度值满足《绿色建筑评价标准》GB/T 50378—2019对于自然采光和内区采光的相关要求。

【技术简介】

采光设计技术是指通过建筑围护结构的透明构件，将自然采光引入到建筑内。在进行围护结构设计时，建筑透明部分的不同位置，会影响建筑自然采光表现，是建筑外围护结构的重要设计参数之一。常见的采光设计包括侧面采光，顶面采光以及导光管，通过合理地采光方式的选取，可以将室外自然光引入到建筑内，改善室内的自然采光（图5–43）。

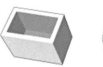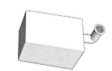

图5–43　不同采光形式

【气候调节原理】

建筑窗墙比越大，建筑室内自然采光效果越好，太阳光能够进入到室内进深较大的区域，减少白天人工照明的使用，降低建筑照明能耗。与之相对，较大的建筑窗墙比意味着夏季更多的太阳光会进入到室内，增加夏季空调的制冷负荷；同时，随着建筑窗墙比的增大，围护结构的传热系数随之增大，增加建筑整体的空调负荷。在进行建筑围护结构设计时，需要根据地理和气候特征，通过合理的窗墙比设计，在优化建筑自然采光和自然通风的同时，权衡建筑围护结构性能表现。

【设计参数/指标】

采光方式类型。

【设计策略】

设计策略如表5-21所示。

设计策略 表5-21

严寒	寒冷	夏热冬冷	夏热冬暖
1. 采用直射光为主的采光方式； 2. 引入室内自然采光的同时，增加室内的太阳辐射得热	1. 采用直射光为主的采光方式； 2. 引入室内自然采光的同时，增加室内的太阳辐射得热	1. 采取同时考虑直射光、散射光和太阳日照辐射强度气候特点的采光方式； 2. 选取组合的采光方式	1. 宜采用直接采光的方式； 2. 合理设置外遮阳，在减少太阳辐射得热的同时，增加建筑内自然采光

【研究支撑】

《民用建筑供暖通风与空气调节设计规范》GB 50736—2012，第6.2.1~6.2.9条.

《绿色建筑评价标准》GB/T 50378—2019，第5.2.8、7.2.8条.

《建筑采光设计标准》GB 50033—2013.

《建筑外窗采光性能分级及检测方法》GB/T 11976—2015.

《导光管采光系统技术规程》JGJ/T 374—2015.

《采光测量方法》GB/T 5699—2017.

罗伯托·伦格尔. 室内空间布局与尺度设计[M]. 武汉：华中科技大学出版社，2017.

付宗驰. 干旱严寒地区居住小区户外空间气候适应性规划设计策略研究——以石河子为例[D]. 武汉：华中农业大学，2015.

李丽雪. 基于地域气候的湖南传统民居开口方式的研究[D]. 长沙：湖南大学，2012.

EFD2 遮阳设计

EFD2-1 建筑外遮阳朝向

【绿色控制目标】

实现绿色建筑能源资源节约：

外窗遮阳系数满足《公共建筑节能设计标准》GB 50189—2015对于不同朝向外窗综合遮阳系数的相关要求。

不同朝向遮阳的设置满足《民用建筑热工设计规范》GB 50176—2016对于遮阳朝向的相关要求。

建筑供暖空调负荷降低比例满足《绿色建筑评价标准》GB 50378—2019的相关要求。

【技术简介】

外遮阳朝向设计是指根据建筑所在地区不同朝向太阳辐射强度的不同，合理地设计不同朝向的外遮阳。根据建筑所在的地理位置信息，项目所在地区的气候特征，考虑不同朝向太阳辐射资源的差异，在太阳辐射强度较高的立面，增加外遮阳的设置；在太阳辐射强度较低的立面，减少外遮阳的设置。同时考虑不同时刻太阳的高度角，合理地选择遮阳类型（图5-44）。

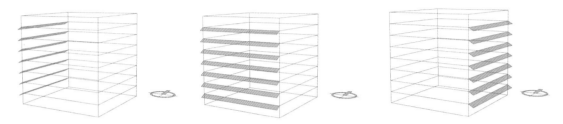

图5-44　不同外遮阳朝向

【气候调节原理】

在进行外遮阳设计时，需要考虑不同朝向的太阳辐射得热量特征，根据气候气象文件的辐射量数据，分析夏季和冬季太阳辐射得热量的不利朝向和最有利朝向，合理地设计各个朝向的外遮阳。在累计太阳辐射量较高的朝向，合理加密外遮阳构件，通过合理的外遮阳设计，降低建筑全年负荷。

【设计参数/指标】

立面/屋面遮阳形式、分布、基本尺度。

【设计策略】

设计策略如表5-22所示。

设计策略　　　　　　　　　　　　　　　　　　　　　　　表5-22

严寒	寒冷	夏热冬冷	夏热冬暖
1. 本气候区不建议在全部建筑立面采用外遮阳； 2. 根据立面需求和眩光控制的目的，设置内遮阳，减少眩光； 3. 本气候区的遮阳朝向优先级为东>南>西>北	1. 本气候区不建议在全部建筑立面采用外遮阳； 2. 根据立面需求和眩光控制的目的，设置内遮阳，减少眩光； 3. 本气候区的遮阳朝向优先级为东>南>西>北	1. 根据建筑的自身形体和周边建筑的遮挡作用，可在辐射得热量较高的区域，设置外遮阳； 2. 根据立面需求和眩光控制的目的，设置内遮阳，减少眩光； 3. 本气候区的遮阳朝向优先级为西>东>南>北	1. 设置高外遮阳，可以显著减少建筑的太阳辐射得热，降低建筑的空调能耗； 2. 根据立面需求和眩光控制的目的，设置内遮阳，减少眩光； 3. 本气候区的遮阳朝向优先级为东>西>南>北

【研究支撑】

《公共建筑节能设计标准》GB 50189—2015，第3.1.4、3.2.5、3.3.1条.

《民用建筑热工设计规范》GB 50176—2016，第4.1.2、4.2.8、4.3.8、5.3.1、6.3.1～6.3.4、9.2.1～9.2.3条.

《绿色建筑评价标准》GB 50378—2019，第5.2.11、7.2.4条.

《建筑外遮阳工程应用技术规程》DB37/T 5065—2016.

《建筑一体化遮阳窗》JG/T 500—2016.

《建筑遮阳通用技术要求》JG/T 274—2018.

白胜芳. 建筑遮阳技术[M]. 北京：中国建筑工业出版社，2013.

刘念雄，秦佑国. 建筑热环境（第2版）[M]. 北京：清华大学出版社，2016.

岳鹏. 建筑遮阳技术手册[M]. 北京：化学工业出版社，2014.

庄惟敏，祁斌，林波荣. 环境生态导向的建筑复合表皮设计策略[M]. 北京：中国建筑工业出版社，2014.

忻国. 上海建筑遮阳推荐技术指南[M]. 上海：同济大学出版社，2014.

徐菁. 西安地区南向窗口不同遮阳形式对室内采光的影响[J]. 建筑节能，2016，44（6）：61-64.

冉茂宇，薛佳薇，袁炯炯. 气候适应性设计策略与日照遮阳设计方法[C]. 建筑环境与建筑节能研究进展——2007全国建筑环境与建筑节能学术会议论文集. 2007.

舒欣，季元. 整合介入——气候适应性建筑表皮的设计过程研究[J]. 建筑师，2013（6）：12-19.

EFD2-2 建筑外遮阳形式

【绿色控制目标】

实现绿色建筑能源资源节约：

外窗遮阳系数满足《公共建筑节能设计标准》GB 50189—2015对于外窗综合遮阳系数的相关要求。

不同朝向遮阳的设置满足《民用建筑热工设计规范》GB 50176—2016对于遮阳朝向的相关要求。

建筑供暖空调负荷降低比例满足《绿色建筑评价标准》GB 50378—2019的相关要求。

【技术简介】

建筑最为常见的遮阳系统就是固定外遮阳，广泛应用于各类建筑。常见的固定外遮阳包括横向遮阳、竖向遮阳、遮阳百叶、穿孔或花纹铝板等形式。固定外遮阳主要是遮挡夏季的太阳直射光，减少太阳直射光直接进入到室内，减少眩光和辐射得热；同时不影响太阳散射光进入到室内，改善

图5-45 不同遮阳形式

室内的自然光环境。不同于传统的固定外遮阳系统，可调外遮阳系统通过调整外遮阳的角度、位置、开合等状况，调整外遮阳的效果。比如可调外遮阳百叶、可调外遮阳卷帘、可调遮阳板，都属于可调外遮阳（图5-45）。

【气候调节原理】

合理的遮阳设计应该同时考虑遮阳效果、自然采光和太阳辐射得热量。通过合理的外遮阳遮挡，在减少夏季直射光进入室内的同时，不影响室外的天空散射光进入到室内，尽可能减少夏季室内太阳辐射得热量。同时，通过合理的遮阳设计，能够减少太阳光直接进入室内，造成眩光而不舒适。

【设计参数/指标】

外遮阳形式、外遮阳突出长度、外遮阳间距。

【设计策略】

设计策略如表5-23所示。

设计策略   表5-23

严寒	寒冷	夏热冬冷	夏热冬暖
1. 本气候区不建议在全部建筑立面采用外遮阳； 2. 根据立面需求和眩光控制的目的，设置内遮阳，减少眩光	1. 本气候区不建议在全部建筑立面采用外遮阳； 2. 根据立面需求和眩光控制的目的，设置内遮阳，减少眩光	1. 根据建筑的自身形体和周边建筑的遮挡作用，可在辐射得热量较高的区域，设置外遮阳； 2. 本气候区夏季太阳高度角相对较高，建议在东向和西向优先设置竖向遮阳，南侧综合考虑横向遮阳和竖向遮阳	1. 本气候区夏季尽可能减少建筑的太阳辐射得热。设置外遮阳，可以显著减少建筑的太阳辐射得热，降低建筑的空调能耗； 2. 本气候区夏季太阳高度角相对较高，建议在东向和西向优先设置竖向遮阳，南侧综合考虑横向遮阳和竖向遮阳； 3. 在周边建筑遮挡较少的情况，建议考虑遮阳百叶，减少夏季太阳辐射

【研究支撑】

《公共建筑节能设计标准》GB 50189—2015，第3.1.4、3.2.5、3.3.1条.

《民用建筑热工设计规范》GB 50176—2016，第4.1.2、4.2.8、4.3.8、5.3.1、6.3.1~6.3.4、9.2.1~9.2.3条.

《绿色建筑评价标准》GB 50378—2019，第5.2.11、7.2.4条.

《建筑外遮阳工程应用技术规程》DB37/T 5065—2016.

《建筑一体化遮阳窗》JG/T 500—2016.

《建筑遮阳通用技术要求》JG/T 274—2018.

白胜芳. 建筑遮阳技术[M]. 北京：中国建筑工业出版社，2013.

刘念雄，秦佑国. 建筑热环境（第2版）[M]. 北京：清华大学出版社，2016.

岳鹏. 建筑遮阳技术手册[M]. 北京：化学工业出版社，2014.

庄惟敏，祁斌，林波荣. 环境生态导向的建筑复合表皮设计策略[M]. 北京：中国建筑工业出版社，2014.

忻国. 上海建筑遮阳推荐技术指南[M]. 上海：同济大学出版社，2014.

徐菁. 西安地区南向窗口不同遮阳形式对室内采光的影响[J]. 建筑节能，2016，44（6）：61–64.

冉茂宇，薛佳薇，袁炯炯. 气候适应性设计策略与日照遮阳设计方法[C]. 建筑环境与建筑节能研究进展——2007全国建筑环境与建筑节能学术会议论文集. 2007.

舒欣，季元. 整合介入——气候适应性建筑表皮的设计过程研究[J]. 建筑师，2013（6）：12–19.

EFD3 通风设计

EFD3-1 顶面通风设计

【绿色控制目标】

实现绿色建筑能源资源节约：

顶面通风设计的通风开口朝向和大小满足《民用建筑供暖通风与空气调节设计规范》GB 50736—2012的相关要求。

过渡季典型工况下主要功能房间平均自然通风换气次数不小于2次/h的面积比例达到满足《绿色建筑评价标准》GB/T 50378—2019相关要求。

【技术简介】

顶面通风主要是通过空气热压产生的压差，利用烟囱效应产生的通风。烟囱效应是烟囱内的空气被加热，温度高于外界温度，用室外的冷空气代替原来的热空气。而反烟囱效应是从室外吸入热空气，与烟囱内的冷空气交换，通常应用在炎热地区无风的早晨。烟囱越高，顶部与底部之间的温度、压力差越大，顶部通风口周围的空气速度就越大，这就增大了烟囱内空气的流动速度。常见的顶面通风形式包括中庭顶部通风、通风塔、双层玻璃幕墙通风等（图5-46）。

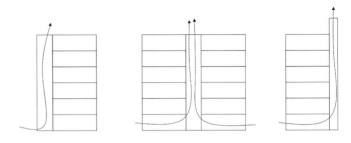

图5-46　顶部通风形式

【气候调节原理】

顶面通风设计主要是通过热压差调节室内的空气流通。通过建筑顶部的开口设计，利用热压产生的上升气流，改善室内的自然空气流动。在夏季和过渡季节，带走室内由于人员和设备产生的热量，改善室内的空气流动速度，降低室内的空气温度，从而减少建筑的冷热负荷，改善室内的热舒适，减少空调的使用。

【设计参数/指标】

顶面通风形式、顶面开口位置、顶面开口大小。

【设计策略】

设计策略如表5-24所示。

设计策略 表5-24

严寒	寒冷	夏热冬冷	夏热冬暖
不建议采用顶部通风形式	有条件采用顶部通风形式	建议采用顶部通风形式	建议采用顶部通风形式

【研究支撑】

《民用建筑供暖通风与空气调节设计规范》GB 50736—2012，第6.2.1～6.2.9条.

《公共建筑节能设计标准》GB 50189—2015，第3.8.8条、第3.8.9条.

《绿色建筑评价标准》GB 50378—2019，第5.2.10条.

陈晓扬. 建筑设计与自然通风[M]. 北京：中国电力出版社，2012.

弗朗西斯·阿拉德. 建筑的自然通风：设计指南[M]. 北京：中国建筑工业出版社，2015.

HazimB. Awbi. 建筑通风（原书第2版）[M]. 北京：机械工业出版社，2011.

谢华慧，朱琳. 被动式生态建筑中庭的自然通风设计策略[J]. 节能，2010，29（4）：56-60.

赵蓓. 武汉地区中庭建筑的通风和热舒适度模拟研究[D]. 武汉：华中科技大学，2004.

王崇杰，温超，赵学义. 影响建筑中庭热舒适度的几个因素及改善措施[J]. 华中建筑，2006，24（3）：80-83.

EFD3-2 侧面通风设计

【绿色控制目标】

实现绿色建筑能源资源节约：

侧面通风设计的通风开口朝向和大小满足《民用建筑供暖通风与空气调节设计规范》GB 50736—2012的相关要求。

过渡季典型工况下主要功能房间平均自然通风换气次数不小于2次/h的面积比例，达到满足《绿色建筑评价标准》GB/T 50378—2019相关要求。

【技术简介】

侧面通风主要分为单侧通风和双侧通风。单侧通风的开口在房间的同一侧，另一侧无开口，它是自然通风中最简单的一种形式，局限于房间的通风。空气的交换是通过风的湍流、外部的洞口和外部气流的相互作用来完成的。因此，单侧式局部通风的驱动力小，而且变化大。双侧通风主要指当空气从房间一侧开口进入，从另一侧开口流出时形成的风。穿堂风取决于设计相对面开口是否充分打开，进气窗和出气窗之间的风压差大小，建筑内部空气流动阻力大小。建筑内部在通风方向的进深不能太大，一般最大有效进深大约为层高的5倍（图5-47）。

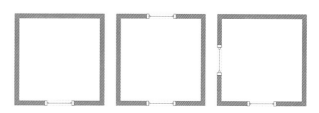

图5-47 侧面通风形式

【气候调节原理】

侧面通风设计主要是通过风压差调节室内的空气流通。通过建筑侧面的外窗和开口设计，利用建筑迎风面和背风面的风压差，引入室外自然风，改善室内自然空气流动。在夏季和过渡季，带走室内由于人员和设备产生的热量，改善室内的空气流通速度，降低室内的空气温度，从而减少建筑的冷热负荷，改善室内的热舒适，减少空调的使用。

【设计参数/指标】

通风开口面积、通风开口位置。

【设计策略】

设计策略如表5-25所示。

设计策略 表5-25

严寒	寒冷	夏热冬冷	夏热冬暖
优先将开口设置在迎风面的朝向,或者设在迎风面朝向45°范围内,建议仅有限设置	优先将开口设置在迎风面的朝向,或者设在迎风面朝向45°范围内,建议仅有限设置	优先将开口设置在迎风面的朝向,或者设在迎风面朝向45°范围内	优先将开口设置在迎风面的朝向,或者设在迎风面朝向45°范围内

【研究支撑】

《民用建筑供暖通风与空气调节设计规范》GB 50736—2012,第6.2.1~6.2.9条.

《公共建筑节能设计标准》GB 50189—2015,第3.8.8条、第3.8.9条.

《绿色建筑评价标准》GB 50378—2019,第5.2.10条.

陈晓扬. 建筑设计与自然通风[M]. 北京:中国电力出版社,2012.

弗朗西斯·阿拉德. 建筑的自然通风:设计指南[M]. 北京:中国建筑工业出版社,2015.

HazimB. Awbi. 建筑通风(原书第2版)[M]. 北京:机械工业出版社,2011.

付祥钊. 夏热冬冷地区建筑节能技术[M]. 北京:中国建筑工业出版社,2002.

杨嗣信. 建筑节能设计手册:气候与建筑[M]. 北京:中国建筑工业出版社,2005.

EFD3-3 通风门窗设计

【绿色控制目标】

实现绿色建筑能源资源节约:

通风门窗通风开口朝向满足《民用建筑供暖通风与空气调节设计规范》GB 50736—2012的相关要求。

通风门窗开启面积满足《公共建筑节能设计标准》GB 50189—2015的相关要求。

过渡季典型工况下主要功能房间平均自然通风换气次数不小于2次/h的面积比例达到满足《绿色建筑评价标准》GB/T 50378—2019相关要求。

【技术简介】

门窗空间设计技术，通过对建筑所处风环境、朝向、交通组织方式等综合分析，开展门窗开口位置设置技术分析（图5-48）。

【气候调节原理】

根据不同气候条件差异，以采光与遮阳、通风与避风等为原则，利用门窗开口设置的方位、大小、形状等加强或减弱气候对建筑内部环境的影响，实现气候对建筑的正向影响。

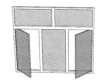

【设计参数/指标】

门窗开口位置、方式、可开启比例。

【设计策略】

设计策略如表5-26所示。

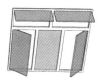

图5-48　选择适宜的门窗开口方案

【研究支撑】

《民用建筑供暖通风与空气调节设计规范》GB 50736—2012，第6.2.1～6.2.9条。

设计策略　　　　　　　　　　　　　　　　　　　　　　　表5-26

严寒	寒冷	夏热冬冷	夏热冬暖
1. 优先将有限范围的开口设置在迎风面的朝向，或者设在迎风面朝向45°范围内，让室外的自然风尽可能进入到室内； 2. 建议采用大固定小开启窗型，以内平开窗为主，减少外露面积； 3. 窗户的可开启面积占窗户的总面积的0.3～0.5之间	1. 优先将有限范围的开口设置在迎风面的朝向，或者设在迎风面朝向45°范围内，让室外的自然风尽可能进入到室内； 2. 建议采用大固定小开启窗型，以内平开窗为主，减少外露面积； 3. 窗户的可开启面积占窗户的总面积在0.3～0.5之间	1. 优先将开口设置在迎风面的朝向，或者设在迎风面朝向45°范围内，让室外的自然风尽可能进入到室内； 2. 建议采用平开下悬窗，满足不同季节的开窗需求； 3. 窗户的可开启面积占窗户的总面积0.3～0.5之间	1. 优先将开口设置在迎风面的朝向，或者设在迎风面朝向45°范围内，让室外的自然风尽可能进入到室内； 2. 东西向外窗宜同时设置活动外遮阳，南向宜设置水平外遮阳； 3. 窗户的可开启面积占窗户的总面积宜控制在0.3～0.5之间，可选择较大窗墙比及可开启扇比例

《公共建筑节能设计标准》GB 50189—2015，第3.8.8条、第3.8.9条.

《绿色建筑评价标准》GB 50378—2019，第5.2.10条.

陈晓扬. 建筑设计与自然通风[M]. 北京：中国电力出版社，2012.

弗朗西斯·阿拉德. 建筑的自然通风：设计指南[M]. 北京：中国建筑工业出版社，2015.

Hazim B. Awbi. 建筑通风：原书第2版[M]. 北京：机械工业出版社，2011.

罗伯托·伦格尔. 室内空间布局与尺度设计[M]. 武汉：华中科技大学出版社，2017.

付宗驰. 干旱严寒地区居住小区户外空间气候适应性规划设计策略研究——以石河子为例[D]. 武汉：华中农业大学，2015.

李丽雪. 基于地域气候的湖南传统民居开口方式的研究[D]. 长沙：湖南大学，2012.

EFD4 围护结构形式设计能耗影响评估分析

EFD4 围护结构形式设计能耗影响评估分析

【绿色控制目标】

实现绿色建筑能源资源节约：

围护结构负荷和能耗降低比例满足《绿色建筑评价标准》GB/T 50378对于负荷和能耗降低比例的要求。

【技术简介】

围护结构形式设计能耗影响评估分析是指在进行围护结构形式设计时，综合考虑围护结构透明部分、外遮阳设计和自然通风效果对于建筑的冷热负荷以及综合能耗的影响，

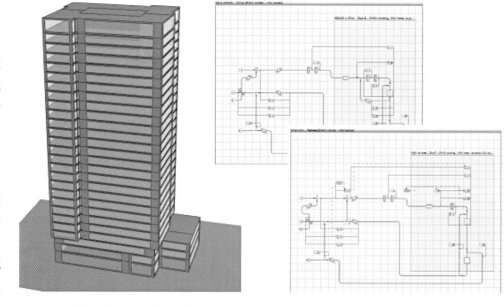

图5-49　围护结构形式设计能耗影响评估分析

评估不同围护结构形式设计策略是否能够减少建筑能耗的分析技术（图5-49）。

【气候调节原理】

不同围护结构形式设计策略的选取，会影响建筑整体的负荷以及全年能耗。在不同气候区，由于气候条件，包括室外温度、风速风向、日照辐射的差异，不同的技术可能存在节能效

果的差异。通过围护结构形式能耗影响评估分析，可以在设计初期，对不同围护结构形式设计效果进行预评估。

【设计参数/标准】

单位面积总负荷、采暖负荷、制冷负荷。

【推荐分析工具】

依据附录表2-5，综合考虑方案阶段围护结构形式推演技术针对透明围护结构设计、遮阳设计、通风设计的能耗影响模拟、3D建模需求等模拟对象与计算分析的适用性要求，SU、Revit平台与模型分析设计的兼容性需求；快速计算、实时反馈、可视化结果表达等推演分析过程与结果的有效性需求；以及建模与边界条件设定简单、辅助设计的设计建议推荐、自动方案推荐或比选等设计习惯匹配度需求，满足要求的常用软件分析工具有Dest、EnergyPlus、eQuest、PKPM节能、斯维尔BECS等。

【分析标准依据】

《绿色建筑评价标准》GB/T 50378—2019

第7.2.8条要求：采取措施降低建筑能耗，建筑能耗相比国家现行有关建筑节能标准降低10%至20%。

第7.1.2条要求：应采取措施降低部分负荷、部分空间使用下的供暖、空调系统能耗。

第7.2.4条要求：建筑供暖空调负荷降低5%~15%。

《公共建筑节能设计标准》GB 50189—2015

第3.3.1条要求：根据建筑热工设计的气候分区，甲类公共建筑的围护结构热工性能应分别符合表3.3.1-1~3.3.1-6的规定。当不能满足本条的规定时，必须按本标准规定的方法进行权衡判断。

《近零能耗建筑技术标准》GB/T 51350—2019

第5.0.2条要求：近零能耗公共建筑能效指标应符合表5.0.2的规定，其建筑能耗值可按本标准附录B确定。

第6.1.2条要求：公共建筑非透光围护结构平均传热系数可按表6.1.2选取。

【对接专业、工种、人员】

基于模拟分析过程需要，在建筑师先导开展基础上，在建模与边界条件设定方面，需对接建筑物理/技术、建筑设备/暖通空调专业、模拟分析人员；在结果评价方面，需对接绿色建筑工程师、造价工程师、项目投资方人员。

【研究支撑】

《公共建筑节能设计标准》GB 50189—2015.

《绿色建筑评价标准》GB 50378—2019，第7.2.4、7.2.8条.

《近零能耗建筑技术标准》GB／T 51350—2019.

林波荣.绿色建筑性能模拟优化方法[M]. 北京：中国建筑工业出版社，2016.

布彻. 建筑可持续性设计指南[M]. 重庆：重庆大学出版社，2011.

詹姆斯·马力·欧康纳. 被动式节能建筑[M]. 沈阳：辽宁科学技术出版社，2015.

5.5.2 围护结构构造（Enclosure Structure Design-ESD）

ESD1 屋面构造

ESD1-1 种植屋面

【绿色控制目标】

实现绿色建筑能源资源节约：

屋面围护结构热工性能满足《公共建筑节能设计标准》GB 50189—2015的相关要求。

建筑供暖空调负荷降低比例满足《绿色建筑评价标准》GB 50378—2019的相关要求。

【技术简介】

种植屋面是在屋面防水层上铺以种植土，并种植植物，起到隔热及保护环境作用。通过对屋顶绿化功能、植被组成、屋顶结构承载负荷的分析，开展种植屋面设置分析（图5-50）。

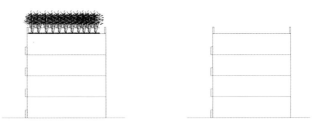

图5-50 选择适宜的场景、方式设置种植屋面

【气候调节原理】

绿化屋顶通过植物生理散热、植被反射太阳辐射能、植物光合作用、土壤与植物水分蒸发以及土壤热阻等作用能有效降低屋顶传热，改善屋顶的保温隔热效果，缓解城市热岛效应。

【设计参数/指标】

屋顶绿化位置、比例、基本构造。

【设计策略】

设计策略如表5-27所示。

设计策略 表5-27

严寒	寒冷	夏热冬冷	夏热冬暖
1. 采取含有防风措施系统的种植土层； 2. 植物的选择方面，应选择抗寒植物品种； 3. 种植屋面需要保温层和蓄水层	1. 采取含有防风措施系统的种植土层； 2. 植物的选择方面，应选择抗寒植物品种； 3. 种植屋面需要保温层和蓄水层	1. 适宜采用种植屋面； 2. 种植屋面宜做保温层； 3. 种植屋面的排水坡度不宜小于2%，且需做排水设施	1. 适宜采用种植屋面； 2. 种植屋面的排水坡度不宜小于2%，且需做排水设施； 3. 种植屋面不需做保温层

【研究支撑】

《公共建筑节能设计标准》GB 50189—2015，第3.3.1条.

《绿色建筑评价标准》GB 50378—2019，第7.2.4条.

《福建省屋顶绿化应用技术标准》DBJ/T 13-303—2018.

《屋顶绿化规范》DB11/T 281—2015.

《屋顶绿化技术规程》DB13/T 1433—2011.

苏斌. 绿化屋顶与冷屋顶的节能减碳实效对比研究[D]. 重庆：重庆大学，2016.

张博，王海鹏，闫沛祺，等. 严寒地区高效能屋顶技术策略[J]. 江西建材，2015（15）：97-97.

秦培亮. 寒冷地区屋顶绿化的设计方法研究[D]. 大连：大连理工大学，2009.

时真男，高旭东，张伟捷. 屋顶绿化对建筑能耗的影响分析[J]. 工业建筑，2005，35（7）：14-15.

韩林飞，柳振勇. 城市屋顶绿化规划研究——以北京市为例[J]. 中国园林，2015，31（11）：22-26.

周林园，狄育慧，陈爱娟. 基于气候特征的屋顶绿化效果分析及推广策略探讨[J]. 中国建筑防水，2013（19）：27-30.

ESD1-2 蓄水屋面

【绿色控制目标】

实现绿色建筑能源资源节约：

屋面围护结构热工性能满足《公共建筑节能设计标准》GB 50189—2015的相关要求。

建筑供暖空调负荷降低比例满足《绿色建筑评价标准》GB 50378—2019的相关要求。

图5-51　选择适宜的场景、方式设置蓄水屋面

【技术简介】

蓄水屋面是通过屋面蓄水层防止夏季烈日暴晒、降低室温的一种有效措施（图5-51）。

【气候调节原理】

以建筑热物理为基础，依据夏热冬暖气候区室外物理环境热、风、湿、水条件，设置蓄水屋面，利用水蒸发时需要大量的汽化热，从而大量消耗晒到屋面的太阳有效辐射热，有效地减弱了屋顶的传热量。

太阳能光照射蓄水屋面时，含热量较少的短波部分穿透水层被屋面吸收，而含热量较多的长波部分则被水吸收，水的比热容非常高，因此蓄水屋面温升较低，此外，水的蒸发耗去大量的热量，使屋顶降温，水因吸收的热量在环境温度降低后（如夜间）对太空的长波辐射而冷却。

【设计参数/指标】

蓄水屋面位置、比例、基本构造。

【设计策略】

设计策略如表5-28所示。

【研究支撑】

《公共建筑节能设计标准》GB 50189—2015，第3.3.1条.

《绿色建筑评价标准》GB 50378—2019，第7.2.4条.

《屋面工程质量验收规范》GB 50207—2012，第5.8.1～5.8.4条.

设计策略　　　　　　　　　　　　　　　　　　　　　　　　　　　　表5-28

严寒	寒冷	夏热冬冷	夏热冬暖
不适宜采用	不适宜采用	1. 本地区极端最低温度高于零下5℃的地区，屋面防水等级为Ⅲ级的建筑物适宜采用； 2. 蓄水屋面应划分若干蓄水区，每区边长不宜大于10m；长度超过40m的蓄水屋面应做横向伸缩缝，屋面蓄水深度以150～200mm为宜； 3. 蓄水屋面的坡度不大于0.5%	1. 适宜采用； 2. 较宜采用开敞式，考虑蓄水深度和水面是否设置反射物及其覆盖率； 3. 在混凝土水池与屋面防水层之间设置隔离层，以防止因水池的混凝土结构变形导致卷材或涂膜防水层开裂而造成渗漏； 4. 蓄水屋面应划分若干蓄水区，每区边长不宜大于10m；长度超过40m的蓄水屋面应做横向伸缩缝，屋面蓄水深度以150～200mm为宜； 5. 蓄水屋面的坡度不大于0.5%

《建筑防水系统构造（一）》13CJ40—1.

张志刚，常茹，李岩. 建筑节能概论[M]. 天津：天津大学出版社，2011.

杨晚生，王璋元，刘燕妮. 建筑隔热技术[M]. 武汉：华中科技大学出版社，2014.

夏怡. 防水工程施工现场细节详解[M]. 北京：化学工业出版社，2013.

狄育慧，席仁静，郑松. 关于蓄水屋面的分析与推广应用研究[J]. 建筑节能，2017（5）：97-101.

朱绍奇. 建筑节能蓄水屋面应用技术的探讨[J]. 河南建材，2017（5）：228-229.

李宁. 不同属性蓄水屋面的气候适用性研究[J]. 新型建筑材料，2016（7）：68-71.

ESD1-3 架空屋面

【绿色控制目标】

实现绿色建筑能源资源节约：

屋面围护结构热工性能满足《公共建筑节能设计标准》GB 50189—2015的相关要求。

建筑供暖空调负荷降低比例满足《绿色建筑评价标准》GB 50378—2019的相关要求。

【技术简介】

架空屋面是在屋面防水层上采用薄型制品架设一定高度的空间，起到隔热作用。通过开展建筑架空通风性能分析，开展架空屋面设置技术分析（图5-52）。

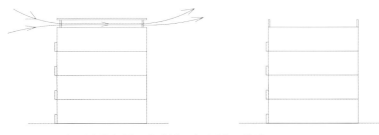

图5-52　选择适宜的场景、方式设置架空屋面/外墙

【气候调节原理】

架空屋面利用通风间层的架空板遮挡阳光，同时，利用热压和风压尤其是自然通风作用，将架空板与空气接触的上下两个表面所吸收的太阳辐射热传递给空气，随风带走，从而大大提高屋面隔热能力，减少太阳辐射对屋顶内表面的影响，提高建筑夏季热舒适度。

【设计参数/指标】

架空屋面形式、分布。

【设计策略】

设计策略如表5-29所示。

设计策略　　　　　　　　　　　　　　　　　　　　　表5-29

严寒	寒冷	夏热冬冷	夏热冬暖
不适宜采用	不适宜采用	1. 有条件适宜采用； 2. 架空屋面内净高大于等于200mm；架空屋面的风道长度不宜大于15m	1. 适宜采用； 2. 架空屋面内净高大于等于200mm；架空屋面的风道长度不宜大于15m

【研究支撑】

《公共建筑节能设计标准》GB 50189—2015，第3.3.1条.

《绿色建筑评价标准》GB 50378—2019，第7.2.4条.

《屋面工程技术规范》GB 50345—2012.

《民用建筑设计统一标准》GB 50352—2019.

汪帆，杨若菡. 改进架空屋面隔热效果的理论与实践[J]. 华侨大学学报（自然科学版），1994，15（3）：309-312.

巩文东. 屋面架空隔热层存在的弊端及预防措施[J]. 天津冶金，2001（6）：61-62.

张骁，张思思，宋波，等. 夏热冬冷地区架空屋面在不同长宽比房间中的最优空气层厚度模拟研究[J]. 建设科技，2016（2）：77-79.

朱志明，杨红，谢静超. 适宜极端热湿气候区的建筑屋面节能构造浅析[J]. 中国建筑防水，2017（23）：26-31.

ESD2　墙体构造

ESD2-1　双层幕墙

【绿色控制目标】

实现绿色建筑能源资源节约：

外墙围护结构热工性能满足《公共建筑节能设计标准》GB 50189—2015的相关要求。

建筑供暖空调负荷降低比例满足《绿色建筑评价标准》GB 50378—2019的相关要求。

【技术简介】

双层幕墙由内、外两层玻璃幕墙组成，外层幕墙一般采用隐框、明框和点式玻璃幕墙，内层幕墙一般采用明框幕墙或铝合金门窗。内外幕墙之间形成一个相对独立的空间通风间层，空气可以从

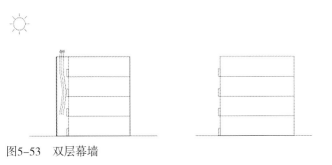

图5-53 双层幕墙

下部进风口进入，从上部排风口排出，空间内经常处于空气流动状态，热量在其间流动，形成热量缓冲层，从而调节室内温度。两层幕墙之间的通风间层厚度一般为12～20cm（图5-53）。

【气候调节原理】

双层玻璃幕墙通过夏季和冬季不同的开启策略，调整室内环境，降低建筑能耗。夏季时，室内空气通过内层玻璃下部的通风口进入通风间层，在夏季的白天将室内热空气排出室外，降低建筑制热需求；冬季时，关闭幕墙通风开口，将通过外层玻璃的太阳辐射储存在幕墙空腔内，降低冬季建筑制热需求。

【设计参数/指标】

双层幕墙形式、呼吸式幕墙进出风口的设置、宽度大小、材料的选用。

【设计策略】

设计策略如表5-30所示。

设计策略 表5-30

严寒	寒冷	夏热冬冷	夏热冬暖
1. 本地区选用双层玻璃幕墙时，主要是利用通风间层的温室效应来减少室内热量的散失； 2. 外层建议采用透明玻璃，内层建议采用窗墙比较小的窗墙体系，并且采用保温性能好的材料； 3. 双层幕墙通风层宽度建议较宽，会达到较好的节能效果	1. 本地区选用双层玻璃幕墙时，主要是利用通风间层的温室效应来减少室内热量的散失； 2. 外层建议采用透明玻璃，内层建议采用窗墙比较小的窗墙体系，并且采用保温性能好的材料； 3. 双层幕墙通风层宽度建议较宽，会达到较好的节能效果	1. 本地区利用双层玻璃幕墙的烟囱效应来降低内层玻璃表面的温度，达到节能目的； 2. 采用热反射玻璃以及宽度较小的通风间层，增强烟囱效应的效果，达到最佳的节能状态； 3. 适宜采用双层玻璃幕墙	1. 本地区利用双层玻璃幕墙的烟囱效应来降低内层玻璃表面的温度，达到节能目的； 2. 内层建议采用遮阳系数较高的玻璃或者设置遮阳百叶； 3. 建议采用宽度较小的通风间层，增强烟囱效应的效果，达到最佳的节能状态； 4. 适宜采用双层玻璃幕墙

【研究支撑】

《公共建筑节能设计标准》GB 50189—2015，第3.3.1条.

《绿色建筑评价标准》GB 50378—2019，第7.2.4条.

陈晓扬. 建筑设计与自然通风[M]. 北京：中国电力出版社，2012.

弗朗西斯·阿拉德. 建筑的自然通风：设计指南[M]. 北京：中国建筑工业出版社，2015.

HazimB. Awbi. 建筑通风（原书第2版）[M]. 北京：机械工业出版社，2011.

汪铮，李保峰，白雪. 可呼吸的表皮——积极适应气候的"双层皮"幕墙解析[J]. 华中建筑，2002，20（1）：22-27.

ESD2-2 太阳墙

【绿色控制目标】

实现绿色建筑能源资源节约：

屋面围护结构热工性能满足《公共建筑节能设计标准》GB 50189—2015的相关要求。

建筑供暖空调负荷降低比例满足《绿色建筑评价标准》GB 50378—2019的相关要求。

【技术简介】

太阳墙系统属于主动式太阳房采暖形式，对太阳能利用效率高，与室外环境关系联系较为密切，同时将加热后的新风输送至室内，从而实现采暖与通风作用，在提高室内环境质量的同时节约能源（图5-54）。

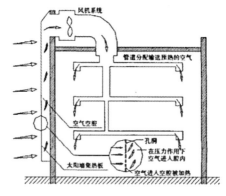

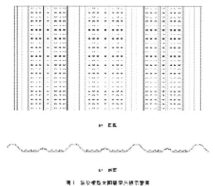

【气候调节原理】

太阳墙通过利用太阳辐射，加热空腔内的空气温度，通过通

图5-54　太阳墙形式

风装置，将加热后的新风输送到建筑内，降低建筑的新风负荷。

【设计参数/指标】

墙面太阳能利用方式、面积、用途。

【设计策略】

设计策略如表5-31所示。

【研究支撑】

《公共建筑节能设计标准》GB 50189—2015，第3.3.1条。

设计策略 表5-31

	严寒		寒冷		夏热冬冷	夏热冬暖
1. 太阳墙板的涂层吸收比应不小于0.86，正面吸收涂层的法向反射比应不大于0.5，背面发射涂层的法向反射比应大于0.8； 2. 太阳墙板最好的安装位置是没有遮挡的南向墙面和屋顶，安装在屋顶上的坡度不宜小于45°，以便积雪滑落等			1. 太阳墙板的涂层吸收比应不小于0.86，正面吸收涂层的法向反射比应不大于0.5，背面发射涂层的法向反射比应大于0.8； 2. 太阳墙板最好的安装位置是没有遮挡的南向墙面和屋顶，安装在屋顶上的坡度不宜小于20°		适应性较弱	不适宜采用

《绿色建筑评价标准》GB 50378—2019，第7.2.4条.

《墙体、阳台壁挂型家用太阳能热水系统技术要求》GB/T 33295—2016.

《太阳墙吸热板》T/CECS 10099—2020.

刘秀强. 建筑物外墙垂直绿化对墙体温度和建筑能耗影响研究[D]. 南昌：华东交通大学，2016.

霍明路，陈观生，黄森泉. 夏热冬暖地区建筑垂直绿化对墙体温度的影响[J]. 建筑节能，2014（7）.

孙小康. 建筑立面垂直绿化设计策略研究[D]. 重庆：重庆大学，2011.

宁博，于航，何旸，等. 南方地区垂直绿化对办公建筑能耗的影响研究[J]. 建筑热能通风空调，2016（12）：33-36，28.

熊秀，李丽，周孝清. 垂直绿化改善建筑室内、外热环境效果分析[J]. 建筑节能，2017（9）：68-72.

孟涛. 垂直绿化对上海地区既有办公建筑节能改造效果的实测研究[J]. 上海节能，2016（5）：252-255.

施慧中. 重庆地区办公建筑垂直绿化节能实效研究[D]. 重庆：重庆大学，2017.

ESD2-3 导风墙

【绿色控制目标】

实现绿色建筑能源资源节约：导风墙提高了建筑的自然通风效果，减少过渡季节的空调通风能耗，在提升室内环境品质的同时降低通风能耗，满足《绿色建筑评价标准》GB 50378—2019对自然通风及能源资源降低的相关要求。

【技术简介】

在充分分析建筑的朝向及所在地不同季节的主导风向的基础上，通过调整导风墙的位置、尺寸、角度和基本构造等参数，结合数值仿真技术，以最大化利用自然通风为目标，开展导风墙的精细化设计（图5-55）。

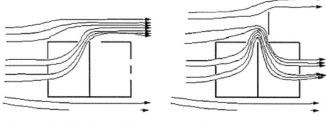

图5-55　导风墙的配置对气流组织的影响

【气候调节原理】

导风墙属于气流诱导措施，在建筑四周设置一些看似随意的墙体，其实却具有导流作用，改变室外主导风向，更好地将自然风引入室内，达到改善室内热环境和空气质量的效果。

【设计参数/指标】

导风墙的位置、尺寸、角度、基本构造。

【设计策略】

设计策略如表5-32所示。

设计策略 表5-32

严寒	寒冷	夏热冬冷	夏热冬暖
1. 当建筑朝向不利、开窗开口与主导风向夹角过小时采用； 2. 采用数值分析技术进行导风墙精细化设计	1. 当建筑朝向不利、开窗开口与主导风向夹角过小时采用； 2. 采用数值分析技术进行导风墙精细化设计	1. 当建筑朝向不利、开窗开口与主导风向夹角过小时采用； 2. 采用数值分析技术进行导风墙精细化设计	1. 当建筑朝向不利、开窗开口与主导风向夹角过小时采用； 2. 采用数值分析技术进行导风墙精细化设计

【研究支撑】

《绿色建筑评价标准》GB 50378—2019，第7.2.4条.

《民用建筑绿色设计规范》JGJ/T 229—2010.

《江苏省绿色建筑设计标准》[附条文说明] DGJ 32/J 173—2014.

《上海市超低能耗建筑技术导则》上海住房和城乡建设管理委员会.

《大型公共建筑自然通风应用技术标准》DBJ 50/T-372—2020.

ESD2-4　垂直绿化

【绿色控制目标】

实现绿色建筑能源资源节约：

垂直绿化设置满足《绿色建筑评价标准》GB 50378—2019对于复层绿化的相关要求。

建筑供暖空调负荷降低比例满足《绿色建筑评价标准》GB 50378—2019的相关要求。

图5-56　选择适宜的场景、方式设置垂直绿化

【技术简介】

建筑垂直绿化设计技术，通过对垂直绿化的建筑朝向、景观需求、养护等技术分析，开展垂直绿化气候适应性设计分析。常见的形式包括墙面绿化、花架与棚架绿化、篱笆与栏杆、阳台绿化、护坡绿化等（图5-56）。

【气候调节原理】

以建筑热物理为基础，依据不同地域气候条件差异性、建筑室外物理环境热、风、湿、水差异性，通过在墙面设置垂直绿化，既能增加绿化面积，又能改善外墙的保温隔热效果，还可有效截留雨水。

【设计参数/指标】

垂直绿化位置、比例、基本构造。

【设计策略】

设计策略如表5-33所示。

【研究支撑】

《公共建筑节能设计标准》GB 50189—2015，第3.3.1条.

设计策略　　　　　　　　　　　　　　　　　　　　　　　　　　　　　　　　表5-33

严寒	寒冷	夏热冬冷	夏热冬暖
1. 不适宜在严寒地区采用； 2. 符合垂直绿化条件的公共建设项目必须预留垂直绿化位置，同时垂直绿化不得影响建筑物和构筑物的安全及原有使用功能	1. 不适宜在寒冷地区采用； 2. 东南向的墙面或构筑物前应种植以喜阳的攀缘植物为主，北向墙面或构筑物前，应种植以耐荫或半耐荫植物	1. 墙体垂直绿化优先设置在西向外墙，其次为东向和南向； 2. 该地区的垂直绿化，宜选用落叶型植物，夏季可实现良好的遮阴作用，冬季落叶后又可使阳光照射到墙面，增加得热	1. 墙体垂直绿化优先设置在西向外墙，其次为东向和南向； 2. 西向的垂直绿化效果，侧重于遮阳、降温、节约能源，而非仅为增强建筑景观美感

《绿色建筑评价标准》GB 50378—2019，第7.2.4、8.1.4条.

《种植模块绿化隔热屋面建筑构造》粤09J/T 217 SGK.

《种植屋面工程技术规程》JGJ 155—2013.

刘秀强. 建筑物外墙垂直绿化对墙体温度和建筑能耗影响研究[D]. 南昌：华东交通大学，2016.

霍明路，陈观生，黄森泉. 夏热冬暖地区建筑垂直绿化对墙体温度的影响[J]. 建筑节能，2014（7）.

孙小康. 建筑立面垂直绿化设计策略研究[D]. 重庆：重庆大学，2011.

宁博，于航，何旸，等. 南方地区垂直绿化对办公建筑能耗的影响研究[J]. 建筑热能通风空调，2016（12）：33-36，28.

熊秀，李丽，周孝清. 垂直绿化改善建筑室内、外热环境效果分析[J]. 建筑节能，2017（9）：68-72.

孟涛. 垂直绿化对上海地区既有办公建筑节能改造效果的实测研究[J]. 上海节能，2016（5）：252-255.

施慧中. 重庆地区办公建筑垂直绿化节能实效研究[D]. 重庆：重庆大学，2017.

ESD3 围护结构构造设计能耗影响评估分析

ESD3 围护结构构造设计能耗影响评估分析

【绿色控制目标】

实现绿色建筑能源资源节约：围护结构负荷和能耗降低比例满足《绿色建筑评价标准》GB/T 50378—2019对于负荷和能耗降低比例的要求。

【技术简介】

围护结构构造设计能耗影响评估分析是指在进行围护结构构造设计时，综合考虑围护结构屋面构造、墙体构造对于建筑的冷热负荷以及综合能耗的影响，评估不同围护结构构造设计策略是否能够减少建筑能耗的分析技术。

【气候调节原理】

不同围护结构构造设计策略的选取，会影响建筑整体的负荷以及全年能耗。在不同气候区，由于气候条件，包括室外温度、风速风向、日照辐射的差异，不同的技术可能存在节能效果的差异。通过围护结构构造能耗影响评估分析，可以在设计初期，对不同围护结构构造设计效果进行预评估（图5-57）。

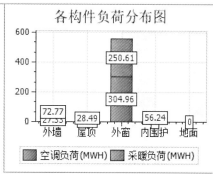

图5-57 围护结构构造设计能耗影响评估分析

【设计参数/标准】
单位面积总负荷、采暖负荷、制冷负荷。
【推荐分析工具】
依据附录表2-5，综合考虑方案阶段围护结构构造推演技术针对屋面构造、墙面构造的能耗影响模拟、3D建模需求等模拟对象与计算

分析的适用性要求，SU、Revit平台与模型分析设计的兼容性需求；快速计算、实时反馈、可视化结果表达等推演分析过程与结果的有效性需求；以及建模与边界条件设定简单、辅助设计的设计建议推荐、自动方案推荐或比选等设计习惯匹配度需求，满足要求的常用软件分析工具有Ecotect、IES-VE、EnergyPlus等。

【分析标准依据】

《绿色建筑评价标准》GB/T 50378—2019

第7.2.8条要求：采取措施降低建筑能耗，建筑能耗相比国家现行有关建筑节能标准降低10%至20%。

第7.1.2条要求：应采取措施降低部分负荷、部分空间使用下的供暖、空调系统能耗。

第7.2.4条要求：建筑供暖空调负荷降低5%至15%。

《公共建筑节能设计标准》GB 50189—2015

第3.3.1条要求：根据建筑热工设计的气候分区，甲类公共建筑的围护结构热工性能应分别符合表3.3.1-1～表3.3.1-6的规定。当不能满足本条的规定时，必须按本标准规定的方法进行权衡判断。

《近零能耗建筑技术标准》GB/T 51350—2019

第5.0.2条要求：近零能耗公共建筑能效指标应符合表5.0.2的规定，其建筑能耗值可按本标准附录B确定。

第6.1.2条要求：公共建筑非透光围护结构平均传热系数可按表6.1.2选取。

【对接专业、工种、人员】

基于模拟分析过程需要，在建筑师先导开展基础上；在建模与边界条件设定方面，需对接建筑物理/技术、建筑设备/暖通空调专业、模拟分析人员；在结果评价方面，需对接绿色建筑工程师、造价工程师、项目投资方人员。

【研究支撑】

《公共建筑节能设计标准》GB 50189—2015.

《绿色建筑评价标准》GB 50378—2019.

《近零能耗建筑技术标准》GB/T 51350—2019.

林波荣. 绿色建筑性能模拟优化方法[M]. 北京：中国建筑工业出版社，2016.

布彻. 建筑可持续性设计指南[M]. 重庆：重庆大学出版社，2011.

詹姆斯·马力·欧康纳. 被动式节能建筑[M]. 沈阳：辽宁科学技术出版社，2015.

5.5.3　围护结构材料（Enclosure Materials Design-EMD）

EMD1　高性能材料

EMD1-1　复合墙面系统

【绿色控制目标】

实现绿色建筑能源资源节约：

通过复合墙面的形式，使外墙的热工性能满足《公共建筑节能设计标准》GB 50189—2015的规定。

【技术简介】

复合墙面设计技术，通过对单一墙面与复合墙面对比分析，开展复合墙面系统气候适应性分析。当单独用某一种方式不能满足功能要求时，或为达到这些要求而造成技术经济不合理时，或者给施工带来较大困难时，往往采用复合构造。既能充分利用各种材料的特性，又能经济、有效地满足包括保温性能要求在内的各种功能要求（图5-58）。

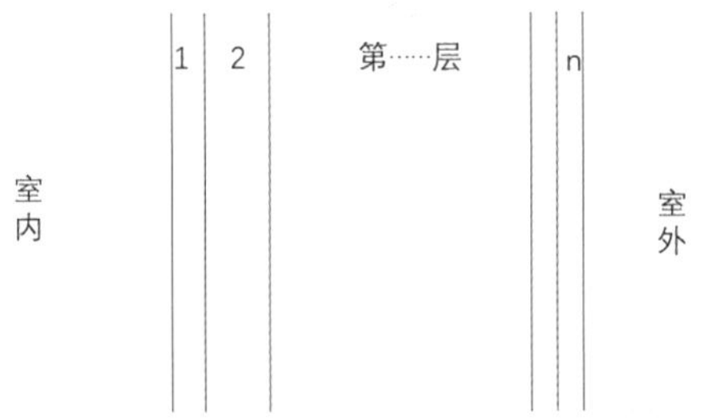

图5-58　复合墙面构造示意图

【气候调节原理】

以建筑热物理为基础，依据不同地域气候条件差异性、建筑室外物理环境热差异性，以及建筑功能差异性要求；在建筑热工设计时合理选用保温形式和保温材料，以达到建筑节能的设计目标。

【设计参数/指标】

复合墙体构造类型。

【设计策略】

设计策略如表5-34所示。

			设计策略	表5-34

严寒	寒冷	夏热冬冷	夏热冬暖
适用性好	适用性较好	适用性较弱	适用性较弱

【研究支撑】

《公共建筑节能设计标准》GB 50189—2015，第3.3节.

《轻钢龙骨式复合墙体》JG/T 544—2018，附录A、附录B.

李建光. 小框体复合外墙保温隔热系统的研究与应用[D]. 郑州：郑州大学，2012.

王洪飞. 现浇混凝土结构复合墙体自保温系统应用技术研究[J]. 墙材革新与建筑节能，2015（10）：58-61.

许鹏远. 复合墙体保温系统与自保温墙体系统性能探讨[J]. 门窗，2014（6）：190-190.

EMD1-2 外墙内/外/夹心保温

【绿色控制目标】

实现绿色建筑能源资源节约：

通过选择适宜的保温形式，使外墙的热工性能满足《公共建筑节能设计标准》GB 50189—2015的规定。外保温系统的安全性及耐候性指标应满足《外墙外保温工程技术标准》JGJ 144—2019的规定。

【技术简介】

通过对外墙保温方式、保温厚度等分析，开展外墙气候适应性分析。内保温的保温层在墙体内侧，其特点是保温材料不受室外气候因素的影响，无须特殊的防护；外保温的保温层在墙体外侧，其特点是房间热稳定较好，可防止

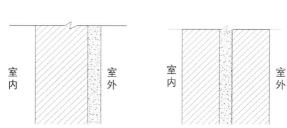
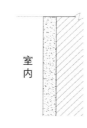

图5-59　外墙外/夹心/内保温

热桥部位内表面结露，有效保护外墙主体结构；夹芯保温的保温层布置在墙体中间，对保温材料的强度要求不高（图5-59）。

外墙外保温材料及保温系统性能应满足安全性要求，防止因材料、设计和施工等因素导致的外保温系统空鼓、开裂、渗水和脱落等质量缺陷和损伤。

【气候调节原理】

以建筑热物理为基础，依据不同地域气候条件差异性、建筑室外物理环境热差异性以及建筑功能差异性要求，在建筑热工设计时合理选用保温形式和保温材料，以达到建筑节能的设计目标。与建筑方案设计相似，为实现某一种建筑保温要求，可能采用的构造方案往往有多种，设计中应本着因地制宜、因建筑制宜的原则，经过分析比较后，选择一种最佳方案予以实施。保温层的位置对围护结构的使用质量、造价、施工等都有较大影响。

【设计参数/指标】

外墙保温材料种类、构造顺序、传热系数、安全性。

【设计策略】

设计策略如表5-35所示。

设计策略   表5-35

严寒	寒冷	夏热冬冷	夏热冬暖
1. 外墙外保温为该地区普遍采用的热工设计方法； 2. 为避免热桥部位结露，宜采用外墙外保温； 3. 外墙夹芯保温因选材防火要求低，可选用导热系数低的有机保温材料	1. 外墙外保温为该地区普遍采用的热工设计方法； 2. 外墙夹芯保温因选材防火要求低，可选用导热系数低的有机保温材料	本地区间歇空调模式的公共建筑内，采用内保温可以防止室内温度出现过大波动	本地区外墙保温较适宜采用外墙自保温

【研究支撑】

《公共建筑节能设计标准》GB 50189—2015，第3.3节.

《外墙外保温工程技术标准》JGJ 144—2019，第4章、第6章.

《装配式建筑预制混凝土夹心保温墙板》JC/T 2504—2019，第5章.

《外墙内保温工程技术规程》JGJ/T 261—2011，第6章.

EMD1-3　无热桥设计

【绿色控制目标】

实现绿色建筑能源资源节约：

选择具备适宜传热性能的门窗断桥构造，减少通过热桥造成的冷热量损失。

【技术简介】

围护结构冷热桥分析技术，即通过围护结构冷热桥情景分析，尤其是门窗洞口处热桥，开展断桥设计分析（图5-60）。

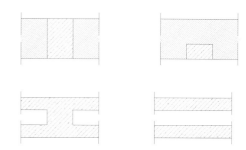

图5-60　无热桥设计关键部位

【气候调节原理】

以建筑热物理及传热学为基础，依据不同地域气候条件差异性、建筑室外物理环境热差异性，合理设置门窗型材构造，提高窗框保温性能，减少通过热桥部位的热传递，以实现建筑节能。

【设计参数/指标】

断桥型材类型、构造类型、传热系数。

【设计策略】

设计策略如表5-36所示。

设计策略　　　　　　　　　　　　　　　　　　　　　　　　　　　　　　表5-36

严寒	寒冷	夏热冬冷	夏热冬暖
1. 应进行削弱或消除热桥的专项设计，围护结构保温层应连续； 2. 外门窗安装方式应根据墙体的保温形式进行优化设计。当墙体采用外保温系统时，外门窗应采用整体外挂式安装，门窗框内表面与基层墙体外表面齐平，门窗位于外墙外保温层内。外门窗与基层墙体的联结件应采用阻断热桥的处理措施； 3. 外门窗外表面与基层墙体的联结处应采用防水透汽材料粘贴，门窗内表面与基层墙体的联结处应采用防水隔气材料粘贴	1. 应进行削弱或消除热桥的专项设计，围护结构保温层应连续； 2. 外门窗安装方式应根据墙体的保温形式进行优化设计。当墙体采用外保温系统时，外门窗应采用整体外挂式安装，门窗框内表面与基层墙体外表面齐平，门窗位于外墙外保温层内。外门窗与基层墙体的联结件应采用阻断热桥的处理措施； 3. 外门窗外表面与基层墙体的联结处应采用防水透汽材料粘贴，门窗内表面与基层墙体的联结处应采用防水隔气材料粘贴	1. 宜进行削弱或消除热桥的专项设计，围护结构保温层宜连续； 2. 外门窗安装方式应根据墙体的保温形式进行优化设计； 3. 采用断桥隔热复合型窗框材料，有效提高门窗的保温隔热性能； 4. 窗户外遮阳设计应与主体建筑结构可靠连接，联结件与基层墙体之间应设置保温隔热垫块	1. 采用断桥隔热复合型窗框材料，有效提高门窗的隔热性能； 2. 窗户外遮阳设计应与主体建筑结构可靠连接，联结件与基层墙体之间宜设置保温隔热垫块

【研究支撑】

《被动式超低能耗绿色建筑技术导则（试行）》（居住建筑）（建科〔2015〕179号文）.

艾洪祥. 基于EPS空腔模块的低层住宅围护结构构造技术研究[D]. 济南：山东建筑大学，2016.

赵春芝，蒋荃，马丽萍. 我国典型断桥铝合金窗生命周期评价研究[J]. 中国建材科技，2013（6）：62–65.

尹梦泽. 北方地区被动式超低能耗建筑适应性设计方法探析[D]. 济南：山东建筑大学，2016.

吴雪岭. 热桥问题的产生与解决办法[J]. 吉林建筑设计，2006（1）：39–51.

乔卫国，徐道豪，张卫国，等. 外墙内保温无热桥结构：CN 201391020 Y[P]. 2009–3–12.

EMD1–4 外围护反射性能

【绿色控制目标】

实现绿色建筑能源资源节约：

选择具备适宜反射性能的外围护结构表面材料，达到建筑隔热目的。

【技术简介】

冷屋面和立面分析技术，通过对建筑所处微环境光热环境分析、立面材料反射性分析，开展冷屋面和立面设计（图5-61）。

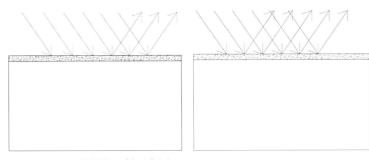

图5-61 围护结构热反射示意图

【气候调节原理】

根据不同地域气候条件差异，分析热、光等要素，权衡建筑太阳辐射得热和建筑围护结构负荷，针对建筑不同立面朝向以及屋顶位置，合理选用高反射屋顶，在减少太阳辐射得热量，降低建筑制冷能耗的同时，减少高反射表面的光污染。

【设计参数/指标】

外围护结构表面材料种类。

【设计策略】

设计策略如表5-37所示。

设计策略 表5-37

严寒	寒冷	夏热冬冷	夏热冬暖
不建议采用反射屋面	有调节采用反射屋面	1. 根据建筑自身需求,在辐射得热量较高的区域,设置高反射建筑表皮; 2. 需要考虑对周边建筑可能造成的光污染	1. 宜设置高反射建筑表皮,可以显著减少建筑的太阳辐射得热,降低建筑的空调能耗; 2. 需要考虑对周边建筑可能造成的光污染

【研究支撑】

《热反射混凝土屋面瓦》JC/T 2340—2015.

肖石. 冷屋面和种植屋面的经济比较研究[J]. 中国建筑防水,2017(7):40-40.

陈吉涛,徐悟龙. 屋面用热反射涂料性能研究[J]. 中国建筑防水,2011(22):26-30.

李春旭. 凉爽屋面在中国建筑节能中的研究[J]. 新材料产业,2014(7):48-51.

肖江,孟庆林. 浅色屋面材料的降温性能分析和测试[J]. 新型建筑材料,2004(8):62-63.

孟刚. 面向有色冷屋面的CRCMs研究[J]. 建筑技艺,2014(4):109-111.

江飞飞. 热反射屋面隔热和节能效果对比测试研究[J]. 墙材革新与建筑节能,2012(3):45-48.

罗庆,解铭刚,汤小敏,等. 高反射屋顶涂料对建筑能耗的影响[J]. 材料导报:纳米与新材料专辑,2012,26(2):295-297.

EMD2 防潮隔气材料

EMD2-1 门窗气密性

【绿色控制目标】

实现绿色建筑能源资源节约:

外窗气密性能符合国家现行相关节能设计标准的规定,且门窗洞口与外窗本体的结合部位应严密。10层及以上建筑外窗的气密性不应低于7级;10层以下建筑外窗的气密性不应低于6级;建筑幕墙的气密性不应低于3级。

【技术简介】

门窗气密性设计技术,通过对围护结构门窗性能、所处位置、施工方式等综合分析,开展门窗气密性分析(图5-62)。

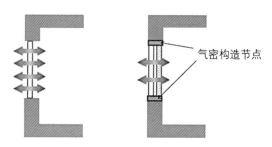

气密构造节点

图5-62 选择适宜的场景、方式设置高气密性门窗

【气候调节原理】

以建筑热物理为基础，依据不同地域气候条件差异性、建筑室外物理环境热、风差异性，通过提高门窗、幕墙气密性，减少冷风渗透损失，提高其整体保温性能。

在风压和热压的作用下，气密性是保证建筑外窗保温性能稳定的重要控制性指标，外窗的气密性能直接关系到外窗的冷风渗透热损失，气密性能等级越高，热损失越小。

【设计参数/指标】

气密性构造种类、气密性等级。

【设计策略】

设计策略如表5-38所示。

设计策略   表5-38

严寒	寒冷	夏热冬冷	夏热冬暖
1. 外窗与幕墙的面板缝隙应采用良好的密封措施，玻璃或非透明面板四周应采用弹性好、耐久性强的密封条密封，或采用注入密封胶的方式密封； 2. 开启扇应采用多道弹性好、耐久性强的密封条密封；推拉窗的开启扇四周应采用中间带胶片毛条或橡胶密封条密封； 3. 单元式幕墙的单元板块间应采用多道密封，且在单元板块安装就位后密封条保持压缩状态； 4. 外门的气密性不应低于4级；外窗气密性能不宜低于8级；外门、分隔供暖空间与非供暖空间的户门气密性不宜低于6级	1. 外窗与幕墙的面板缝隙应采用良好的密封措施，玻璃或非透明面板四周应采用弹性好、耐久性强的密封条密封，或采用注入密封胶的方式密封； 2. 开启扇应采用多道弹性好、耐久性强的密封条密封；推拉窗的开启扇四周应采用中间带胶片毛条或橡胶密封条密封； 3. 单元式幕墙的单元板块间应采用多道密封，且在单元板块安装就位后密封条保持压缩状态； 4. 寒冷地区外门的气密性不应低于4级	1. 外窗与幕墙的面板缝隙应采用良好的密封措施，玻璃或非透明面板四周应采用弹性好、耐久性强的密封条密封，或采用注入密封胶的方式密封； 2. 开启扇应采用双道弹性好、耐久性强的密封条密封；推拉窗的开启扇四周应采用中间带胶片毛条或橡胶密封条密封； 3. 单元式幕墙的单元板块间应采用双道密封，且在单元板块安装就位后密封条保持压缩状态	1. 外窗与幕墙的面板缝隙应采用良好的密封措施，玻璃或非透明面板四周应采用弹性好、耐久性强的密封条密封，或采用注入密封胶的方式密封； 2. 开启扇应采用双道弹性好、耐久性强的密封条密封；推拉窗的开启扇四周应采用中间带胶片毛条或橡胶密封条密封； 3. 单元式幕墙的单元板块间应采用双道密封，且在单元板块安装就位后密封条保持压缩状态

【研究支撑】

《绿色建筑评价标准》GB/T 50378—2019，第3.2.8条.

《公共建筑节能设计标准》GB 50189—2015，第3.3.5条.

《公共建筑节能检测标准》JGJ/T 177—2009，第7章.

EMD2-2　防水防潮

【绿色控制目标】

实现绿色建筑能源资源节约：

卫生间、浴室的地面应设置防水层，墙面、顶棚应设置防潮层。

【技术简介】

当建筑围护结构的温度低于空气露点温度时，水蒸气析出形成液态水。一方面，受潮的建筑在冻融循环的作用下易于破坏；另一方面，潮湿为细菌提供了滋生的环境，霉变破坏粉刷层，影响美观和健康。

围护结构构造设计应遵循水蒸气"进难出易"的原则。采用多层围护结构时，应将蒸汽渗透阻较大的密实材料布置在内侧，将蒸汽渗透阻较小的材料布置在外侧。外侧有密实保护层或防水层的多层围护结构经内部冷凝受潮验算而必须设置隔汽层时，应严格控制保温层的施工湿度，或采用预制板材或块状保温材料，避免湿法施工和雨天施工，并保证隔汽层的施工质量。

在温湿度正常的房间中，内外表面有抹灰的单一墙体，保温层外侧无密实结构层或保护层的多层墙体，以及保温层外有通风间层的墙体和屋顶，一般不需设置隔汽层。外侧有卷材或其他密闭防水层，内侧为钢筋混凝土屋面板的平屋顶结构，如经内部冷凝受潮验算不需设隔汽层，则应确保屋面板及其接缝的密实性，达到所需的蒸汽渗透阻（图5-63）。

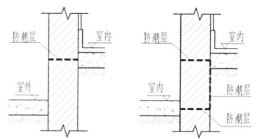

图5-63　墙体防潮层位置

【气候调节原理】

以建筑热物理为基础，依据不同地域气候条件差异性，建筑室外物理环境热、湿、水差异性，通过设置防水层、防潮层，防止水蒸气透过墙体或顶棚，使内部房间或住户受潮气影响，导致诸如墙体发霉、破坏装修效果（壁纸脱落、发霉，涂料层起鼓、粉化，地板变形等）等情况发生。

【设计参数/指标】

墙面、顶棚宜采用防水砂浆、聚合物水泥防水涂料做防潮层；无地下室的地面可采用聚氨酯防水涂料、聚合物乳液防水涂料、水乳型沥青防水涂料和防水卷材做防潮层。当围护结构内部某处的水蒸气分压力大于该处的饱和水蒸气分压力时，应合理设置隔汽层。

【设计策略】

设计策略如表5-39所示。

设计策略　　　　　　　　　　　　　　　　　　　　表5-39

严寒	寒冷	夏热冬冷	夏热冬暖
非透光建筑幕墙面板背后的保温材料应采取隔汽措施，隔汽层应布置在保温材料的高温侧（室内侧），隔汽密封空间的周边密封应严密	非透光建筑幕墙面板背后的保温材料应采取隔汽措施，隔汽层应布置在保温材料的高温侧（室内侧），隔汽密封空间的周边密封应严密	1. 建筑幕墙宜设计隔汽层，室内地面应采取防泛潮措施。 2. 梅雨季节存在潮湿及返潮的现象，宜对无地下室的建筑地面进行防潮设计，通过设置防潮层保障室内环境	夏热冬暖地区建筑的室内地面应采取防泛潮措施

【研究支撑】

《绿色建筑评价标准》GB/T 50378—2019，第4.1.6条.

《民用建筑热工设计规范》GB 50176—2016，第7章.

EMD3　玻璃系统

EMD3　玻璃系统

【绿色控制目标】

实现绿色建筑能源资源节约：

外窗玻璃系统的热工性能应满足《公共建筑节能设计标准》GB 50189—2015的规定。

【技术简介】

建筑透明部分分析技术，通过对不同透明材料性能的分析，开展建筑透明结构的优化选用（图5-64）。

【气候调节原理】

以建筑热物理及传热学为基础，依据不同地域气候条件差异性、建筑室外物理环境热差异性，合理设置玻璃的保温性能，提高外窗整体的热工性能。

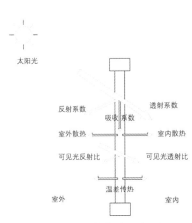

图5-64　玻璃系统传热示意图

【设计参数/指标】

玻璃类型（中空、真空、Low-E、镀膜玻璃）、传热系数、可见光透视比。

【设计策略】

设计策略设计策略如表5-40所示。

设计策略　　　　　　　　　　　表5-40

严寒	寒冷	夏热冬冷	夏热冬暖
1. 宜采用三层玻璃窗，使中间形成良好密封空气层，减小外窗传热系数。 2. 需要进一步提高外窗保温能力时，可采用真空或充惰性气体中空玻璃或镀膜玻璃等。 3. 选用外窗玻璃时，除了关注其热工性能外，还应当注意其光学性能，如可见光透射比等	1. 宜采用三层玻璃窗，使中间形成良好密封空气层，减小外窗传热系数。 2. 需要进一步提高外窗保温能力时，可采用真空或充惰性气体中空玻璃或镀膜玻璃等。 3. 选用外窗玻璃时，除了关注其热工性能外，还应当注意其光学性能，如可见光透射比、遮阳系数等	1. 采用双层甚至三层玻璃窗，使中间形成良好密封空气层，减小外窗传热系数。 2. 需要进一步提高外窗保温能力时，可采用Low-E中空玻璃，惰性气体的Low-E中空玻璃或镀膜玻璃等。 3. 选用外窗玻璃时，除了关注其热工性能外，还应当注意其光学性能，如可见光透射比等	1. 采用双层玻璃窗，使中间形成良好密封空气层，减小外窗传热系数。 2. 可采用Low-E中空玻璃，充惰性气体的Low-E中空玻璃或镀膜玻璃等，提高遮阳系数，降低外窗得热

【研究支撑】

《民用建筑热工设计规范》GB 50176—2016，第5.3、6.3节.

《公共建筑节能设计标准》GB 50189—2015，第3.3节.

EMD4　围护结构材料设计能耗影响评估分析

EMD4　围护结构材料设计能耗影响评估分析

【绿色控制目标】

围护结构负荷和能耗降低比例满足《绿色建筑评价标准》GB/T 50378—2019对于负荷和能耗降低比例的要求。

【技术简介】

为了更好的实现建筑节能，必须发展建筑围护结构成套节能技术，重点发展适用于不同气候条件的各种节能墙体、屋顶以及门窗的材料，特别是采用各种新型高效复合墙体材料、保温隔热材料和高性能建筑玻璃的应用技术，这些技术按照不同的组合，通过综合能耗影响评估分析，可以实现

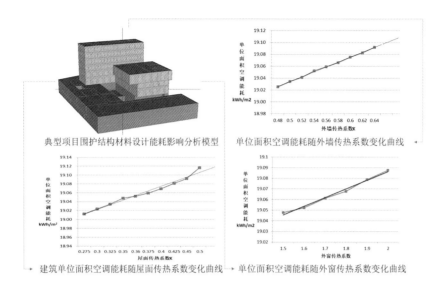

典型项目围护结构材料设计能耗影响分析模型   单位面积空调能耗随外墙传热系数变化曲线

→ 建筑单位面积空调能耗随屋面传热系数变化曲线 → 单位面积空调能耗随外窗传热系数变化曲线

图5-65 围护结构材料设计能耗影响评估分析技术

在一定的经济成本控制前提下，提升围护结构性能，降低建筑负荷和能耗（图5-65）。

【气候调节原理】

根据不同围护结构设计策略和材料性能的选取，会影响建筑整体的负荷以及全年能耗。由于气候条件、建筑功能及层高、材料的性能等，不同围护结构材料会存在节能效果的差异。通过围护结构材料设计能耗影响评估分析，可以在深化设计早期，对不同围护结构材料设计节能效果进行预评估。

【设计参数/标准】

单位面积总负荷、采暖负荷、制冷负荷。

【推荐分析工具】

依据附录表2-5，综合考虑初步设计阶段围护结构材料推演技术针对透明围护结构设计、非透明围护结构设计的热工性能指标、能耗影响模拟、3D建模需求等模拟对象与计算分析的适用性要求，Revit平台与模型分析设计的兼容性需求；快速计算、实时反馈、可视化结果表达等推演分析过程与结果的有效性需求；围护结构材料库的选择需求；以及建模与边界条件设定简单、辅助设计的设计建议推荐、自动方案推荐或比选等设计习惯匹配度需求，满足要求的常用软件分析工具有PKPM节能、Dest、斯维尔BECS等。

【分析标准依据】

《绿色建筑评价标准》GB/T 50378—2019

第7.2.8条要求：采取措施降低建筑能耗，建筑能耗相比国家现行有关建筑节能标准降低10%至20%。

第7.1.2条要求：应采取措施降低部分负荷、部分空间使用下的供暖、空调系统能耗。

第7.2.4条要求：建筑供暖空调负荷降低5%至15%。

《公共建筑节能设计标准》GB 50189—2015

第3.3.1条要求：根据建筑热工设计的气候分区，甲类公共建筑的围护结构热工性能应分别符合表3.3.1–1～表3.3.1–6的规定。当不能满足本条的规定时，必须按本标准规定的方法进行权衡判断。

《近零能耗建筑技术标准》GB/T 51350—2019

第5.0.2条要求：近零能耗公共建筑能效指标应符合表5.0.2的规定，其建筑能耗值可按本标准附录B确定。

第6.1.2条要求：公共建筑非透光围护结构平均传热系数可按表6.1.2选取。

【对接专业、工种、人员】

基于模拟分析过程需要，在建筑师先导开展基础上，在建模与边界条件设定方面，需对接建筑物理/技术、建筑设备/暖通空调专业、模拟分析人员；在结果评价方面，需对接绿色建筑工程师、造价工程师、项目投资方人员。

【研究支撑】

《公共建筑节能设计标准》GB 50189—2015.

《绿色建筑评价标准》GB 50378—2019.

《近零能耗建筑技术标准》GB／T 51350—2019.

参考文献

[1]　中华人民共和国住房和城乡建设部. 建筑工程建筑面积计算规范：GB/T 50353—2013[S]. 北京：中国计划出版社，2013.

[2]　孙桦. 传承民居"六借"绿色设计策略及其实效保障[J]. 绿色建筑，2014（4）.

[3]　AKSAMIJA A, 2013. Sustainable facades: Design methods for high–performance building envelopes[M]. John Wiley & Sons.

[4]　中华人民共和国住房和城乡建设部. 公共建筑节能设计标准：GB/T 50189—2005[S]. 北京：中国建筑工

业出版社，2015.

[5]　中华人民共和国住房和城乡建设部. 民用建筑热工设计规范：GB/T 50176—2016[S]. 北京：中国建筑工业出版社，2016.

[6]　中华人民共和国住房与城乡建设部. 严寒和寒冷地区居住建筑节能设计标准：JGJ 26—2010[S]. 北京：中国建筑工业出版社，2010.

[7]　中华人民共和国住房和城乡建设部. 绿色建筑评价标准：GB/T 50378—2019[S]. 北京：中国建筑工业出版社，2014.

[8]　中华人民共和国住房和城乡建设部. 民用建筑供暖通风与空气调节设计规范：GB/T 50736—2012[S]. 北京：中国建筑工业出版社，2014.

[9]　中国气象局气象信息中心气象资料室. 中国建筑热环境分析专用气象数据集（附光盘）[Z].

[10]　龙林爽. 高性能建筑围护结构的应用效果评价与理论体系构建[D]. 合肥：中国科学技术大学，2017.

[11]　闫凌云. 新型节能墙体材料的应用现状及发展趋势分析[J]. 绿色环保建材，2017（2）：15-16.

[12]　魏宏毫. 装配式低能耗建筑气密性设计研究[D]. 济南：山东建筑大学，2017.

[13]　陈海阳，夏向荣. 被动式超低能耗绿色建筑气密性研究[J]. 建筑节能，2017（11）：59-61+65.

[14]　齐梦，孙佳碧，张程浩，等. 寒冷地区超低能耗建筑气密性控制措施[J]. 建筑技术，2020，51（12）：1471-1473.

[15]　中华人民共和国住房和城乡建设部. 住房城乡建设部关于做好《建筑业10项新技术（2017版）》推广应用的通知[R]. 建质函〔2017〕268号，2017.

[16]　董宏，孙立新，潘振.《建筑业10项新技术（2017版）》围护结构节能综述[J]. 建筑技术，2018，49（3）：281-284.

[17]　陈燕. 论非承重内隔墙技术（一）[J]. 住宅产业，2009（8）：65-68.

[18]　中华人民共和国住房和城乡建设部. 建筑隔墙用轻质条板：JG/T 169—2016 [S]. 北京：中国标准出版社，2016.

[19]　陈燕. 论非承重内隔墙技术（二）[J]. 住宅产业，2009（8）：65-68.

第**6**章

绿色公共建筑主动式
实体设计技术体系

公共建筑相较于居住建筑，由于空间体量更大，空间功能更复杂，故而对空间性能的使用需求与调控要求相对更高。在应用被动式优化设计手段的基础上，往往需借助主动式实体设备以获得较好的室内环境控制效果。

本章研究力求针对我国不同的地域资源状况与气候特性，通过各项主动式实体设计技术的系统化梳理，构建适应地域气候的绿色公共建筑主动式实体设计技术体系。

通过对地域化资源与建筑负荷特性匹配、可再生能源实体的建筑一体化、制冷采暖空间的平面优化设计，以及制冷采暖空间的末端优化设计等关键设计技术的节能影响验证，揭示主动式实体与围护结构的实体融合性设计原理以及主动式实体末端与调控空间的空间融合性设计原理，示例性展示新型绿色公共建筑主动式实体设计技术体系适应地域气候的有效性。

6.1 绿色建筑的主动式实体

主动式实体通常指建筑在自然气候条件作用下被动式调节的基础上，仍需借助于建筑上更多人工附加控制的能源捕获与供给、环境调控等外部驱动设备，帮助降低建筑能耗水平，提升建成环境质量的实体装置系统等。常见的建筑主动式实体主要包括可再生能源资源捕获与利用设备，建筑的人工采暖、制冷、通风、照明、湿度控制设备等。可再生能源实体对自然界中可再生能源强大的捕获能力，暖通空调设备能耗在建筑总能耗中占据的较大比例，以及暖通空调设备末端控制室内建成环境的主导作用，均使主动式设备实体应用成为绿色建筑设计中需要重点关注的内容。

6.1.1 可再生能源实体

可再生能源主要包括太阳能、风能、地热能、海洋能和生物质能等非化石能源。但是此定义范畴主要针对集中发电领域，而非建筑应用，海洋能、水力发电等一般难以应用于常规的建筑领域。对于建筑来说，使用太阳能、浅层地热能、风能等可再生能源可不同程度的通过能源捕获实现节能并减少温室气体排放；在可再生能源资源较为丰富的地区，充分利用可再生能源资源可极大地降低建筑的综合能耗水平，保障绿色建筑的节能表现。可再生能源利用是绿色建筑设计的重要组成要素和发展方向。同时，可再生能源应用水平指标也充分体现在众多通用的绿色建筑、建筑节能的设计标准和评价体系中，成为绿色建筑设计指引和评价标定的关键组成内容[1]。

可再生能源实体，主要指以物质实体形式存在于建筑物围护结构内部或表面、室内空间及其周边环境中的可再生能源设备系统的硬件组成部件。包括但不限于太阳能光热系统的集热器、热交换设备器件、蓄冷蓄热设备、热力输配管路与驱动器件、辅助加热设备，太阳能光伏系统的光伏组件、逆变器、蓄电设备，风力发电系统的风轮叶片、风力传动装置、换流器、蓄电设备，以及电路中的电线及各种电流电压调控元件等。

6.1.2　暖通空调实体

与可再生能源实体类似，建筑的暖通空调实体主要指以物质实体形式存在于建筑物围护结构内部或表面、室内空间及其周边环境中的人工采暖、制冷、通风、照明、湿度控制设备系统等的硬件组成部件。包括但不限于暖通空调系统中的冷热源器件、室外散热散冷部件、输配管路与驱动器件、室内采暖制冷末端器件、新风系统末端等。

6.1.3　建筑的主动式实体设计

建筑中主动式实体的设计处理，对建筑的美学观感、能耗水平、环境性能等都有相当程度的影响。

对建筑中暖通空调外机设备与管道等建筑外部实体破坏设计整体效果的困扰与优化设计处理由来已久，见诸众多著名建筑师的作品与观点中，如路易斯·康（Louis Kahn）所说："我不喜欢管道，我极为讨厌他们。正因为我极为讨厌他们，我觉得必须给他们一席之地，如果我只是讨厌他们而撒手不管，我想他们会侵入建筑物，并完全毁掉它。"因诸多暖通空调设备如空调外机、冷却塔、屋顶烟囱、外墙排风机、各种室外管道等均可显著地影响建筑的室外美观性，建筑师们亦为此提出了诸多解决理念与方案，如雷纳·本汉姆（Reyner Banham）在《*The architecture of the well-tempered environment*》中总结出的设计中管道和服务设施的两种处理方式：隐藏和暴露，又或是斯泰里奥斯·普莱尼奥斯（Stellios Plainioti）提出的"因为设备系统通常都是设置在建筑和结构因素之内，故在设计早期就应注意为之留有充分余地"[2]。随着越来越多可再生能源前端设备组件，尤其是透明或半透明实体在建筑围护结构上的附加或一体化应用，导致建筑的能耗水平与室内光热环境受到其显著的影响，主动式外部实体的应用对建筑性能的影响更加集中地体现在可再生能源实体的外部设备与部件上。

与之相反，在讨论主动式实体的建筑内部应用时，可再生能源的电气类设备实体因安装应用空间相对封闭，且环境影响水平较低，所以基本不因地域气候条件的变化对建筑能耗与建成环境性能产生差异性影响，故而亦不成为不同气候下主动式实体于建筑内部应用的主要关注内容。

事实上，暖通空调实体在建筑内部的应用部件以各类室内采暖制冷末端器件、新风系统末端为代表，因其与室内空间的深入调控与交互融合效果可显著地影响建筑能耗水平与建成环境质量。同时考虑到可再生能源中后端与热力相关的内部设备器件因应用所需，绝大部分都集成应用了暖通空调的输配管路与采暖制冷通风末端，故本研究针对主动式实体于建筑内部的设计应用研究，将更多地集中于暖通空调的采暖制冷通风调控空间与末端的优化设计。

6.1.4　可再生能源实体相关标准指引

鉴于可再生能源在绿色建筑发展应用中的重要作用愈发凸显，而相关标准规范中对其的设计应用指引相对欠缺，笔者通过对我国现有绿色建筑设计标准体系中与可再生能源相关的内容进行分析研究，总结其中建筑可再生能源实体应用指引的特点与不足，并据此提出提升方案与建议，以期为未来我国主动式实体的设计标准的成熟与完善提供一定依据。

中国的可再生能源利用在过去的十年中取得了快速的发展。从图6-1可以看出，中国的可再生能源利用近些年位居世界前列，不过在可再生能源的利用形式上与其他国家还有很大差距，水电利用较多，而与建筑结合更紧密的太阳能以及地热能等利用率较低[3]。

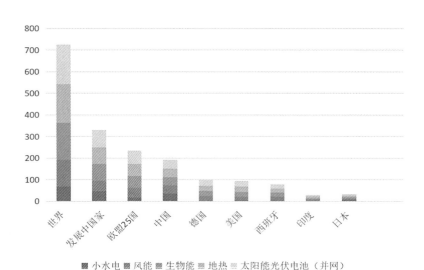

图6-1　世界可再生能源利用分布图[3]

目前，在我国建筑领域的可再生能源应用方面主要局限在太阳能（光伏、光热）以及利用浅层土壤及地表水温差的地源热泵，而其他广泛存在的可再生能源形式如风能、生物质能、海洋能等未能在建筑上得到有效利用。相对而言，在建筑中使用太阳能和地热能有较大的潜力且技术已相对成熟，而其他可再生能源形式，诸如风能利用集中在风光互补设施及偏远地区等，除高层建筑外尚无法普遍实现与建筑结合设计应用；生物质能包括农作物秸秆、柴火、禽畜粪便、工业有机废物和城市固体垃圾等，可以直接燃烧采暖或化学转化，主要用于农村和偏远地区的建筑供能沼气制备等[4]。

表6-1以相关性比较高的三部公共建筑节能标准为例，展示了对各设计标准中可再生能源相关条款的分析整理过程以及主要统计内容。除相关条款数量、相关性评分以外，重点分析了各标准的可再生能源相关内容的具体章节分布，即在哪一部分有考虑到利用可再生能源。其分布统计可见图6-2。虽然大多数标准中都在设备、热水空调章节有涉及可再生能源的内容，但是一般条款数量较少；而可再生能源独立章节虽然只有少数标准有，但是其中相关条款数一般较多。这导致了两者的总数相近。但是在建筑及场地设计过程之中对于可再生能源利用及场地资源情况的考虑较为缺乏。

公共建筑节能设计标准主动式实体设计内容统计表 　　　　表6-1

标准名称	相关条款数量	相关内容章节分布	相关性强弱/层级	相关内容分布	涉及的可再生能源形式
《公共建筑节能设计标准》GB 50189—2015	19	设备热水空调；3	6	提及	概述
				选型要求	热泵
				提及	概述
		可再生能源章节；16		提及	概述
				一体化	概述
				提及	太阳能光伏+风能及其他
				提及	太阳能光伏+风能及其他
				提及	概述
				提及	太阳能热利用+光伏
				一体化	太阳能热利用+光伏
				一体化	太阳能热利用+光伏

标准名称	相关条款数量	相关内容章节分布	相关性强弱/层级	相关内容分布	涉及的可再生能源形式
《公共建筑节能设计标准》GB 50189—2015	19	可再生能源章节；16	6	参数指标	太阳能热利用
				选型要求	太阳能热利用
				参数指标	太阳能热利用+光伏
				参数指标	热泵
				选型要求	热泵
				选型要求	热泵
				选型要求	热泵
《公共建筑节能改造技术规范》JGJ 176—2009	16	设备热水空调；1	1+2+2=5	优先采用	概述
				优先采用	概述
				提及	概述
		可再生能源章节；15		选型要求	热泵
				选型要求	热泵
				选型要求	热泵
				选型要求	热泵
				选型要求	热泵
				选型要求	热泵
				参数指标	太阳能热利用+光伏
				选型要求	太阳能热利用+光伏
				选型要求	太阳能热利用
				参数指标	光伏
				选型要求	光伏
				选型要求	光伏
				选型要求	光伏
《民用建筑绿色设计规范》JGJ/T 229—2010	9	无	1+1+1=3	无	无

续表

标准名称	相关条款数量	相关内容章节分布	相关性强弱 /层级	相关内容分布	涉及的可再生能源形式
《民用建筑绿色设计规范》JGJ/T 229—2010	9	场地与设计；2	1+1+1=3	选型要求	概述
				一体化	太阳能热利用+光伏
		设备、热水空调；7		优先采用	概述
				优先采用	概述
				选型要求	热泵
				选型要求	太阳能光伏+风能及其他

　　在整理过程中分析总结了与可再生能源相关条款的关键内容，一共有五种情况：只是提到宜使用或有条件时使用、优先使用、涉及具体的系统选择要求、应该考虑与建筑一体化设计施工以及提出了评价或计算控制指标。分布情况如图6-3所示。大部分的条款集中在"提及"以及"选型"两种类型的内容，即条件允许时可利用可再生能源；或者建议应选择何种设备或何种冷热源形式。而这一部分内容大多集中在概述以及暖通给排水专业设计中，与建筑设计过程的关系不紧密。真正与建筑设计过程关系密切的两项：宜采用一体化系统或与建筑同步设计及设计时应如何考虑或考虑何种指标，相关条款的数量反而较少。

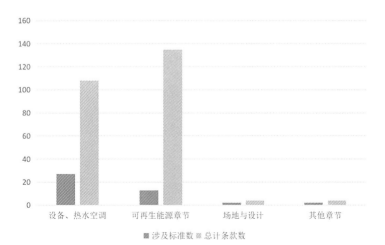

图6-2　可再生能源的相关内容章节分布

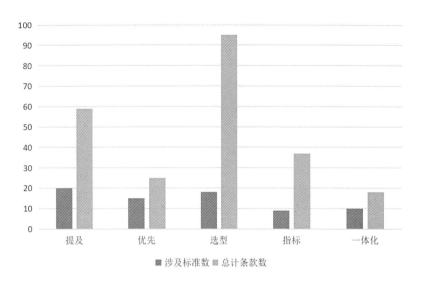

图6-3　可再生能源的关键内容分布

　　同时还总结了各标准中与可再生能源相关的条款所关注的能源形式，主要包括：热泵系统、太阳能热利用、太阳能光伏发电、风能及其他能源利用以及对可再生能源整体的概述。通过各种可再

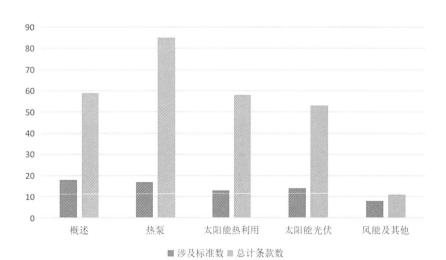

图6-4　可再生能源的相关内容涉及形式

生能源形式的分布可以反映出现行标准体系所侧重和关注的方面。分布图可见图6-4。大部分条款集中在热泵系统的使用以及对于应用可再生能源的概述上，对于太阳能光伏应用的考虑不足，风能及其他可再生能源的考虑更加缺乏。

　　传统的标准体系中，即便对于建筑中相对应用较多的可再生能源形式仍缺乏足够的设计指引，一些常见于建筑应用的太阳能光伏技术，余热废热回收，以及地表水等自然能源利用仍未被广泛涉及[4]。

　　图6-5及图6-6展示了公共建筑设计国家标准及行业标准中各标准与可再生能源相关的条款数量及相关性强弱。其中条款数量是标准目录层次中的章、节以下的具体内容计数，其数量多少反映了一部标准对于可再生能源利用的考虑程度。而对可再生能源利用的相关性强弱是以分数作为指标。对与热水、空调冷热源中的可再生能源、发电三项是否相关进行评分，未提及计0分，提及计1分，涉及具体内容计2分。相关性强弱层级取三项评分分数之和，可以反映一部标准中的条款具体内容与可再生能源利用的相关度。

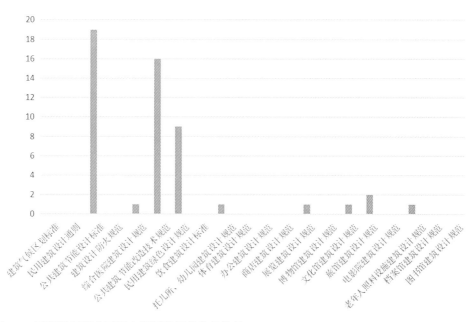

图6-5　国标及行标中可再生能源的相关条款数量

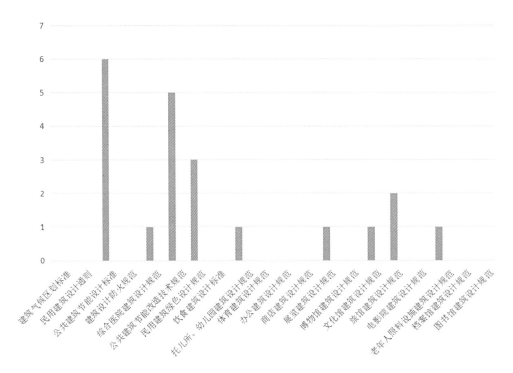

图6-6 国标及行标中可再生能源的相关性强弱等级

　　由图6-5及图6-6可以看出，国标和行标中相关条款最多，同时相关性也最高的是《公共建筑节能设计标准》GB 50189—2015，第二、三位的是《公共建筑节能改造技术规范》JGJ 176—2009以及《民用建筑绿色设计规范》JGJ/T 229—2010，这与各自标准的侧重点相吻合。但是除此之外其他针对不同建筑类型及功能流线设计的标准却很少涉及可再生能源的相关内容。可见现行的设计标准体系中，节能设计标准对于可再生能源有较多考虑，但是其他设计标准则几乎没有体现。这反映了当下建筑设计与节能及可再生能源利用设计脱节的现状问题。

　　图6-7及图6-8表示了部分地方公共建筑节能设计标准及实施细则中各标准与可再生能源相关的条款数量及相关性强弱。虽然大多数地方省、直辖市、自治区都有颁布实施与国标相对应的地方公共建筑节能设计标准或实施细则，但是各地方标准或实施细则的相关条款数量及相关性却有很大差异。这是由于所处气候区，地域与资源情况，经济技术发展等因素存在不同，各地方的公共建筑节能设计标准对于可再生能源的关注和重视程度也不相同。这反映了各地方对于可再生能源的重视和发展程度尚不均衡。

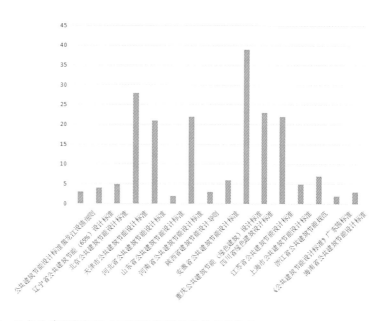

图6-7 地方公建节能标准中可再生能源的相关条款数量

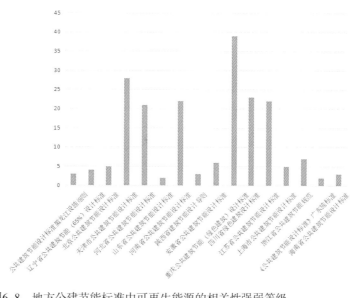

图6-8 地方公建节能标准中可再生能源的相关性强弱等级

6.1.5 公共建筑可再生能源实体应用现状

同时，针对可再生能源实体的地域化应用现状关键信息，笔者选取我国各典型气候区，各类公共建筑应用可再生能源的设备系统类型进行调研分析，得到了我国各气候区各类可再生能源技术实体类型的现状分布结果（图6-9）。

调研结果显示，我国公共建筑可再生能源利用形式在各气候区非常相似，并未呈现明显的地域性差异（图6-10）；可再生能源实体应用因而未能因地制宜，结合所在地的可再生能源资源优势，形成典型地域性特征与模式。

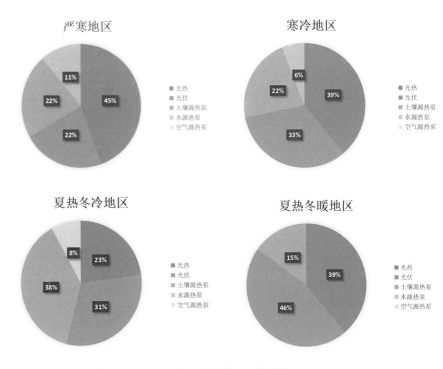

图6-10 各气候区可再生能源实体应用类型现状分布

6.2 适应气候的主动式实体关键设计技术

6.2.1 气候与资源地域性与可再生能源利用模式

依据中国建筑气候区划图，我国国土可划分为特点鲜明的气候带。依据我国地域资源与气候特点，可再生能源资源亦呈现地域分布不均，资源富集区与稀缺区并存的特点。我国的太阳能辐射资源、浅层地热能资源、地表与地下水冷热源资源均体现鲜明的地域分布特点。

我国各建筑气候区的建筑用能结构（以供暖、制冷能耗为代表），因气候条件的显著差别，亦呈现较为典型的地域特征。相对应的，各不同气候区域的可再生能

图6-9 可再生能源实体应用类型现状分布

源利用模式策略，也呈现出较明显的差异性。表6-2总结了我国典型气候分区用能特点及相应的建筑节能潜力，总结提出了以及适宜不同地域的可再生能源利用模式策略。

适宜不同地域的可再生能源利用模式策略　　　　　　表6-2

		严寒地区	寒冷地区	夏热冬冷地区	夏热冬暖地区
各气候区用能结构特征	集中供暖能耗	22.77kgce/m²	16.38kgce/m²	—	—
	除集中供暖外能源结构	电力占比：72%；煤炭占比：9%；天然气占比：13%；液化石油气占比：3%；人工煤气：4%	电力占比：82%；煤炭占比：2%；天然气占比：12%；液化石油气占比：2%；人工煤气：2%	电力占比：86%；煤炭占比：1%；；天然气占比：10%；液化石油气占比：1%；人工煤气：2%	电力占比：93%；煤炭占比：3%；天然气占比：2%；液化石油气占比：1%；人工煤气：1%
地域用能结构	供暖方式	集中供暖	集中供暖	供暖方式多样化，主要有分体式空调、天然气壁挂炉、中央空调、热电厂余热等采暖系统	电取暖器、空调等
	制冷方式	区域供冷、燃气直燃机、空调和地源热泵制冷	区域供冷、空调、燃气直燃机、地源热泵和燃气冷热电三联供等方式	空调、区域供冷和地源热泵	空调、区域供冷和地源热泵
太阳能用能模式	太阳能资源潜力	地域面积较大，太阳能资源为极富带、丰富带、较富带。其中西藏北部地区为极富带，新疆北部和内蒙古地区为丰富带，东北地区为较富带。严寒地区整体年太阳辐射量大，太阳能资源丰富，适宜发展使用太阳能	太阳能资源为极富带、丰富带、较富带。其中西藏南部地区主要为极富带，新疆南部地区为丰富带，华北地区为丰富带及较富带。寒冷地区整体年辐射量较大，较适宜发展使用太阳能	太阳能资源为较富带、一般带。其中四川盆地为一般带，其余华中华东大部分地区为较富带。夏热冬冷地区整体太阳能资源一般，可适当考虑使用太阳能	为太阳能资源较富带。整体太阳能资源一般，可适当考虑使用太阳能
	适宜太阳能系统	气候特点为冬季漫长寒冷，采暖负荷较大，夏季有小部分制冷需求。供热需求较大，有热水需求，应以太阳能采暖及热水系统为主。同时辐射特点为春夏秋季丰富，但冬季缺乏，与能耗波峰相对，应考虑太阳能的季节储存利用		气候特点为冬季寒冷，夏季炎热；既需制冷，也需采暖与热水需求。能耗与温度季节有相关性，与辐射量变化趋势基本一致，应灵活选择太阳能利用模式	气候特点为夏季漫长炎热；制冷负荷较大，有较大电力及热水需求。能耗与温度季节有相关性，与辐射量变化趋势基本一致，应以太阳能发电系统或光伏光热系统为主

续表

		严寒地区	寒冷地区	夏热冬冷地区	夏热冬暖地区
热泵供能模式	热泵潜在冷热源种类	土壤源	空气源、土壤源	空气源、地表水源和土壤源	空气源、水源和土壤源
	适宜热泵类型	冬季地表水温度较低，可利用的温差较小，限制了水源热泵的供暖设备应用。空气源热泵系统在严寒地区的低温制热性能同样也不理想。土壤源热泵供热系统较优，但在应用时需进行热补偿（太阳能等辅助供暖），优化地埋管设计和增加辅助设备	冬季地表水温度较低，可利用的温差较小，水源热泵的供暖设备应用性较低。空气源热泵系统在寒冷地区应用时需要解决换热器表面空气凝结结霜问题。土壤源热泵供热系统较优，但在应用时需进行热补偿（太阳能等辅助供暖），优化地埋管设计和增加辅助设备	夏热冬冷地区地表水温变化幅度较小，适合发展地表水源热泵技术。空气源热泵在冬季制热工况下时，需处理好换热器表面空气凝结结霜问题。由于该地区供冷和供暖天数大致相同，（当冷负荷较大时，可结合冷却塔辅助冷却）采用地源热泵技术，则可以充分发挥大地的蓄能作用，起到显著的节能效益	夏热冬暖地区冬季供暖时间较短，一般大约为2个月。采用地源热泵技术供暖的成本及实现条件要求都较低，是较佳的能源利用方式。大部分地区雨量丰富，丰富的地表水资源是很好的冷热源。适合应用水源热泵采暖系统

6.2.1.1　太阳能资源利用模式关键设计技术验证

　　基于我国太阳能资源地域分布差异，为研究确定我国太阳能资源在不同地域气候及公共建筑类型上的利用潜力。笔者最终以降低传统化石能源使用为标准，研究选择太阳能保证率作为关键评估指标，以量化不同气候区及不同类型公共建筑能耗的太阳能供给潜力，科学有效地为特定气候区绿色公共建筑用能模式提供设计参考。

　　通过研究收集各个气候区的太阳辐射量，统计资源分布状况。通过典型模型的能耗性能模拟，得出不同气候区、不同公建类型的采暖制冷能耗及负荷。而后基于统计所得太阳能资源的时空分布，计算出被动式条件下太阳能的有效集热量，并结合现有技术条件下太阳能设备转换效率计算出应用主动式太阳能光热系统的有效集热量，以及太阳能光伏系统的发电量。基于如上资源与负荷的计算与模拟结果匹配得出不同气候以及不同类型的公共建筑的太阳能采暖保证率，以及部分地区的制冷保证率。最后，基于得出的主被动太阳能制冷与采暖的保证率结果，针对各气候的典型公建类型提出合理的用能模式设计技术策略。

模拟设置

1）辐射资源计算方法

目前，常用的气象数据搜集工具包括NASA和METEONORM地面辐射数据库。NASA地面辐射数据库首先是通过卫星测试数据得到大气层的辐射，该步骤精确度较高。然后基于云层分布图、臭氧层分布图、悬浮颗粒物分布图等数据，通过复杂建模运算得到地表水平面总辐射数据，该步骤准确度受较多因素的制约。首先，卫星的传感器不能分辨云层覆盖和地面雪覆盖之间的区别；第二，在靠海、山区及有大型水体的区域，传感器的准确度较差；第三，云层对辐射的影响很难准确计算；第四，气溶胶的辐射的影响很难准确计算。而METEONORM是全面的气象计算软件，具备世界各地气象站众多数据库，同时具备大量国际研究机构开发的计算模型。主要功能为可在任何需要的位置上任意取向表面的太阳辐射计算方法。综合考虑，选择METEONORM7.3作为本研究辐射量分析收集工具对各气候区辐射状况进行统计[5]。

2）基准模型与负荷能耗计算方法

考虑到研究结果对公共建筑的普适性，模拟的基准模型选用典型中心式商业建筑模型和铁路客运站模型，分别代表了以中庭类中厅高大空间为核心辐射贯通周边小型功能空间的中央围合式公共建筑类型，以及单一大体量公共高大贯通空间为边界，上覆统领下方小型功能空间的大跨上覆式公共建筑类型。典型中心式商业建筑模型参照前述5.2.1中的模型参数建立，铁路客运站模型建筑基本尺度240m×192m，建筑高三层，层高5.1m，其中辅助用房两层、中庭三层。考虑到以典型商业建筑模型为代表的中庭类中厅高大空间为核心的公共建筑类型普遍采用该较小或较大的窗墙比，故分别为其设置了窗墙比0.1和0.9的模型。建筑的各项能耗均采用以Energy Plus为计算引擎的DesignBuilder完成能耗模拟（图6-11）。

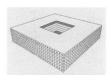
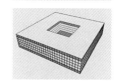
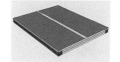

3）太阳能保证率计算方法

太阳能采暖保证率是指有效太阳能热量与供给建筑物耗热量之比。太阳能保证率不仅和太阳能资源分布相关，同时也与建筑类型、设计导致的建筑负荷直接相关。

$$f=\frac{Q_u}{Q_g}$$

f——太阳能采暖保证率。

Q_u——有效太阳能集热量。

Q_g——供给建筑物的耗热量。

图6-11　基础建筑模型

被动式太阳能采暖保证率计算方法

被动式太阳能采暖是指不借用任何机械动力,不需要专门的蓄热器、热交换器、水泵风机等设备,完全用自然的方式利用太阳能为室内采暖。被动式太阳能采暖系统也是一种热利用系统,最简单直接的办法就是利用辐射透过透明围护结构直接加热室内空气。因此,有效太阳能集热量Q_u在仅利用被动式采暖的情况下,将其热量按近似取建筑外窗太阳能增益热量,供给建筑物的耗热量Q_g,即系统采暖期总热负荷,均可由能耗模拟得出。

主动式太阳能采暖保证率计算方法

主动式太阳能采暖系统是一种倚靠机械设备辅助的采暖方式,通过集热器收集太阳能,通过储热器存蓄白天收集到的太阳能,再由管道、风机和循环泵实现太阳能与热能的转换输送热能到室内各个空间的热利用系统。主动式太阳能利用技术主要有太阳能空气采暖和太阳能热水采暖两种,由于太阳能热水采暖技术适用范围更广,且现有研究多基于热水系统,故下文太阳能采暖保证率计算亦基于主动式太阳能热水采暖系统进行。

供给建筑物的耗热量Q_g,即系统采暖期总热负荷;而有效太阳能集热量Q_u在主动式太阳能采暖系统下指集热器的有效太阳能集热量,通过下式计算得出:

$$Q_u = A_C F_R [S(\tau) - U_L(T_{f,i}(\tau) - T_a(\tau))]$$

A_C:集热器面积(m^2)。

F_R:热迁移因子,即实际换热量与最大可能换热量之比。

$S(\tau)$:吸收面吸收的太阳辐射强度(W/m^2)。

U_L:集热器热损失系数($W/(m^2 \cdot \text{℃})$),取0.2。

$T_{f,i}(\tau)$:集热器流体温度(℃)。

$T_a(\tau)$:室外空气温度(℃)。

本文研究工况为集热器均安装在屋顶,集热器面积A_C取一定值,按屋顶面积的80%计算;依据参考文献,热迁移因子F_R取0.8,集热器热损失系数U_L取0.2W/($m^2 \cdot \text{℃}$),集热器流体温度取60℃,室外空气温度依据《民用建筑供暖通风与空气调节设计规范》GB 50376—2012取值。

太阳能制冷保证率计算方法

制冷系统根据是否有机械动力驱动分为被动式制冷系统与主动式制冷系统。被动式制冷系统主要利用夜间辐射冷却的原理通过散热器向室外散热。主动式太阳能制冷系统又依据工作原理可分为太阳能空调制冷系统与太阳能光伏发电制冷系统。前者利用光热技术作为建筑制冷的驱动力,不断从建筑物内部吸取热量，常见的太阳能空调制冷系统有太阳能吸收制冷系统、太阳能吸附式制冷系统和太阳能除湿式制冷系统。后者利用光电转换后再为空调提供电力的方法进行制冷。

由于被动式制冷并非直接利用太阳能，在太阳能制冷保证率计算中仅计算主动式太阳能制冷保证率，基于国内对太阳能空调制冷系统利用尚不普遍的现状，本研究选用太阳能光伏发电制冷系统进行计算。根据上文太阳能保证率的概念可得出，太阳能制冷保证率为太阳能有效制冷量与建筑物制冷耗电量的比值，即：

$$f' = \frac{Q_u{}'}{Q_g{}'}$$

f'：太阳能制冷保证率。

$Q_u{}'$：太阳能有效制冷量。

$Q_g{}'$：建筑物的制冷耗电量。

主动式太阳能制冷保证率计算方法

发电利用是指将太阳能转化为电能，再为空调提供电力进行制冷。在本节研究中建筑物的制冷耗电量$Q_g{}'$指系统的制冷能耗，用能耗模拟得出，太阳能有效制冷量$Q_u{}'$采用被光伏组件吸收并转换成电能的太阳辐射量E_p，依据光伏组件面积估算，见下式：

$$E_p = H_A \cdot S \cdot K_1 \cdot K_2$$

H_A：水平面太阳总辐照量（kWh/m²）。

S：光伏组件面积（m²）。

K_1：组件转换效率。

K_2：系统综合效率。

其中，光伏组件面积S按照屋顶80%面积铺设光伏组件计算，组件转换效率K_1与组件选型有关，取0.154，系统综合效率K_2要考虑线路能量折减、逆变器折减、工作温度折减及其他因素折减等，经验取值为0.8。

4）其他设置

依据我国严寒地区、寒冷地区、夏热冬冷地区和夏热冬暖地区主要气候分区，同时考虑西部严寒和寒冷地区的显著辐射差异，选择哈尔滨、北京、上海、广州、乌鲁木齐和拉萨六个城市为代表城市。

①采暖保证率选择哈尔滨、北京、拉萨、乌鲁木齐和上海五个城市为代表，由于夏热冬暖地区

采暖需求量过小，在此不予讨论；上海作为夏热冬冷地区的代表，其制冷能耗远大于采暖能耗，节能策略主要考虑减少夏季得热，所以被动式采暖保证率随窗墙比的变化主要探讨了严寒以及寒冷地区，不讨论夏热冬冷地区。

②制冷保证率选择广州、上海和北京三城市为代表。制冷能耗较大的地区主要是夏热冬暖、夏热冬冷和寒冷地区。

同时，因大暑日和大寒日对典型气候年太阳能辐射极大和极小值较好的代表性，选择典型日大寒日（1月20日）和大暑日（7月23日）进行逐时辐射量分析。

研究结果：

1）地域性太阳能辐射状况

图6-12、图6-13从全年逐月辐射量、大寒日逐时辐射量和大暑日逐时辐射量三方面直观地展

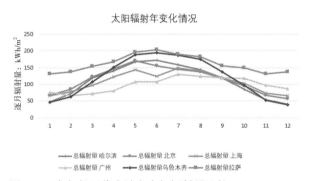

图6-12　各气候区代表城市全年辐射量比较

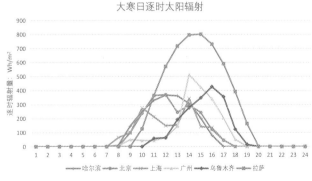

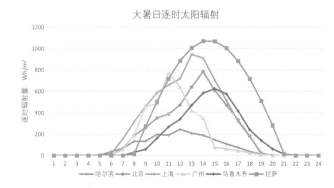

图6-13　各气候区代表性城市大寒日与大暑日逐时辐射量比较

示了六个代表城市反馈的我国不同气候区太阳能资源富集程度。

2）能耗负荷状况

依据各气候区负荷状况，可将各代表城市及代表气候区分为如下三种情况：冬季供暖需求远大于夏季制冷需求（Ⅰ类地区），如哈尔滨、乌鲁木齐和拉萨；冬季供暖和夏季制冷需求相当（Ⅱ类地区）如北京；夏季制冷需求远大于冬季供暖需求（Ⅲ类地区）如上海和广州。这样的基于不同能耗情况而进行的分类可以为进一步的模拟研究提供合理的气候分组。这里基于以上采暖制冷能耗与太阳辐射量的初步匹配，对四大气候区六个城市进一步分类。

①对于采暖保证率选择严寒以及寒冷地区的四个城市作为研究对象，因为这些地区的采暖能耗占据总能耗的比重较大，也就是Ⅰ类地区和Ⅱ类地区。

②对于制冷保证率优先选择夏热冬冷和夏热冬暖地区作为研究对象，由于北京作为寒冷地区的代表，制冷总能耗较大，所以也进行了相应的模拟验证，也就是上文的Ⅱ类和Ⅲ类地区。

照明负荷各气候区相差不大，且总负荷占比不高，因此，太阳能利用对所验证建筑负荷的补足主要集中于采暖与制冷负荷。图6-14清晰地展示了六个代表城市反馈的我国不同气候区全年太阳能资源水平与其负荷水平匹配情况。结果显示，各代表性城市与气候区全年太阳能辐射资源与各自商业建筑和铁路客运站负荷水平均较为匹配，拉萨地区全年太阳能辐射水平较为突出，显著高于其负荷水平。

3）太阳能保证率

依据上文保证率的计算方法、太阳辐射数据收集以及建筑能耗的模拟，分别验证了商业建筑和铁路客运站建筑的太阳能采暖保证率和太阳能制冷保证率。

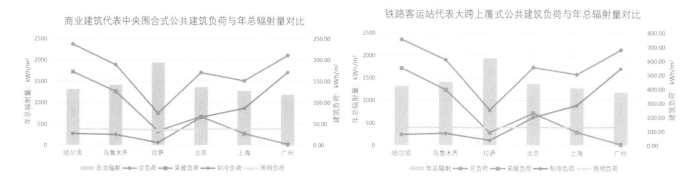

图6-14　各气候区代表性城市商业、铁路客运站类公共建筑全年辐射量与负荷对比

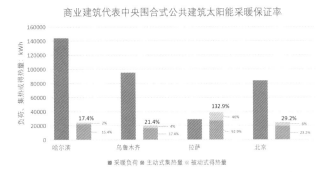
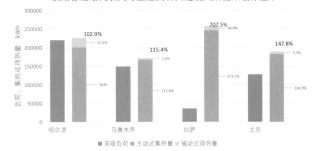

图6-15 各气候区代表性城市商业、铁路客运站类公共建筑太阳能采暖保证率

太阳能采暖保证率

结果显示，商业建筑只有拉萨的采暖保证率超过了100%，达到132.9%，其余地区太阳能得热量均接近此值，但由于采暖负荷不同，最终导致了保证率的差异。哈尔滨的采暖负荷最高，太阳能采暖保证率也达到了17.4%。

总体可见，铁路客运站的采暖保证率远高于商业建筑。铁路客运站的主动式太阳能保证率相较于商业建筑有了很大提高，这主要归于铁路客运站相较而言巨量的屋顶集热面积以及增加有限的采暖能耗。被动式采暖保证率除哈尔滨的铁路客运站相较于商业建筑由2%提升到11.9%，其他城市两种类型建筑相差不大。各气候区铁路客运站的太阳能采暖保证率均超过了100%，拉萨更是达到了707.5%，对于铁路客运站这类建筑完全可以利用太阳能满足采暖需求，拉萨地区的铁路客运站因较大的采暖集热富余量甚至可考虑多级利用（图6-15）。

特别考虑到窗墙比变化过程中，以屋面集成为主的主动式集热与发电没有显著变化，但被动式得热有较大增益，可显著提升被动式保证率基本状况，故选择实际案例中，针对窗墙比变化较大的商业建筑（窗墙比0.1~0.9范围内显著变化）特别探究了其被动及总体太阳能采暖保证率随窗墙比的变化情况。

结果显示，严寒及寒冷地区四个代表性城市的商业建筑窗墙比越高，太阳能采暖保证率越高。在太阳能资源最丰富的拉萨，增加窗墙比对提升太阳能采暖保证率效果最显著，当窗墙比达到0.9时，被动式太阳能技术完全可以保证室内采暖需求。与此同时，在各个气候区，窗墙比由0.1到0.9过程中采暖负荷随窗墙比变化不大，但太阳能有效集热量有了大幅的提升，使得采暖保证率都有了很大提升（图6-16）。

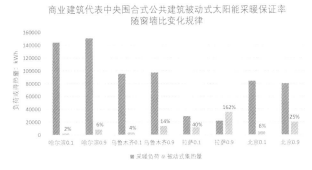

商业建筑代表中央围合式公共建筑被动式太阳能采暖保证率
随窗墙比变化规律

图6-16　各气候区代表性城市商业类公共建筑太阳能采暖保证率随窗墙比变化情况

而铁路客运站因为窗墙比几近相同，故未对其窗墙比变化情况下保证率做进一步验证分析。

综上，严寒与寒冷地区均较适宜采用太阳能采暖举措，但各公共建筑类型，除拉萨为代表的寒冷地区外，各气候区若需实现较为有效的太阳能采暖供给，除充分利用被动式太阳能采暖外，仍需采取较为充分的主动式采暖举措。以铁路客运站建筑为代表的大跨上覆式公共建筑类型，在采取主被动结合太阳能采暖举措后，均可充分保证建筑的采暖需求，商业建筑在采取主被动结合太阳能采暖举措后，仍需其他的辅助采暖能源供给。

以商业建筑为代表的中央围合式公共建筑类型而言，以拉萨为代表的寒冷地区仅选择充分的被动式采暖即可取得较为有效的采暖效果，而各严寒地区，以及北京为代表的寒冷地区，仅采取被动式采暖效果较为有限，依然需要结合主动式采暖进行一定的补足。

以铁路客运站建筑为代表的大跨上覆式公共建筑类型而言，以哈尔滨为代表的严寒地带和以拉萨为代表的寒冷地区仅选择充分的被动式采暖即可满足一定的采暖效果，而以乌鲁木齐为代表的严寒地区，以及北京为代表的寒冷地区，仅采取被动式采暖的采暖效果较为有限，依然需要结合主动式采暖进行一定的补足。且拉萨为代表的寒冷地区的主被动太阳能采暖资源非常丰富，除满足自身采暖需求外还可实现较多的富余。

太阳能制冷保证率

商业建筑以北京和上海为代表的寒冷地区和夏热冬冷地区，由于相对有限的制冷负荷，太阳能制冷保证率相对较高，而以广州为代表的夏热冬暖地区，由于制冷负荷高，而太阳能发电量并无显著的提升，因此太阳能制冷保证率更低。

而铁路客运站各气候区情况类似，以北京为代表的寒冷地区的制冷保证率最高达到50.21%，其次是以上海为代表的夏热冬冷地区36%，而以广州为代表的夏热冬暖地区制冷保证率仅为14.35%（图6-17）。

综上，较适宜使用太阳能光伏发电制冷的气候区为寒冷地区和夏热冬冷地区，夏热冬暖地区由于较低的保证率，建议根据实际情况权衡判断。以铁路客运站为代表的大跨上覆式公共建筑类型相较于以商业建筑为代表的中央围合式公共建筑类型，更适宜选用太阳能光伏发电制冷技术。

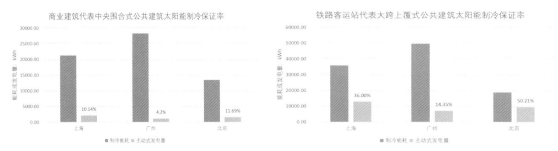

图6-17　各气候区代表性城市商业、铁路客运站类公共建筑太阳能制冷保证率

6.2.1.2　浅层地热能资源与负荷匹配关键设计技术验证

浅层地热能是一种积蓄在地下（0～200m）岩土、地下水和地表水中的无形资源，可通过地源热泵系统提取，用于为建筑物供热或者制冷。浅层地热能分布范围广、储量丰富、方便开发等特点，通过热泵技术满足建筑物制冷与供暖需要，可非常有效地减少对常规能源的依赖。依据《地热能开发利用"十三五"规划》目标，2020年，在我国利用浅层地热供暖及制冷的建筑面积累计达16亿m²，地热能利用总量相当于替代7000万t标准煤，减排二氧化碳1.7亿t。浅层地热能开发利用对我国调整能源结构、发展低碳经济、实现可持续发展具有重要意义。地源热泵系统是指通过输入少量高品位能源从而能使低品位热能向高品位热能转移的装置。地源热泵系统由浅层地热采集系统、换热系统、热泵机组和室内末端设备组成。利用地源热泵系统，公共建筑可有效降低建筑的综合能耗。

基于我国浅层地热能资源地域分布差异，为研究确定我国浅层地热能资源在不同地域及公共建筑类型上的利用潜力。笔者通过研究选择浅层地热能保证率作为关键评估指标，以量化不同气候区及不同类型公共建筑能耗的浅层地热能供给潜力，为特定气候区绿色公共建筑用能模式提供设计参考。

研究通过关键文献分析，收集我国各气候区代表城市的浅层地热能能量密度数据，统计资源分布状况。基于前述相同的典型模型的能耗性能模拟不同气候区、不同公建类型的采暖制冷能耗或负荷。而后通过如上资源与负荷的计算与模拟结果匹配得出不同气候以及不同类型的公共建筑的浅层地热能保证率。最后，针对性给出各气候的典型公建类型，基于浅层地热能资源分布状况的合理用能模式，设计技术策略。

计算设置

全国各省可有效利用的浅层地温能采用热储法计算，浅层的地热资源量按下式计算。

$$QR=CAd（tr-tj）$$

式中，*QR* 为地热资源量（kcal）；*A* 为热储量面积（m²）；*d* 为热储厚度（m）；*tr* 为热储温度（℃）；*tj* 为基准温度（℃）（即当地地下恒温层温度或年平均气温）；*C* 为热储岩石和水的平均热容量[kcal / （m³·℃）]。按照城市建筑面积系数50%、可采系数30%、可利用效率25%，同时考虑到浅层地温能利用深度的不均一性，将其可利用深度按50m处理计算。建筑的能耗负荷同样由模拟得出，由此可进一步计算出浅层地热能的保证率[6]。

研究结果

各气候区浅层地热能保证率如下：

结果显示，夏热冬冷地区的建筑可利用浅层地热能绝对数量较高，但是由于建筑负荷也高，所以整体上保证率偏低。寒冷地区的建筑可利用浅层地热能相对于夏热冬冷地区较少，但因相应负荷较低，因此寒冷地区的保证率达到了最高，其中相对最高的是济南为代表的地区，最低的则是西安为代表的地区。严寒和夏热冬暖地区的地热能较少，而负荷较高，因此这两个地区的保证率普遍偏低，但沈阳地区代表的严寒地区保证率相对良好。

相较于商业建筑，铁路客运站因具有更大的占地面积及相应的浅层地热能总量，及相对提升有限的建筑负荷，可实现更高的浅层地热能保证率。总体而言，铁路客运站的浅层地热能保证率普遍达到了商业建筑的两倍左右（图6-18）。

综上，基于全年资源负荷，寒冷地区和以沈阳为代表的严寒地区相对较适合利用浅层地热能满足建筑负荷，其余严寒地区，以及夏热冬冷、夏热冬暖地区相对不适宜利用满足建筑负荷。同时总体而言，以铁路客运站为代表的大跨上覆式公共建筑类型相较于以商业建筑为代表的中央围合式公共建筑类型，更适宜利用浅层地热能满足建筑负荷。

6.2.2 主动式实体的一体化设计过程

由于我国人才培养学科设置、设计机构专业工种设置，以及相关产业的发展特点，目前，我国从事主动式实体设计的多为暖通空调与机电工程师，建筑师在主动式实体设计的过程中参与度较低，在建筑设计过程中与实际主要负责工种人员的交流和对主动式实体设计结果的干预度也较低。因而建筑主动式实体的设计呈现多工种、各自为政的现实状况，尤其建筑师在主动式实体设计过程中发挥的作用远不及实际所需；同时，主动式实体的实际设计应用呈现"附加式"增设，即主动式设备实体的设计未充分考虑与建筑的结构、围护、构造等实体的重复实体配置，造成实体的生产能

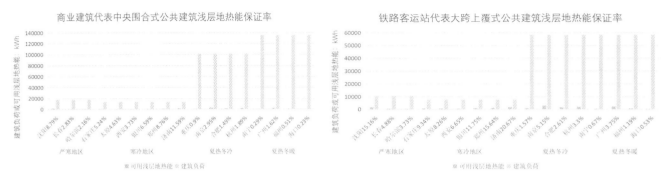

图6-18   各气候区代表性城市商业、铁路客运站类公共建筑浅层地热能保证率

源资源浪费，功能重复，以及占用过多空间等实际问题；同时呈现"表面性"干预，即主动式末端实体的设计未充分考虑与建筑的全局与单一空间产生冷、热、空气等交换的环境影响效果，导致主动式实体对建筑空间环境影响低效；另外，还同时呈现"机械式"配置，即主动式实体系统与设备选型未充分考虑建筑的实际地域、气候与空间规模、形式等应用边界条件，导致主动式实体模式系统的选型错配等实际应用问题。

依据我国建筑设计过程的方案生成过程与产业现状，主动式实体实际产生的应用逻辑，以及建筑要素与主动式技术的相互关系，本研究提出匹配建筑师视角与使用习惯，设计过程操作可行性的新型主动式实体设计流程方案（图6-19）。通过设计过程深入分析，提出了两个主要阶段、十方面设计内容的主动式设计模式，揭示了主动式的实体融合性设计原理。考虑到可再生能源利用与暖通空调系统当前在主动式实体应用中的主导地位，该方案主要以可再生能源实体集成、暖通空调系统末端空间影响为主。

研究提出了匹配建筑师视角与使用习惯，设计过程操作可行性的新型主动式实体设计流程方案（图6-10）。该方案依据设计过程中涉及的主要建筑要素以及主动式实体设计涉及的设计深度，将主动式实体设计过程分为方案设计、技术设计两个主要阶段，分别对位于绿色建筑设计流程的方案设计以及初步与施工图设计。主动式设计的两个阶段设计过程界定了方案设计的用能需求、集成位置形态性控制四个方面设计内容；以及技术设计的系统选型、效率容量、组件类别、组件物性、组件外观、末端控制六个设计内容。

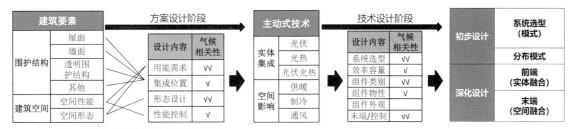

图6-19 新型主动式实体设计流程方案图

6.2.3 适应不同气候区的主动式前端实体融合一体化关键技术

6.2.3.1 太阳能集成模式关键设计技术

研究的光伏组件为例，基于我国不同光气候特点，总结适宜各气候区的太阳能光伏组件集成模式设计要点如表6-3所示。

适宜各气候区的太阳能光伏组件集成模式设计要点

表6-3

			严寒地区	寒冷地区	夏热冬冷地区	夏热冬暖地区
光气候条件		纬度	大多分布在高纬度区	基本集中在中纬度地区	中低纬度区	低纬度区，北回归线附近
		太阳高度角	冬季太阳高度角低		夏季较大，冬季较小，全年差异大	夏季太阳高度角高（存在直射现象）
		全年太阳辐射总量	严寒和寒冷地区地域面积较大，太阳能资源为极富带、丰富带、较富带。整体全年太阳辐射量大，太阳能资源丰富		夏热冬冷地区太阳能资源为较富带、一般带。全年太阳辐射总量一般	夏热冬暖地区为太阳能资源较富带。全年太阳辐射总量一般
太阳能集成模式	建筑类型 / 大面积单/低层建筑	平屋顶	立面面积小，故主要依靠建筑屋顶利用太阳能，因为太阳高度角较低，应以BAPV附加式为主，组件满足适当的倾斜角度		立面面积小，故主要依靠建筑屋顶利用太阳能，因为太阳高度角全年变化较大，BAPV和BIPV两种模式均可，可视成本和实际情况选择	立面面积小，故主要依靠建筑屋顶利用太阳能，因为太阳高度角较高，应以BIPV形式为主
		图示				

续表

				严寒地区	寒冷地区	夏热冬冷地区	夏热冬暖地区
太阳能集成模式	建筑类型	大面积单/低层建筑	坡屋顶	立面面积小，故主要依靠建筑屋顶利用太阳能，因为太阳高度角较低，可根据建筑屋面实际坡度选择采用BIPV模式，降低成本	立面面积小，故主要依靠建筑屋顶利用太阳能，因为太阳高度角全年变化较大，屋面上采用BAPV和BIPV两种模式均可，可视成本和实际情况选择	立面面积小，故主要依靠建筑屋顶利用太阳能，因为太阳高度角较高，考虑采用一定倾斜角度的BAPV附加式模式，以取得更大的得热面，提高太阳能综合利用效率	
			图示				
		高层、超高层建筑	/	屋面面积小，故主要依靠建筑立面利用太阳能，因为太阳高度角较低，应主要考虑BIPV光伏幕墙	屋面面积小，故主要依靠建筑立面利用太阳能，因为太阳高度角全年变化较大，立面上采用BAPV和BIPV两种模式均可，可视成本和实际情况选择	屋面面积小，故主要依靠建筑立面利用太阳能，因为太阳高度角较高，应主要考虑立面的BAPV水平遮阳	
			图示				
		多层建筑	/	建筑屋面和立面面积近似，因为太阳高度角较低，立面上应主要考虑BIPV光伏幕墙，屋面可根据建筑坡度采用BIPV和BAPV模式	建筑屋面和立面面积近似，因为太阳高度角全年变化较大，立面上采用BAPV和BIPV两种模式均可，可视成本和实际情况选择	建筑屋面和立面面积近似，因为太阳高度角较高，立面上应主要考虑BAPV水平遮阳，屋面可根据建筑坡度采用BIPV和BAPV模式	
			图示				

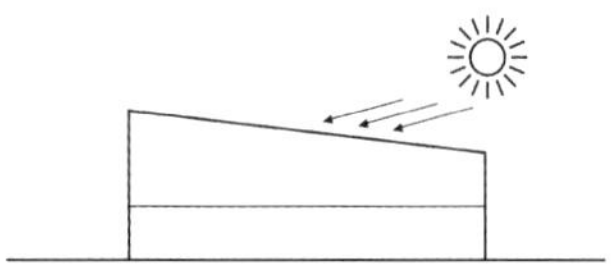

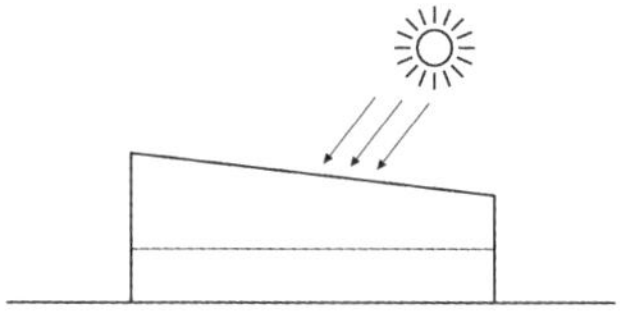

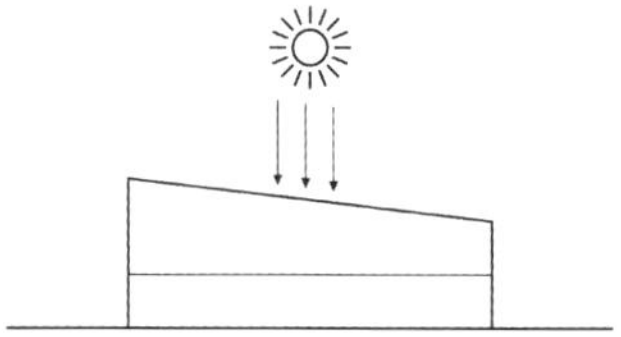

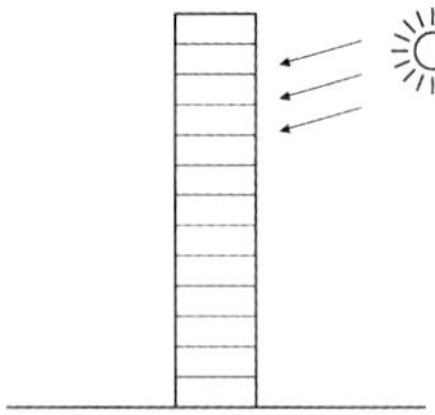

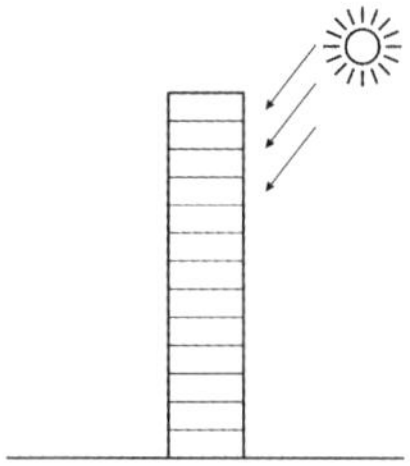

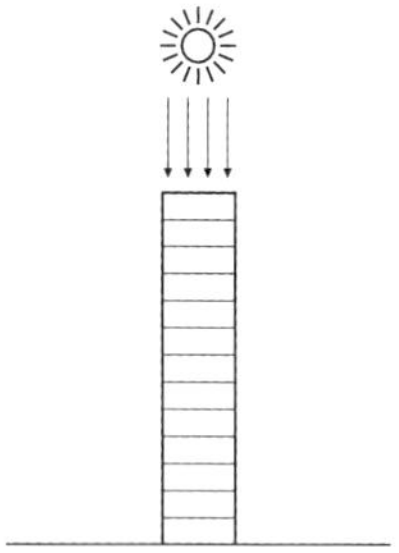

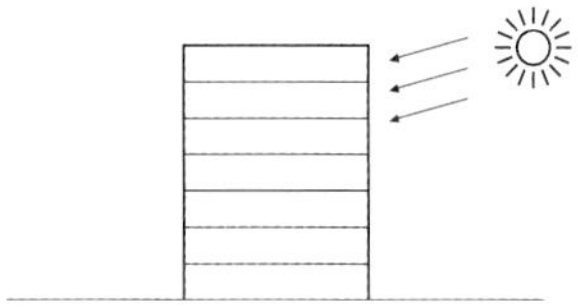

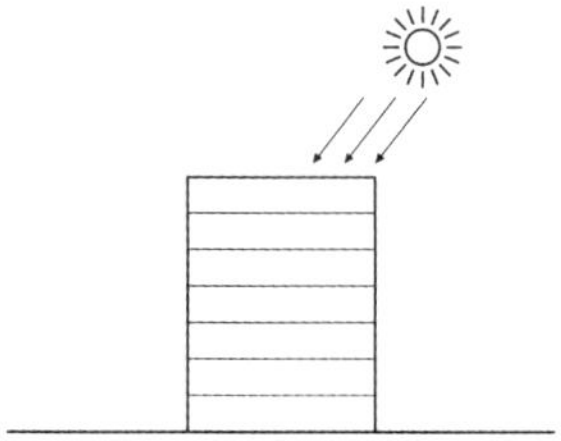

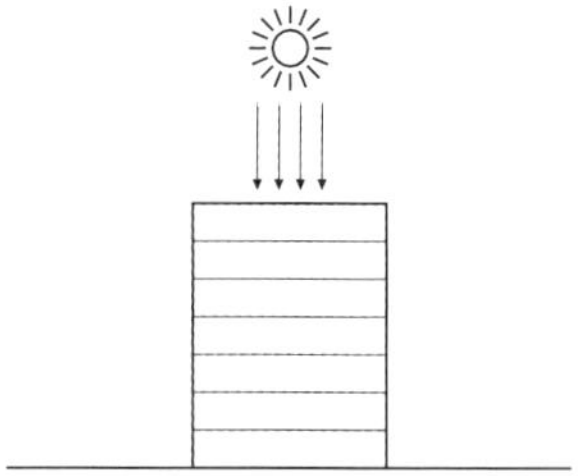

6.2.3.2 太阳能组件与围护结构一体化关键设计技术验证

研究选取当下公共建筑中应用更为普遍的屋顶光伏天窗一体化应用模式与场景，以具有较大屋面面积，最适宜应用光伏组件一体化的铁路客运站房为代表的大跨度开敞式高大空间建筑模型为例，针对采用不同天窗面积比、不同光伏集成天窗类型的建筑能耗影响，基于EnergyPlus通用计算引擎进行了仿真模拟分析研究，深入分析比较了严寒地区、寒冷地区、夏热冬冷和夏热冬暖地区四个气候区下，天窗类型分别为两种预设基准玻璃和六种预设半透明光伏玻璃的高铁站建筑在不同天窗面积比下的建筑能耗。根据模拟结果，以高铁站建筑为例，提出各典型气候区选用天窗面积比和天窗类型的具体策略，为不同气候区半透明光伏组件的实体一体化关键设计技术的验证提供了示例。

模拟设置

1）基准模型信息

为控制变量，除各城市的制冷和采暖季划定外，不同气候区的模型采用同样的尺度和参数设置。如6.2.1中所述的铁路客运站模型相同，建立如图6-20所示的铁路客运站典型模型。

除天窗外的透明和非透明围护结构的参数按照表6-4设置。由于不同气候区围护结构的参数要求差异较大，为控制变量，表6-3中外墙、外窗的参数满足《公共建筑节能设计标准》GB 50189—2015中所有气候区进行围护结构热工性能权衡判断的基本要求。外墙综合传热系数为0.350 W/（m²·K）。

图6-20 基础建筑模型

围护结构构造说明　　　　　　　　　　　　　　　　表6-4

结构	构造层（由外及内）	厚度（mm）	导热系数[W/（m·K）]	密度（kg/m³）	比热容[J/（kg·K）]
外墙	砖	100	0.84	1600	800
	XPS挤塑板	79.5	0.034	35	1400
	混凝土砌块	100	0.51	1400	1000
	石膏面层	13	0.4	1000	1000
外窗	白玻	6	传热系数=1.322W/（m²·K）；可见光透射比=0.634；太阳得热系数（SHGC）=0.425		
	氩气	13			
	LoE玻璃	6			

另外，房间分区参数和时间表按照《民用建筑绿色性能计算标准》JGJ/T 449—2018和《建筑照明设计标准》GB 50034—2013中的相关规定设置，空调系统COP取5.0。

2）变量设置

屋顶天窗面积比设置说明

根据现行新版《公共建筑节能设计标准》GB 50189—2015中的有关规定，甲类公共建筑的屋顶透光部分面积不应大于屋顶总面积的20%，当不能满足时，必须按规定方法进行权衡判断。由上，本书将天窗面积比变化范围预设为0.05～0.20，变化步长为0.05。某些半透明光伏玻璃如晶硅材料的光伏玻璃，在窗口面积为屋顶总面积的20%时，实际的透光面积要小于20%。再考虑到光伏玻璃的发电能力增长，事实上的天窗窗口面积可以适当大于20%，在本书中这部分内容不予考虑（图6-21）。

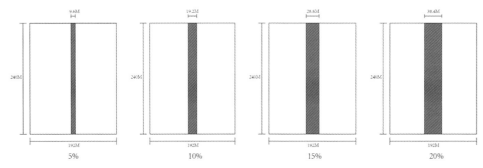

图6-21　天窗面积比设置

天窗玻璃及构造类型设置说明

研究通过美国伯克利劳伦斯实验室开发的软件工具WINDOW提取了Single和Double两种玻璃类型的光热性能参数，同时通过文献调研提取六种半透明光伏玻璃类型的光热性能参数，分别是：c-Si Ⅰ、c-Si Ⅱ、a-Si Ⅰ、a-Si Ⅱ、a-Si Ⅲ、cdTe。它们的构造类型以及光热性能参数梳理见图6-22和表6-5。

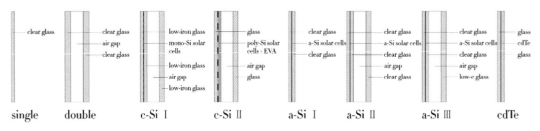

图6-22　天窗构造

天窗玻璃光热性质说明

表6-5

参数	Single	Double	c–Si I	c–Si II	a–Si I	a–Si II	a–Si III	cdTe
U–value	5.913	2.703	3.5	2.827	5.497	2.635	1.621	2.7
SHGC	0.861	0.704	0.25	0.218	0.471	0.329	0.212	0.2
VT	0.899	0.786	0.42	0.138	0.153	0.26	0.221	0.25

模拟结果：

1）天窗面积比设置对能耗的影响

不同气候区的最大能耗变化率

通过32个能耗模型的模拟结果发现，在不考虑光伏天窗发电效益的情况下，计算某一天窗面积比下的不同天窗类型间最大能耗变化率 η Es时，四个气候区在四种天窗面积比下的最大能耗变化率呈现出从北向南逐渐增大的趋势。随着天窗面积比的增大，最大能耗变化率在哈尔滨从2.2%增长到8.0%，在北京从2.6%增长到9.7%，在上海从2.6%增长到12.3%，在广州从3.9%增长到13.1%。η Es具体计算结果见图6-23和表6-6。 η Es计算方法为：

$$\eta Es=（1-Emin/Emax）\cdot 100\%$$

其中：Emin=a城市b天窗面积比下最低总能耗值，Emax=a城市b天窗面积比下最高总能耗值。

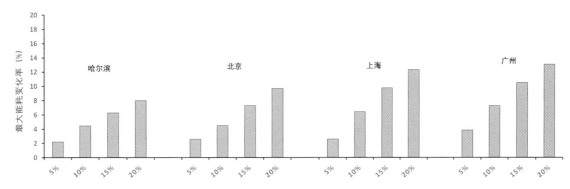

图6-23 各气候区不同天窗面积比下的最大能耗变化率

各气候区不同天窗面积比下的最大能耗变化率　　　　　　　表6-6

天窗面积比	哈尔滨	北京	上海	广州
5%	2.2%	2.6%	2.6%	3.9%
10%	4.5%	4.5%	6.4%	7.3%
15%	6.3%	7.3%	9.8%	10.5%
20%	8.0%	9.7%	12.3%	13.1%

如图6-24所示，从八种天窗的平均能耗变化来看，各气候区下应用各种天窗类型的平均总能耗随天窗面积比增大而变化的速率差距不大。

但如图6-25所示，通常透光和热性能较差的天窗类型，随着天窗面积比的增大，建筑能耗的变化曲线更加陡峭；而透光和热性能较好的天窗类型，建筑能耗随天窗面积比变化的比较平缓。这种差别在气候相对温暖的气候区要更加明显。由于天窗面积比越大带来的是发电能力呈倍数的增长，因此对于那些能耗曲线对天窗面积比变化并不敏感的半透明光伏玻璃天窗而言，设计初期可以适当选用更大的天窗面积比来进行权衡判断。

例如在北方严寒寒冷气候区，对于Single和a-SiⅠ两种类型的天窗玻璃，较高的天窗面积比会导致能耗明显高于使用较小的天窗面积比时的情况；而对于a-SiⅢ这种类型的天窗玻璃而言，使用高天窗面积比时能耗则和使用低天窗面积比时差距不大。在南方的温暖气候区，对于Single、a-SiⅠ和Double三种类型的天窗玻璃，较高的天窗面积比会导致能耗远高于使用较小的天窗面积比时的结果；而对于其余类型的天窗玻璃来说，由于天窗面积比增大带来的能耗变化并不明显，考虑到半透明光伏玻璃的发电性能，则推荐尽可能尝试设计较大的天窗洞口。

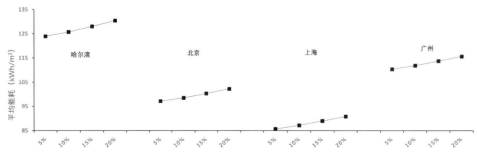

图6-24　各气候区不同天窗面积比下不同天窗玻璃的平均能耗

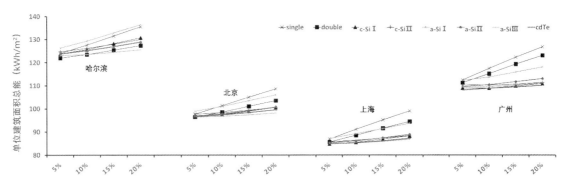

图6-25　各气候区不同天窗玻璃类型下的总能耗

另外，图6-25同时显现出，当天窗面积比增大，天窗构造类型的变化在不同气候区均会对建筑能耗产生更加明显的影响，且这种效应在南方夏热冬暖等温暖气候区更加明显。换言之在使用高天窗面积比时，同样选择光热性能较差的天窗玻璃，夏热冬暖等温暖地区的建筑相对会消耗更多的能源。因此整体而言，在南方选用较高的天窗面积比时，在选择天窗类型时相较于北方严寒地区要更加慎重。

2）不同天窗玻璃类型对能耗的影响

不同天窗类别在不同气候区的适宜性

如图6-26所示，不同天窗玻璃类型在不同的天窗面积比下的总能耗整体保持一致的变化规律；且随着天窗面积比增大，不同天窗类型之间的变化趋势更加明显。若确定天窗面积比为0.2，并且只考虑天窗玻璃类型对建筑光热性能的影响，四气候区建筑能耗由低至高的排序分别为，哈尔滨：

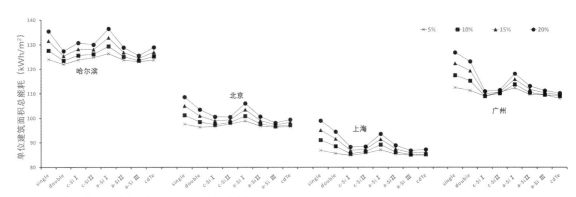

图6-26　各气候区不同天窗面积比下的总能耗

a–Si Ⅲ、Double、a–Si Ⅱ、cdTe、c–Si Ⅱ、c–Si Ⅰ、Single、a–Si Ⅰ；北京：a–Si Ⅲ、cdTe、c–Si Ⅱ、c–Si Ⅰ、a–Si Ⅱ、Double、a–Si Ⅰ、Single；上海：a–Si Ⅲ、cdTe、c–Si Ⅰ、c–Si Ⅱ、a–Si Ⅱ、a–Si Ⅰ、Double、Single；广州：cdTe、c–Si Ⅰ、a–Si Ⅲ、c–Si Ⅱ、a–Si Ⅱ、a–Si Ⅰ、Double、Single。

　　值得注意的是，在哈尔滨能耗表现较好的Double、a–Si Ⅱ，在广州的能耗表现较差，而在哈尔滨表现较差的c–Si Ⅰ，在广州的能耗表现较好。如图6-27至图6-29所示，在严寒地区，建筑更加偏好使用低传热系数，太阳得热系数较高的天窗类型；在寒冷和夏热冬冷气候区，建筑更加偏好传热系数、太阳得热系数都较低的天窗类型；而在夏热冬暖气候区，建筑更偏好低太阳得热系数，传热系数较高的天窗类型。在传热系数和太阳得热系数相似的情况下，可见光透射率更高的天窗类型的照明能耗更低，因此具有更低的建筑能耗。

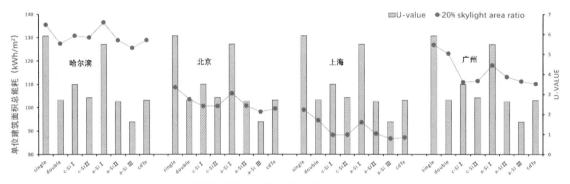

图6-27　各气候区不同天窗类型的总能耗与传热系数关联性分析

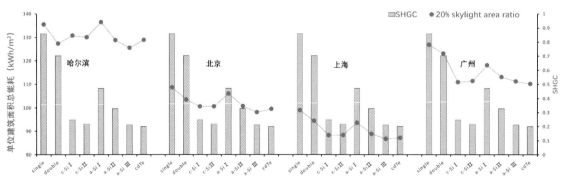

图6-28　各气候区不同天窗类型的总能耗与太阳得热系数关联性分析

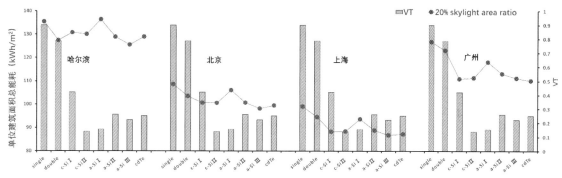

图6-29 各气候区不同天窗类型的总能耗与可见光透射率关联性分析

3）各气候区适宜的半透明天窗类型/策略

综上所述，根据模拟验证结果，导出各气候区不同天窗面积比区段下的不同玻璃类型的适宜性选用表如表6-7所示。

四个气候区不同天窗类型间的最大能耗变化率呈现出从北向南逐渐变大的趋势，在使用高天窗面积比时，同样选择光热性能较差的天窗玻璃，夏热冬暖等温暖地区的建筑比寒冷地区会带来更大的能耗变化。在北方严寒寒冷气候区，对于Single和a-Si I 两种类型的天窗玻璃，需注意不宜使用过高的天窗面积比；而对于a-Si III 等光热性能较好的天窗玻璃而言，则可以尝试较大的天窗洞口。在南方的温暖气候区，对于Single、a-Si I 和Double三种类型的天窗玻璃，均不宜设计过高的天窗面积比；但对于其余类型的天窗玻璃来说，则推荐尽可能尝试设计较大的天窗洞口。

另外，在严寒地区，低传热系数、太阳得热系数较高的天窗类型能耗表现相对最好；在寒冷和夏热冬冷气候区，传热系数、太阳得热系数都较低的天窗类型能耗表现相对最好；在夏热冬暖气候区，低太阳得热系数、传热系数较高的天窗类型能耗表现相对最好。而在传热系数和太阳得热系数相似的情况下，较高的可见光透射率被证明在各气候区都是有益的。

各气候区不同天窗面积比区段下不同天窗玻璃类型的适宜性 表6-7

气候区	天窗面积比区段	适宜类型（能耗排序前三）	不适宜类型（能耗排序后三）
严寒地区（哈尔滨）	低天窗面积比区段（5%~10%）	Double、a-Si III、a-Si II	Single、c-Si II、a-Si I
	中天窗面积比区段（15%）	a-Si III、Double、a-Si II	c-Si I、Single、a-Si I
	高天窗面积比区段（20%）	a-Si III、Double、a-Si II	c-Si I、Single、a-Si I

气候区	天窗面积比区段	适宜类型（能耗排序前三）	不适宜类型（能耗排序后三）
寒冷地区（北京）	低天窗面积比区段（5%~10%）	Double、a-Si Ⅲ、c-Si Ⅰ	Single、c-Si Ⅱ、a-Si Ⅰ
	中天窗面积比区段（15%）	a-Si Ⅲ、cdTe、c-Si Ⅰ	double、a-Si Ⅰ、Single
	高天窗面积比区段（20%）	a-Si Ⅲ、cdTe、c-Si Ⅱ	double、a-Si Ⅰ、Single
夏热冬冷区（上海）	低天窗面积比区段（5%~10%）	c-Si Ⅰ、cdTe、a-Si Ⅲ	c-Si Ⅱ、Single、a-Si Ⅰ
	中天窗面积比区段（15%）	a-Si Ⅲ、cdTe、c-Si Ⅰ	a-Si Ⅰ、double、Single
	高天窗面积比区段（20%）	a-Si Ⅲ、cdTe、c-Si Ⅰ	a-Si Ⅰ、double、Single
夏热冬暖区（广州）	低天窗面积比区段（5%~10%）	cdTe、c-Si Ⅰ、a-Si Ⅲ	double、a-Si Ⅰ、Single
	中天窗面积比区段（15%）	c-Si Ⅰ、cdTe、a-Si Ⅲ	a-Si Ⅰ、double、Single
	中天窗面积比区段（15%）	cdTe、c-Si Ⅰ、a-Si Ⅲ	a-Si Ⅰ、double、Single
	高天窗面积比区段（20%）	cdTe、c-Si Ⅰ、a-Si Ⅲ	a-Si Ⅰ、double、Single

因此，考虑到建筑的光热环境和能耗影响，在严寒寒冷地区，建筑应选用低传热系数，太阳得热系数不太低的天窗和光伏玻璃类型；而在夏热冬暖等炎热气候区，建筑则应尽量选用低太阳得热系数，传热系数不太低的天窗和光伏玻璃类型。在传热系数和太阳得热系数相似时，应考虑选用可见光透射率更高或发电效率更高的天窗和光伏玻璃类型。

6.2.4　空间融合与主动式末端一体化关键技术

主动式暖通空调实体设备系统主要包括冷热源、输配系统、供暖与制冷末端三大主要组成部分，其中主要节能潜力取决于其冷热源来源与形式，采暖与制冷区域的设置，以及采暖制冷不同末端形式的选择。

在冷热源节能上，前述6.2.1.2我国各气候区公共建筑中浅层地热能资源与利用模式章节已计算分析了我国不同气候区浅层地热能作为可再生冷热源资源的利用潜力。后文将选取典型公共建筑类型—酒店建筑，针对采暖与制冷区域的平面优化设计以及采暖制冷不同末端形式的优化选择，通过能耗性能模拟的方式进行验证。

6.2.4.1　主动式采暖制冷末端基本类型及适用空间

首先，近零能耗建筑技术标准给出了各气候区各类公共建筑的基准末端类型，但并未对各不同末端形式的特点进行详述，本研究通过文献研究与理论分析，梳理总结了我国各类常用的采暖和制冷末端应用基本形式，如表6-8、表6-9所示。

供暖末端应用基本形式[7-27]   表6-8

末端类型		末端形式
自然对流换热型末端	散热器供暖末端	优点： 散热器供暖比传统的空调更为舒适，比地板辐射供暖的室内空气温度提高速度快； 散热器供暖相对其他供暖方式成本相对较低，可以适用于不同类型的户型中； 散热器供暖不会占用房间高度空间，对层高有限的房间非常适用。 缺点： 散热器供暖容易产生空气暖和地面较凉的不舒适的状态； 散热器壁面的温度过高，常常导致周围墙面布满灰尘斑迹； 散热器占用一定的室内空间； 散热器进行包装装饰时，会给用户增加一定的经济负担； 散热器锈蚀会导致跑、冒、滴、漏的现象，使得供暖季所需的维修费用较大
	重力循环供暖末端	优点： 具有换热面积大、散热能力强、所用水温低、适用范围广、无噪声等特点； 可兼顾供暖和供冷的功能，在实际应用中克服了冬、夏两季一个建筑需安装两套设备的缺点，降低了建筑供暖设施的初投资； 可以更有效地利用低品位能源，在我国夏热冬冷地区应用最为适合； 可以暗装在夹墙中，既可以节省空间，又可以兼顾室内美观的要求，实现末端一体化设计； 其可以暗装的优势使该设备可用于现有建筑改造
受迫对流换热型末端	风机盘管供热末端	优点： 能够满足舒适性的要求； 启动的时间短，利于节能； 控制方便，通常结合室内的温控器进行调节控制，主要对风机速度和两通阀的开度进行控制，将自动控制得以有效地实现； 布置方式灵活； 供水温度低，可采用多种热源。 缺点： 风机盘管供暖室内温度均匀性差且空气较为干燥，与其他供暖方式相比热舒适性差； 风机盘管供暖相对其他供暖方式噪声较大； 风机盘管容易发生故障，在建筑中大量使用时往往会带来维修方面的困难
辐射换热型末端	低温热水地板辐射采暖末端	优点： 热舒适较好，能够给人脚暖头凉的舒适感； 地板辐射供暖相比散热器更节省珍贵的建筑面积； 地板辐射供暖的热容量大、稳定性好，系统抵抗外界干扰的能力强，在室温达20℃时，停止供热12h后室温仍可保持在18℃； 地板辐射供暖节能性好，室内设计温度可适当降低了2~3℃，比其他供暖方式节能10%~20%； 地板辐射供暖维修成本低，使用寿命在30年以上。 缺点： 地板辐射供暖为隐蔽性工程，不易维修且不宜铺设地毯； 地板辐射供暖系统加热速度慢，一般供暖季都连续运行，室内无人时，采取低温运行； 地板辐射供暖土建费用增加，造价比散热器高

续表

末端类型		末端形式
辐射 换热型末端	燃气辐射 采暖	**优点：** 具有安全舒适、经济美观、易操作、易控制、易维护、定向和迅速供暖等特点。 不但不占建筑面积，也便于布置工艺设备管道； 辐射采暖室内温度梯度较小，通过外围护结构的耗热量相对减少，能耗相对较低； 燃气辐射采暖可根据工作需要随时开启或关闭系统以节约能源，并且室内温度在 12 ~ 28℃ 范围内可任意设定； 燃气红外辐射供暖系统从根本上解决了传统供热系统的跑、冒、滴、漏和管道及其附件腐蚀问题。 **缺点：** 对于净高小于3m的狭小空间建筑不太适用

制冷末端应用基本形式[28-41]　　　　　　　　　　　　　　　　表6-9

末端类型		末端形式
自然对流 换热型末端	毛细管重力 循环供冷 末端	**优点：** 未启动除湿系统的情况下，重力循环供冷方式稳定维持室内设计温度，供冷能力能够充分满足最大冷负荷的需要； 重力循环供冷方式具有部分辐射供冷的效果，可以提高设计温度2 ~ 3℃，减少能耗； 由于蓄冷作用，重力循环供冷方式的运行比分体空调系统更加稳定，室内温度的变化也比较平稳； 平均气流速度低，无气流扰动，可有效缓解分体空调系统的噪声、"吹风感"等现象； 各使用用户可根据各自需要进行独立调节，开窗不受限制； 成本低，经济节能
	冷梁供冷 末端	**优点：** 简单紧凑，体积小，对吊顶安装空间要求低，可节省建筑空间； 相比于传统的全空气系统，风管截面尺寸小，空调机房面积小，减少了占地面积，同时降低了造价； 设备不含风机等动力运转部件，维护方便且噪声低； 安装冷梁的空调房间温度场均匀，室内无吹风感，舒适性强； 冷梁采用16 ~ 18℃的高温冷冻水，提高了冷水机组的COP，实现空调系统节能运行，降低了系统运行成本； 无排水系统，避免了霉菌滋生，提高了室内空气品质； 冷梁设备自身集成了送回风口，安装快速方便。 **缺点：** 梁在干工况下运行，失控时存在产生冷凝水的风险； 冷梁送风速度较低，室内空气循环较弱，降温慢； 冷梁末端价格昂贵，冷梁系统初投资较高
受迫对流 换热型末端	风机盘管供 冷末端	**优点：** 风机盘管安装方便，布置灵活，可独立调节室温并且对其他房间基本不产生影响； 较易适应建筑物内负荷波动时的调节需要，便于建筑物增扩空调系统； 风格盘管机型小，占用建筑空间少，节约建筑层高，并且由于没有风管，防火排烟和噪声传递问题都比较容易解决。 **缺点：** 除湿能力有限，对室内相对湿度的控制能力较差，在实际运行中经常产生夏季室内相对湿度超标的现象，故只适用于湿负荷不大的房间； 由于风机盘管分散设置在各个房间内，维修管理工作难度增大，尤其是安装有成百上千的风机盘管的大型建筑； 由于风机盘管系统要求水系统接入每一个房间，并且在盘管的除湿过程中产生凝结水，容易发生漏水和滋生病菌； 机组的静压小，难以使用高性能的空气过滤器，空气洁净度不高

续表

末端类型		末端形式
辐射 换热型末端	辐射供冷 末端	优点： 节能效果好，相比使用传统冷源的空调系统，辐射供冷系统采用温度较高的供回水，可提高制冷机的COP，节省能耗； 舒适性好，辐射供冷空调可以实现温湿度独立控制，室内空气温度比较稳定且梯度较小，无吹风感和噪声，具有良好的室内舒适性； 冬、夏季可以共用一套室内系统分别实现供热和供冷，减少初投资，提高设备的利用率； 辐射空调系统具有较高的蓄冷能力，可有效调节峰值冷负荷，减少机组容量，节约初投资； 可以有效减少对建筑物层高的降低，增加建筑物的可用空间。 缺点： 当辐射板温度低于其附近空气露点温度时，会发生结露现象； 单独使用时，没有新风，会有闷热感； 漏水修复难，且不易察觉，与传统空调相比，启动时间较长

通过文献调研，研究还梳理总结了各类换热末端基本形式的适宜应用的建筑空间，如表6-10所示。

各类换热末端适应应用建筑空间[42、43]　　　　　　　　　　　表6-10

换热末端类型	适宜应用建筑空间
低温热水地板辐射采暖末端	适合高空间、大跨度、矮窗式建筑物（如展览馆、厅堂）的供暖要求。 受海拔高度的影响更小，更适合在高海拔地区使用
燃气辐射采暖末端	适用于传统采暖方式难以解决的场合，建筑物净高3m以上的封闭式或敞开式高大空间、换气量较大的场合、其他热损失大及快速或间断时间供暖的场合
风机盘管供热末端	特别适合分户供暖的热源形式，尤其是别墅这样的独立建筑
风机盘管供冷末端	适用于温、湿度精度要求不高，房间数多且较小，需要单独控制的舒适性场所，如医院、科研机构、办公楼、休闲娱乐等公共场所
毛细管重力循环供冷末端	适用于住宅及大型公用建筑，如办公室、会议室、教室录音棚、摄影棚、展览厅及博物馆等
冷梁供冷末端	主动式冷梁适用于一般建筑，而被动式冷梁仅用于供冷建筑，对于湿度大的地方使用，均需要增加除湿系统； 不适用于游泳馆、餐厅等潜热负荷较大的场所； 不适用于实验室等室内污染源较多且需设置排风柜的场所； 不适用于医院手术室、工业洁净室等对室内换气次数要求高的场所

6.2.4.2　基于节能的采暖制冷末端一体化关键技术验证

为充分挖掘绿色公建应用典型末端形式的节能潜力，笔者选取较为适宜且已应用了地源热泵的典型公共建筑—酒店建筑，进行各气候区下基于标准末端形式（风机盘管制冷采暖）下的平面节能优化，以及基于典型平面布置下不同末端形式的节能优化分析，以期得出各自对应的平面与末端优化选择策略。

模拟设置

1）基准模型信息

模型提取

酒店建筑基准模型的总体空间形式模式，是基于我国严寒、寒冷、夏热冬冷、夏热冬暖四个典型气候区中11个代表城市的50个酒店建筑案例的基础调研而得出。经调研整理归纳，发现线性并列式、庭院式和垂直式是三种最主要的总体空间形式模式。因此，提取线性并列式、庭院式和垂直式为三种代表性典型酒店建筑总体空间形式，模型信息简介如表6-11所示。

酒店建筑基础模型简介　　　　　　　　　　　　表6-11

建筑形式	线性并列式	庭院式	垂直式
总体空间形式			
模型说明	总建筑面积为26750m²，共13层，总高度47.6m，客房呈线性延展布置。建筑功能分为营业和辅助两部分。营业部分为：接待大厅区、客房区、餐饮区、会议区和娱乐活动区，辅助部分为：办公区和后勤区。标准层为18m×60m平面	总建筑面积为22460m²，共3层，总高度19.6m，围合多个封闭庭院环绕布置。建筑功能分为营业和辅助两部分。营业部分为：接待大厅区、客房区、餐饮区、会议区和娱乐活动区，辅助部分为：办公区和后勤区	总建筑面积为23550m²，共13层，总高度49.4m，客房围绕中央核心筒布置。建筑功能分为营业和辅助两部分。营业部分为：接待大厅区、客房区、餐饮区、会议区和娱乐活动区，辅助部分为：办公区和后勤区

建筑体型系数

在不同的酒店总体空间形式下，建筑的体形系数一般会有较大不同。为排除其对于建筑能耗的影响，各模型建筑面积在误差容许范围内的前提下，调整建筑面积以控制建筑体形系数保持基本一致。按照公共建筑节能标准要求，北方地区建筑体形系数需控制在0.3以内，夏热冬冷地区的体形系数控制在0.35以内，研究控制选取的各总体空间形式体型系数均为0.12，满足规范要求。

围护结构与其他参数

酒店建筑围护结构参数设置如表6-12所示。

围护结构参数设置 表6-12

围护结构	构造层（从外到里）	传热系数 [W/（m²·K）]
外墙	水泥砂浆20mm	0.27
	挤塑聚苯乙烯泡沫板60mm	
	混凝土砌块240mm	
	水泥砂浆20mm	
内墙	水泥砂浆20mm	1.5
	加气混凝土板100mm	
	水泥砂浆20mm	
屋顶	水泥砂浆40mm	0.19
	防水层10mm	
	水泥砂浆20mm	
	聚苯乙烯泡沫板200mm	
	加气混凝土100mm	
	水泥砂浆20mm	
地面	泡沫层130mm	0.26
	加气混凝土板100mm	
	地板层30mm	

续表

围护结构	构造层（从外到里）	传热系数 [W/（m²·K）]
楼面	水泥砂浆20mm	2.48
	加气混凝土板100mm	
外窗	双层中空玻璃	0.9

依据《民用建筑绿色性能计算标准》JGJ/T 449—2018确定人员密度、照度、照明功率密度、设备功率密度、人员密度、新风量、冬夏季设定温度、照明开关时间、设备使用率、人员在室率等参数设置。

2）变量设置

首先，为确定相应最具节能潜力故而最宜应用地源热泵的酒店总体空间形式，分别为三种不同总体空间形式模拟了传统冷热源空调系统参照组能耗，以及地源热泵冷热源下应用三种不同末端系统的平均能耗，并计算各自相应节能率。

计算结果如图6-34所示，结果显示，不同总体空间形式下应用地源热泵空调系统的平均总能耗均显著低于参照组总能耗，线性并列式的平均节能率最高（64.98%），垂直式的平均节能率次之（58.23%），庭院式的平均节能率最低（45.79%）。显示总体而言不同总体空间形式应用地源热泵空调系统的节能潜力显著不同。线性并列式的节能潜力明显高于庭院式与垂直式总体空间形式。

基于以上结论，在后续的研究中选择采用线性并列式空间模式作为进一步研究基础模型，详细探究其不同内部空间组织形式及不同末端系统的节能效果（图6-30）。

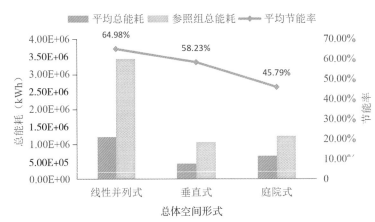

图6-30　不同总体空间形式的能耗及节能率

功能空间组织模式设置

其次，在上文选取的酒店之线性并列式总体空间形式基础上，针对标准末端形式下的平面节能优化，统一选取风机盘管进行制冷采暖末端设置，并进行其内部功能空间组织布置的细化，在满足功能要求的前提下，设置三种不同内部空间组织模式，如表6-13所示。对主要基于大堂、餐厅等高大空间不同相对位置的三种平面功能空间组织形式下能耗表现进行了模拟分析验证。

内部功能空间组织模式 表6-13

	功能空间组织模式 A	功能空间组织模式 B	功能空间组织模式 C
平面图	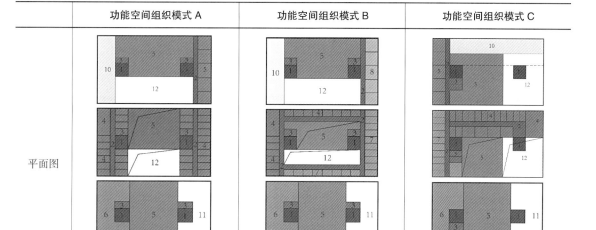		
	模电梯 2 走廊 3 辅助 4 会议 5 餐饮 6 茶室休息 7 办公 8 客房 9 宴会厅 10 厨房 11 阅览 12 门厅 13 中庭		
功能介绍	三种模式首层均为餐厅、厨房、包间和门厅。二层设置为会议和办公空间，将空间细化为不同大小的会议室和办公室。三层设置为自助餐厅、茶室休息区和阅览区。标准层设置内走廊，两侧布置客房区域。交通空间位于偏中心的位置		
	模式A与其他模式不同的是其门厅与餐厅高大通高空间并列，呈南北通透状态	模式B与其他模式不同的是将办公会议等小功能空间作为缓冲空间包围高大通高空间	模式C与其他模式不同的是门厅与餐厅高大通高空间并列布置在东南侧

采暖制冷系统末端形式设置

再次，针对典型平面布置下不同末端形式的节能优化分析，则在选取的典型平面状况下，基于目前常见的风机盘管+新风系统、主动式冷梁+新风系统、定风量系统、变风量系统、辐射吊顶/地板+新风系统等末端形式。选取三种空调末端形式：全风机盘管采暖制冷末端、地板辐射采暖+风机盘管制冷末端、地板辐射采暖+被动式冷梁制冷末端分别进行模拟分析验证。

1. 风机盘管采暖制冷末端系统

风机盘管式空调系统（图6-31）由一个或多个风机盘管机组和冷热源供应系统组成。风机盘管机组由风机、盘管和过滤器组成，它作为空调系统的末端装置，分散地装设在各个空调房间内，可独立地对空气进行处理，而空气处理所需的冷热水则由空调机房集中制备，通过供水系统提供给各个风机盘管机组。具有噪声较小、适用于旅馆客房、控制的优越性、系统分区调节控制容易、风机盘管体型小、布置和安装较为方便等特点。

2. 地板辐射采暖+风机盘管制冷末端系统

风机盘管制冷和地板辐射制热的方式（图6-32），不仅可以改善室内温度工况，保证采用辐射供暖的健康和舒适性；同时又由于风机盘管加热室内的空气比单独采用地板辐射供暖时室温上升得更快，所以克服了热惰性大，而导致室内热得慢的缺点，是一种科学利用两种末端优势的空调配置形式。制冷时，冷空气从房间上空向下方下沉，因此风机盘管送风口的设置，可以实现最好的制冷气流组织。采暖时，热空气是由下往上升的，地板采暖会首先辐射近地区域，而后热空气向上扩散，从而加热整个房间。

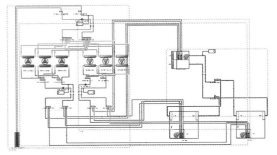

图6-31　风机盘管供暖制冷末端系统

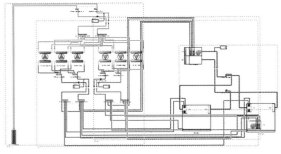

图6-32　风机盘管制冷地板采暖末端系统

3. 地板辐射采暖+被动式冷梁制冷末端系统

冷梁制冷系统（图6-33）能够提供良好的室内气候环境及单独区域的控制。但是冷梁系统对室内湿度及冷水温度的要求较高，为避免发生结露现象，应严格保证室内环境。而地板采暖由上文可知其供暖系统热舒适性较好。

模拟结果

1）典型总体空间模式下内部功能空间组织节能设计分析

风机盘管采暖制冷系统下不同内部空间组织节能分析

三种不同内部功能空间组织模式均采用风机盘管采暖制冷末端（末端一）时，在不同气候区的能耗及节能率（以模式A为参照组）如图6-34所示。由结果可知，在严寒和寒冷地区，模式B的总能耗最小，节能率最

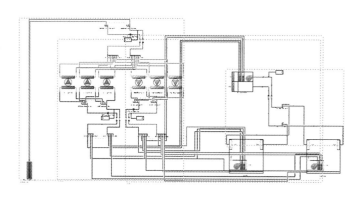

图6-33　冷梁制冷地板采暖末端系统

大，且模式B相较于其他两种模式采暖能耗下降更多。说明在严寒和寒冷地区，为更好实现典型高大空间中风机盘管采暖末端节能效果，可以使用小空间整体包围大空间的平面空间布置。夏热冬冷和夏热冬暖地区模式C的总能耗最小，节能率最大，且模式C相较于其他两种模式制冷能耗下降更多。说明在夏热冬冷和夏热冬暖地区，为更好实现典型高大空间中风机盘管制冷末端节能效果，降低夏季制冷能耗，可将典型高大通高空间并列布置在平面东南侧。

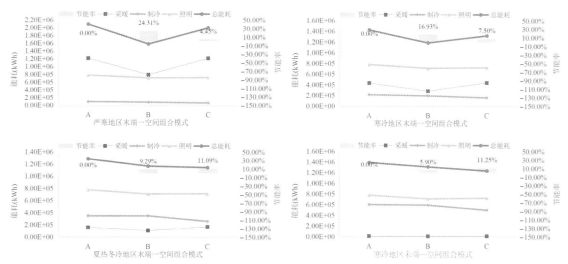

图6-34　不同气候区末端一内部空间组合模式能耗分析

地板辐射采暖+风机盘管制冷系统下不同内部空间组织节能分析

三种不同内部空间组织模式均采用地板辐射采暖+风机盘管制冷末端（末端二）时，在不同气候区的能耗及节能率（以模式A为参照组）如图6-35所示。由结果可知，各气候区均为模式B的总能耗最小，节能率最大。在严寒和寒冷地区，模式B相较于其他两种模式采暖能耗下降更多。故同样可使用小空间整体包围大空间的平面空间布置来实现严寒和寒冷地区典型高大空间中地板采暖更好的采暖效果及更好的总体节能效果。在夏热冬冷和夏热冬暖地区，模式B与模式C的总能耗和节能率相差不大，故采用风机盘管制冷末端下，采用模式B和模式C的平面形式均可。

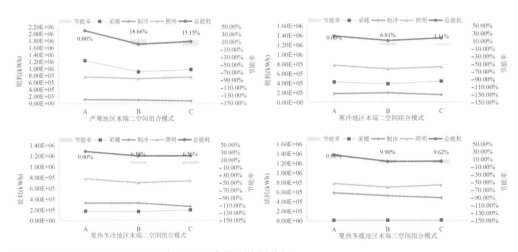

图6-35 不同气候区末端二内部空间组合模式能耗分析

地板辐射采暖+冷梁制冷系统下不同内部空间组织节能分析

三种不同内部空间组织模式均采用地板辐射采暖+被动式冷梁制冷末端（末端三）时，在不同气候区的能耗及节能率（以模式A为参照组）如图6-36所示。由结果可知，严寒、寒冷和夏热冬冷地区模式B的总能耗最小，节能率最大，而夏热冬暖地区则是模式C的总能耗最小，节能率最大。在严寒地区，模式B相较于其他两种模式采暖能耗下降更多。而在其他气候区，则受照明能耗影响较大。大空间与小空间的相对位置对建筑能耗影响较大，高大空间朝向也会影响建筑能耗。故在严寒、寒冷和夏热冬冷地区，可使用小空间整体包围大空间的平面布置，以实现更好的采暖效果，以及更好的总体节能效果。而夏热冬暖地区可将高大通高空间并置在平面东南侧，以保证更好的制冷效果与相对更低的总能耗。

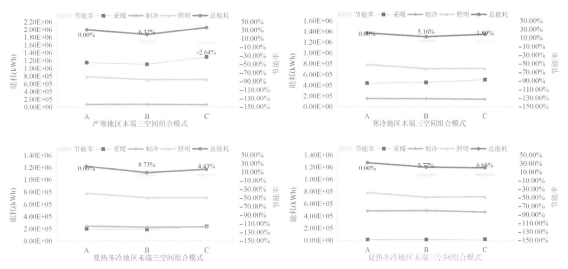

图6-36 不同气候区末端三内部空间组合模式能耗分析

综上所述，线性并列式酒店总体空间形式的三种不同末端形式下，模式B和模式C采暖制冷整体效果较好，但模式B、模式C于不同气候区的优势依旧有所不同。各气候区不同末端形式下最优内部功能空间组合模式如表6-14所示，严寒和寒冷地区各末端形式下均为模式B更为合适，而夏热冬冷和夏热冬暖地区，部分末端形式下模式C的功能空间组织布置更为合适，尤其是夏热冬暖地区，模式C的整体优势更为明显。

不同气候区不同末端形式下最优内部功能空间组合模式　　　　　表6-14

	末端一	末端二	末端三
严寒	空间组合模式B	空间组合模式B	空间组合模式B
寒冷	空间组合模式B	空间组合模式B	空间组合模式B
夏热冬冷	空间组合模式C	空间组合模式B	空间组合模式B
夏热冬暖	空间组合模式C	空间组合模式B	空间组合模式C

2）典型总体空间组织下不同末端模拟分析

空间组合模式A下不同末端系统能耗分析

首先，由于在相同空间组合模式下，末端形式不同基本不会对照明能耗产生影响，故后续分析中均不考虑照明能耗。如图6-37所示，采用功能空间组织模式A，即高大通高空间并列呈南北通透状态时，严寒和寒冷地区采用末端一总能耗最小，节能率最大（以末端一为参照组）。夏热冬冷和夏热冬暖地区则采用末端三总能耗最小，节能率最大。

比较分项能耗可知，空间组织模式A下，末端一更有利于严寒和寒冷地区降低泵的能耗；而末端三在各气候区对降低夏季制冷能耗均有优势，但不利于降低冬季采暖能耗。对比末端一和末端二的采暖能耗可发现采用风机盘管采暖末端更有利于降低采暖能耗。对比末端二和末端三的制冷能耗可发现采用冷梁制冷末端更有利于降低制冷能耗。

总体而言，采用功能空间组合模式A时，严寒和寒冷地区的末端形式选用风机盘管采暖制冷系统较为合适，夏热冬冷和夏热冬暖地区的末端形式选用地板采暖+冷梁制冷系统较为合适。

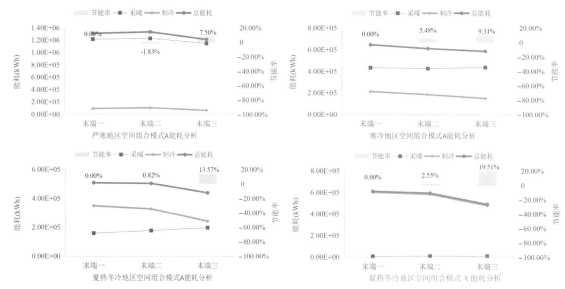

图6-37　不同气候区空间组合模式A能耗分析

空间组合模式B下不同末端系统能耗分析

采用内部功能空间组织模式B，即小功能空间包围高大通高空间时，三种不同末端系统在各气候区的能耗及节能率（以末端一为参照组）如图6-38所示。结果显示，严寒和寒冷地区依旧为采用末端一总能耗最小，节能率最大，夏热冬冷和夏热冬暖地区同样采用末端三总能耗最小，节能率最大。

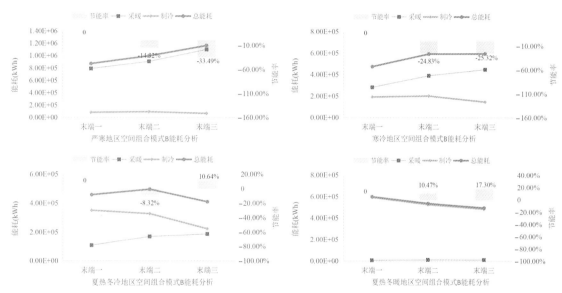

图6-38　不同气候区空间组合模式B能耗分析

比较三种不同末端系统的分项能耗可知，在内部功能空间组织模式B下，末端一在四个气候区仍可显著降低泵的能耗，且对降低冬季采暖能耗的优势较模式A时更为明显，而末端三在四个气候区对降低夏季制冷能耗依然保持优势且不利于降低冬季采暖能耗。各末端针对采暖和制冷能耗节能的优势与前述模式A时相同。

总体而言，采用空间组合模式B时，严寒和寒冷地区的末端形式选用风机盘管采暖制冷系统较为合适。夏热冬冷和夏热冬暖地区的末端形式选用地板采暖+冷梁制冷系统较为适宜。

空间组合模式C下不同末端系统能耗分析

采用内部空间组织模式C，即高大通高空间并列布置在东南侧时，三种不同末端系统在各气

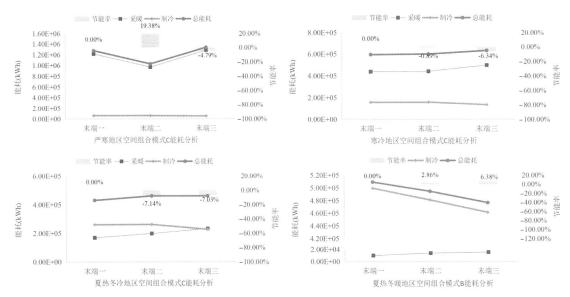

图6-39　不同气候区空间组合模式C能耗分析

候区的能耗及节能率（以末端一为参照组）如图6-39所示。结果显示，严寒、寒冷和夏热冬冷地区均为采用末端一总能耗最小，节能率最大；仅夏热冬暖地区采用末端三总能耗最小，节能率最大。

比较三种不同末端系统的分项能耗可知，在内部功能空间组织模式C下，末端一在四个气候区仍可显著降低泵的能耗，但在严寒地区对降低采暖能耗不再具有显著优势，而末端三在四个气候区对降低夏季制冷能耗依然保持优势且不利于降低冬季采暖能耗。

总体而言，采用空间组合模式C时，严寒、寒冷和夏热冬冷地区的末端形式选用风机盘管采暖制冷系统较为合适。夏热冬暖地区的末端形式选用地板采暖+冷梁制冷系统较为合适。

综上所述，在线性并列式酒店总体空间形式的三种不同功能空间组合模式下，末端一和末端三的采暖制冷整体效果较好，但于不同气候区的优势依旧有所不同。各气候区不同功能空间组合模式下最优末端形式如表6-15所示。严寒和寒冷地区各空间组合模式下均为末端一更为合适；而夏热冬冷和夏热冬暖地区各空间组合模式下则均为末端三较为合适。

各气候区不同功能空间组合模式下最优末端形式　　　　　　　表6-15

	A	B	C
严寒	全风机盘管采暖制冷	全风机盘管采暖制冷	全风机盘管采暖制冷
寒冷	全风机盘管采暖制冷	全风机盘管采暖制冷	全风机盘管采暖制冷
夏热冬冷	地板辐射采暖+被动式冷梁制冷	地板辐射采暖+被动式冷梁制冷	全风机盘管采暖制冷
夏热冬暖	地板辐射采暖+被动式冷梁制冷	地板辐射采暖+被动式冷梁制冷	地板辐射采暖+被动式冷梁制冷

6.3　基于高效用能模式与一体化优化设计的主动式实体设计技术体系

　　气候适应型主动式实体设计技术体系涵盖设计过程的各个阶段，各项设计策略具体表现内容是按照设计流程来划分，涉及方案设计、扩初设计及施工图设计3个设计阶段，主要对应采暖制冷空间优化设计、可再生能源利用设计等，如图6-40所示。采暖制冷空间优化设计下设采暖制冷空间组织优化设计、采暖制冷末端优化设计以及相应的能耗影响评估分析，可再生能源利用设计下设冷热源设计确立、太阳能利用模式设计与一体化构造设计，以及相应的能耗影响评估分析（图6-41）。下文将从绿色控制目标、技术简介、气候调节基本原理、各气候区设计策略等多个角度对各项设计技术进行表述。

6.3.1　可再生能源利用设计（Renewable Energy Utilization Design-RED）

RED1　冷热源设计确立

　　RED1-1　建筑负荷与太阳能资源匹配

【绿色控制目标】

　　实现绿色建筑能源资源节约：建筑供暖空调负荷降低比例满足《绿色建筑评价标准》GB/T 50378—2019的相关要求。结合当地气候和自然资源条件合理利用可再生能源，由可再生能源提供

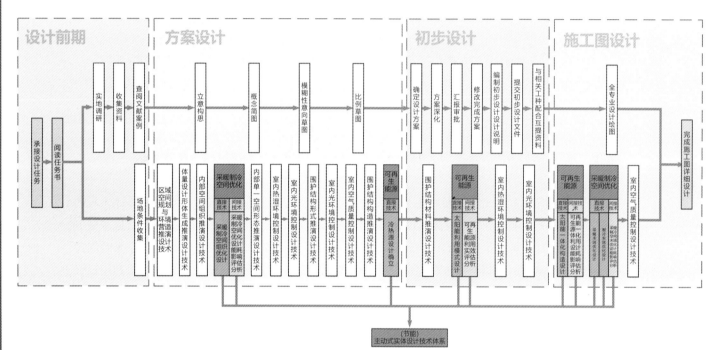

图6-40 主动式实体设计技术体系与绿色建筑设计流程关系

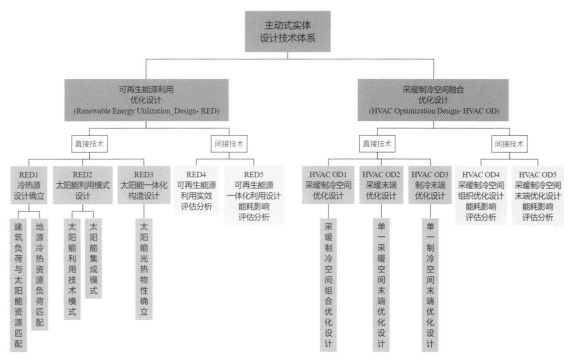

图6-41　主动式实体设计技术体系框架

的生活用热水比例Rhw宜≥20%；由可再生能源提供的空调用冷量和热量比例Rch宜≥20%；由可再生能源提供电量比例Re宜≥0.5%。

【技术简介】

在建筑方案设计中，依据不同地域的太阳能辐射资源条件与气候特点，以典型公共建筑负荷与被动式太阳能可得热量为计算基础，以最大化被动式太阳能资源利用为原则，对被动式太阳能可得热量和建筑各负荷类型与水平进行计算与匹配分析，完成被动式太阳能资源对建筑负荷的可供给能力评估，以衡量可实现对建筑的总体能耗控制水平（图6-42）。

【气候调节基本原理】

需按最大限度利用可得被动式太阳能得热资源评估其资源潜力，同时需遵循能源获取形式尽量匹配建筑负荷特性的原则，并考虑采暖季与制冷季太阳能资源的时变性与匹配变化，将采暖负荷和被动式太阳能得热资源匹配度高的地区作为适宜发展被动式太阳能热利用的重点地区。

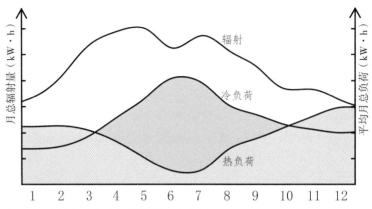

图6-42　建筑负荷与太阳能资源匹配分析

【设计参数/指标】

太阳能保证率、可再生能源利用率。

【设计策略】

设计策略如表6-16所示。

设计策略　　　　　　　　　　　　　　　　　　　　　表6-16

严寒	寒冷	夏热冬冷	夏热冬暖
严寒地区地域较广，包含太阳能资源具有差异化的极富带、丰富带、较富带。其中西藏西南部地区为极富带，新疆中部和内蒙古地区为丰富带，东北地区为较富带。该地区采暖负荷较高，制冷需求较小可忽略，采用被动式太阳能采暖可实现较高的采暖保证率，较适宜采用被动式太阳能采暖，其中西藏西南部地区尤甚	寒冷地区亦包含太阳能资源差异化的极富带、丰富带、较富带。其中西藏东、南部地区主要为极富带，新疆南部地区为丰富带，华北地区为丰富带及较富带。这些相对严寒地区采暖负荷较小，采暖保证率有进一步提升，较适宜采用被动式太阳能采暖。但因夏季同时较高的制冷负荷，在实际采用时可做权衡判断	夏热冬冷地区太阳能资源为较富带、一般带。其中四川盆地为一般带，太阳能资源匮乏，其余华中华东大部分地区为较富带。夏热冬冷地区整体太阳能资源一般，且夏季同时较高的制冷负荷，采用被动式太阳能采暖的适宜性一般，可适当考虑利用该被动式太阳能采暖，并根据实际情况权衡判断	夏热冬暖地区为太阳能资源较富带，整体太阳能资源一般，但因其制冷负荷显著大于采暖负荷，采用被动式太阳能采暖的适宜性较低

【研究支撑】

《可再生能源建筑应用工程评价标准》GB 50801—2013，第4.1.1条.

孙妍. 严寒地区低能耗建筑供热方式应用研究[D]. 长春：长春工程学院，2017.

赵志青. 夏热冬冷地区建筑外立面光伏系统一体化设计研究——以南昌为例[D]. 南昌：南昌大学，2014.

RED1-2　地源冷热资源负荷匹配

【绿色控制目标】

实现绿色建筑能源资源节约：建筑供暖空调负荷降低比例满足《绿色建筑评价标准》GB 50378—2019的相关要求。结合当地气候和自然资源条件合理利用可再生能源，由可再生能源提供的生活用热水比例Rhw宜≥20%；由可再生能源提供的空调用冷量和热量比例Rch宜≥20%；由可再生能源提供电量比例Re宜≥0.5%。

【技术简介】

在建筑方案设计中，依据不同地域的浅层地热能资源条件与气候特点，以既有常见地源热泵利用技术的能效为计算基础，以最大化浅层地热能资源利用为原则，对浅层地热能可利用资源和建筑各负荷类型与水平进行计算与匹配分析，完成浅层地热能资源对建筑负荷的可供给能力和适宜性评估，以衡量可实现对建筑的总体能耗控制水平（图6-43）。

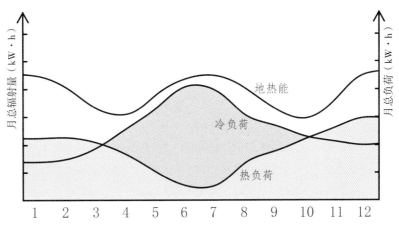

图6-43　建筑负荷与地源冷热资源匹配分析

【气候调节基本原理】

依据浅层地热能资源条件评估其对建筑负荷可供给能力和适宜性，需按最大限度利用可得冷/热源资源评估其资源潜力，同时需遵循能源获取形式尽量匹配建筑负荷特性的原则，将采暖负荷和热源资源匹配度高，以及制冷负荷和冷源资源匹配度高的地区，作为适宜发展浅层地热能的重点地区。同时需注意单一采暖和制冷负荷较高地区，应避免持续单向取热/冷造成的冷/热堆积风险。

【设计参数/指标】

冷热源采暖/制冷保证率、可再生能源利用率、需辅助冷/热源能源占比。

【设计策略】

设计策略如表6-17所示。

设计策略　　　　　　　　　　　　　　　　　　　　　　　　　　表6-17

严寒	寒冷	夏热冬冷	夏热冬暖
严寒地区主要由于采暖负荷过大，浅层地热能采暖保证率较低，但以沈阳地区为代表的严寒地区保证率相对良好，适宜发展浅层地热能，但需注意持续单向取热造成的冷堆积风险	寒冷地区可利用浅层地热能相对于夏热冬冷地区较少，但因总负荷相对较低，因此保证率相对最高，总体适宜发展浅层地热能，其中以济南为代表的寒冷地区保证率相对最高，最为适合，而以西安为代表的寒冷地区保证率则相对最低，可根据实际情况进行权衡判断	夏热冬冷地区可利用浅层地热能绝对数量较高，但由于该地区总负荷也较高，故整体而言保证率偏低。但该地区供冷和供暖天数大致相同，依然较宜采用地源热泵技术，可充分发挥大地的蓄能作用，起到显著的节能效益	夏热冬暖地区的总负荷较高，且冷负荷远大于热负荷，而浅层地热能资源较少，因此保证率普遍偏低。以铁路客站为代表的大跨度开敞式高大空间公共建筑为例，保证率最高的广州地区也只有3.8%。同时持续单向取热易造成热堆积风险，因此发展利用浅层地热能的适宜性不高，可根据实际情况权衡判断

【研究支撑】

《可再生能源建筑应用工程评价标准》GB 50801—2013，第6.1.1条.

韩宗伟，王一茹，杨军，等. 严寒地区热泵供暖空调系统的研究现状及展望[J]. 建筑科学，2013，29（12）：124-133.

王琪. 寒冷地区太阳能地源热泵供热供冷分析[J]. 暖通空调，2013（S1）：33-39.

许磊. 夏热冬冷地区地源热泵技术的应用研究[D]. 南京：南京理工大学，2013.

胡映宁，林俊，王艳，等. 夏热冬暖地区地源热泵供热制冷系统的适应性研究[J]. 建筑科学，2012（10）：9-14.

RED2 太阳能利用模式设计

RED2-1 太阳能利用技术模式

【绿色控制目标】

实现绿色建筑能源资源节约：建筑供暖空调负荷降低比例满足《绿色建筑评价标准》GB 50378—2019的相关要求。结合当地气候和自然资源条件合理利用可再生能源，由可再生能源提供的生活用热水比例Rhw宜≥20%；由可再生能源提供的空调用冷量和热量比例Rch宜≥20%；由可再生能源提供电量比例Re宜≥0.5%。

【技术简介】

在建筑方案设计中，依据不同地域的太阳能辐射资源与气候特点，以典型公共建筑负荷类型与水平、典型被动式太阳能得热计算方法、既有常见主动式太阳能利用技术模式与能效为计算基础，以最大化太阳能资源利用为原则，对被动式太阳能可得热量、主动式太阳能利用终端供热/冷量，以及其对相应建筑各负荷类型的供给水平进行计算与匹配分析，以确立满足建筑负荷供给的被动式与主动式太阳能利用技术模式（图6-44）。

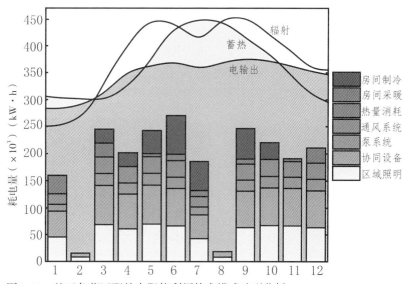

图6-44 基于负荷匹配的太阳能利用技术模式选型分析

【气候调节基本原理】

依据太阳能辐射资源条件确立供给建筑负荷的被动式与主动式太阳能利用技术模式时，应重点基于太阳能主被动综合可利用资源水平、终端能源形式与特定气候条件下负荷大小、类型的匹配程度，在尽可能充分进行被动式太阳能利用基础上，合理选择主被动太阳能利用技术与配比。在以采暖负荷为主的地区，宜充分挖掘被动式太阳能得热利用的潜力，而在需重点考虑制冷负荷的地区，宜充分采用主动式太阳能制冷或发电利用潜力，在需重点考虑照明或其他电耗负荷的地区，同样宜充分开发主动式太阳能发电的利用潜力。针对太阳能保证率水平较高的技术模式，宜重点考虑予以采用。

【设计参数/指标】

被动式太阳能采暖保证率、主动式太阳能采暖保证率、主动式太阳能制冷保证率。

【设计策略】

设计策略如表6-18所示。

设计策略　　　　　　　　　　　　　　　　　　　　　　表6-18

严寒	寒冷	夏热冬冷	夏热冬暖
严寒地区建筑采暖负荷最大，且被动式太阳能得热资源亦较为丰富，利用被动式太阳能可以很好的满足采暖需求，宜采用被动式太阳能采暖为主，辅以主动式太阳能利用补足的技术模式。如以铁路客运站为代表的大跨度开敞式高大空间公共建筑采用主被动结合的形式，可以完全满足采暖需求；以商业建筑为代表的中厅集中式公共建筑的主被动太阳能利用也有较好的保证率表现	寒冷地区建筑冬季采暖负荷较大，应充分利用太阳能在冬季采暖，兼顾夏季制冷。拉萨由于其太阳能资源非常丰富，仅用被动式就可以有很好的采暖效果。以北京为代表的地区宜采用主被动结合形式。夏季利用太阳能发电可削减制冷负荷需求	夏热冬冷地区需满足夏季制冷适当兼顾冬季采暖需求，但区域整体被动式太阳能可利用资源一般，较适合主动式太阳能采暖及制冷，建议主要利用主动式太阳能技术来有效削减夏季制冷需求。如上海地区以商业建筑为代表的中厅集中式和铁路客运站为代表的大跨度开敞式公共建筑的主动式太阳能利用，均有较好的表现	夏热冬暖地区由于制冷负荷高，而主动式太阳能可利用资源水平并无显著的提升，因此太阳能制冷保证率较低。如广州地区以商业建筑为代表的中厅集中式和铁路客运站为代表的大跨度开敞式主动式太阳能制冷保证率表现均不理想，建议根据实际情况权衡判断

【研究支撑】

《可再生能源建筑应用工程评价标准》GB 50801—2013，第5.2.2条.

聂磊. 太阳能采暖技术及其应用研究[D]. 秦皇岛：燕山大学，2014.

中国建筑科学研究院. 太阳能集中热水系统选用与安装[M]. 北京：中国计划出版社，2006.

RED2-2　太阳能集成模式

【绿色控制目标】

实现绿色建筑能源资源节约：建筑供暖空调负荷降低比例满足《绿色建筑评价标准》GB 50378—2019的相关要求。

【技术简介】

通过对太阳能一体化集成技术与方式及不同太阳能产品的性能差异分析，为建筑选择适合的太阳能产品，选择具备最佳光热性能的太阳能产品。降低建筑全生命周期的总能耗（图6-45）。

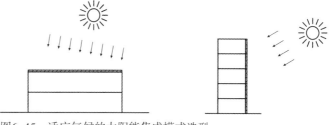

图6-45　适应气候的太阳能集成模式选型

【气候调节基本原理】

以太阳能利用技术原理、建筑光热物理与能源审计为基础，依据不同地域气候条件差异性、不同太阳能技术产能性能差异性、产品与集成方式能源生命周期表现差异性，通过建筑太阳能产品选型，设计不同的一体化集成方式、形态优化设计等，降低建筑全生命周期的总体能耗。

【设计参数/指标】

集成模式类型（平屋面/坡屋面/大立面/复合、BAPV/BIPV）。

【设计策略】

设计策略如表6-19所示。

设计策略　　　　　　　　　　　　　　　　　　　　　　　　　　　表6-19

严寒	寒冷	夏热冬冷	夏热冬暖
1. 平屋顶：建筑立面面积小，主要依靠建筑屋顶利用太阳能，因为该地区太阳高度角偏低，应以BAPV附加式为主，组件满足适当的倾斜角度； 2. 坡屋顶：建筑立面面积小，主要依靠建筑屋顶利用太阳能，因为该地区太阳高度角偏低，可根据建筑屋面实际坡度选择采用BIPV模式，降低成本	建筑立面面积小，主要依靠建筑屋顶利用太阳能，因为该地区太阳高度角全年变化较大，BAPV和BIPV都可，可视成本和实际情况选择	1. 平屋顶：建筑立面面积小，主要依靠建筑屋顶利用太阳能，因为该地区太阳高度角较大，应以BIPV形式为主； 2. 坡屋顶：建筑立面面积小，主要依靠建筑屋顶利用太阳能，因为该地区太阳高度角较大，应以BIPV形式为主	

【研究支撑】

《可再生能源建筑应用工程评价标准》GB 50801—2013，第5.2.2条.

《太阳能集中热水系统选用及安装》标准图集15S128.

RED3　太阳能一体化构造设计

RED3　太阳能光热物性确立

【绿色控制目标】

实现绿色建筑能源资源节约：建筑供暖空调负荷降低比例满足《绿色建筑评价标准》GB 50378—2019的相关要求。

【技术简介】

在建筑方案设计中，依据不同地域的气温特点，基于一体化太阳能组件的光热物性特点，通过对建筑的一体化太阳能组件的类型选择与设置，完成建筑围护结构太阳能组件的一体化选择适配设计过程（图6-46）。

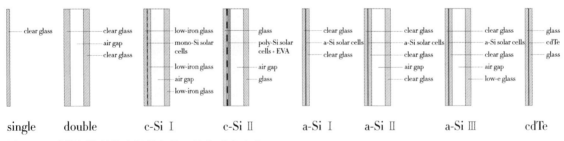

图6-46　建筑围护结构太阳能组件一体化适配选型

【气候调节基本原理】

选择设置一体化太阳能组件的类型时，应结合地域气候条件，重点考虑主要极端季辐射与散热水平控制，以冬季保温防寒为主的地区应尽量增强通过组件的室内得热，降低通过组件的传热散热，以夏季隔热防热为主的地区应尽量降低通过组件的室内得热，提升通过组件的传热散热，需兼顾冬季防寒与夏季防热的地区应综合考虑冬季与夏季的得热散热水平，依据全年采暖与制冷负荷表现做总体权衡判断。

【设计参数/指标】

组件特性（刚性、强度、透光率、透光均匀度、热物性、显色性等）。

【设计策略】

设计策略如表6-20所示。

设计策略　　　　　　　　　　　　　　　　　　　　　　　　　　表6-20

严寒	寒冷	夏热冬冷	夏热冬暖
严寒地区需要增加得热，但同时也需增强保温效果，适宜选用低传热系数，太阳能得热系数较高的半透明太阳能玻璃类型。同时在满足前两项的前提下，应尽量保证较高的可见光透射率	在寒冷和夏热冬冷地区需兼顾冬季得热保温，夏季散热之间的需求，灵活选择集成方式；适宜选用传热系数、太阳得热系数都较低的半透明太阳能玻璃类型。同时在满足前两项的前提下，应尽量保证较高的可见光透射率		夏热冬暖地区应选用低太阳得热系数、传热系数较高的半透明太阳能玻璃类型。在满足前两项的前提下，应尽量保证较高的可见光透射率

【研究支撑】

《可再生能源建筑应用工程评价标准》GB 50801—2013，第5.1.1条.

易旷怡. 太阳能光伏建筑一体化协同设计研究[D]. 北京：北京交通大学，2013.

徐燊，李保峰. 光伏建筑的整体造型和细部设计[J]. 建筑学报，2010（1）：60-63

RED4　可再生能源系统应用实效评估分析

RED4 可再生能源系统应用实效评估分析

【绿色控制目标】

实现绿色建筑能源资源节约：应结合场地可再生能源资源条件，通过计算或模拟分析等手段对建筑可再生能源应用的产能实效进行评估分析，以进一步指导其可再生能源应用决策，使建筑能耗整体水平符合国家、行业和地方现行规范中有关节能设计的要求。

【技术简介】

通过理论计算或计算机辅助工具手段，以降低建筑能耗整体水平为目的，对建筑选用太阳能、地源热泵等可再生能源系统的产能应用实效进行计算或仿真模拟分析，以对可再生能源的应用决策进行指导的设计技术（图6-47）。

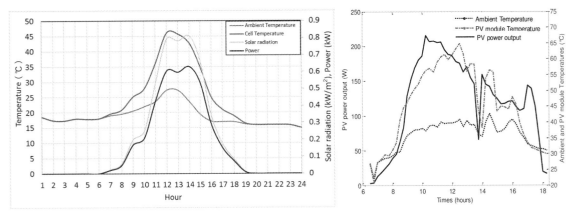

图6-47　光伏发电效率与温度变化关系

【设计参数/指标】

太阳能保证率、可再生能源冷热源保证率、可再生能源利用率、人工辅助能源占比。

【推荐分析工具】

依据附录表2-11太阳能利用分析附录总表，综合考虑施工图阶段。太阳能能源系统针对空间设计的能耗影响模拟、太阳能保证率、3D建模需求等模拟对象与计算分析的适用性要求，SU、CAD平台与模型分析设计的兼容性需求；精准计算、可视化结果表达等推演分析过程与结果的有效性需求；以及建模与边界条件设定全面深入、辅助设计的设计建议推荐、自动方案推荐或比选等设计习惯匹配度需求，重点推荐选用PVComplete等建模操作友好，计算快速结果直观，并具备自动方案比选潜力的分析工具。

【分析标准依据】

《绿色建筑评价标准》GB/T 50378—2019

第7.2.5要求：供暖空调系统的冷、热源机组能效均优于现行国家标准《公共建筑节能设计标准》GB 50189—2019的规定以及现行有关国家标准能效限定值的要求。

《公共建筑节能设计标准》GB 50189—2015

第7.2.1要求：太阳能利用应遵循被动优先的原则。公共建筑设计宜充分利用太阳能。

第7.2.5要求：太阳能热利用系统的辅助热源应根据建筑使用特点、用热量、能源供应、维护管理及卫生防菌等因素选择，并宜利用废热、余热等低品位能源和生物质、地热等其他可再生能源。

《可再生能源建筑应用工程评价标准》GB/T 50801—2013

第4.1.1要求：太阳能热利用系统的太阳能保证率应符合设计文件的规定，当设计无明确规定时，在Ⅰ资源丰富区，太阳能热水系统的太阳能保证率不应低于60%，太阳能供暖系统的太阳能保证率不应低于50%，太阳能空调调节系统的太阳能保证率不应低于45%；在Ⅱ资源丰富区，太阳能热水系统的太阳能保证率不应低于50%，太阳能供暖系统的太阳能保证率不应低于35%，太阳能空调调节系统的太阳能保证率不应低于30%；在Ⅲ资源丰富区，太阳能热水系统的太阳能保证率不应低于40%，太阳能供暖系统的太阳能保证率不应低于30%，太阳能空调调节系统的太阳能保证率不应低于25%；在Ⅳ资源丰富区，太阳能热水系统的太阳能保证率不应低于30%，太阳能供暖系统的太阳能保证率不应低于25%，太阳能空调调节系统的太阳能保证率不应低于20%。

第4.4.2要求：太阳能热利用系统应采用太阳能保证率和集热系统效率进行性能分级评价。若太阳能热水系统太阳能保证率的设计值满足第4.4.1条规范，集热系统效率的设计值不小于42%；太阳能采暖系统太阳能保证率的设计值满足第4.4.1条规范，集热系统效率的设计值不小于35%；太阳能空调系统太阳能保证率的设计值满足第4.4.1条规范，集热系统效率的设计值不小于30%；且太阳能热利用系统性能判定为合格后，可进行性能分级评价。

第5.4.3要求：太阳能光伏系统的光电转换效率应分3级，1级最高，晶硅电池光电转换效率不低于8%为3级，不低于10%为2级，不低于12%为1级；薄膜电池光电转换效率不低于4%为3级，不低于6%为2级，不低于8%为1级。

第5.4.4要求：太阳能光伏系统的费效比应分3级，1级最高，费效比CBRd不大于$3.0 \times Pt$为3级，不大于$2.0 \times Pt$为2级，不大于$1.5 \times Pt$为1级。

【对接专业、工种、人员】

基于模拟分析过程需要，在建筑师先导开展基础上，在建模与边界条件设定方面，需对接建筑物理/技术、模拟分析人员；在结果评价方面，需对接绿色建筑工程师、项目开发人。

RED5 可再生能源利用系统设计能耗影响评估分析

RED5 可再生能源利用系统设计能耗影响评估分析

【绿色控制目标】

实现绿色建筑能源资源节约：通过模拟分析等手段对建筑可再生能源利用的冷热源选用、模式选型等系统的能耗影响进行评估，以进一步指导优化其可再生能源利用的系统设计优化，使建筑能耗整体水平符合国家、行业和地方现行规范中有关节能设计的要求。

【技术简介】

通过计算机辅助仿真工具（推荐使用EnergyPlus、Transys或DesignBuilder等）手段，以降低建筑能耗整体水平为目的，对建筑的冷热源选用、太阳能利用模式等可再生能源利用的系统设计进行能耗影响模拟分析，以对可再生能源利用的系统设计进行优化的设计技术（图6-48）。

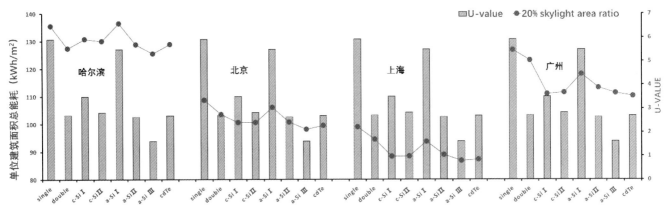

图6-48　各气候区不同天窗类型的总能耗与传热系数关联性分析

【设计参数/指标】

单位面积总能耗、建筑整体能耗。

【推荐分析工具】

依据附录2-11表太阳能利用分析附录总表，综合考虑初步设计阶段。太阳能能源系统针对空间设计的能耗影响模拟、3D建模需求等模拟对象与计算分析的适用性要求，SU、Revit平台与模型分析设计的兼容性需求；准确计算、可视化结果表达等推演分析过程与结果的有效性需求；以及建模与边界条件设定较全面、辅助设计的设计建议推荐、自动方案推荐或比选等设计习惯匹配度需求，重点推荐选用PVWatts、Trnsys、PVsyst、SolarGIS、PVSOL Premium、HelioScorpe、EnergyPlus、DesignBuilder、PVComplete等建模操作友好，计算快速结果直观，并具备自动方案比选潜力的分析工具。

【分析标准依据】

《绿色建筑评价标准》GB/T 50378—2019

第7.2.8要求：应采取措施降低建筑能耗。

《可再生能源建筑应用工程评价标准》GB/T 50801—2013

第2.0.1要求：可再生能源建筑应用在建筑供热水、采暖、空调和供电等系统中，采用太阳能、地热能等可再生能源系统提供全部或部分建筑用能的应用形式。

第2.0.2要求：太阳能热利用系统将太阳能转换成热能，进行供热、制冷等应用的系统，在建筑中主要包括太阳能供热水、采暖和空调系统。

第2.0.5要求：太阳能光伏系统利用光生伏打效应，将太阳能转变成电能，包含逆变器、平衡系统部件及太阳能电池方阵在内的系统。

《公共建筑节能设计标准》GB 50189—2015

第7.2.1要求：太阳能利用应遵循被动优先的原则。公共建筑设计宜充分利用太阳能。

第7.2.2要求：公共建筑宜采用光热或光伏与建筑一体化系统；光热或光伏与建筑一体化系统不应影响建筑外围护结构的建筑功能，并应符合国家现行标准的有关规定。

第7.2.3要求：公共建筑利用太阳能同时供热供电时，宜采用太阳能光伏光热一体化系统。

第7.2.4要求：公共建筑设置太阳能热利用系统时，在Ⅰ资源丰富区，太阳能热水系统的太阳能保证率不应低于60%，太阳能供暖系统的太阳能保证率不应低于50%，太阳能空调调节系统的太阳能保证率不应低于45%；在Ⅱ资源丰富区，太阳能热水系统的太阳能保证率不应低于50%，太阳能供暖系统的太阳能保证率不应低于35%，太阳能空调调节系统的太阳能保证率不应低于30%；在Ⅲ资源丰富区，太阳能热水系统的太阳能保证率不应低于40%，太阳能供暖系统的太阳能保证率不应低于30%，太阳能空调调节系统的太阳能保证率不应低于25%；在Ⅳ资源丰富区，太阳能热水系统的太阳能保证率不应低于30%，太阳能供暖系统的太阳能保证率不应低于25%，太阳能空调调节系统的太阳能保证率不应低于20%。

【对接专业、工种、人员】

基于模拟分析过程需要，在建筑师先导开展基础上，在建模与边界条件设定方面，需对接建筑物理/技术/节能、电气工程师、模拟分析人员；在结果评价方面，需对接绿色建筑工程师、造价工程师、项目开发人。

6.3.2 暖通空调方案优化设计（HVAC Optimization Design-HVAC OD）

HVAC OD1 供暖制冷空间优化设计

HVAC OD1 供暖制冷空间优化设计

【绿色控制目标】

实现绿色建筑能源资源节约：建筑供暖空调负荷降低比例满足《绿色建筑评价标准》GB 50378—2019的相关要求。

【技术简介】

在建筑平面功能排布与供暖/制冷方案设计时，遵循供暖制冷需求相似的空间就近排布，最大限度减少总供暖/制冷需求的原则，合理排布平面空间分布，减少空间供暖/制冷的围护及输配热耗，实现建筑空间高效供暖/制冷（图6-49）。

【气候调节基本原理】

在建筑平面功能排布与供暖/制冷方案设计时，遵循最大限度的利用光热资源、最大限度减少总供暖/制冷/照明需求的原则。合理排布平面空间分布，减少空间供暖/制冷的光热能耗，实现建筑空间高效供暖、制冷与照明。

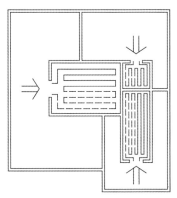

图6-49　供暖空间组合优化设计

【设计参数/指标】

供暖功率密度、室内温度分布、单位面积/体积供暖能耗。

【设计策略】

设计策略如表6-21所示。

设计策略　　　　　　　　　　　　　　　　　　　　　表6-21

严寒	寒冷	夏热冬冷	夏热冬暖
1. 严寒和寒冷地区建筑负荷特点是热负荷很大，冷负荷较小，应在建筑的空间组织中，将采暖/制冷要求质量高的区域合理划分，将热环境要求相似的房间集中排布，可结合情况设置过渡区域，减少与室外的热交换； 2. 针对不同的空调末端形式，严寒和寒冷地区为了更好地实现节能效果，可以使用小空间整体包围大空间的平面空间布置，此时整体建筑采暖效果更好，总能耗相对更低故而节能效果更好	1. 夏热冬冷地区建筑负荷特点是冷热负荷都较大，在空间布置满足冬季采暖要求的同时，不应阻碍夏季通风降温的要求； 2. 针对不同的空调末端形式，夏热冬冷地区为了更好地实现节能效果，可以使用高大通高空间并列布置在东南侧的平面空间布置，此时整体建筑制冷效果更好，总能耗相对更低	1. 夏热冬暖地区建筑负荷特点是冷负荷很大，热负荷很小，一般不考虑供暖需求，在空间布置时应尽量满足夏季通风降温要求； 2. 针对不同的空调末端形式，夏热冬暖地区为了更好地实现节能效果，可以使用高大通高空间并列布置在东南侧的平面空间布置，此时整体建筑制冷效果更好，总能耗相对更低

【研究支撑】

《可再生能源建筑应用工程评价标准》GB 50801—2013，第5.2.2条.

《太阳能集中热水系统选用及安装》标准图集15S128.

刘光彩. 夏热冬冷地区适宜的采暖模式研究[D]. 西安：西安建筑科技大学，2013.

任彬彬. 寒冷地区多层办公建筑低能耗设计原型研究[D]. 天津：天津大学，2014.

HVAC OD 2 单一供暖空间末端优化设计

HVAC OD2 供暖末端优化设计

【绿色控制目标】

实现绿色建筑能源资源节约：建筑供暖空调负荷降低比例满足《绿色建筑评价标准》GB 50378—2019的相关要求。

【技术简介】

在建筑平面功能排布与供暖方案设计时，遵循供暖需求相似的空间就近排布，最大限度减少总供暖需求的原则，合理排布平面空间分布，减少空间供暖的围护及输配热耗，实现建筑空间高效供暖（图6-50）。

【气候调节基本原理】

为了满足使用者的热舒适需求，以及不同空间组织功能的需要，合理选择供暖末端形式，实现同等空间与热舒适条件下最小的总供暖能耗。

【设计参数/指标】

室内温度、末端类型、末端方位。

【设计策略】

设计策略如表6-22所示。

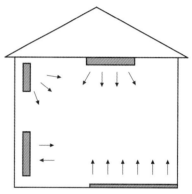

图6-50 单一供暖空间末端优化设计

设计策略 表6-22

严寒	寒冷	夏热冬冷	夏热冬暖
1. 严寒及寒冷地区的供暖需求较高，无论采用哪种空间组合模式，建筑空调末端形式布置为风机盘管采暖制冷系统较为合适，此时在保障供暖效果 达到舒适状态的同时又能降低能耗； 2. 对比不同的采暖末端形式可以发现，对于严寒和寒冷地区，风机盘管采暖能耗一般低于地板采暖能耗，所以一般采用风机盘管末端供暖更为有利		夏热冬冷地区冬季寒冷潮湿，需考虑供暖，对比不同的采暖末端形式可以发现，风机盘管采暖能耗一般低于地板采暖能耗，所以一般采用风机盘管末端供暖更为有利	夏热冬暖地区一般不考虑供暖要求

《可再生能源建筑应用工程评价标准》GB 50801—2013，第5.2.2条.

《太阳能集中热水系统选用及安装》标准图集15S128.

于雷. 夏热冬冷地区被动式超低能耗住宅适宜性技术体系评价研究[J]. 建筑施工，2014（4）428–429.

HVAC OD3 单一制冷空间末端优化设计

HVAC OD3 制冷末端优化设计

【绿色控制目标】

实现绿色建筑能源资源节约：建筑供暖空调负荷降低比例满足《绿色建筑评价标准》GB 50378—2019的相关要求。

【技术简介】

在建筑平面功能排布与制冷方案设计时，遵循制冷需求相似的空间就近排布，最大限度减少总制冷需求的原则，合理排布平面空间分布，减少空间制冷的围护及输配热耗，实现建筑空间高效制冷（图6–51）。

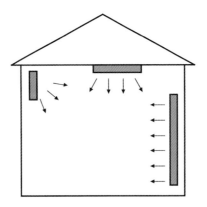

图6–51　单一制冷空间末端优化设计

【气候调节基本原理】

为了满足使用者的热舒适需求，以及不同空间组织功能的需要，合理选择制冷末端形式，实现同等空间与热舒适条件下最小的总制冷能耗。

【设计参数/指标】

室内温度、末端类型、末端方位。

【设计策略】

设计策略如表6-23所示。

设计策略　　　　　　　　　　　　　　　　　　　　　表6-23

严寒	寒冷	夏热冬冷	夏热冬暖
严寒地区的制冷需求较低，但对比不同的制冷末端形式可以发现，冷梁的制冷能耗一般低于风机盘管的制冷能耗，所以一般采用冷梁末端制冷更为有利	寒冷地区需考虑夏季防热问题，对比不同的制冷末端形式可以发现，冷梁的制冷能耗一般低于风机盘管的制冷能耗，所以一般采用冷梁末端制冷更为有利	对比不同的制冷末端形式可以发现，对于夏热冬冷和夏热冬暖地区，冷梁制冷能耗一般低于风机盘管制冷能耗，所以一般采用冷梁末端制冷更为有利	

【研究支撑】

《可再生能源建筑应用工程评价标准》GB 50801—2013，第5.2.2条.

《太阳能集中热水系统选用及安装》标准图集15S128.

于雷. 夏热冬冷地区被动式超低能耗住宅适宜性技术体系评价研究[J]. 建筑施工，2014（4）428-429.

刘光彩. 夏热冬冷地区适宜的采暖模式研究[D]. 西安：西安建筑科技大学，2013.

HVAC OD4 采暖制冷空间组织优化设计能耗影响评估分析

HVAC OD4 采暖制冷空间组织优化设计能耗影响评估分析

【绿色控制目标】

实现绿色建筑资源节约：结合建筑供暖、制冷需求，通过模拟分析影响评估以指导采暖、制冷空间组织优化设计，使建筑总体或单项能耗水平符合国家、行业和地方现行规范中有关节能设计的要求。

【技术简介】

通过计算机辅助仿真工具（推荐使用EnergyPlus、Openstudio或DesignBuilder等）手段，以降低空间整体或单项能耗为目的，对采暖、制冷空间的组织设计进行能耗影响模拟评估分析，以对其进行设计优化的设计技术（图6-52）。

【设计参数/指标】

单位面积总能耗/负荷、采暖能耗/负荷、制冷能耗/负荷、照明能耗/负荷。

【推荐分析工具】

依据能耗分析模拟软件附录2-5总表，综合考虑方案阶段。供暖制冷空间组织优化设计针对空间组织设计的能耗影响等模拟对象与计算分析的适用性要求，SU、Revit平台与模型分析设计的兼容性需求；快速计算、实时反馈、可视化结果表达等推演分析过程与结果的有效性需求；以及建

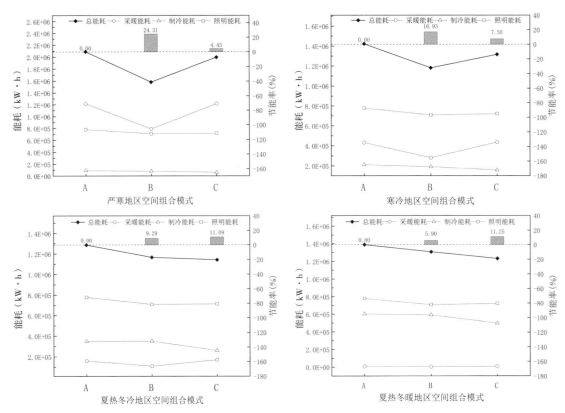

图6-52　不同气候区空间组合模式与能耗关系

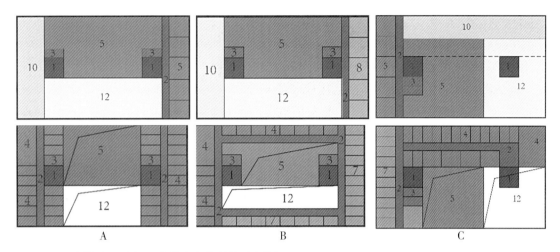

图6-52 不同气候区空间组合模式与能耗关系（续）

模与边界条件设定简单、辅助设计的设计建议推荐、自动方案推荐或比选等设计习惯匹配度需求，重点推荐EnergyPlus、Openstudio或DesignBuilder等建模操作友好，计算快速结果直观，并具备自动方案比选潜力的分析工具。

【分析标准依据】

《公共建筑节能设计标准》GB 50189—2015

第4.2.2条要求：为了保证整个建筑的变压器装机容量不因冬季采用电热方式而增加，要求冬季直接电能供热负荷不超过夏季空调供冷负荷的20%，且单位建筑面积的直接电能供热总安装容量不超过20W/m²。

《绿色建筑评价标准》GB/T 50378—2019

第7.1.2条要求：应采取措施降低部分负荷、部分空间使用下的供暖、空调系统能耗，应区分房间的朝向细分供暖、空调区域，并应对系统进行分区控制；空调冷源的部分负荷性能系数（IPLV）、电冷源综合制冷性能系数（SCOP）应符合现行国家标准《公共建筑节能设计标准》GB 50189的规定。

第7.2.4条要求：优化建筑围护结构的热工性能，建筑供暖空调负荷降低5%至15%。

第9.2.1条要求：采取措施进一步降低建筑供暖空调系统的能耗，建筑供暖空调系统能耗相比国家现行有关建筑节能标准降低40%及以上。

【对接专业、工种、人员】

基于模拟分析过程需要，在建筑师先导开展基础上，在建模与边界条件设定方面，需对接建筑物理/技术、建筑设备/暖通空调专业、模拟分析人员；在结果评价方面，需对接绿色建筑工程师、造价工程师、项目投资方人员。

HVAC OD5 采暖制冷空间末端优化设计能耗影响评估分析

HVAC OD5 采暖制冷空间末端优化设计能耗影响评估分析

【绿色控制目标】

实现绿色建筑资源节约：结合建筑供暖、制冷需求，通过模拟评估分析影响，以指导采暖、制冷空间末端形式优化设计，使建筑总体或单项能耗水平符合国家、行业和地方现行规范中有关节能设计的要求。

【技术简介】

通过计算机辅助仿真工具（推荐使用EnergyPlus、Openstudio或DesignBuilder等）手段，以降低空间整体或单项能耗为目的，对采暖、制冷空间的末端形式设计进行能耗影响模拟评估分析，以对其进行设计优化的设计技术（图6-53）。

【设计参数/指标】

单位面积总能耗/负荷、采暖能耗/负荷、制冷能耗/负荷、照明能耗/负荷。

【推荐分析工具】

依据能耗分析模拟软件附录2-5总表，综合考虑施工图设计阶段采暖、制冷空间末端优化针对末端形式设计的能耗影响模拟需求等模拟对象与计算分析的适用性要求；SU、Revit平台与模型分析设计的兼容性需求；快速计算、实时反馈、可视化结果表达等推演分析过程与结果的有效性需求；以及建模与边界条件设定简单、辅助设计的设计建议推荐、自动方案推荐或比选等设计习惯匹配度需求，满足要求的常用软件分析工具推荐EnergyPlus、Openstudio或DesignBuilder等。

【分析标准依据】

《绿色建筑评价标准》GB/T 50378—2019

第7.2.8条要求：采取措施降低建筑能耗，建筑能耗相比国家现行有关建筑节能标准降低10%～20%。

第7.1.2条要求：应采取措施降低部分负荷、部分空间使用下的供暖、空调系统能耗。

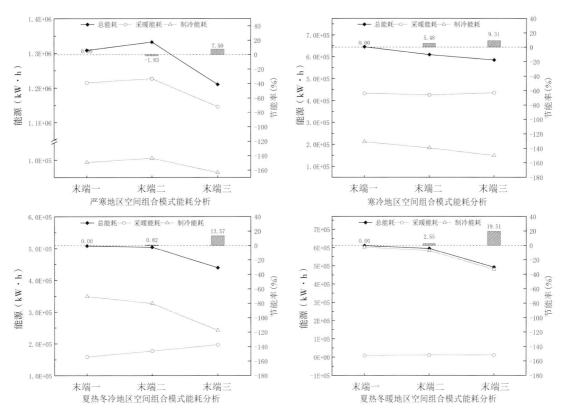

图6-53　不同气候区固定空间组合模式末端形式与能耗关系

第7.2.4条要求：建筑供暖空调负荷降低5%至15%。

《近零能耗建筑技术标准》GB/T 51350—2019

第2.0.1条要求：近零能耗建筑：其建筑能耗水平应较国家标准《公共建筑节能设计标准》GB 50189—2015降低60%～75%以上。

第2.0.2条要求：超低能耗建筑：其建筑能耗水平应较国家标准《公共建筑节能设计标准》GB 50189—2015降低50%以上。

第2.0.3条要求：零能耗建筑：零能耗建筑能是近零能耗建筑的高级表现形式，其室内环境参数与近零能耗建筑相同，充分利用建筑本体和周边的可再生能源，使可再生能源年产能大于或等于建筑全年全部用能的建筑。

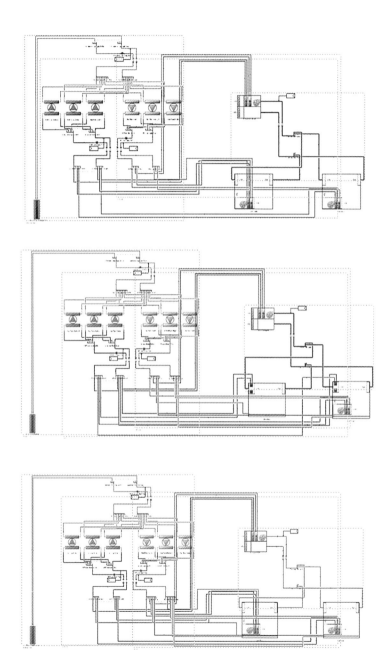

图6-53　不同气候区固定空间组合模式末端形式与能耗关系（续）

【对接专业、工种、人员】

基于模拟分析过程需要，在建筑师先导开展基础上，在建模与边界条件设定方面，需对接建筑物理/技术、建筑设备/暖通空调专业、模拟分析人员；在结果评价方面，需对接绿色建筑工程师、造价工程师、项目投资方人员。

参考文献

[1] 中华人民共和国住房和城乡建设部. 绿色建筑评价标准：GB/T 50378—2019[S]. 北京：中国建筑工业出版社. 2019.

[2] StelliosPlainioti. 可持续建筑设计实践[M]. 纪雁，译. 北京：中国建筑工业出版社，2006.

[3] 国家可再生能源中心，国家发展和改革委员会能源研究所可再生能源发展中心. 中国可再生能源产业发展报告（2018）[M]. 北京：中国经济出版社，2018.

[4] 中国建筑节能协会能耗统计专委会. 中国建筑能耗研究报告（2018）[R]. 2018.

[5] 刘孝敏，叶瑞，杨庆，等. 基于METEONORM的甘肃地区太阳能短期蓄热系统集热器补偿面积比模拟分析[J]. 建设科技，2016（17）.

[6] 王贵玲. 我国主要城市浅层地温能利用潜力评价[J]. 建筑科学，2012，28（10）.

[7] 薄迎. 大空间建筑燃气红外线辐射供暖系统的探讨[J]. 煤气与热力，2005（9）：41-44.

[8] 薛明珠. 低温地板辐射供暖在高海拔寒冷地区大空间建筑中的适用性研究[D]. 重庆：重庆大学，2016.

[9] 姚登科，邵宗义，宋孝春，等. 低温供暖系统中散热器与风机盘管的供暖效果[J]. 科学技术与工程，2019（10）：193-199.

[10] 王嫣菲. 低温热水地板辐射采暖技术的设计应用[J]. 民营科技，2011，21（6）：76-76.

[11] 李蔷. 低温热水地板辐射采暖技术及其应用[J]. 墙材革新与建筑节能，2010（7）：8+54-56.

[12] 周浩. 低温热水供暖末端装置适宜的供热系统研究[D]. 哈尔滨：哈尔滨工业大学，2012.

[13] 王妍，曲瑞春. 分析风机盘管在供暖系统中的优劣[J]. 黑龙江科技信息，2009（18）：54-54.

[14] 甘长玺，杨城. 风机盘管在供暖系统中的应用[J]. 科技风，2017（10）：152-152.

[15] 秦涛，张旭光. 风机盘管在供暖系统中的应用[J]. 洁净与空调技术，2007（3）：57-59.

[16] 高井刚，王伟，方修睦. 辐射供暖技术的发展与研究[J]. 煤气与热力，2007（11）：84-87.

[17] 王吉进. 高大空间建筑不同供暖末端方式的耗热量研究[D]. 哈尔滨：哈尔滨工业大学，2017.

[18] 季广学. 基于层次分析理论的住宅供暖末端评价选择方法[D]. 西安：西安建筑科技大学，2018.

[19] 张大英. 燃气辐射供暖系统数值模拟与应用技术研究[D]. 大庆：大庆石油学院，2010.

[20] 陈佩寒，李敏霞，王兰. 燃气辐射供暖系统在建筑物中的应用与设计[J]. 应用能源技术，2007（10）：43-44.

[21] 李庆娜. 散热器采暖系统低温运行应用研究[D]. 哈尔滨：哈尔滨工业大学，2009.

[22] 高智杰. 夏热冬冷地区不同采暖末端的供热特性及调控规律研究[D]. 西安：西安建筑科技大学，2013.

[23] 董重成，刘元芳，李立. 夏热冬冷地区住宅散热器供暖技术[J]. 低温建筑技术，2016，38（5）：40-42.

[24] 李沛珂，刘东，王如竹，等. 小温差风机盘管在空气源热泵系统中的应用[J]. 制冷技术，2017（3）.

[25] 甘旗. 严寒地区高大工业厂房吊顶辐射联合散热器采暖的特性研究[D]. 西安：西安建筑科技大学，2016.

[26] 赵洁. 蒸汽采暖和燃气辐射采暖的分析比较[J]. 河北企业，2006（5）：63-63.

[27] 李翠敏. 重力循环供暖末端设备及运行特性研究[D]. 哈尔滨：哈尔滨工业大学，2012.

[28] 张宁，杨涛. 地板辐射供冷技术的应用分析[J]. 应用能源技术，2008（10）：27-30.

[29] 杨江涛. 辐射供冷空调系统的供冷性能研究[D]. 西安：西安建筑科技大学，2018.

[30] 郭建. 辐射供冷空调系统研究进展[J]. 节能，2018，37（2）：14-17.

[31] 陈才. 辐射空调末端设备的研究[D]. 重庆：重庆大学，2012.

[32] 刘冰. 冷梁空调系统应用探讨[J]. 民营科技，2012（6）：37.

[33] 郭鹏. 冷梁系统在办公类建筑中的应用探讨[J]. 制冷与空调，2014.

[34] 谷德军. 毛细管重力循环供冷末端设备性能研究[D]. 天津：天津商业大学，2013.

[35] 金梧凤，邹同华. 毛细管重力循环供冷装置的供冷性能[C]. 全国暖通空调制冷2010年学术年会.

[36] 金梧凤，邹同华，余铭锡，等. 毛细管重力循环供冷装置的供冷性能研究[J]. 制冷与空调，2010（6）：16-20.

[37] 徐宁. 谈地板辐射供冷的应用与推广[J]. 低温与特气，2007，25（4）：1-3.

[38] 吴德胜. 中央空调水系统及风机盘管的节能控制研究[D]. 长沙：湖南大学，2007.

[39] 郭海新. 重力循环式空调[J]. 暖通空调，1998，28（2）：38-41.

[40] 郁文红，佟思辰，石利燕. 主动式冷梁和地板对流器在幕墙建筑中的应用[J]. 建筑节能，2018，46（8）：122-124.

[41] 王磊. 主动式冷梁应用特性研究[D]. 南京：南京师范大学，2016.

[42] 甘玉凤，付祥钊，王勇，等. 浅层地热在重庆市应用的前景分析[C]. 全国暖通空调制冷2010年学术年会.

[43] 王贵玲，蔺文静，张薇. 我国主要城市浅层地温能利用潜力评价[J]. 建筑科学，2012（10）：1-3.

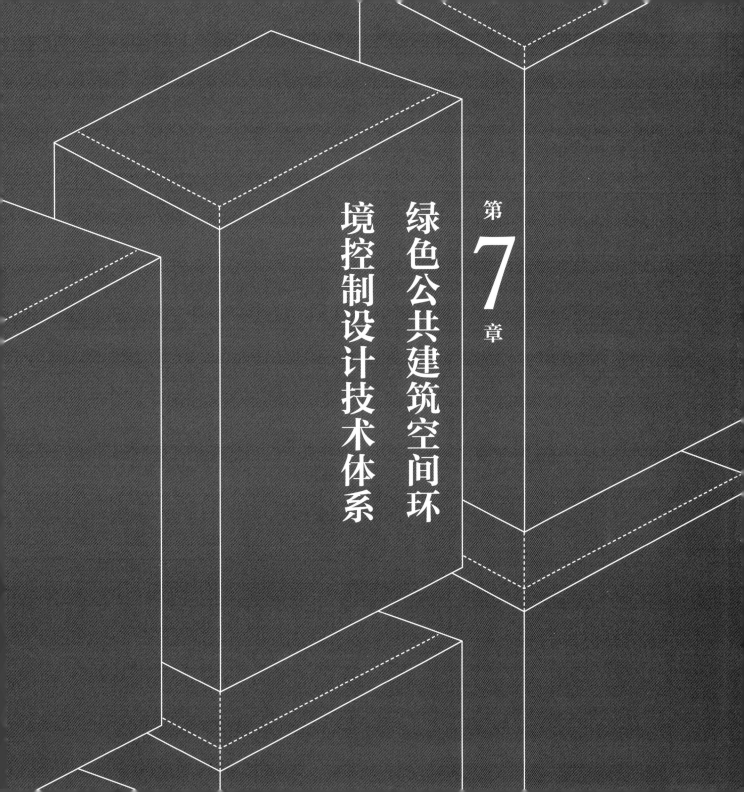

第 **7** 章

绿色公共建筑空间环境控制设计技术体系

7.1　室内环境控制与气候适应性概述

外部气候条件与室内物理环境要求普遍存在着不同程度的偏离，室内物理环境控制即是指缩小室外气候与室内物理环境之间差距的过程。在建筑设计过程中，建筑师需要根据建筑所在地气候特点，遵循建筑环境控制技术基本原理，考虑建筑功能要求和形态设计等需要，合理组织和处理各建筑要素，使得建筑优先依赖本体满足室内物理环境的要求。然而建筑师在创作过程中，更多地关注空间的使用功能及美学等属性，对室内物理环境参数控制要求的重视不够，进而无法达到令人满意的优先依赖本体满足室内物理环境的要求。

本章首先从气候适应性建筑设计的角度出发，介绍了室内物理环境类别，包括室内热湿环境、室内光环境、室内空气质量等，并梳理了室内物理环境控制的量化指标；其次，考虑热湿环境控制与气候条件之间的作用关系最为密切，重点剖析气候条件造成的不同空间室内热湿环境差异、使用者对不同空间室内物理环境的实际需求两个方面，在此基础上，对基于室内热湿环境控制的室内空间环境控制进行界定；最后，对室内光环境、室内空气质量控制与气候适应性进行概述分析，通过以上研究为后续室内环境控制指标分级的建立和设计技术体系的提出奠定理论基础。

7.1.1　室内环境类别及控制指标

如前文所述，建筑环境学包括了"建筑室内环境、建筑群内的室外微环境以及各种设施、交通工具内部的微环境[1]"，具体来说，其主要涉及的内容包括："建筑外环境、建筑热湿环境、人体对热湿环境的反应、室内空气品质、气流环境、声环境和光环境七个组成部分"。兰德尔在论著《建筑环境学》中指出："尽管我们在注意使用自然环境的时候有着许多挑战，但我们确实有必要建设自己的人工空间，那是我们居住和生活的地方……人体的物理舒适度主要取决于以下几个物理因素：温度、光环境、空气质量、声环境[2]"。

7.1.1.1　室内热湿环境

人体的热舒适感觉是由自身的热平衡和感觉到的环境状况的综合结果，对应生理上和心理上的热感觉，即"人体对热环境表示满意的意识状态"，影响人体热舒适的六个变量，包括代谢率、服装热阻、空气温度、空气湿度、空气速度、平均辐射温度。

采用自然通风或复合通风的建筑，强调建筑中人不是环境的被动接受者，而是能够进行自我调节的适应者，人们会通过改变着装、行为或逐步调整自己的反应以适应复杂的环境变化，从而接收较大范围的室内温度。此外，营造动态而非恒定不变的室内环境，有利于维持人体对环境的应激能力，改善使用者舒适感与身体健康。从动态热环境、适应性热环境和适应性热舒适角度，对室内热湿环境进行设计优化，强化自然通风、复合通风，合理拓宽室内热湿环境设计参数，鼓励设计中允许室内人员对外窗、风扇等装置进行自由调节。

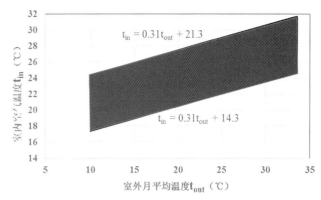

图7-1　建筑室内舒适温度范围

对于采用自然通风或复合通风的建筑，对其室内热湿环境可通过适应性热舒适区域的时间比例来控制，适应性热舒适温度区间可根据室外月平均温度进行计算。当室内平均气流速度$V_a \leqslant 0.3$m/s时，舒适温度如图7-1中的阴影区间，当室内温度高于25℃时，允许采用提高气流速度的方式来补偿室内温度的上升，即室内舒适温度上限可进一步提高，提高幅度如表7-1所示。若设有风扇等个性化送风装置，室内气流平均速度采用个性化送风装置设计风速进行计算；若没有个性化送风装置，室内气流平均速度采用0.3m/s以下进行分析计算。

室内平均气流速度对应的室内舒适温度上限值提高幅度　　　　　　表7-1

室内气流平均速度V_a（m/s）	$0.3 < V_a \leqslant 0.6$	$0.6 < V_a \leqslant 0.9$	$0.9 < V_a \leqslant 1.2$
舒适温度上限提高幅度Δt（℃）	1.2	1.8	2.2

例如，当室外月平均温度为20℃，且$V_a \leqslant 0.3$m/s时，室内舒适温度区间为20.5～27.5℃，若提高室内气流平均速度V_a，且0.3m/s$< V_a \leqslant$0.6m/s时，舒适温度上限可提高1.2℃，即室内舒适温度区间为20.5～28.7℃，若再提高室内气流平均速度，并且0.6m/s$< V_a \leqslant$0.9m/s时，舒适温度上限可再提高1.8℃，即室内舒适温度区间为20.5～29.3℃，若进一步提高室内气流平均速度V_a，并且0.9m/s$< V_a \leqslant$1.2m/s时，舒适温度上限可进一步提高2.2℃，即室内舒适温度区间为20.5～29.3℃[3]。

7.1.1.2　室内光环境

舒适的光环境应当具备以下三个要素：一是适当的照度水平，照度水平包括照度标准和照度分布两个方面，照度水平对自然采光和人工采光的室内环境均产生影响，与使用者舒适度水平密切相关；二是舒适的亮度比，在人眼的视野范围内，除工作对象，建筑空间内外能进入视野的其他事物，例如墙、窗、屋顶等的亮度形成背景亮度。如亮度与背景亮度相差过大会加重眼睛负担而产生眩光，降低视觉功效（Visual Performance）。因此在室内环境中，需要有较为均匀的亮度分布；三是避免眩光干扰，室内工作环境要避免直接眩光和反射眩光。不舒适的眩光会降低工作效率，甚至在工作环境中产生危险；失能眩光会损害视觉，直接威胁使用者的健康，因此避免眩光是舒适的光环境的前提条件。

室内光环境控制包括室内自然采光水平和室内自然采光质量两个层面，其中室内自然采光水平的量化指标包括室内自然采光系数、有效采光照度、全年动态采光照度，室内自然采光质量的量化指标包括窗的不舒适眩光指数和采光均匀度。

1）室内自然采光系数

我国目前自然采光规范中主要使用的评估参数是自然采光系数，其定义是"室内给定水平面上某一点的由全阴天天空漫射光所产生的照度和同一时间同一地点，在室外无遮挡水平面上由全阴天天空漫射光所产生的照度的比值[4]"。采光系数虽然具备简单易用的优点，但从其定义可以看出，它本身仍存在着许多不足，具体包括[5]：

①无法描述晴天和多云天空情况下的天然采光情况；

②采光系数无法表征建筑的朝向性；

③即使在全阴天的情况下，当云量变化大时，采光系数变化也会比较大；

④天然采光系数只能量化水平面的天然光分布，对人们感知很重要的室内垂直面的天然光分布，却无法评估；

⑤对于某些类型的公共建筑，如商场无采光系数要求约束，故无法从设计上控制其采光不足及采光过度的问题。

2）有效采光照度

近年来，国际上发展起来一些新的天然采光评价标准，其中以有效采光照度（UDI）得到较为广泛的认可和应用，有效采光照度是指一年中在工作面上的天然光在100~2000lx的数据分布情况，当室内天然光低于100lx时，无法满足最基本的视觉工作需求，需要人工照明进行补充；当室内天然光在100~500lx时，可以作为单独光源来满足人们的视觉工作；当室内天然光范围在500~2000lx时，是一种较好的（或者是可以忍受的）天然光源；当天然光超过2000lx时，就会对视觉工作有影响，或者产生视觉不舒适感。相较于采光系数，有效采光照度不仅能反映室内使用者的真实感受，也可以描述天然光在时间和空间上的变化，是一种基于全年气象参数的动态评价方法，可反映不同光气候条件对室内光环境的影响[5]。

3）全年动态采光照度

为了更加真实地反映天然光利用的效果，我国《绿色建筑评价标准》GB/T 50378—2019提出采用基于天然光气候数据的建筑采光全年动态分析的方法，对室内自然采光效果进行评价，具体要求为室内主要功能房间采光照度值不低于采光要求的平均小时数4h/d。

4）窗的不舒适眩光指数DGI与DGP

室内眩光是一种由于采光过度产生的人员使用不舒适现象，与建筑的使用功能密切相关。室内眩光包括窗口的不舒适眩光及地面采光过度造成的眩光。不舒适眩光指数（DGI）用于表示空间中人的视觉不舒适程度，其根据建筑窗户的大小、透过窗户的天空亮度以及室内的亮度计算得出。然而，一些研究指出DGI的局限性，导致分析精度较低。

在DGI的基础上，Weinold[6]等学者引入了垂直视线照度（Vertical Eye Illuminance）和位置指数（Position Index），分别考虑了观察者的视场和位置，提出了日光眩光概率（Daylight Glare Probability，简称DGP），并证实了该方法在眩光分析结果精度上的提高。但在仿真模拟过程中，由于DGP分析需对每个时刻出现的高动态范围（HDR）图像进行计算，导致计算时间过长，故Weinold[7]针对此缺点又提出了一种简化处理方法——简化DGP（Simplified Daylight Glare Probability，简称DGPs），但该方法忽略了强光源因素，即只针对在太阳等强光源不直接可见的情况下才能提供可靠结果。

为同时解决计算时间和强光因素两个问题，Weinold[8]又提出了增强的简化DGP（Enhanced Simplified Daylight Glare Probability，简称eDGPs），该方法使用DAYSIM计算垂直视线照度，并使用简化HDR图像（这种简化的图像忽略了环境中的间接反射光，即只使用光源的直接分量，仅保留计算所需有效参数），将结果代入函数，以减少计算时间。经验证，eDGPs分析法在提高计算效率的同时能够确保结果精度（即计算结果接近DGP值），目前已广泛应用于建筑遮阳设计等。

5）室内采光均匀度

室内采光均匀度是指参考平面上的采光系数最低值与平均值之比，顶部采光时，采光均匀度不宜小于0.7。

7.1.1.3　室内空气质量

室内空气质量包括室内空气品质、室内自然通风效果，室内空气品质包括室内化学污染物和室内颗粒物。

1）室内自然通风

影响建筑室内自然通风的主要参数为室内自然通风换气次数、通风开口面积与房间地板面积的比例，美国ASHRAE标准62.1要求在过渡季典型工况下，自然通风房间可开启外窗净面积不得小于房间地板面积的4%，建筑内区房间若通过临接房间进行自然通风，其通风开口面积应大于房间净面积的8%，且不应小于2.3m²。我国《绿色建筑评价标准》GB/T 50378—2019[3]中针对不容易实现自然通风的公共建筑，例如大进深内区等，可采用中庭、天井、通风塔、导风墙、可开启外墙或屋顶、地道风等措施改善室内自然通风，保证建筑在过渡季典型工况下平均自然通风换气次数大于2次/h（按面积计算）。

2）室内空气品质

影响建筑室内空气质量舒适度的主要物理参数包括室内CO_2浓度、甲醛、TVOC、PM_{10}、$PM_{2.5}$等，我国《室内空气质量标准》GB/T 18883—2002中规定CO_2浓度一般不超过1000ppm；TVOC浓度越大、对人体的危害程度越高。Mqlhave于1986年建立了总挥发性有机物的计量与健康效应的关系，当室内TVOC浓度小于0.2mg/m²时，人体感到舒适；当TVOC浓度达到0.2～0.3mg/m²时，与其他因素联合作用时，可能出现刺激和不适；当TVOC浓度在3.0～25mg/m²时，人体感到刺激和不舒适[9]；当TVOC浓度高于25mg/m²时，对人体产生毒效应，可能出现神经中毒；我国《民用建筑工程室内环境污染控制规范》GB 50325—2020对甲醛浓度限值规定如下："Ⅰ类住宅、医院、老年公寓、幼儿园、学校教室等敏感空间甲醛含量的最高值为0.08mg/m²，Ⅱ类建筑如办公楼、商店、旅店、娱乐场所、图书馆、体育馆、餐厅灯公共建筑的甲醛含量的最高值为0.1mg/m²"。根据《公共建筑室内空气质量控制设计标准》JGJ/T 461—2019，医院、养老院、幼儿园、学校教室等室内化学污染物浓度应满足Ⅰ类公共建筑要求，其他类型公共建筑满足Ⅱ类公共建筑要求；针对室内$PM_{2.5}$设计日浓度，幼儿园、医院、养老院等不大于25μg/m³，学校教室、高星级宾馆客房、高级办公楼、健身房等不大于35μg/m³，普通宾馆客房、普通办公楼、图书馆不大于50μg/m³，餐厅、博物馆、展览厅、体育馆、影剧院等其他公共建筑类型不大于75μg/m³。

7.1.2　室内热湿环境控制与气候适应性

与气候适应性最为相关的室内物理环境内容包括室内热湿环境、室内光环境及室内空气质量等，其中影响室内空间热湿环境的主要气候要素包括太阳辐射、空气温度、风速风向、空气湿度等；影响室内空间光环境的主要气候要素为太阳辐射；影响室内空间空气质量的主要气候要素包括风速风向、空气温度、空气湿度等。

7.1.2.1　室内热湿环境控制空间类型差异

室内热环境与气候条件的作用关系主要体现在室内空间的"得热"与"散热"两个方面，可以将其概括为太阳辐射得热、围护结构温差传热以及通风换热三种传热途径。

在太阳辐射得热方面，太阳辐射透过透明围护结构直接作用于室内空间，如通过外窗或天窗等，在炎热的夏季，则需要采用建筑遮阳构件等措施减少直射光的进入，以减少室内空间由于辐射带来的直接升温；而在寒冷的冬季，则需要尽可能多地获得太阳辐射，提高室内空间表面温度，在提高热舒适性的同时，降低采暖能耗；太阳辐射照射也可直接作用于实体围护结构，再通过导热的方式，影响室内空间温度。

在围护结构温差传热方面，当室内外存在温差时，热量就会通过围护结构由温度高的一侧传向温度低的一侧，传热过程包括围护结构内表面换热、围护结构自身传热、围护结构外表面换热等。围护结构内表面换热主要通过对流和辐射两种方式，即通过对流与室内空间换热，通过辐射与室内其他各表面换热；围护结构自身传热主要通过围护结构导热的形式传递热量，当围护结构材料构造中有空气层时，则在空气层中的传热包括导热、对流、辐射三种途径；围护结构外表面换热主要通过对流和辐射两种方式，即通过对流与室外环境换热，通过辐射与室外其他各表面换热。

在通风换热方面，主要通过门窗或洞口与室外空气进行热量交换。

从室内空间设计语境下，各种空间类型的室内热环境与气候条件间的换热作用机理也存在显著差异，以办公建筑为例，建筑内标准单元式办公空间与门厅大堂空间在与外界传热过程中存在显著差异：

相比单元式办公空间，门厅空间两层或三层通高，与室外有更多的接触面，且多为外窗或玻璃幕墙，围护结构得热显著增加；

相比单元式办公空间，门厅空间得热后热量上升，即出现明显的温度分层效应，人员主要活动高度热量相比办公空间较低；

相比单元式办公空间，大堂空间人员使用时间多为短暂停留，对热湿环境舒适性要求相比办公空间较低。

7.1.2.2　使用者对室内热湿环境的实际需求

如前所述，既有研究已表明，自然调节建筑中人们实际热感觉与实验室的人体热平衡模型预测得到的热感觉存在一定误差，各气候区各空间类型的使用者，在各个季节能够接受的舒适度温度区间比规范要求的舒适度温度区间更宽泛一些；空间类型对人员所能接受的舒适度温度有较大影响，停留时间越长的空间，使用者对热环境要求越高；人员心理预期对舒适温度有一定的影响，公共空间内的人员较其他空间的人员普通能接受较差的室内热环境。

我国行业标准《民用建筑室内热湿环境评价标准》GB/T 50785—2012采用自适应系数，综合考虑当地的气候类型、人的适应性等因素，在不同的建筑类型（办公、教育、商场、旅馆）设定不同的系数，以体现在非空调工况下不同建筑类型对室内热湿环境的实际需求（表7-2）。

自适应系数　　　　　　　　　　　　　　　　表7-2

建筑气候区		居住建筑、商店建筑、旅馆建筑及办公室	教育建筑
严寒、寒冷地区	PMV≥0	0.24	0.21
	PMV<0	−0.50	−0.29
夏热冬冷、夏热冬暖、温和地区	PMV≥0	0.21	0.17
	PMV<0	−0.49	−0.28

建筑适应性热舒适设计，强调建筑中人不是环境的被动接受者，而是能够进行自我调节的适应者，人们通过改变着装、行为或逐步调整自己的反应复杂的环境变化，从而接收较大范围的室内温度。

7.1.2.3　基于室内热湿环境控制的室内空间界定

从建筑物质空间构成看，建筑的空间总体量由结构空间、设备空间、使用空间共同构成，空间的环境性能主要针对使用空间，基于气候适应性设计的语境下，从室内空间对气候的适应性以及使用者对空间环境实际需求两个角度，在导出室内热湿环境的控制需求时，仍可遵循第3.1.2节中提到的空间性能分类标准，即将使用空间分为高性能空间、较高普通性能空间、较低普通性能空间、低性能空间等4种空间类型[10]。

7.1.3　室内光环境控制与气候适应性

自然光是由太阳直射光、天空扩散光和地面反射光构成的自然光平均状况，太阳是供给地球自然光的唯一来源，影响自然光变化的主要因素包括太阳高度角、云量、云层、大气透明度等。人们主要通过建筑物的窗或其他开口获得自然光，国际照明委员会（CIE）根据世界各地对天空亮度的观测结果，提出了标准晴天模型、全阴天模型，用于计算室内自然光在不同光气候条件下的照度水平，我国则基于对全国主要城市气象台的观测数据，将全国划分为Ⅰ~Ⅴ个光气候分区，如表7-3所示。

由于《建筑采光设计标准》GB 50033—2013中所列采光系数标准值适用于Ⅲ类光气候区，其他地区应按所处不同的光气候区，选择相应的光气候系数，如表7-3所示，各区使用的采光系数标准为采光标准各表所列采光系数标准值乘以各区的光气候参数，以表达不同地区的光气候参数差异。

光气候参数 表7-3

光气候区	I	II	III	IV	V
K值	0.85	0.90	1.00	1.10	1.20
室外自然光临界照度值E1（lx）	6000	5500	5000	4500	4000

7.1.4 室内空气质量控制与气候适应性

室内空气质量包括室内自然通风效果和室内空间空气品质。

室内自然通风是夏季被动式降温最常用的方式之一，在空调设备未被大量使用之前，是夏季炎热地区降低室温、排除湿气，提高室内舒适度的主要手段。同时自然通风也为室内提供了新鲜空气，有利于将室内污浊气体排除，保持人们生理及心理健康，满足人与大自然交往的心理需求。当风吹向建筑物时，空气的直线运动受到阻碍而围绕着建筑向上方及两侧偏转，迎风侧的气压就高于大气压力（正压区），而背风侧的气压则降低（负压区），使整个建筑产生了压力差。如果建筑围护结构上任意两点上存在风压力差，那么在两点开口之间就存在空气流动的驱动力，从而形成建筑内部的自然通风。风压的压力差和建筑形式、建筑与风的夹角以及周围建筑布局等因素相关。

公共建筑一般室内人员密度比较大，建筑室内自然、新鲜空气流动是保障室内空气质量的关键，无论在北方还是南方地区，在过渡季节以及冬夏某些时段均具备开窗通风的条件，通过对我国南方地区建筑实测调查与计算机模拟表明[11]，当室外干球温度不高于28℃、相对湿度在80%以下、室外风速在1.5m/s时，如果外窗的有效开启面积不小于所在房间地面面积的8%，室内大部分区域基本能达到热舒适水平。对夏热冬暖地区典型城市的气象数据分析表明，从5月到10月，室外平均温度不高于28℃的天数占每月总天数，有的地区高达60%～70%，最热月也能达到10%左右，对应时间段的室外风速多能达到1.5m/s左右。

美国ASHRAE 55标准[12]中利用室外平均温度和室内体感温度的模型，评价了自然通风条件下人体的热舒适。中国国内标准和研究，也根据不同气候区的差异，建立了自然通风条件下，室内人员的热舒适评价模型，通过90%的人可接受的舒适区宽度为5℃、80%的人可接受的舒适区宽度为7℃，给出了适用于自然通风建筑热舒适评价和设计的舒适区范围（图7-2、图7-3）。

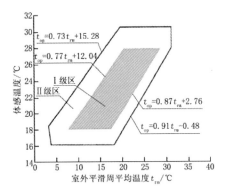

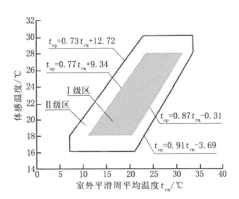

图7-2　严寒和寒冷地区非人工冷热源热湿环境体感温度范围

图7-3　夏热冬冷、夏热冬暖地区非人工冷热源热湿环境体感温度范围

利用室外温度和湿度的气象数据，可以分析自然通风对于改善不同季节室内舒适度的作用。利用焓湿图和舒适时间比例图可以得出，严寒地区的哈尔滨采用自然通风设计时，主要可以提升6-8月的舒适度，全年舒适比例约从8%提升到18%；寒冷地区的北京采用自然通风设计时，主要可以提升5~6月和8月的舒适度，全年舒适比例约从7%提升到19%；夏热冬冷地区的上海采用自然通风设计时，主要可以提升5~6月和9~10月的舒适度，全年舒适比例约从5%提升到20%；夏热冬暖地区的广州采用自然通风设计时，主要可以提升3~4月和10~11月的舒适度，全年舒适比例约从3%提升到25%。

不同气候区自然通风改善效果分析　　　　　　　　　　　　　　　　表7-4

气候区	城市	改善季节	舒适度时间提升
严寒地区	哈尔滨	6~8月	10%
寒冷地区	北京	5~6月、8月	12%
夏热冬冷	上海	5~6月、9~10月	15%
夏热冬暖	广州	3~4月、10~11月	22%

室内空气品质包括两个部分，即室内化学污染物和室内颗粒物。对于室内颗粒物污染源，主要来自两个方面，一方面是室外大气污染物透过外窗或立面洞口进入室内，另一方面是室内污染源，

包括厨房油烟等。室内化学污染物，一方面是室内CO_2浓度，另一方面是建筑及室内装修材料对室内造成的污染，主要的污染物包括甲醛、苯、TVOC等。

对于室内化学污染物，改善室内污染物浓度的措施包括室内污染源控制、增强通风和空气净化，其中增强通风与气候适应性息息相关，加强通风换气，可以用室外新鲜空气稀释室内空气污染物，降低污染物浓度，这是最方便、快捷、经济的改善室内空气品质的方法。研究表明，简单装修的房间，经过一年时间自然通风，室内甲醛和TVOC的浓度分别为$0.024mg/m^3$和$0.048mg/m^3$，都满足室内空气质量标准的要求[13]。在严寒地区冬季采暖初期，采用自然通风可对室内CO_2可以进行有效的稀释，使室内CO_2浓度能在较长的时间维持在人体长期可接受的浓度范围内[14]。

对于室内颗粒物污染物，主要改善措施是减少细颗粒物（$PM_{2.5}$）随渗透风经由建筑围护结构缝隙穿透进入室内，穿透过程受气象条件、颗粒物粒径大小、换气次数、缝隙条件等多种因素影响，其中外窗气密性是重要的影响因素之一，研究结果表明[15]，关闭外窗条件下，达到室内相同$PM_{2.5}$浓度时，气密性高的外窗能够抵御更为严重的室外$PM_{2.5}$污染。在气密性4级时，穿透系数随着压差的增大而增加，在气密性5级和气密性6级时随着压差的增加变化幅度不大，在气密性7级时随着压差的增加明显呈现先增加后降低的趋势。

7.2 室内环境控制分级指标体系

本章首先通过对国内外现有绿色建筑评价体系中室内环境质量指标进行调研分析，依循"人–气候–建筑"的关联性，梳理不同体系中考虑地域和气候特点、使用者可直观感知、与健康关联的室内环境控制指标，为进一步将室内环境控制指标分级研究奠定基础；其次，以不同体系室内环境控制参数为基础，通过文献调研，采用国际上最常用的系统分析法和层次分析法模型，提出气候适应型室内环境控制设计指标体系；最后，通过专家咨询验证、模拟分析验证等手段，共同对指标体系的有效性进行验证，力求为建筑师在建筑的设计阶段提供一个以室内环境性能为导向的设计指标体系。

7.2.1 国外标准室内环境指标要求

为了鼓励全球绿色建筑的发展，世界许多国家均已制定了各类与绿色建筑相关的评估体系，如美国的LEED、英国的BREEAM、日本的CASBEE和美国的WELL等[16]。本文选择国际主流绿色建筑评价体系进行分析。

7.2.1.1　美国LEED V4标准

　　美国的LEED由美国绿色建筑委员会（USGBC）建立并推行，是目前在各类建筑环保、绿色建筑评估以及建筑可持续评估标准中被认为最具有影响力和市场化程度最高的评估标准。LEED V4版于2013年11月正式通过实施，并将于2015年6月强制实施[17]。在LEED V4版中，室内环境质量为仅次于能源与大气的第二大权重体系，主要包括室内空气质量、污染物控制、热舒适度、自然采光、室内视野等，详见表7-5，其中与地域气候相关的指标主要为室内空气质量、热舒适度、自然采光，指标的具体内容如表7-6所示。

LEED V4室内环境指标要求

表7-5

评估类别	评估项目	评估目的	地域气候关联性
先决条件	最小室内空气质量表现（必须满足）	建立室内空气质量（IAQ）最低标准，有助于改善建筑住户的舒适和健康	有
	环境烟尘烟雾控制（必须满足）	防止或尽量减少建筑住户、室内表面和通风空气配送系统接触环境烟害	无
	最低声学表现（必须满足）	仅适用于学校项目。通过有效的声学效果设计，提供有助于师生之间以及学生之间进行交流的教室	无
得分项	增强室内空气质量策略（2分）	通过提高室内空气质量改善住户的舒适、健康和生产效率	有
	低挥发性材料（3分）	减少能影响空气质量、人体健康、生产效率和环境的化学污染物的浓度	无
	施工室内空气质量管理计划（1分）	尽量减少与施工和改造相关的室内空气质量问题，改善施工工人和建筑用户的健康	无
	室内空气质量评估（2分）	在施工后以及入住期间，在建筑物中形成更好的室内空气质量	无
	热舒适度（1分）	提供优质的热舒适，改善住户的生产效率、舒适性和健康	有
	室内照明（2分）	提供高质量照明，改善住户的生产效率、舒适性和健康	无
	自然采光（3分）	将建筑住户与室外相关联，加强昼夜节律，并通过将自然光引入到空间来减少电力照明的使用	有
	有质量的视野（1分）	通过提供优良视野，让建筑住户与室外自然环境相关联	无
	声学性能表现（1分）	通过有效的声学效果设计，提供改善用户健康、生产效率和沟通的工作空间和教室	无

LEEDV4与地域气候相关指标的具体内容　　　　表7-6

指标类别	指标内容	指标具体要求
室内热湿环境	热舒适度	1. 室内热舒适性应符合ASHRAE 55—2010或本地对应标准的要求； 2. 为50%的个人使用空间提供独立的热舒适控制装置，为所有的多人使用空间提供群体热舒适控制装置
室内光环境	自然采光	1. 在所有的常用空间提供手动或自动的眩光控制设备； 2. 75%或90%的建筑面积在春分（晴天）当天的照度等级在上午9点和下午3点之间为300～3000lux
室内空气质量	最小室内空气质量表现（必须满足）	采用自然通风的空间，其最小新风开口及空间配置要求需由ASHRAE 62.1-2010或本地对应标准（以更严格为准）中的要求确定，新风开口需根据ASHRAE标准，自然通风的空间室内距可开启窗的距离不得大于8m，开启面积应占室内地面面积的4%以上

7.2.1.2　英国BREEAM标准

英国是全球绿色建筑发展最早的国家之一，早在1990年，英国建筑研究院就发布了世界上第一个绿色建筑评价体系—建筑环境评价法（BREEAM）。2013年发布BREEAM国际版。2016年BREEAM推出了最新的BREEAM 2016版本，改动较大并新增了Methodology部分。在BREEAM评价体系中，健康与舒适条目为仅次于能源利用的第二大权重体系，主要包括室内声、光、热和污染物控制，如表7-7所示，其中与地域气候相关的指标主要为热舒适度、视觉舒适及室内空气质量等，指标的具体内容如表7-8所示。

BREEAM室内环境指标要求　　　　表7-7

评估类别	评估项目	评估内容	地域气候关联性
评分项	视觉舒适	对灯具镇流器、室外照明和室内照明人工分区控制的要求，此外还要求在控制眩光的同时避免增加照明能耗	有
控制项+评分项	室内空气质量	将禁止使用含石棉的材料作为控制项强制要求；通过制定室内空气质量计划、通风控制策略、建筑产品排放污染物浓度及控烟的要求，从建筑内部和外部进行双重把控，更好的控制建筑内的空气质量	有
控制项	实验室安全防护	对实验室的安全防护提出了详细的要求	无
评分项	热舒适	对室内热舒适性、温度以及对不同气候的适应性进行综合性能评价，通过建立热模型计算出的PMV和PPD结果为评价依据	有

续表

评估类别	评估项目	评估内容	地域气候关联性
评分项	声学	主要评价围护结构隔声性能、室内背景噪声和特殊房间的声学性能。还要求任命声学专家对项目进行声学优化设计，并对室内隔墙提出隔声要求	无
评分项	无障碍设施	对自行车道、机动车道、上下车点等节点的设计要求和建筑内无障碍设施的设计要求	无
控制项	灾害	主要评价场地自然灾害情况	无
评分项	私人空间	要求在紧邻住宅处提供户外空间（私密或半私密），以提高住户的幸福感	无
评分项	水质	对所有供水系统进行评价，且要求商业和教育类建筑在员工长期活动的区域提供健康的饮用水	无

BREEAM与地域气候相关指标的具体内容　　　　表7-8

指标类别	指标内容	指标具体要求
室内热湿环境	热舒适	建立热舒适模型，使用PMV和PPD，并充分考虑季节性变化，确定室内热舒适性是否满足ISO7730：2005的要求，并考虑不同气候条件下的适应性
室内光环境	视觉舒适	室内采光系数或自然光照度需满足相关要求，并采用眩光控制策略：80%以上的区域室内平均采光系数大于1.5%（针对北纬40°以下区域）；或80%以上的区域每年平均照度达到300lux及以上的时间大于2000小时，最小照度达到90lux及以上的时间大于2000小时
室内空气质量	室内自然通风	采取措施提高室内自然通风潜力，对于7~15m进深的空间，保证可开启面积大于地面面积的5%

7.2.1.3　日本 CASBEE 标准

日本CASBEE标准由日本可持续建筑联合会于2001年研究开发，又称建筑环境综合性能评价系统，并在世界范围内具有一定的影响力。CASBEE有三个核心理念：①在基础数据分析时，考虑建筑的全生命周期评价；②从环境质量（Q）和环境负荷（L）两方面对建筑环境进行评价；③以使用建筑环境效率（BEE）的数值确定评价等级[18]。在CASBEE评价体系中，室内环境包括室内声环境、温热环境、光视环境和空气质量环境四部分，详见表7-9，其中与地域气候相关的指标主要为室温控制、湿度控制、空调方式、自然采光利用和通风等，指标的具体内容如表7-10所示。

CASBEE室内环境指标要求[10]　　　　表7-9

评估类别	评估项目	评估内容	地域气候关联性
声环境权重系数0.15	噪声权重系数0.4	背景噪声水平	无
		设备噪声对策	无
	隔声权重系数0.4	开口部隔声性能	无
		墙体的隔声性能	无
		楼板的隔声性能	无
	吸声权重系数0.2	平均吸声率（墙体、天花板、地板）	无
温热环境权重系数0.35	室温控制权重系数0.5	设备容量/室温设定	有
		外皮性能	有
		分区可控性	有
		温度、湿度控制	有
		对标准时间外空调的考虑	有
	湿度控制权重系数0.2	设备容量/室温设定	有
	空调方式权重系数0.3	空调方式	有
光视环境权重系数0.25	自然光利用权重系数0.3	采光率	有
		自然光利用设备	无
	眩光控制权重系数0.3	照明器具的眩光	无
		自然光控制	有
	照度权重系数0.2	设计照度	无
		照明设计均匀度	无
	照明控制权重系数0.2	控制面积	无
空气质量权重系数0.25	发生源措施权重系数0.5	VOC（挥发性有机化合物）	无
		矿物纤维对策	无
		虫、霉等	无
		水中军团菌对策	无
	通风权重系数0.3	通风量及针对发生源的局部通风计划	有
		自然通风性能	有
		外气取用的考虑	有
		空气供应和通风管道计划	
	使用计划权重系数0.2	CO_2的监测	无
		吸烟的控制	无

备注：评估内容均采用5级水平进行评估；评估阶段分为实施设计和竣工验收两个阶段。

CASBEE与地域气候相关指标的具体内容 表7-10

指标类别	指标内容	指标具体要求
室内热湿环境	建筑围护结构需满足标准要求	外窗SC=0.5~0.7，U=3.0~6.0W/（$m^2 \cdot K$），外墙及其他U=1.0~3.0W/（$m^2 \cdot K$）
室内光环境	平均采光系数满足标准要求	DF<1.0%；1.0%≤DF<1.5%；1.5%≤DF<2.0%；2.0%≤DF<2.5%；2.5%≤DF
	可采光外窗布置需满足标准要求	无南向外窗；有南向外窗；有南向和东向外窗
	采用措施控制自然光眩光	无眩光控制措施；利用屏风、雨棚、屋檐等进行眩光控制；利用百叶，或结合屏风、雨棚、屋檐的两种进行眩光控制；利用百叶，并结合屏风、雨棚、屋檐的一种进行眩光控制；利用自动控制的百叶进行眩光控制
室内空气质量	室内自然通风	有效通风开口达到25cm^2/m^2墙面面积，或地面面积的1/50；有效通风开口达到35cm^2/m^2墙面面积，或地面面积的1/30；有效通风开口达到50cm^2/m^2墙面面积，或地面面积的1/15

7.2.1.4 美国WELL标准

2014年10月，美国Delos公司发布了第一部关注建筑环境中人的健康和福祉的建筑评价标准WELL建筑标准。2015年3月，绿色建筑认证协会（GBCI）和国际WELL建筑研究所（IWBI）正式将WELL建筑标准引入中国。WELL建筑标准从医学角度出发，基于人体常见疾病及11大生理系统的研究，寻找其与建筑室内环境之间的联系，从而有的放矢地指导建筑设计和运行。WELL建筑标准是一部基于性能的建筑评价标准，更多关注建筑内部环境健康，着重点在于"人"。

WELL建筑标准分为7大健康类别"概念"，分别为：空气、水、营养、光线、健身、舒适性和心理。7个概念中包括102项特性。每个特性旨在解决住户健康、舒适性或知识的特定方面问题。每个特性分为若干部分，这些部分通常根据特定建筑类型而定制。这意味着根据建筑类型，指定特性中可能只有某些部分适用。每个部分中有一个或多个要求，指明需要达到的特定参数或度量标准。建筑工程项目若要获得特定特性的得分，必须满足其适用的所有组成部分规范。在WELL评价体系中，室内环境包括空气、光、健身、舒适和精神环境五部分，如表7-11所示，其中与地域气候相关的指标主要为空气、采光和舒适，指标的具体内容如表7-12所示。

WELL室内环境指标要求[19]   表7-11

评估类别	评估项目	地域气候关联性
空气	空气质量标准、禁烟、通风效率、减少挥发性有机化合物、空气过滤、微生物和霉菌控制、施工污染管理、健康入口、清洁方案、杀虫剂管理、基本材料安全、潮湿管理、空气冲刷、空气渗透管理、增加通风量、湿度控制、直接源新风、空气质量监测和反馈、可开启窗、新风系统、置换通风、虫害防治、高级空气净化、燃烧最小化、减少有毒物质、增强材料安全、表面的抗菌活性、可清洁的环境、清洁设备	有
采光	视觉照明设计、昼夜照明设计、电灯眩光控制、日光眩光控制、低眩光工位设计、色彩质量、表面设计、自动化遮阳和调光控制、采光权、日光建模、自然采光开窗	有
健身	室内健身循环、有组织的健身机会、支持锻炼的室外设计、体育锻炼空间、运动出行支持、健身器材、可移动家具	无
舒适	无障碍设计、人体工程学、视觉和生理、室外噪声侵入、室内产生的噪声、热舒适性、嗅觉舒适性、混响时间、声掩蔽、消音表面、声障、独立热舒适控制、辐射热舒适	有
精神	健康和福祉意识、整合设计、入住后调查、美学和设计Ⅰ、亲生命性Ⅰ-可定性、具备适应性的空间、健康睡眠政策、出差、建筑健康政策、工作场所家庭支持、自我监控、压力和成瘾治疗、利他主义、材料透明度、组织透明度、美学和设计Ⅱ、亲生命性Ⅱ-可量化	无

WELL与地域气候相关指标的具体内容   表7-12

指标类别	指标内容	指标具体要求
室内热湿环境	热舒适性	室内热舒适性应符合ASHRAE 55-2013
室内光环境	日光眩光控制	① 地板上方不到2.1m的玻璃窗需配备室内遮阳系统、百叶窗、室外遮阳系统、可变不透明玻璃之一以控制眩光； ② 地板上方超过2.1m的玻璃窗需配备室内遮阳系统、百叶窗、室内遮光板、窗口上的微反射镜薄膜、可变不透明玻璃之一以控制眩光
	表面设计	工作与学习区表面反射率必须符合以下光反射值（LRV）要求：对于常用空间内至少80%的表面区域，天花板的平均LRV为0.8（80%）或更高，对于从常用空间直接可见的至少50%的表面区域，墙壁的平均LRV为0.7（70%）或更高，对于从常用空间直接可见的50%的表面区域，家具系统的平均LRV为0.5（50%）或更高
	自然光采光模拟	① 至少55%的空间每年至少50%的运营时间能获得300lx的阳光照射； ② 每年有250小时可获得1000lx以上阳光照射的区域不超过10%
	自然采光外窗设计	① 从外墙测得的窗墙比在20%~60%之间。超过40%时必须采用室外遮阳设施或可调不透明玻璃，以控制不必要的得热量和眩光； ② 40%~60%的窗户区域至少在地板以上2.1m（采光窗）； ③ 所有非装饰性玻璃窗必须满足以下可见光透射率（VT）条件：所有距地板2.1m以上的玻璃窗（采光窗）的VT均达到60%或更高，所有距地板2.1m或以下的玻璃窗（观景窗）的VT均达到50%或更高； ④ 所有用于采光的窗必须符合以下要求：波长在400~650nm的可见光透射率变化不会超过2倍
室内空气质量	可开启窗	所有常用空间均设可开启窗

7.2.2　国内标准室内物理环境指标要求

我国绿色建筑及绿色建筑评价体系发展相对较晚，目前已颁布的相关标准规范主要有《绿色建筑评价标准》GB/T 50378—2014、《绿色建筑评价标准》GB/T 50378—2019、《健康建筑评价标准》TASC 02—2016和《民用建筑绿色设计规范》JGJ/T 229—2010等，本文选择国家或行业绿色建筑相关标准规范进行分析。

7.2.2.1　《绿色建筑评价标准》

2006年6月，国家标准《绿色建筑评价标准》GB/T 50378—2006由原建设部于2006年3月颁布了我国第一部绿色建筑评价标准，即国家标准《绿色建筑评价标准》GB/T 50378—2006。2014年4月发布新版《绿色建筑评价标准》GB/T 50378—2014，并于2015年1月1日实施。在此版绿色建筑评价体系中，室内环境包括室内声环境、室内光环境与视野、室内热湿环境和室内空气质量四部分，如表7-13所示，其中与地域气候相关的指标主要为内表面结露、隔热性能、室内采光、室内热湿环境和自然通风，指标的具体内容如表7-14所示。

现行国家标准《绿色建筑评价标准》GB/T 50378—2019于2019年3月发布，并于2019年8月1日正式实施[20]。此版绿色建筑评价体系主要包括安全耐久、健康舒适、生活便利、资源节约、环境宜居及提高与创新六个板块，其中健康舒适板块包括室内空气品质、水质、声环境与光环境、室内热湿环境四部分室内环境质量评价指标，如表7-15所示，其中与地域气候相关的指标主要为室内热湿环境、围护结构热工性能、热环境调节装置、天然采光及日光眩光、自然通风和可调节遮阳设施，指标的具体内容如表7-16所示。

中国绿色建筑评价体系室内环境指标要求（2014版）　　　　表7-13

评估类别	评估项目	评估内容	地域气候关联性
控制项		① 主要功能房间的室内噪声级	无
		② 主要功能房间的隔声性能	无
		③ 建筑照明数量和质量	无
		④ 房间内的温度、湿度、新风量等设计参数	有
		⑤ 建筑围护结构内表面结露	有
		⑥ 屋顶和东、西外墙隔热性能	有
		⑦ 室内空气中的氨、甲醛、苯、总挥发性有机物、氡等污染物浓度	有

续表

评估类别	评估项目	评估内容	地域气候关联性
评分项	室内声环境	① 主要功能房间的室内噪声级	无
		② 主要功能房间的隔声性能	无
		③ 采取减少噪声干扰的措施	无
		④ 有声学要求的重要房间进行专项声学设计	无
	室内光环境与视野	① 建筑主要功能房间具有良好的户外视野	无
		② 主要功能房间的采光系数满足现行国家标准要求	有
		③ 改善建筑室内采光效果	有
	室内热湿环境	① 采取可调节遮阳措施	有
		② 供暖空调系统末端现场可独立调节	无
	室内空气质量	① 改善自然通风效果	有
		② 气流组织合理	无
		③ 室内空气质量监控系统	无
		④ 一氧化碳浓度监测装置	无
创新项		室内空气中的氨、甲醛、苯、总挥发性有机物、氡等污染物浓度	有

中国绿色建筑与地域气候相关指标的具体内容（2014版）　　　　表7-14

指标类别	指标内容	指标具体要求
室内光环境	主要功能房间的采光系数满足现行国家标准要求	主要功能空间采光系数需满足现行国家标准《建筑采光设计标准》GB 50033—2013要求的面积比例至少≥60%
	改善建筑室内采光效果	1. 主要功能空间有合理的控制眩光措施； 2. 内区采光系数满足采光要求的面积比例达到60%； 3. 地下空间平均采光系数不小于0.5%的面积与首层地下室面积的比例至少≥5%
室内热湿环境	建筑围护结构内表面结露	在室内设计温、湿度条件下，建筑围护结构内表面不得结露
	屋顶和东、西外墙隔热性能	屋顶和东、西外墙隔热性能应满足现行国家标准《民用建筑热工设计规范》GB 50176—2016的要求
	采取可调节遮阳措施	外窗和幕墙透明部分中，有可控遮阳调节措施的面积比例至少25%
室内空气质量	室内自然通风	根据在过渡季典型工况下主要功能房间平均自然通风换气次数不小于2次/h的面积比例至少≥60%
	室内空气品质	室内空气中的氨、甲醛、苯、总挥发性有机物、氡等污染物浓度应符合现行国家标准《室内空气质量标准》GB/T 18883—2002的有关规定

中国绿色建筑评价体系室内环境指标要求（2019版） 表7-15

评估类别	评估项目	评估内容	地域气候关联性
控制项		① 室内空气中的氨、甲醛、苯、总挥发性有机物、氡等污染物控制及室内禁烟	有
		② 室内厨房、餐厅、打印复印室、卫生间、车库等区域的空气和污染物防串通	有
		③ 给水排水系统设计及水质保障措施	无
		④ 主要功能房间的室内噪声级和隔声性能	无
		⑤ 建筑照明的数量、质量和安全性	无
		⑥ 室内热湿环境保障措施	有
		⑦ 围护结构热工性能	有
		⑧ 热环境调节装置现场独立控制	有
		⑨ 一氧化碳浓度监测装置	无
评分项	室内空气品质	① 室内空气主要污染物浓度控制	有
		② 装饰装修材料有害物控制	无
	水质	① 供水水质控制	无
		② 储水设施卫生保障措施	无
		③ 给水排水管道、设备、设施标识设置	无
	声环境与光环境	① 主要功能房间的室内噪声级	无
		② 主要功能房间的隔声性能	无
		③ 主要功能房间天然采光设计及日光眩光控制	有
	室内热湿环境	① 室内热湿环境保障及热舒适	有
		② 自然通风效果改善	有
		③ 可调节遮阳设施设置	有

中国绿色建筑与地域气候相关指标的具体内容（2019版） 表7-16

指标类别	指标内容	指标具体要求
室内光环境	全年动态采光照度要求	室内主要功能空间至少60%面积比例区域，其采光照度值不低于采光要求的时数平均不少于4h/d
	主要功能房间的采光系数满足现行国家标准要求	① 内区采光系数满足采光要求的面积比例达到60%； ② 地下空间平均采光系数不小于0.5%的面积与首层地下室面积的比例至少≥5%

续表

指标类别	指标内容	指标具体要求
室内光环境	改善建筑室内采光质量	主要功能空间有合理的控制眩光措施；最大采光系数和平均采光系数的比值小于6，改善室内天然采光的均匀度
室内热湿环境	建筑围护结构内表面结露	在室内设计温、湿度条件下，建筑围护结构内表面不得结露
	屋顶和东、西外墙隔热性能	屋顶和东、西外墙隔热性能应满足现行国家标准《民用建筑热工设计规范》GB 50176—2016的要求
	采取可调节遮阳措施	遮阳调节设施的面积占外窗透明部分的比例至少25%
	室内适应性热舒适	采用自然通风或复合通风的建筑，建筑主要功能房间室内热环境参数在适应性热舒适区域的时间比例至少60%
室内空气质量	室内自然通风	根据在过渡季典型工况下主要功能房间平均自然通风换气次数不小于2次/h的面积比例至少≥70%
	室内空气品质	室内氨、甲醛、苯、总挥发性有机物、氡等污染物浓度低于国家标准《室内空气质量》GB/T 18883—2002规定限值的10%~20%；室内$PM_{2.5}$年均浓度不高于25μg/m³，且室内PM_{10}年均浓度不高于50μg/m³

7.2.2.2 《健康建筑评价标准》

2017年1月，中国建筑学会发布了团体标准《健康建筑评价标准》T/ASC 02—2016。中国城市科学研究会作为第三方机构已经开展健康建筑评价工作，并相继发布了《健康建筑标识管理办法》和《健康建筑评价管理办法》，并于2017年3月开展了第一批健康建筑的评价标识活动。在我国健康建筑评价体系中，与室内环境有关的内容包括空气、舒适、健身、人文和服务五部分，如表7-17所示，其中与地域气候相关的指标主要为内表面结露、隔热性能、室内采光和室内热湿环境，指标的具体内容如表7-18所示。

中国健康建筑评价体系室内环境指标要求[21]　　　　表7-17

评估类别	评估项目	评估内容	地域气候关联性
空气	控制项	① 典型污染物进行浓度预评估，且室内空气质量应满足现行国家标准的要求	有
		② 控制建筑室内颗粒物含量	无
		③ 室内使用的建筑材料应满足现行相关国家标准的要求	无
		④ 木家具和塑料家具产品的有害物质限值应满足现行国家标准	无

续表

评估类别	评估项目	评估内容	地域气候关联性
空气	污染源	① 对有气味、可吸入颗粒物、细颗粒物、臭氧等化学污染物及热湿等散发源的空间（如卫生间、浴室、文印室、化学品存储空间等），采取有效措施避免空气中的污染物串通到其他空间或室外活动场所	有
		② 采取有效措施保障厨房的排风要求，防止厨房油烟扩散至其他室内空间及室外活动场所	无
		③ 建筑外窗、幕墙具有较好的气密性，以阻隔室外污染物穿透进入室内	无
		④ 控制室内装饰装修材料的有害物质浓度	无
		⑤ 控制家具和室内陈设品的有害物质浓度	无
	浓度限值	① 控制室内颗粒物浓度，$PM_{2.5}$日平均浓度不高于$25\mu g/m^3$，PM_{10}日平均浓度不高于$50\mu g/m^3$，允许年不保证天数35天	有
		② 控制建筑室内空气中放射性物质和CO_2的浓度，年均氡浓度不大于$200Bq/m^3$，CO_2日平均浓度不大于900ppm	无
	净化	设置空气净化装置降低室内污染物浓度	无
	监控	① 设置空气质量表观指数监测与发布系统	无
		② 地下车库设置与排风设备联动的CO浓度监测装置，控制CO浓度值，防止出现健康风险	无
		③ 调查室内空气质量主观评价，对室内空气质量的不满意率低于20%	无
舒适性	控制项	① 建筑所处场地的环境噪声符合现行国家标准的有关规定	无
		② 控制主要功能房间的室内噪声级	无
		③ 控制噪声敏感房间的隔声性能	无
		④ 主要功能房间具有良好的天然光光环境	有
		⑤ 具有良好的照明光环境	无
		⑥ 建筑外围护结构内表面温度应不低于室内空气露点温度，屋顶和东西外墙内表面温度应符合要求	有
	声环境	① 建筑所处场地的环境噪声优于现行国家标准的有关规定	无
		② 降低主要功能房间的室内噪声级	无
		③ 噪声敏感房间与相邻房间的隔声性能良好	无
		④ 人员密集的大空间应进行吸声减噪设计，保证足够的语言清晰度，不出现明显的声聚焦及多重回声等声学缺陷	无
		⑤ 对建筑内产生噪声的设备及其连接管道进行有效的隔振降噪设计	无

续表

评估类别	评估项目	评估内容	地域气候关联性
舒适性	光环境	① 充分利用天然光	有
		② 照明控制系统可按需进行自动调节	无
		③ 控制室内生理等效照度	无
		④ 营造舒适的室外照明光环境	无
	热湿环境	① 建筑室内人工热湿环境评价满足现行国家标准的要求	有
		② 建筑采用合理的自然通风等被动调节措施	有
		③ 控制主要功能房间的空气湿度，满足相对湿度为30%~70%	有
		④ 主要功能房间的供暖空调系统可基于人体热感觉进行动态调节	有
	人体工程学	① 卫生间平面布局合理	无
		② 设备屏幕均可调节高度以及与用户之间的距离	无
		③ 桌面高度和座椅可自由调节	无
		④ CO浓度监测装置	无
健身	控制项	① 设有健身运动场地，面积不少于总用地面积的0.3%，且不少于60m^2	无
		② 设置免费健身器材的台数不少于建筑总人数的0.3%，并配有使用说明	无
	室外	① 设有室外健身场地	无
		② 设置专用健身步道，宽度不少于1.25m，设有健身引导标识	无
		③ 鼓励采用绿色与健身相结合的出行方式	无
	室内	① 建筑室内设有免费健身空间	无
		② 设置便于日常使用的楼梯	无
		③ 设有可供健身或骑自行车使用的服务设施	无
	器材	① 室外健身场地设置免费健身器材的台数不少于建筑总人数的0.5%，健身器材的种类不少于三种，并配有使用说明	无
		② 建筑室内设置免费健身器材的台数不少于建筑总人数的0.5%，健身器材的种类不少于三种，并配有使用说明	无
人文	控制项	① 室内外绿化植物应无毒无害	无
		② 建筑室内外色彩应协调；公共空间与私有空间应明确分区；建筑主要功能房间应有良好视野，且无明显视线干扰	无

续表

评估类别	评估项目	评估内容	地域气候关联性
人文	控制项	③ 场地与建筑的无障碍设计应满足现行国家标准《无障碍设计规范》GB 50763—2012的要求	无
	交流	① 合理设置室外交流场地，且乔木或构筑物的遮阴面积达到20%	无
		② 合理设置儿童游乐场地，并有不少于1/2的面积满足日照标准要求，且通风良好	无
		③ 合理设置老年人活动场地，有不少于1/2的面积满足日照标准要求，设有不少于6人的座椅，无障碍设施完善，且通风良好	无
		④ 设置公共服务食堂，对所有建筑使用者开放	无
	心理	① 合理设置文化艺术设施	无
		② 营造优美的绿化环境，增加室内外绿化量	无
		③ 入口大堂中有植物、艺术品或水景布景，有休息座椅，有放置雨伞的设施	无
		④ 设有用于静思、宣泄或心理咨询室等心理调整房间	无
	适老	① 充分考虑行动障碍者与老年人的使用安全与方便	无
		② 地上不少于2层的公共建筑至少设有1部无障碍电梯，住宅建筑每单元至少设1部可容纳担架的无障碍电梯	无
		③ 设置医疗服务设施	无
服务	控制项	应向业主展示室外空气质量、温度、湿度、风级及气象灾害预警的信息	无
	物业	① 采取禁烟措施	无
		② 对空调通风系统和净化设备系统进行定期检查和清洗	无
创新项		① 室内空气质量参数优于现行国家标准《室内空气质量标准》GB/T 18883—2002的规定	无
		② 室内PM$_{2.5}$日平均浓度不高于15μg/m^3	无

中国健康建筑与地域气候相关指标的具体内容　　　　表7-18

指标类别	指标内容	指标具体要求
室内光环境	充分利用天然光	① 大进深、地下和无窗空间采取有效措施充分利用天然光； ② 公共建筑室内主要功能空间至少75%面积比例区域的天然光照度值不低于300lx的时数平均不少于4h/d
	具有良好的天然光光环境	① 采光系统的颜色透射指数Ra不应低于80； ② 顶部采光均匀度不应低于0.7，侧面采光均匀度不应低于0.4

续表

指标类别	指标内容	指标具体要求
室内热湿环境	采用合理的自然通风等被动调节措施	① 人体预计适应性平均热感觉指标-1≤APMV<-0.5或0.5<APMV≤1，得4分； ② 人体预计适应性平均热感觉指标-0.5≤APMV<0.5，得7分
室内空气质量	建筑外窗、幕墙具有较好的气密性以阻隔室外污染物穿透进入室内	对于每年有310天以上空气质量指数在100以下的地区，外窗气密性达到国家标准《建筑外门窗气密、水密、抗风压性能分级及检测方法》GB/T 7106—2008规定的4级及以上，其他地区的外窗气密性达到6级及以上；幕墙达到国家标准《建筑幕墙》GB/T 21086—2007规定的3级及以上

7.2.2.3 《民用建筑绿色设计规范》JGJ/T 229—2010

2010年10月，住房和城乡建设部发布了《民用建筑绿色设计规范》JGJ/T 229—2010，自2011年10月1日起实施。该规范有建筑设计与室内环境章节，室内环境有关内容包括日照和天然采光、自然通风、室内声环境、室内空气质量四部分，如表7-19所示，其中与地域气候相关的指标主要为围护结构保温隔热、天然采光和自然通风。

民用建筑绿色设计规范室内环境指标要求　　　　　　　　　　　　　　　表7-19

章节	条文	地域气候关联性
6.1一般规定	6.1.1 优化建筑形体和内部空间布局	有
	6.1.2 综合考虑场地内外建筑日照、自然通风与噪音等因素	有
6.3日照和天然采光	6.3.1 日照分析	有
	6.3.2 应充分利用天然采光	有
	6.3.3 改善室内的天然采光效果	有
6.4自然通风	6.4.1 建筑物的平面空间组织布局、剖面设计和门窗的设置	有
	6.4.2 采取有利于形成穿堂风的布局，避免单侧通风的布局	有
	6.4.3 自然通风设计应兼顾冬季防寒要求	有
	6.4.4 外窗的位置、方向和开启方式应合理设计	有
	6.4.5 采取措施加强建筑内部的自然通风	有
	6.4.6 采取措施加强地下空间的自然通风	有
	6.4.7 宜考虑在室外环境不利时的自然通风措施	有

续表

章节	条文	地域气候关联性
6.6室内声环境	6.6.1 建筑室内的允许噪声级、围护结构的空气声隔声量及楼板撞击声隔声量规定	无
	6.6.2 毗邻城市交通干道的建筑,应加强外墙、外窗、外门的隔声性能	无
	6.6.3 顶棚、楼面、墙面和门窗宜采取相应的吸声和隔声措施	无
	6.6.4 加强楼板撞击声隔声性能	无
	6.6.5 建筑采用轻型屋盖时,屋面宜采取防止雨噪声的措施	无
	6.6.6 应选用低噪声设备。设备、管道应采用有效的减振、隔振、消声措施。对产生振动的设备基础应采取减振措施	无
	6.6.7 电梯机房及其井道应避免与有安静要求的房间紧邻,当受条件限制而紧邻布置时,应采取隔声和减振措	无
6.7室内空气质量	6.7.1 室内装修设计时宜进行室内空气质量的预评价	有
	6.7.2 室内装饰装修材料必须符合相应国家标准的要求	无
	6.7.3 吸烟室、复印室、打印室、垃圾间、清洁间等产生异味或污染物的房间应与其他房间分开设置	无
	6.7.4 公共建筑的主要出入口宜设置具有截尘功能的固定设施	无
	6.7.5 可采用改善室内空气质量的功能材料	无

目前,国内外绿色建筑标准规范都将室内环境质量评价指标作为重要的组成部分,室内环境质量一般都包括室内声环境、室内光环境和视野、室内热湿环境和室内空气质量等内容。其中与地域气候相关的室内环境质量指标主要为热舒适度、自然通风、自然采光,日本CASBEE标准还包括室内温度控制、室内湿度控制和空调方式,中国绿色建筑和健康建筑标准还包括内表面结露、隔热性能等指标。

7.2.3 室内环境控制指标分级

7.2.3.1 指标确定原则及架构

在借鉴国内外现有可持续建筑评价指标体系基础上,结合使用者对不同空间环境性能需求分析以及空间类型性能差异,采用国际上最常用的系统分析法和层次分析法模型表达气候适应型室内空间物理环境控制设计指标体系,指标体系分为三个等级:目标层、准则层、指标层,如图7-4所示。

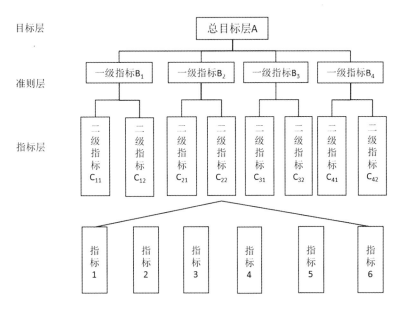

图7-4 指标体系框架结构[22]

其中目标层只有一个元素，它是问题的预定目标或理想结果，所有指标的选取都应围绕这一总目标；准则层包括实现目标所涉及的中间环节中需要考虑的准则，是目标层在不同方面的特征反映；指标层是对准则层的进一步细化，是实现总目标可供选择并解决问题的具体方案，与目标层紧密联系，相互对应，是整个设计指标体系中的基本元素。

按照上述指标选取流程，将室内环境控制指标细化，得出气候适应型室内环境控制设计指标体系，该体系是一个多级指标体系，每个层次的指标都只是对对象在某一方面特征的描述，不同指标在进行目标评价时的重要程度存在差异，因此需要根据各指标的重要程度，赋予其不同的权重系数。权重系数的差异将会直接导致评价对象的优劣，因此科学地确定指标权重非常重要。本文旨在提出一个适用于气候适应型室内环境控制的设计指标，重点在于提出影响设计指标的设计参数，对各个指标的评价不做进一步讨论。

本文选用目前国内外应用最普遍，也被公认为最有效的方法——层次分析法，初步制定的气候适应型室内环境控制设计指标体系，如表7-20所示。准则层包含三个一级指标，包括室内热湿环境控制设计、室内光环境控制设计、室内空气质量控制设计等；指标层包含7个二级指标，包括围护结构保温与隔热优化设计、自然通风优化设计、建筑遮阳优化设计等。

气候适应型室内环境控制设计指标体系　　　　　　　表7-20

目标层	准则层 （一级指标）	指标层 （二级指标）	指标内容（关键词）
气候适应型室内物理环境控制设计指标体系	室内热湿环境控制设计	围护结构保温与隔热优化设计	围护结构内表面温度 适应性热舒适指标
		建筑遮阳优化设计	太阳辐射得热系数（SHGC） 适应性热舒适指标
		合理组织低性能空间改善热湿环境适应性优化设计	适应性热舒适指标
	室内光环境控制设计	自然采光水平优化设计	自然采光系数
			全年动态采光照度
			有效采光照度
		自然采光质量优化设计	不舒适眩光指数（DGI）
			采光均匀度
	室内空气质量控制设计	自然通风优化设计	外窗可开启占房间地面面积比例
			自然通风换气次数
		室内空气品质优化设计	室内污染物浓度

7.2.3.2　室内热湿环境控制设计指标

　　室内热湿环境控制设计指标分为三个二级指标，分别为围护结构保温与隔热优化设计、建筑遮阳优化设计、合理组织低性能空间改善热湿环境适应性设计等，条文内容如表7-21所示。

室内热湿环境控制设计指标　　　　　　　表7-21

一级指标	二级指标	指标内容
室内热湿环境控制设计	围护结构保温与隔热优化设计	① 在设计温、湿条件下，建筑非透明围护结构内表面温度应不低于室内空气露点温度； ② 屋顶和外墙内表面温度最高温度应满足《民用建筑热工设计规范》GB 50176—2016的要求； ③ 严寒、寒冷、夏热冬冷地区屋顶和外墙传热系数在满足《公共建筑节能设计标准》GB 50189—2015规定性指标要求的基础上，进一步提升热工性能，提高室内热湿环境参数在适应性热舒适区域的时间比例。
	建筑遮阳优化设计	合理采用建筑遮阳设计，外窗（包括非透明幕墙）太阳辐射得热系数（SHGC）满足《公共建筑节能设计标准》GB 50189—2015规定性指标要求，夏热冬冷、夏热冬暖地区进一步降低太阳辐射得热系数（SHGC），提高室内热湿环境参数在适应性热舒适区域的时间比例。
	合理组织低性能空间改善热湿环境适应性设计	合理组织低性能空间，如中庭、阳光间、门斗、双层玻璃幕墙等，改善普通性能空间室内热湿环境，普通性能房间室内热湿环境参数在适应性热舒适区域的时间比例达到30%以上

7.2.3.3 室内光环境控制设计指标

室内光环境控制设计指标分为两个二级指标，分别为自然采光水平优化设计和自然采光质量优化设计，条文内容如表7-22所示。

室内光环境控制设计指标 表7-22

一级指标	二级指标	指标内容
室内光环境控制设计	自然采光水平优化设计	① 走廊、楼梯间、电梯前室等满足《建筑采光设计标准》GB 50033—2013对采光系数的要求
		② 室内主要功能空间至少60%面积比例区域的采光照度值不低于采光要求的小时数平均不少于4h/d
		③ 对于商场类建筑，主要功能房间至少55%面积比例区域全年采光照度值在100~2000lux之间的时间比例不小于50%
	自然采光质量优化设计	① 采用合理的控制眩光措施，主要功能房间满足《建筑采光设计标准》GB 50033—2013对窗的不舒适眩光指数要求
		② 采用合理的措施，控制室内采光均匀度，主要功能房间最大采光系数和平均采光系数的比值应小于6.0

7.2.3.4 室内空气质量控制设计指标

室内空气质量控制设计指标分为两个二级指标，分别为自然通风优化设计和室内空气品质优化设计等，条文内容如表7-23所示。

室内空气品质控制设计指标 表7-23

一级指标	二级指标	指标内容
室内空气质量控制设计	自然通风优化设计	① 优化建筑空间、平面布局和构造设计，改善自然通风效果，在过渡季典型工况下，自然通风房间可开启外窗净面积与房间地板面积的比例在严寒、寒冷地区不小于5%，夏热冬冷、夏热冬暖地区不小于8%
		② 优化建筑空间、平面布局和构造设计，改善自然通风效果，在过渡季典型工况下，主要功能房间平均自然通风换气次数不小于2次/h的面积比例达到70%
		③ 优化建筑空间、平面布局和构造设计，在过渡季、夏季典型风速和风速条件下，50%以上可开启外窗室内外表面的风压差大于0.5Pa
	室内空气质优化设计	采用合理的室内污染物控制措施，在方案设计阶段，应进行装修污染物预评价分析，提出装饰装修工程验收时，室内甲醛、苯、TVOC浓度满足《公共建筑室内空气质量控制设计标准》JGJ/T 461—2019的二级限值要求

7.2.4　室内环境控制分级指标的有效性验证

7.2.4.1　专家调研验证

为确定分级指标的有效性以及各个指标在不同气候区的适应性，由课题单位组织对各个气候区共计28位专家进行访谈，其中严寒地区8位、寒冷地区6位、夏热冬冷地区6位、夏热冬暖地区8位，分别对分级指标体系中的二级指标进行气候适应有效性和相关性验证，有效性和相关性等级均分为5级，从1～5分别对应极低、较低、一般、较高、极高，专家意见如图7-5、图7-6所示。

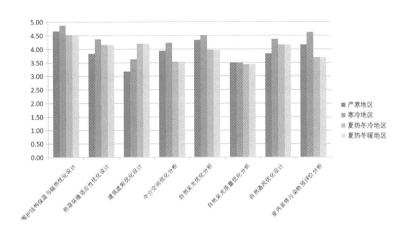

图7-5　各指标气候相关性专家评价结果

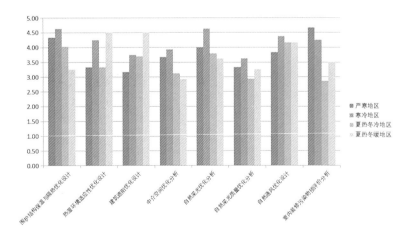

图7-6　各指标气候有效性专家评价结果

由图7-5、图7-6可知，分级指标均表现出较好的相关性和有效性，其中在各气候区差异较大的指标为合理组织中介空间（低性能空间）优化分析，考虑到此项指标包含中庭、门斗、双层玻璃幕墙等设计策略，可根据在各个气候区的适应性进行灵活选择，同时结合指标体系的可操作性，初步确定对各评价指标不再进行权重划分。

7.2.4.2 模拟分析验证

1）室内热湿环境控制指标验证

对于室内热湿环境控制指标，选取热湿环境适应性设计指标之一，即"合理采用自然通风等被动措施，建筑主要功能房间室内热环境参数在适应性热舒适区域的时间比例达到30%以上"，对其指标参数的有效性进行验证。下文将对单一功能普通性能空间热湿环境控制指标的有效性进行验证，通过选取某实际办公建筑标准层开敞式办公空间，分析指标的具体内容在不同气候区典型城市与室内热湿环境的相关性，进而说明该指标的有效性。

某超过高层办公建筑朝向为正南北向，地上39层，分为低区、中区、高区，选取中区12F～19F标准层，如图7-7所示，标准层长、宽分别为55m、35m，层高4.5m，地板与天花为相邻办公空间，故设置为绝热体。

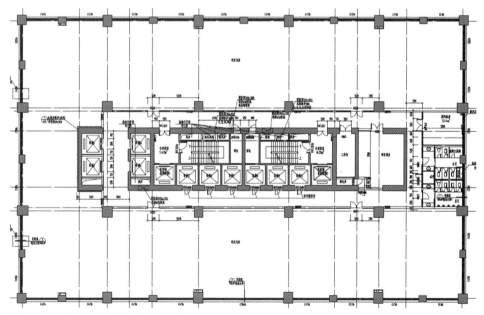

图7-7　某办公建筑标准层平面图

　　室内人员密度、人员、灯具及设备等热扰均按照《民用建筑绿色性能计算标准》JGJ/T 449—2018设置；外墙、外窗传热系数均按满足《公共建筑节能设计标准》GB 50189—2015中规定性指标要求设置（严寒、寒冷地区默认建筑体型系数≤0.30；夏热冬冷、夏热冬暖地区默认外墙热惰性指标＞2.5），外窗太阳辐射得热系数按《公共建筑节能设计标准》GB 50189—2015中不同窗墙面积比条件下满足规定性指标要求设置；选取哈尔滨、北京、上海、广州作为各气候区典型城市进行计算分析，外墙、外窗等围护结构热工性能参数设置如表7-24所示。

各典型城市外围护结构热工参数设置 表7-24

围护结构部位		传热系数 K [W/（m²·K）]				太阳得热系数 SHGC （东、南、西向/北向）			
		哈尔滨	北京	上海	广州	哈尔滨	北京	上海	广州
外墙		0.38	0.50	0.80	1.50	——	——	——	——
单一立面外窗墙面积比S	S=0.2	2.7	3.0	3.5	5.2	——	——	——	0.52/—
	S=0.3	2.5	2.7	3.0	4.0	——	0.52/—	0.44/0.48	0.44/0.52
	S=0.4	2.2	2.4	2.6	3.0	——	0.48/—	0.40/0.44	0.35/0.44
	S=0.5	1.9	2.2	2.4	2.7	——	0.43/—	0.35/0.40	0.35/0.40
	S=0.6	1.6	2.0	2.2	2.5	——	0.40/—	0.35/0.40	0.26/0.35
	S=0.7	1.5	1.9	2.2	2.5	——	0.35/0.60	0.30/0.35	0.24/0.30
	S=0.8	1.4	1.6	2.0	2.5	——	0.35/0.52	0.26/0.35	0.22/0.26
	S=0.9	1.3	1.5	1.8	2.0	——	0.30/0.52	0.24/0.30	0.18/0.26

　　本书计算分析软件是基于Rhino+Grasshopper平台，采用Ladybug工具包Honeybee完成边界条件设置，以EnergyPlus作为计算引擎，对室内热湿环境指标进行计算及分析。在不同窗墙比条件下，室内热环境参数在适应性热舒适区域的时间比例计算结果如表7-25所示。

各典型城市适应性热舒适区域的时间比例计算结果 表7-25

围护结构部位		室内热环境参数在适应性热舒适区域的时间比例（%）			
		哈尔滨	北京	上海	广州
单一立面外窗墙面积比S	S=0.2	42.12	47.20	44.74	43.44
	S=0.3	42.19	44.58	40.53	43.33

续表

围护结构部位		室内热环境参数在适应性热舒适区域的时间比例（%）			
		哈尔滨	北京	上海	广州
单一立面外窗墙面积比S	S=0.4	39.94	44.54	40.67	44.11
	S=0.5	38.25	43.98	39.81	43.60
	S=0.6	36.23	43.80	40.30	43.88
	S=0.7	34.22	42.90	38.40	43.69
	S=0.8	32.51	41.94	38.84	43.64
	S=0.9	30.63	43.39	39.52	44.87

由表7-25所示，各典型城市适应性热舒适区域的时间比例均在30%以上，此指标可用于指导室内热湿环境控制设计。

2）室内光环境控制指标验证

我国《建筑采光设计标准》GB 50033—2013对商场类建筑无自然采光要求，但大型商场类建筑通常设计多个天窗，若不进行相应自然采光控制设计，则极易造成采光不足和采光过度问题。当自然采光设计不足时，即采光照度低于100lx，会增加照明能耗；当自然采光设计过度时，即照度大于2000lx，则会影响人员舒适性，造成眩光风险。对于设置多个天窗的商场类建筑室内采光水平的评价，本书提出采用如下指标：即主要功能房间至少55%面积比例区域全年采光照度值在100～2000lux的时间比例不小于50%，主要关注商场公共走道空间，此类指标与具体项目所在地光气候参数息息相关，便于建筑师从室内自然采光舒适性的角度，分析商场类建筑天窗设计优劣，下文以某实际多天窗大型商场项目为例，对指标在不同气候区的有效性进行验证。

某大型商场地上5层，约29m，建筑面积约5万m²，共设计10个天窗，采用Rhino软件建立模型，并充分考虑项目周边建筑可能造成的影响，模型如图7-6所示。本次分析将基于Rhino+Grasshopper平台，采用Ladybug工具包Honeybee完成边界条件设置，以Daysim+Radiance作为计算引擎，对商业公共走道空间室内自然采光进行计算及分析。根据《民用建筑绿色性能计算标准》JGJ/T 449—2018，主要参数设置如下：地面材料反射比0.3，墙面材料反射比0.6，天花板材料反射比0.7。目前，中空玻璃的可见光透射比普遍在15%～65%，采用多层镀膜、印刷点式或者条式彩釉等技术

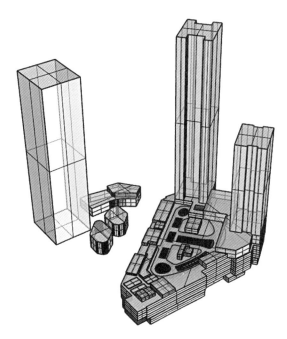

图7-8 某商场建筑采光分析模型

措施来实现对可见光透射比参数的控制,考虑到成本与实施性,本次分析选择玻璃可见光透射比为0.4。气象参数则分别选择5类光气候区的典型城市,从Ⅰ~Ⅴ分别为拉萨、呼和浩特、北京、广州、成都。

各光气候区典型城市在天窗可见光透射比0.4条件下,主要功能房间全年采光照度值在100~2000lux之间的时间比例不小于50%的面积比例,计算分析结果如表7-26所示。

主要功能房间全年采光照度值在100~2000lux之间的时间比例不小于50%的面积比例　表7-26

天窗可见 光透射比参数 ＼ 典型城市	拉萨（Ⅰ）	呼和浩特（Ⅱ）	北京（Ⅲ）	广州（Ⅳ）	成都（Ⅴ）
0.4	44.88%	56.21%	56.82%	58.43%	56.48%

由表7-26计算结果可知,此指标可用于指导室内采光的气候适应性设计。

7.3 基于控制分级指标的空间环境控制设计技术体系

气候适应型空间环境控制设计技术体系涵盖设计过程的各个阶段，具体详第2.3.3节所述，各项设计策略具体表现内容按照设计流程来划分，分别属于方案设计、初步设计及施工图设计等3个设计阶段，如图7-9所示。空间环境控制设计技术体系包括室内热湿环境控制、室内光环境控制及室内空气质量控制等三大类技术，分别下设围护结构保温与隔热、合理组织低性能空间、合理组织采光空间、围护结构采光设计、围护结构防眩光设计、围护结构通风设计、内围护结构材料设计以及相应的光环境、热湿环境和空气品质影响评估分析等，如图7-10所示，对于直接设计技术，下文将通过绿色控制目标、技术简介、气候调节基本原理、设计参数\指标、各气候区设计策略、研究

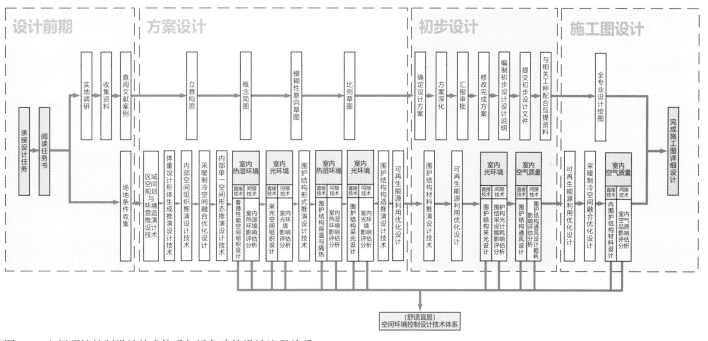

图7-9 空间环境控制设计技术体系与绿色建筑设计流程关系

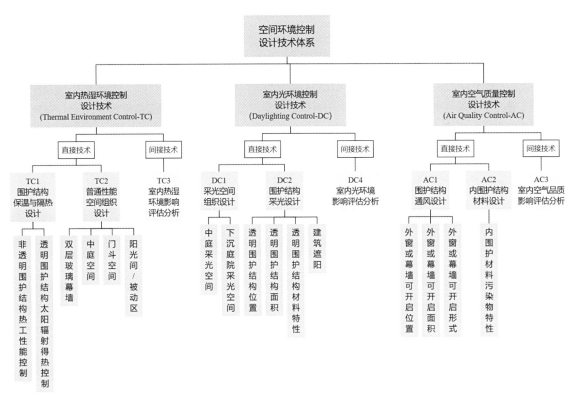

图7-10 空间环境控制设计技术体系框架

支撑等多个角度对设计策略进行表述；对于间接技术，将通过绿色控制目标、技术简介、气候调节基本原理、推荐分析工具、分析标准依据、对接专业、工种、人员等多个角度进行表述。

7.3.1 室内热湿环境控制（Thermal Environment Control-TC）

TC1 围护结构保温与隔热

TC1-1 非透明围护结构热工性能控制

【绿色控制目标】

实现绿色建筑健康舒适：满足绿色建筑中健康舒适对围护结构热工性能的要求，具体包括：在室内设计温、湿度条件下，建筑非透光围护结构内表面温度应不低于室内空气露点温度；屋顶和外墙内表面最高温度应满足《民用建筑热工设计规范》GB 50176—2016的要求。

【技术简介】

通过屋顶、外墙等非围护结构热工性能精细化设计，选择适宜的保温隔热材料及构造做法，控制围护结构内表面温度，进而控制室内热湿环境（图7-11）。

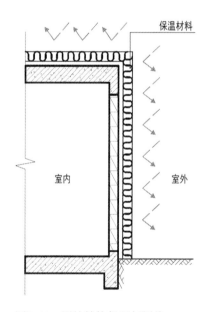

图7-11　围护结构保温与隔热

【气候调节基本原理】

依据热、风、湿等气候要素差异性，通过围护结构热工性能优化设计，在炎热季节减少围护结构传导得热、辐射得热，在寒冷季节减少围护结构传导散热，增加辐射得热，控制围护结构内表面温度，防止因内表面温度过高造成"烘烤感"，以及因表面结露形成的冷辐射对人体热舒适的影响，进而达到热湿环境控制的目的。

【设计参数/指标】

围护结构传热系数。

【设计策略】

设计策略如表7-27所示。

【研究支撑】

《公共建筑节能设计标准》GB 50189—2015，第3.3.4条.

《民用建筑绿色设计规范》JGJ/T 229—2010，第6.5.4条、第6.5.6条.

《民用建筑热工设计规范》GB 50176—2016，第4.2条、第4.3条.

设计策略   表7-27

严寒	寒冷	夏热冬冷	夏热冬暖
1. 应注重非透光围护结构的保温设计，按照《公共建筑节能设计标准》GB 50189—2015或《近零能耗建筑技术标准》GB/T 51350—2019要求，选择传热系数小、热稳定性高的保温材料，并通过防结露验算，确保围护结构内表面温度不低于室内空气的露点温度； 2. 应加强门窗气密性，减少通过门窗洞口或者其他缝隙的热量散失； 3. 可不考虑夏季隔热	1. 应注重非透光围护结构的保温设计，按照《公共建筑节能设计标准》GB 50189—2015或《近零能耗建筑技术标准》GB/T 51350—2019要求，选择传热系数小、热稳定性高的保温材料，并通过防结露验算，确保围护结构内表面温度不低于室内空气的露点温度； 2. 应加强门窗气密性，减少通过门窗洞口或者其他缝隙的热量散失； 3. 可不考虑夏季隔热	1. 应同时兼顾围护结构保温与隔热设计，按照《公共建筑节能设计标准》GB 50189—2015或《近零能耗建筑技术标准》GB/T 51350—2019要求，选择传热系数、热稳定性适宜的保温隔热材料，并通过防结露验算，确保围护结构内表面温度不低于室内空气的露点温度； 2. 应加强门窗气密性，减少通过门窗洞口或者其他缝隙的热量散失； 3. 应考虑夏季隔热设计，可采用相应的设计措施降低内表面温度，如采用浅色饰面、垂直绿化墙、双层通风墙、淋水墙面、通风屋面、屋顶绿化等，并通过隔热验算，确保围护结构内表面最高温度满足《民用建筑热工设计规范》GB 50176—2016的要求	1. 应注重非透光围护结构的隔热设计，可采用相应的设计措施降低内表面温度，如采用浅色饰面或热反射型涂料、垂直绿化墙、双层通风墙、淋水墙面、通风屋面、屋顶绿化等，并通过隔热验算，确保围护结构内表面温度最高温度满足《民用建筑热工设计规范》GB 50176—2016的要求； 2. 可不考虑冬季保温

TC1-2 透明围护结构太阳辐射得热控制

【绿色控制目标】

实现绿色建筑健康舒适：满足绿色建筑中健康舒适项对透明围护结构太阳得热系数及遮阳设计的要求。

具体包括：

1. 外窗、幕墙等透明围护结构的太阳得热系数应满足《公共建筑节能设计标准》GB 50189—2015的规定；

2. 设置可调节遮阳设施，改善室内热舒适。

【技术简介】

通过建筑透明围护结构太阳辐射得热精细化设计，包括建筑外遮阳形式、位置以及适宜的窗体材料，控制透明围护结构综合太阳得热系数（SHGC），进而控制室内热湿环境（图7-12）。

【气候调节基本原理】

依据热、光、风等气候要素差异性，通过建筑透明围护结构太阳辐射得热设计，在炎热季节减少太阳辐射得热，同时在寒冷季节尽可能增加进入室内的太阳辐射得热，达到热环境控制的目的。

【设计参数/指标】

太阳辐射得热系数。

【设计策略】

设计策略如表7-28所示。

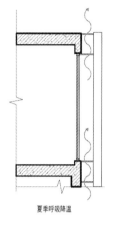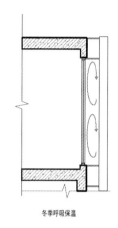

夏季呼吸降温　　　　　　冬季呼吸保温

图7-12　围护结构得热控制

设计策略

表7-28

严寒	寒冷	夏热冬冷	夏热冬暖
1. 应以提高冬季太阳辐射得热为主，SHGC值可尽量按照《公共建筑节能设计标准》GB 50189—2015上限取值；南向外窗可考虑适当的遮阳设施，兼顾夏季遮阳； 2. 玻璃宜采用高可见光透射比、高太阳辐射得热系数以及低红外透过率的保温窗体材料	1. 应以提高冬季太阳辐射得热为主，SHGC值尽量满足《公共建筑节能设计标准》GB 50189—2015规定性指标要求；东、西、南向应考虑适当遮阳措施，兼顾夏季遮阳；优先考虑设置可调外遮阳； 2. 玻璃宜采用高可见光透射比高太阳辐射得热系数以及低红外透过率的保温窗体材料	1. 应进行太阳直射轨迹分析，根据太阳辐射强度选择及确定遮阳设计，以改善室内热湿环境，优先考虑设置可调外遮阳；宜采用垂直绿化作为外遮阳措施；应兼顾冬季太阳辐射得热；确保SHGC值满足《公共建筑节能设计标准》GB 50189—2015要求； 2. 应综合考虑围护结构传热系数和遮阳系数，优化窗墙比，有效减少夏季太阳辐射得热，同时减少冬季窗户的热损失； 3. 玻璃宜采用高可见光透射比、高太阳辐射得热系数以及低红外透过率的保温窗体材料	1. 应充分考虑外窗的太阳辐射得热对室内热环境的影响，进行太阳直射轨迹分析，根据太阳辐射强度选择及确定遮阳设计，且应考虑当地降雨特征，兼顾防雨功能，以改善室内热湿环境，优先考虑设置可调外遮阳；宜采用垂直绿化作为外遮阳措施；确保SHGC值满足《公共建筑节能设计标准》GB 50189—2015要求； 2. 可通过调整遮阳构件密度，在降低辐射得热的同时保证辐射分布的均匀性； 3. 在满足节能要求的前提下，玻璃应尽量选择高可见光透射比

【研究支撑】

《公共建筑节能设计标准》GB 50189—2015，第3.2.5条.

《民用建筑绿色设计规范》JGJ/T 229—2010，第6.5.2条.

《民用建筑热工设计规范》GB 50176—2016，第9.2.1条、9.2.2条、9.2.3条、9.2.4条.

邓孟仁. 岭南超高层建筑生态设计策略研究[D]. 广州：华南理工大学，2017.

张祎. 外遮阳百叶形式对能耗与舒适度的影响研究[D]. 天津：天津大学，2017.

李谟彬，郭德平. 夏热冬冷地区建筑遮阳设计优化[J]. 建筑科学，2014,30（12）：93–97.

李紫微. 性能导向的建筑方案阶段参数化设计优化策略与算法研究[D]. 北京：清华大学，2014.

冯国会，徐小龙，吴珊，等. 近零能耗建筑技术体系在严寒地区的实践研究[J]. 建筑科学，2017，33（06）：15–20.

TC2 合理组织低性能空间改善热湿环境

TC2-1 可通风中庭空间

【绿色控制目标】

实现绿色建筑健康舒适：满足绿色建筑中健康舒适项对室内热湿环境的要求。

具体内容：采用自然通风或复合通风的建筑，建筑主要功能房间室内热环境参数在适应性热舒适区域的时间比例不低于30%。

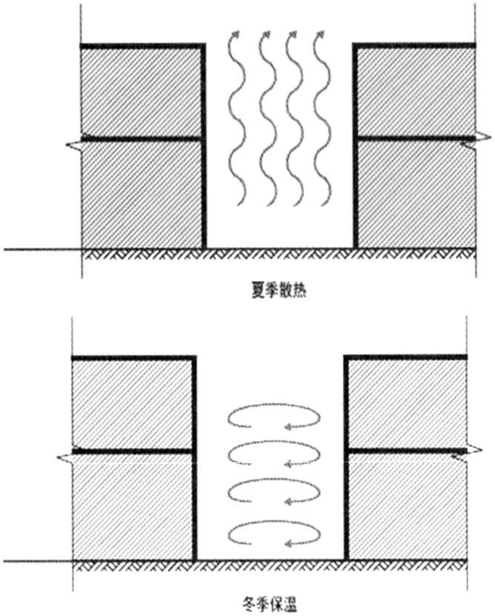

【技术简介】

通过可通风中庭空间精细化设计，包括中庭平面分布、平面长宽比、剖面形式、剖面高宽比，充分利用热压中庭产生的烟囱效应、温室效应等，实现建筑内部的空气流动，加强通风换气，进而控制室内热湿环境（图7-13）。

【气候调节基本原理】

依据热、光、风等气候要素差异性，合理利用中庭空间的温室效应、烟囱效应等，利用建筑底部入风口和顶部出风口的温度差，带动室内空气的流动，垂直方向的中庭空间促进炎热季节夜晚的冷空气进入建筑内部，在建筑的内部，利用烟囱效应对中庭空间和相邻的主体空间进行通风，从而降低建筑结构的温度；寒冷季节利用太阳辐射热量的聚集效应加热中庭空间，再将预热的空气传递给相邻的主体空间，从而提高主体空间的空气温度。在满足中庭空间室内热湿环境

图7-13　可通风中庭空间

控制要求的前提下，利用中庭空间改善相邻普通性能空间热湿环境或为普通性能空间创造相对适宜的外部气候条件，达到热湿环境控制的目的。

【设计参数/指标】

中庭平面分布、平面长宽比、剖面形式、剖面高宽比。

【设计策略】

设计策略如表7-29所示。

设计策略　　　　　　　　　　　　　　　　　表7-29

严寒	寒冷	夏热冬冷	夏热冬暖
1. 中庭的空间形态要利于保温得热，采用布局趋光、体型控温和空间紧凑等策略，其平面形式应充分利用建筑南部采光，剖面形态宜为 V 形或垂直形，控制高宽比例约为2.5∶1，以获得更多冬季太阳辐射得热； 2. 中庭的围护界面要适宜缓冲过滤功能的实现，采用优化界面、减少热损失和控制热交换等策略，其围护结构可设置通风间层，应注意顶部的通风采光处理； 3. 中庭的内部环境要适应气候交换的需要，采用利用自然通风、提升内部热稳定性和微气候自主调节等策略，可设置水体绿化，应重视内围护结构的构造处理	1. 中庭必须应对其温差、降水量和太阳照射的改变，在冬季，要尽量多地得到热量，改善内部环境，而在夏季又应尽量减少直接光对内部的热辐射； 2. 中庭应尽量选择南向，且应避免南北向线型式中庭，夏季应采用遮阳措施；采用嵌入式中庭时，应尽量设置在南向，并提高长宽比；中庭的剖面宜采用 "V" 形或垂直形中庭，以获得更多冬季太阳辐射得热；避免夏季直射光对内部的热辐射	1. 中庭设计总体策略为良好的隔热、通风效果，同时兼顾冬夏两季。中庭体量应尽量小型化；中庭宜选用核心式平面布局，以获得均衡的热工性能；顶部应设置遮阳措施，应充分利用中庭的烟囱效应，宜采用 "A" 形中庭加强拔风效果，但应兼顾冬季得热，剖面高宽比宜控制在4以内； 2. 中庭应尽量选择南向，且应避免南北向线型式中庭；采用嵌入式中庭时，应尽量设置在南向，并提高长宽比；中庭立面应设置可开启扇，实现风压与热压的灵活控制； 3. 为防止顶部发生热风倒灌，中庭设置方式可采取：①分段设置，或仅将中庭低区与室内联通，高区与室内隔断；②中庭顶部高于屋面，增大腔体高宽比，提高中和面高度，同时侧面开窗作为气流出口，提供充足的侧向通风；③局部区域设置独立风道与中庭共同形成混合自然通风系统	1. 中庭宜布置在不易接收太阳直射的位置，顶棚的玻璃倾斜北边或玻璃幕墙靠北向，以防止直射阳光的进入，减少中庭得热，同时避免东、西向开窗； 2. 夏季应避免温室效应，加强 "烟囱效应"，中庭顶部及立面应设可开启扇，实现风压与热压的灵活控制； 3. 为防止顶部发生热风倒灌，中庭设置方式可采取：①分段设置，或仅将中庭低区与室内连通，高区与室内隔断；②中庭顶部高于屋面，增大腔体剖面高宽比，提高中和面高度，同时侧面开窗作为气流出口，提供充足的侧向通风；③局部区域设置独立风道与中庭共同形成混合自然通风系统； 4. 室内外温差较小时，热压通风效果不明显，应结合风压进行混合通风设计；过渡季可采用自然通风和机械通风联动控制模式

【研究支撑】

《民用建筑热工设计规范》GB 50176—2016，第8.2.3条.

《民用建筑热工设计规范》GB 50176—2016，第8.2.6条第1款.

《公共建筑节能设计标准》GB 50189—2015，第3.3.9条.

《湖南省公共建筑节能设计标准》DBJ 43/003—2017，第3.2.1条.

《民用建筑绿色设计规范》JGJ/T 229—2010，第6.4.5条.

王卓佳. 夏热冬冷地区绿色中庭设计策略与空间形态研究[D]. 杭州：浙江大学，2011.

葛家乐. 基于气候适应性的寒地建筑中庭设计研究[D]. 哈尔滨：哈尔滨工业大学，2013.

林波荣，李紫微. 气候适应型绿色公共建筑环境性能优化设计策略研究[J]. 南方建筑，2013（3）：17-21.

张进，赵立华，梁耀昌. 广州番禺图书馆共享大厅空间自然通风系统联动控制策略研究[J]. 建筑节能，2020，48（1）：1-6.

郭书金. BIM技术在绿色中庭设计中的应用研究[D]. 重庆：重庆大学，2016.

TC2-2 门斗空间

【绿色控制目标】

实现绿色建筑健康舒适：满足绿色建筑中健康舒适项对室内热湿环境的要求。

具体内容：采用自然通风或复合通风的建筑，建筑主要功能房间室内热环境参数在适应性热舒适区域的时间比例不低于30%。

【技术简介】

通过门斗空间精细化设计，设置气温缓冲空间，形成建筑空间布局上的温度梯度变化，缩小冷热温度差，减少温度突变给人体带来的刺激，满足人体热适应规律，进而控制室内热湿环境（图7-14）。

【气候调节基本原理】

依据不同地域气候条件差异性，通过对建筑入口空间门斗的位置、面积、形式的优化设计，改善门厅的热环境，使门斗成为室外向室内的过渡空间，具有综合的保温功能，避免冷风直接吹入室内，减少由于风压作用下形成空气流动而损失的热量，充分利用阳光间/被动区改善相邻普通性能空间热湿环境或为普通性能空间创造相对适宜的外部热湿气候条件，达到热湿环境控制的目的。

【设计参数/指标】

门斗空间朝向、平面分布。

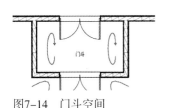

图7-14 门斗空间

【设计策略】

设计策略如表7–30所示。

设计策略 表7–30

严寒	寒冷	夏热冬冷	夏热冬暖
严寒地区加设门斗时，应尽量使门斗外门扇方向与当地冬季主导风向垂直，或保持尽量大的角度；设置门斗还应保证一定尺寸，进深应大一些，门斗后预留1.2～1.8m的空间；门斗应加强密封性，宜采用双层阻隔式S型门斗；入口位于建筑中部最佳	基本与严寒地区原则一致，要求略低，可以综合其他要求灵活调整	夏热冬冷地区不适宜此项设计策略	夏热冬暖地区不适宜此项设计策略

【研究支撑】

《民用建筑热工设计规范》GB 50176—2016，第4.2.5条.

《民用建筑设计通则》GB 50352—2005，第7.3.3条.

《民用建筑绿色设计规范》JGJ/T 229—2010，第6.2.7条.

赵丽华. 严寒地区建筑入口空间热环境研究[D]. 哈尔滨：哈尔滨工业大学，2013.

殷欢欢. 适应夏热冬冷地区气候的公共建筑过渡空间被动式设计策略[D]. 重庆：重庆大学，2010.

武伯菊. 环渤海地区滨海城市绿色建造体系的适宜性策略研究[D]. 西安：西安建筑科技大学，2020.

张九红，王瑞琪，马鸣霄，等. 温度缓冲梯度的过渡空间被动式设计方法[J]. 沈阳建筑大学学报（自然科学版），2020，36（1）：140–147.

TC2-3 阳光间/被动区

【绿色控制目标】

实现绿色建筑健康舒适：满足绿色建筑中健康舒适项对室内热湿环境的要求。

具体内容：采用自然通风或复合通风的建筑，建筑主要功能房间室内热环境参数在适应性热舒适区域的时间比例不低于30%。

【技术简介】

通过阳光间/被动区精细化设计，选择适宜的朝向，利用"温室效应"原理，进而控制室内热湿环境（图7-15）。

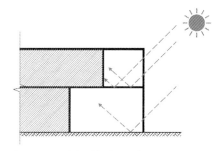

图7-15 阳光间/被动区空间

【气候调节基本原理】

依据热、风、湿等气候要素差异性，通过对阳光间/被动区精细化设计，利用"温室效应"原理，提高空间内的温度，将预热的空气运送到室内，充分利用阳光间/被动区改善相邻普通性能空间热湿环境或为普通性能空间创造相对适宜的外部热湿气候条件，达到热湿环境控制的目的。

【设计参数/指标】

阳光间/被动区朝向。

【设计策略】

设计策略如表7-31所示。

设计策略　　　　　　　　　　　　　　　　　　　　　　表7-31

严寒	寒冷	夏热冬冷	夏热冬暖
1. 依照当地主导风向，设置进深较小、高度较低、整体倾斜立面形式、全凸或半凸型平面布局的南向阳光间，有利于利用热压原理和温室效应，有利于有效阻隔寒气，保持室温，增强采光，提高人员热环境舒适性； 2. 建筑平面布局宜利用冬季日照并避开冬季主导风向，利用夏季自然通风。建筑的主要朝向宜为南向或南偏东与南偏西不超过30°，南向偏东或南向偏西15°以内最为理想，应根据日照尺度调整阳光间进深； 3. 阳光间宜采用传热系数小、透光率大的玻璃窗作为附加阳光间的透光围护结构，且应加强窗框与墙体、窗框与玻璃之间的密闭性，可按开窗方位，在东、西向采用综合式遮阳，南向采用水平遮阳； 4. 宜增加绿化、植被、水体的应用、改善铺地材料等，以提高吸热性能	1. 依照当地主导风向，设置进深较小、高度较低、整体倾斜立面形式、全凸或半凸型平面布局的南向阳光间，有利于利用热压原理和温室效应，有利于有效阻隔寒气，保持室温，增强采光，提高人员热环境舒适性； 2. 建筑平面布局宜利用冬季日照并避开冬季主导风向，利用夏季自然通风。建筑的主要朝向宜为南向或南偏东与南偏西不超过30°，南向偏东或南向偏西15°以内最为理想，应根据日照尺度调整阳光间进深； 3. 阳光间宜采用传热系数小、透光率大的玻璃窗作为附加阳光间的透光围护结构，且应加强窗框与墙体、窗框与玻璃之间的密闭性，可按开窗方位，在东、西向采用综合式遮阳，南向采用水平遮阳； 4. 宜增加绿化、植被、水体的应用、改善铺地材料等，以提高吸热性能	1. 宜采用"内凹"立面形式、全凸或半凸型平面布局形式的阳光间，加强夏季散热，改善夏季室内热环境，同时减少冬季的热损失，强化冬季贮热、夏季隔热，提高人员热环境舒适性； 2. 建筑平面布局宜利用冬季日照并避开冬季主导风向，利用夏季自然通风。建筑的主要朝向宜为南向或南偏东与南偏西不超过30°，南向偏东或南向偏西15°以内最为理想，应根据日照尺度调整阳光间进深	夏热冬暖地区不适宜此项设计策略

【研究支撑】

《2007全国民用建筑工程设计技术措施》节能专篇，第8.4.1条、8.4.2条、8.4.3条.

《民用建筑热工设计规范》GB 50176—2016，第4.2.14条.

宋硕. 被动房在多层办公建筑上的可行性设计研究[D]. 大连：大连理工大学，2017.

霍小平. 城市住宅阳光间热屏蔽效应测试与应用研究[J]. 建筑科学，2009，25（2）：43-46.

白淑鑫. 被动式采暖建筑热性能分析方法的研究[D]. 大连：大连理工大学，2011.

TC2-4 双层玻璃幕墙

【绿色控制目标】

实现绿色建筑健康舒适：满足绿色建筑中健康舒适项对室内热湿环境的要求。

具体内容：采用自然通风或复合通风的建筑，建筑主要功能房间室内热环境参数在适应性热舒适区域的时间比例不低于30%。

【技术简介】

通过双层玻璃幕墙空间精细化设计，包括朝向、通风开口形式等，充分利用双层玻璃幕墙空间改善相邻普通性能空间热湿环境或为普通性能空间创造相对适宜的外部热湿气候条件，进而控制室内热湿环境（图7-16）。

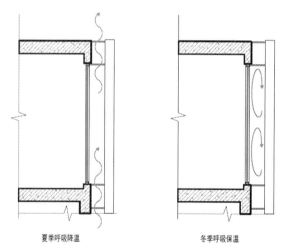

夏季呼吸降温   冬季呼吸保温

图7-16 双层玻璃幕墙空间

【气候调节基本原理】

依据热、风、湿等气候要素差异性，通过双层玻璃幕墙空间的精细化设计，合理调节空气流动、自然采光、热量分布等，在寒冷季节利用太阳辐射热量的聚集效应加热界面空间，再将预热的空气传递给相邻的主体空间，从而提高主体空间的空气温度；在炎热季节设置为外呼吸式空间，通过烟囱效应，带走空间内积聚的热量，充分利用双层玻璃幕墙空间，改善相邻普通性能空间，热湿环境或为普通性能空间创造相对适宜的外部热湿气候条件，达到热湿环境控制的目的。

【设计参数/指标】

双层玻璃幕墙朝向、通风开口形式。

【设计策略】

设计策略如表7-32所示。

设计策略　　　　　　　　　　　　　　　　　　　　　　表7-32

严寒	寒冷	夏热冬冷	夏热冬暖
应主要考虑双层玻璃幕墙的保温效果，宜采用内呼吸式双层玻璃幕墙，利用温室效应，提高空间室内温度	应主要考虑双层玻璃幕墙的保温效果，宜采用内呼吸式双层玻璃幕墙，利用温室效应，提高空间室内温度	针对夏季防热，首先是减少通过玻璃幕墙进入室内的太阳辐射；其次要降低基于室内外温差的传热；最后还要控制因空气流通带入室内的热量。双层玻璃幕墙就其隔热性能的发挥来说，通风是基础，遮阳是关键，淋水是补充；针对冬季保温，要尽量争取太阳辐射得热，同时也要降低温差热流。就发挥保温性能来说，需重视气循环和蓄热材料的运用	夏热冬暖地区不适宜此项设计策略

【研究支撑】

《2007全国民用建筑工程设计技术措施》节能专篇，第6.2.8条.

王振，李保峰. 双层皮玻璃幕墙的气候适应性设计策略研究——以夏热冬冷地区大型建筑工程为例[J]. 城市建筑，2006（11）：6-9.

程思雨. 寒冷地区大空间建筑双层玻璃幕墙优化设计及节能潜力研究[D]. 天津：天津大学，2018.

刘文韬. 基于绿色建筑平台对双层玻璃幕墙的节能研究及优化[J]. 建筑节能，2017，45（8）：52-57.

TC3 室内热湿环境影响评估分析

TC3-1 围护结构隔热与防结露计算

【绿色控制目标】

实现绿色建筑健康舒适：满足绿色建筑中健康舒适项对室内热湿环境的要求。

具体内容：

1. 在室内设计温、湿度条件下，建筑非透光围护结构内表面温度应不低于室内空气露点温度；

2. 屋顶和外墙内表面最高温度应满足《民用建筑热工设计规范》GB 50176—2016的要求。

【技术简介】

采用围护结构传热计算软件，计算围护结构内表面温度，以满足《民用建筑热工设计规范》

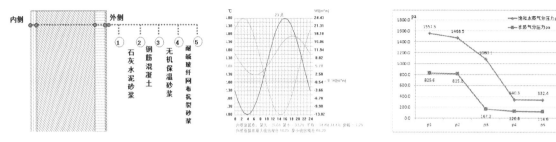

图7-17 围护结构隔热与防结露计算分析示意图（左：构造做法；中：内表面温度；右：结露验算）

GB 50176—2016中对隔热与防结露的要求作为控制目标，对围护结构保温与隔热构造做法做验证分析，并提出优化建议，以满足室内热湿环境的控制要求。

【推荐分析工具】

依据附录表2-9，综合考虑初步设计及施工图阶段围护结构推演设计，针对围护结构构造设计的内表面温度计算包含冷热桥节点分析、2D建模需求等模拟对象与计算分析的适用性；节能设计计算模型分析与设计的兼容性需求；计算精度与准确度等分析计算可靠度的需求；中国建材数据库匹配度、中国规范结合度、评价指标与中国绿建指标对标情况的需求。

满足要求的常用软件分析工具包括斯维尔节能BESI、PKPM节能PBECA等。

【分析标准依据】

《民用建筑热工设计规范》GB 50176—2016

第6.1.1条、第6.2.1条要求：围护结构内表面温度满足最高温度限值要求。

《民用建筑热工设计规范》GB 50176—2016

第7.2.1条、第7.2.2条、第7.2.3条要求：围护结构内表面不出现结露现象。

【对接专业、工种、人员】

基于模拟分析过程需要，在建筑师先导开展基础上，在建模与边界设定方面，需对接建筑物理、暖通空调专业、模拟分析人员；在结果评价方面，需对接绿色建筑工程师。

TC3-2 室内热环境适应性分析

【绿色控制目标】

实现绿色建筑健康舒适：满足绿色建筑中健康舒适项对室内热湿环境的要求。

　　具体内容：采用自然通风或复合通风的建筑，建筑主要功能房间室内热环境参数在适应性热舒适区域的时间比例不低于30%。

【技术简介】

　　采用能耗计算软件，计算低性能房间及普通性能空间全年8760小时自然室温，以全年运行时间内舒适性热舒适区间的时间比例至少满足30%作为控制目标，对热湿环境设计做验证分析并提出优化建议，以满足热湿环境的控制要求。

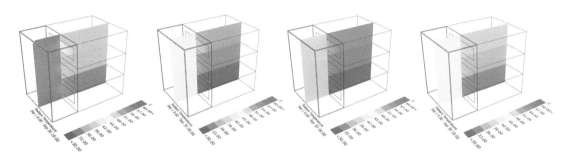

图7-18　室内热环境适应性分析示意图——某中庭改善相邻普通性能空间分析在各个气候区表征（由左向右依次为：哈尔滨、北京、上海、广州）

【推荐分析工具】

　　依据附录表2-6，综合考虑方案阶段空间推演设计，针对空间组织设计的热环境影响模拟、3D建模需求、建立复杂模型等模拟对象与计算分析的适用性要求；SU、Rhino、Revit平台与模型与设计的兼容性需求；快速计算、实时反馈、可视化结果表达等推演分析过程与结果的有效性需求；建模与边界条件设定、自动方案推荐或比选、是否能自动提供预选方案等设计习惯匹配度需求，满足要求的常见软件分析工具包括Moosas、Ladybug工具包、Sefaira、DesignBuilder、IES-VE等。

【分析标准依据】

《绿色建筑评价标准》GB/T 50378—2019

　　第5.2.9条要求：采用自然通风或复合通风的建筑，建筑主要功能房间室内热环境参数在适应性热舒适区域的时间比例至少达到30%。

【对接专业、工种、人员】

　　依据基于模拟分析过程需要，在建筑师先导开展基础上，在建模与边界条件设定方面，需对接建筑物理/技术、模拟分析人员；在结果评价方面，需对接绿色建筑工程师。

7.3.2　室内光环境控制（Daylighting Control-DC）

DC1　合理组织采光空间设计

DC1-1　中庭采光空间

【绿色控制目标】

实现绿色建筑健康舒适：满足绿色建筑中健康舒适项对天然采光性能的要求。

具体内容：

室内主要功能空间至少60%面积比例区域的采光照度值不低于采光要求的小时数平均不少于4h/d。

除绿色建筑标准条项要求外，还应满足如下指标要求：

主要功能房间至少55%面积比例区域全年采光照度值在100~2000lux之间的时间比例不小于50%。

【技术简介】

通过合理的中庭空间精细化设计，优化室内自然采光，达到光环境控制的目的（图7-19）。

【气候调节基本原理】

依据热、光等气候要素差异性，通过合理设置中庭空间，综合考虑自然采光、太阳辐射得热、自然通风等因素，充分利用天然光，实现光环境控制的目的。

【设计参数/指标】

中庭朝向、平面分布、平面长宽比、剖面高宽比。

【设计策略】

设计策略如表7-33所示。

【研究支撑】

《近零能耗建筑技术标准》GB/T 51350—2019，第7.1.10条.

朱琳. 建筑中庭的被动式生态设计策略[D]. 长沙：湖南大学，2008.

乔正珺. 不同气候区中庭布局和朝向对办公建筑负荷和能耗的影响[J]. 绿色建筑. 2020，12（4）：20~24.

吕帅. 林波荣.基于天然采光性能的建筑中庭形体设计导则研究[J]. 南方建筑，2018（2）：55-59.

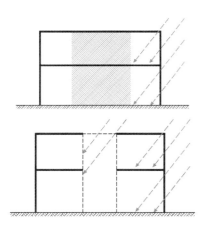

图7-19　中庭采光空间

设计策略　　　　　　　　　　　　　　　表7-33

严寒	寒冷	夏热冬冷	夏热冬暖
1. 中庭朝向优选考虑南向、东向、西向嵌入，宜选择体形系数较小的形状，如圆形，中庭面积占比不宜过大，进深不宜过长，单面采光进深宜为9m，双面采光进深宜为15m，空间高宽比宜控制在3：1以内，优化室内自然采光效果的同时，避免采暖能耗的大幅增加； 2. 建筑采光设计时，宜利用计算机辅助进行全年采光环境的动态计算，根据地区光气候特点，综合考虑节能要求，充分利用天然光	1. 中庭朝向优选考虑南向、东向、西向嵌入，中庭宜选择体形系数较小的形状，如圆形，中庭面积占比不宜过大，进深不宜过长，高宽比以2.5：1为佳，优化室内自然采光效果的同时，控制采暖能耗的增加； 2. 建筑采光设计时，宜利用计算机辅助进行全年采光环境的动态计算，根据地区光气候特点，综合考虑节能要求，充分利用天然光	1. 中庭朝向优选考虑南向、东向、北向嵌入，中庭的平面形状宜选择圆形或正方形，中庭面积占比可适当放大，中庭进深不宜过长，中庭进深较长时，宜适当增加中庭高度，控制高宽比，综合权衡节能和采光的目标，改善室内采光效果； 2. 建筑采光设计时，宜利用计算机辅助进行全年采光环境的动态计算，根据地区光气候特点，综合考虑节能要求，充分利用天然光	1. 中庭朝向优选考虑南向、东向、北向嵌入，可选用体形系数较大的中庭形状，面积占比可适当放大，中庭进深不宜过长，中庭进深较长时，宜适当增加中庭高度，控制高宽比，综合权衡节能和采光的目标，改善室内采光效果； 2. 建筑采光设计时，宜利用计算机辅助进行全年采光环境的动态计算，根据地区光气候特点，综合考虑节能要求，充分利用天然光

DC1-2 下沉庭院采光空间

【绿色控制目标】

实现绿色建筑健康舒适：满足绿色建筑中健康舒适项对天然采光性能的要求。

具体内容：地下空间平均采光系数不小于0.5%的面积与地下室首层面积的比例达到10%以上。

【技术简介】

通过下沉庭院采光空间精细化设计，合理配置窗墙比、采光形式、选择光热比合适的材料等，利用计算机辅助进行全年采光环境的动态计算，优化室内自然采光，达到光环境控制的目的（图7-20）。

【气候调节基本原理】

根据热、光等气候要素，通过下沉庭院采光优化设计，合理控制夏季太阳辐射得热，冬季传导散热，增大地下空间采光面，引入自然光，实现地下空间光环境控制的目的。

【设计参数/指标】

下沉庭院朝向、平面分布。

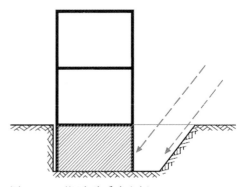

图7-20　下沉庭院采光空间

【设计策略】

设计策略如表7-34所示。

设计策略　　　　　　　　　　　　　　　　　　　　　　　　　　　　表7-34

严寒	寒冷	夏热冬冷	夏热冬暖
1. 下沉庭院朝向优选考虑南向、东向、西向嵌入，并避开冬季主导风向； 2. 下沉庭院设计时，宜利用计算机辅助进行全年采光环境的动态计算，根据地区光气候特点，综合考虑节能要求，充分利用天然光	1. 下沉庭院朝向优选考虑南向、东向、西向嵌入，并避开冬季主导风向； 2. 下沉庭院设计时，宜利用计算机辅助进行全年采光环境的动态计算，根据地区光气候特点，综合考虑节能要求，充分利用天然光	1. 下沉庭院朝向优选考虑南向、东向、西向嵌入，下沉庭院高度为5m最佳，下沉庭院宽度宜大于5m； 2. 下沉庭院设计时，宜利用计算机辅助进行全年采光环境的动态计算，根据地区光气候特点，综合考虑节能要求，充分利用天然光	1. 下沉庭院朝向优选考虑南向、东向、北向嵌入，并迎合夏季主导风向； 2. 下沉庭院设计时，宜利用计算机辅助进行全年采光环境的动态计算，根据地区光气候特点，综合考虑节能要求，充分利用天然光

【研究支撑】

《近零能耗建筑技术标准》GB/T 51350—2019，第7.1.11条.

《民用建筑绿色设计规范》JGJ/T 229—2010，第6.3.3条.

李珂. 西安地区下沉式庭院建筑自然通风及采光的研究与优化[D]. 西安：西安建筑科技大学，2013.

DC2　围护结构采光设计

DC2-1　透明围护结构朝向

【绿色控制目标】

实现绿色建筑健康舒适：满足绿色建筑中健康舒适项对天然采光性能的要求。

具体内容：室内主要功能空间至少60%面积比例区域的采光照度值不低于采光要求的小时数平均不少于4h/d。

除绿色建筑标准条项要求外，还应满足如下指标要求：

1. 走廊、楼梯间、电梯前室等满足《建筑采光设计标准》GB 50033—2013对采光系数的要求；

2. 主要功能房间至少55%面积比例区域全年采光照度值在100～2000lux之间的时间比例不小于50%。

【技术简介】

通过透明围护结构朝向精细化设计，在满足节能要求的前提下，增大采光面，引入自然光，进而控制室内光环境（图7–21）。

【气候调节基本原理】

根据热、光等气候要素，通过合理设置不同朝向透明围护结构的面积比例，合理控制夏季太阳辐射得热，冬季传导散热，在满足节能要求的前提下，实现室内空间光环境控制的目的。

【设计参数/指标】

透明围护结构朝向。

【设计策略】

设计策略如表7–35所示。

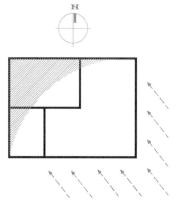

图7–21　透明围护结构朝向

设计策略　　　　　　　　　　　　　　　　表7–35

严寒	寒冷	夏热冬冷	夏热冬暖
1. 在保证严寒地区对于建筑外围护结构的要求的同时，尽可能设计较大的窗墙面积比，宜尽量增大南向的透明围护结构面积，减少北向的透明围护结构面积。大跨度或大进深的建筑宜采用顶部采光； 2. 建筑采光设计时，宜利用计算机辅助进行全年采光环境的动态计算，根据地区光气候特点，综合考虑节能要求，充分利用天然光	1. 在保证寒冷地区对于建筑外围护结构的要求的同时，尽可能设计较大的窗墙面积比，宜尽量增大南向的透明围护结构面积，减少北向的透明围护结构面积。大跨度或大进深的建筑宜采用顶部采光； 2. 建筑采光设计时，宜利用计算机辅助进行全年采光环境的动态计算，根据地区光气候特点，综合考虑节能要求，充分利用天然光	1. 在日照较为充足的区域，合理设计建筑的窗墙面积比。透明围护结构的朝向应多南向，少北向，避免东西向，便于南向采光，防止西晒。窗墙面积比大小宜为南向>北向>东西向。大跨度或大进深的建筑宜采用顶部采光； 2. 建筑采光设计时，宜利用计算机辅助进行全年采光环境的动态计算，根据地区光气候特点，综合考虑节能要求，充分利用天然光	1. 在满足节能要求的前提下，尽量提高窗墙面积比，并提高玻璃的可见光透射比，合理设置遮阳设施，优化室内自然采光。大跨度或大进深的建筑宜采用顶部采光； 2. 建筑采光设计时，宜利用计算机辅助进行全年采光环境的动态计算，根据地区光气候特点，综合考虑节能要求，充分利用天然光

【研究支撑】

《民用建筑绿色设计规范》JGJ/T 229—2010，第6.3.2条、第6.3.3条.

《建筑采光设计标准》GB 50033—2013，第5.0.2条、第7.0.2条、第7.0.4条、第7.0.5条.

《公共建筑节能设计标准》GB 50186—2015，第3.2.12条.

DC2-2 透明围护结构面积

【绿色控制目标】

实现绿色建筑健康舒适：满足绿色建筑中健康舒适项对天然采光性能的要求。

具体内容：室内主要功能空间至少60%面积比例区域的采光照度值不低于采光要求的小时数平均不少于4h/d。

除绿色建筑标准条项要求外，还应满足如下指标要求：

1. 走廊、楼梯间、电梯前室等满足《建筑采光设计标准》GB 50033—2013对采光系数的要求；

2. 主要功能房间至少55%面积比例区域全年采光照度值在100~2000lux之间的时间比例不小于50%。

【技术简介】

通过透明围护结构面积精细化设计，合理配置建筑不同朝向的窗墙比，在满足节能要求的前提下，优化室内自然采光，达到光环境控制的目的（图7-22）。

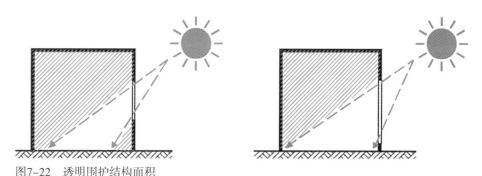

图7-22　透明围护结构面积

【气候调节基本原理】

根据热、光等气候要素，透明围护结构面积的优化设计，合理控制夏季太阳辐射得热，冬季传导散热，在满足节能要求的前提下，增大采光面，引入自然光，实现室内空间光环境控制的目的。

【设计参数/指标】

窗墙面积比。

【设计策略】

设计策略如表7-36所示。

设计策略   表7-36

严寒	寒冷	夏热冬冷	夏热冬暖
1. 在保证严寒地区对于建筑外围护结构要求的同时，尽可能设计较大的窗墙面积比，单一立面窗墙面积比不宜大于0.6，屋顶透光部分面积不应大于20%； 2. 建筑采光设计时，宜利用计算机辅助进行全年采光环境的动态计算，根据地区光气候特点，综合考虑节能要求，充分利用天然光	1. 在保证寒冷地区对于建筑外围护结构要求的同时，尽可能设计较大的窗墙面积比。单一立面窗墙面积比不宜大于0.7，屋顶透光部分面积不应大于20%； 2. 建筑采光设计时，宜利用计算机辅助进行全年采光环境的动态计算，根据地区光气候特点，综合考虑节能要求，充分利用天然光	1. 在日照较为充足的区域，合理设计建筑的窗墙面积比。单一立面窗墙面积比不宜大于0.7，屋顶透光部分面积不应大于20%； 2. 建筑采光设计时，宜利用计算机辅助进行全年采光环境的动态计算，根据地区光气候特点，综合考虑节能要求，充分利用天然光	1. 在日照较为充足的区域，合理控制建筑的窗墙面积比。单一立面窗墙面积比不宜大于0.7，当大于0.7时，应设置外遮阳设施，平衡采光过度与采光不足；屋顶透光部分面积不应大于20%； 2. 建筑采光设计时，宜利用计算机辅助进行全年采光环境的动态计算，根据地区光气候特点，综合考虑节能要求，充分利用天然光

【研究支撑】

《公共建筑节能设计标准》GB 50189—2015，第3.2.2条、第3.2.7条.

《民用建筑绿色设计规范》JGJ/T 229—2010，第6.3.2条.

DC2-3 透明围护结构材料特性

【绿色控制目标】

实现绿色建筑健康舒适：满足绿色建筑中健康舒适项对天然采光性能的要求。

具体内容：室内主要功能空间至少60%面积比例区域的采光照度值不低于采光要求的小时数平均不少于4h/d。

除绿色建筑标准条项要求外，还应满足如下指标要求：

1. 走廊、楼梯间、电梯前室等满足《建筑采光设计标准》GB 50033—2013对采光系数的要求；

2. 主要功能房间至少55%面积比例区域全年采光照度值在100~2000lux之间的时间比例不小于50%。

【技术简介】

通过透明围护结构材料精细化设计，优化室内自然采光，达到光环境控制的目的（图7-23）。

【气候调节基本原理】

根据热、光等气候要素，提高透明围护结构透光系数，在满足节能要求的前提下，实现室内空间光环境控制的目的。

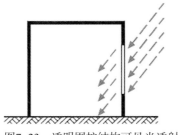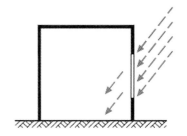

图7-23 透明围护结构可见光透射比

【设计参数/指标】

可见光透射比。

【设计策略】

设计策略如表7-37所示。

设计策略 表7-37

严寒	寒冷	夏热冬冷	夏热冬暖
1. 在保证严寒地区对于建筑外围护结构要求的同时，尽可能提高可见光透射比，单一立面窗墙面积比小于0.4时，透光材料的可见光透射比不应小于0.6，单一立面窗墙面积比大于等于0.4时，透光材料的可见光透射比不应小于0.4； 2. 建筑采光设计时，宜利用计算机辅助进行全年采光环境的动态计算，根据地区光气候特点，综合考虑节能要求，充分利用天然光	1. 在保证寒冷地区对于建筑外围护结构要求的同时，尽可能提高可见光透射比，单一立面窗墙面积比小于0.4时，透光材料的可见光透射比不应小于0.6，单一立面窗墙面积比大于等于0.4时，透光材料的可见光透射比不应小于0.4； 2. 建筑采光设计时，宜利用计算机辅助进行全年采光环境的动态计算，根据地区光气候特点，综合考虑节能要求，充分利用天然光	1. 单一立面窗墙面积比小于0.4时，透光材料的可见光透射比不应小于0.6，单一立面窗墙面积比大于等于0.4时，透光材料的可见光透射比不应小于0.4； 2. 建筑采光设计时，宜利用计算机辅助进行全年采光环境的动态计算，根据地区光气候特点，综合考虑节能要求，充分利用天然光	1. 单一立面窗墙面积比小于0.4时，透光材料的可见光透射比不应小于0.6，单一立面窗墙面积比大于等于0.4时，透光材料的可见光透射比不应小于0.4；应尽量将单一立面窗墙比控制在0.7以内，避免外窗太阳辐射得热系数过低导致可见光透射比无法满足要求或显著增加造价。 2. 建筑采光设计时，宜利用计算机辅助进行全年采光环境的动态计算，根据地区光气候特点，综合考虑节能要求，充分利用天然光

【研究支撑】

《公共建筑节能设计标准》GB 50189—2015，第3.2.4条.

DC3　围护结构防眩光设计

DC3-1　建筑遮阳设计

【绿色控制目标】

实现绿色建筑健康舒适：满足绿色建筑中健康舒适项对天然采光性能的要求。

具体包括：

1. 采用合理的控制眩光措施，主要功能房间满足《建筑采光设计标准》GB 50033—2013对窗的不舒适眩光指数要求。

2. 采用合理的措施，控制室内采光均匀度，主要功能房间最大采光系数和平均采光系数的比值应小于6.0。

【技术简介】

通过建筑遮阳精细化设计，合理设置遮阳形式和遮阳方式，减少室内的不舒适眩光，达到光环境控制的目的（图7-24）。

【气候调节基本原理】

根据热、光等要素，权衡建筑太阳辐射得热和建筑围护结构负荷，针对建筑不同立面朝向，分析太阳位置对于建筑太阳辐射得热的影响，合理配置遮阳措施，控制室内的不舒适眩光，实现室内空间光环境控制的目的。

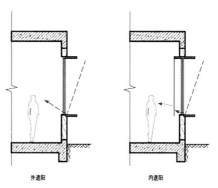

图7-24　建筑遮阳防眩光

【设计参数/指标】

遮阳形式。

【设计策略】

设计策略如表7-38所示。

【研究支撑】

《近零能耗建筑技术标准》GB/T 51350—2019，第7.1.9条.

《公共建筑节能设计标准》GB 50189—2015，第3.2.5条.

《建筑采光设计标准》GB 50033—2013，第5.0.2、第7.0.5条.

《民用建筑绿色设计规范》JGJ/T 229—2010，第6.3.2条.

周涵宇，刘刚，王立雄，等. 不同气候区遮阳控制策略的节能与舒适度优化[J/OL]. 重庆大学学报，2021-03-27.

设计策略 表7-38

严寒	寒冷	夏热冬冷	夏热冬暖
1. 在满足节能要求的前提下，宜采用内遮阳形式，控制室内不舒适眩光； 2. 建筑采光设计时，宜利用计算机辅助进行全年采光环境的动态计算，根据地区光气候特点，综合考虑节能要求，控制室内的不舒适眩光	1. 在满足节能要求的前提下，宜结合立面需求，合理选择内遮阳或外遮阳形式，控制室内不舒适眩光； 2. 建筑采光设计时，宜利用计算机辅助进行全年采光环境的动态计算，根据地区光气候特点，综合考虑节能要求，控制室内的不舒适眩光	1. 在满足节能要求的前提下，宜采用外遮阳形式，东西向宜设置活动外遮阳，南向宜采用可调节外遮阳、可调节中置遮阳或水平固定外遮阳的方式，控制室内不舒适眩光； 2. 建筑采光设计时，宜利用计算机辅助进行全年采光环境的动态计算，根据地区光气候特点，综合考虑节能要求，控制室内的不舒适眩光	1. 在满足节能要求的前提下，应采用外遮阳形式，东西向宜设置活动外遮阳，南向宜采用可调节外遮阳、可调节中置遮阳或水平固定外遮阳的方式，控制室内不舒适眩光； 2. 建筑采光设计时，宜利用计算机辅助进行全年采光环境的动态计算，根据地区光气候特点，综合考虑节能要求，控制室内的不舒适眩光

DC4 室内光环境影响评估分析

DC4-1 室内自然采光水平分析

【绿色控制目标】

实现绿色建筑健康舒适：满足绿色建筑中健康舒适项对天然采光性能的要求。

具体包括：

1. 室内主要功能空间至少60%面积比例区域的采光照度值不低于采光要求的小时数平均不少于4h/d。

2. 主要功能房间至少55%面积比例区域全年采光照度值在100～2000lux的时间比例不小于50%。

【技术简介】

采用室内光环境计算软件，对室内自然采光水平进行分析，控制目标包括自然采光系数、有效采光照度、全年动态采光达标时间面积比例等，对合理组织采光空间设计、围护结构采光设计等影响室内自然采光环境的关键技术做验证分析并提出优化建议，以满足室内光环境的控制要求。

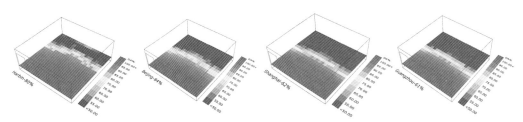

图7-25　全年动态采光计算分析示意图——全年动态采光达标时间面积比例在各个气候区的表征（由左向右依次为：哈尔滨、北京、上海、广州）

【推荐分析工具】

依据附录2-7，综合考虑方案阶段空间推演设计、围护结构推演设计分别针对空间组织设计、透明围护结构设计的室内自然采光水平影响模拟、3D建模需求、建立复杂模型等模拟对象与计算分析的适用性要求；SU、Rhino、Revit平台与模型与设计的兼容性需求；快速计算、实时反馈、可视化结果表达等推演分析过程与结果的有效性需求；建模与边界条件设定、自动方案推荐或比选、是否能自动提供预选方案等设计习惯匹配度需求，满足要求的常见软件分析工具包括Ecotect、Ladybug工具包、Sefaira、Moosas、RhinoDIVA等。

【分析标准依据】

《绿色建筑评价标准》GB/T 50378—2019

第5.2.8条要求：内区采光系数满足采光要求的面积比例达到60%；地下空间平均采光系数不小于0.5%的面积与地下室首层面积的比例达到10%以上；室内主要功能房间至少60%面积比例区域的采光照度值不低于采光要求的小时平均不少于4h/d。

【对接专业、工种、人员】

基于模拟分析过程需要，在建筑师先导开展基础上，在建模与边界条件设定方面，需对接建筑物理/技术、模拟分析人员；在结果评价方面，需对接绿色建筑工程师。

DC4-2 室内自然采光质量分析

【绿色控制目标】

实现绿色建筑健康舒适：满足绿色建筑中健康舒适项对天然采光性能的要求。

具体包括：

1. 采用合理的控制眩光措施，主要功能房间满足《建筑采光设计标准》GB 50033—2013对窗的不舒适眩光指数要求。

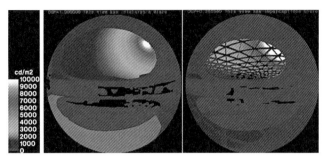

图7-26　建筑遮阳防眩光分析示意图——某项目中庭天窗眩光分析对比图（左图：无遮阳构件；右图：有遮阳构件）

2. 采用合理的措施，控制室内采光均匀度，主要功能房间最大采光系数和平均采光系数的比值应小于6.0。

【技术简介】

采用室内光环境计算软件，分析室内自然采光质量水平，控制目标包括不舒适眩光指数（DGI）、室内采光均匀度等，对建筑遮阳（包括内、外遮阳）做验证分析并提出优化建议，以满足室内光环境的控制要求。

【推荐分析工具】

依据附录2-7，综合考虑方案阶段空间推演设计、围护结构推演设计分别针对空间组织设计、透明围护结构设计的室内自然采光质量影响模拟、3D建模需求、建立复杂模型等模拟对象与计算分析的适用性要求；SU、Rhino平台与模型与设计的兼容性需求；快速计算、实时反馈、可视化结果表达等推演分析过程与结果的有效性需求；建模与边界条件设定、自动方案推荐或比选、是否能自动提供预选方案等设计习惯匹配度需求，满足要求的常见软件分析工具包括Ecotect、Ladybug工具包、Sefaira、Moosas、RhinoDIVA等。

【分析标准依据】

《绿色建筑评价标准》GB/T 50378—2019

第5.2.8条要求：采用合理的控制眩光措施，主要功能房间满足《建筑采光设计标准》GB 50033对窗的不舒适眩光指数要求；主要功能房间最大采光系数和平均采光系数的比值应小于6.0。

【对接专业、工种、人员】

基于模拟分析过程需要，在建筑师先导开展基础上，在建模与边界条件设定方面，需对接建筑物理/技术、模拟分析人员；在结果评价方面，需对接绿色建筑工程师。

7.3.3　室内空气质量控制设计技术（Air Quality Control-AC）

AC1　围护结构通风设计

AC1-1　外窗或幕墙可开启位置

【绿色控制目标】

实现绿色建筑环境宜居：满足绿色建筑中环境宜居项对可开启外窗开启位置的要求。

具体内容：50%以上可开启外窗室内外表面的风压差大于0.5Pa。

实现绿色建筑健康舒适：满足绿色建筑中健康舒适项对自然通风效果的要求。

具体内容：过渡季典型工况下，主要功能房间平均自然通风换气次数不小于2次/h的面积比例达到70%及以上。

【技术简介】

通过外窗或幕墙可开启位置精细化设计，包括可开启朝向、可开启剖面位置等，根据立面风压分布合理布置可开启位置，合理组织气流，进而控制室内空气质量（图7-27）。

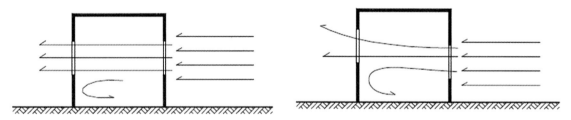

图7-27　外窗或幕墙可开启位置

【气候调节基本原理】

依据热、风、湿气候条件差异性，通过外窗或幕墙可开启位置精细化设计，在适宜的温湿度条件下，以优化通风路径为手段，增加对流换热，合理利用自然通风，达到室内空气质量控制的目的。

【设计参数/指标】

可开启朝向、可开启剖面位置。

【设计策略】

设计策略如表7-39所示。

设计策略　　　　　　　　　　　　　　　　　　　　　　　　表7-39

严寒	寒冷	夏热冬冷	夏热冬暖
1. 可开启外窗应尽量不设置在西北方向，尽量设置在南向，并应避免设置在寒冷季节建筑表面风压差大于5Pa的位置； 2. 可开启外窗应设置在人员开启方便的位置，便于调节，若设置在人员不方便调节的位置，应设置电动可开启装置	1. 可开启外窗应尽量不设置在西北方向，尽量设置在南向，并应避免设置在寒冷季节建筑表面风压差大于5Pa的位置； 2. 可开启外窗应设置在人员开启方便的位置，便于调节，若设置在人员不方便调节的位置，应设置电动可开启装置	1. 可开启外窗应设置在过渡季节建筑表面风压差大于0.5Pa的位置，并应避免设置在寒冷季节建筑表面风压差大于5Pa的位置； 2. 可开启外窗应设置在人员开启方便的位置，便于调节，若设置在人员不方便调节的位置，应设置电动可开启装置	1. 可开启外窗应设置在过渡季节建筑表面风压差大于0.5Pa的位置； 2. 可开启外窗应设置在人员开启方便的位置，便于调节，若设置在人员不方便调节的位置，应设置电动可开启装置

【研究支撑】

《民用建筑绿色设计规范》JGJ/T 229—2010，第6.4.1条、第6.4.2条、第6.4.4条.

林波荣，李紫微. 气候适应型绿色公共建筑环境性能优化设计策略研究[J]. 南方建筑，2013（3）：17-21.

景泉，朱文睿. 京津冀地区寒冷气候适应型绿色公共建筑设计——以2019年中国北京世界园艺博览会中国馆为例[J]. 建筑技艺，2019（1）：28-35.

AC1-2　外窗或幕墙可开启面积

【绿色控制目标】

实现绿色建筑健康舒适：满足绿色建筑中健康舒适项对自然通风效果的要求。

具体内容：过渡季典型工况下，主要功能房间平均自然通风换气次数不小于2次/h的面积比例达到70%及以上。

除绿色建筑标准条项要求外，还应满足如下指标要求：优化建筑空间、平面布局和构造设计，改善自然通风效果，在过渡季典型工况下，自然通风房间可开启外窗净面积与房间地板面积的比例在严寒、寒冷地区不小于5%，夏热冬冷、夏热冬暖地区不小于8%。

【技术简介】

通过外窗或幕墙可开启面积精细化设计，包括可开启面积、可开启外窗净面积与房间地板面积的比例，合理组织气流，进而控制室内空气质量（图7-28）。

图7-28　外窗或幕墙可开启面积

【气候调节基本原理】

依据热、风、湿气候条件差异性，通过外窗或幕墙可开启面积精细化设计，在适宜的温湿度条件下，以增加通风量为手段，加强对流换热，合理组织气流，达到室内空气质量控制的目的。

【设计参数/指标】

可开启面积、可开启外窗净面积与房间地板面积的比例。

【设计策略】

设计策略如表7-40所示。

设计策略　　　　　　　　　　　　　　　　　　　　　　　　表7-40

严寒	寒冷	夏热冬冷	夏热冬暖
1.在外窗面积固定的条件下，尽量增加外窗或幕墙可开启面积，可开启面积占立面透明面积的比例宜大于30%； 2. 合理分隔室内空间，确保可开启面积与房间地板面积的比例不小于5%	1. 在外窗面积固定的条件下，尽量增加外窗或幕墙可开启面积，可开启面积占立面透明面积的比例宜大于30%； 2. 合理分隔室内空间，确保可开启面积与房间地板面积的比例不小于5%	1. 在外窗面积固定的条件下，尽量增加外窗或幕墙可开启面积，可开启面积占立面透明面积的比例宜大于35%； 2. 合理分隔室内空间，确保可开启面积与房间地板面积的比例不小于8%	1. 在外窗面积固定的条件下，尽量增加外窗或幕墙可开启面积，可开启面积占立面透明面积的比例宜大于35%； 2. 合理分隔室内空间，确保可开启面积与房间地板面积的比例不小于8%

【研究支撑】

《公共建筑节能设计标准》GB 50189—2015，第3.2.8条.

《民用建筑绿色设计规范》JGJ/T 229—2010，第6.4.1条、第6.4.2条、第6.4.4条.

胡达明. 公共建筑节能设计中外窗自然通风设计指标的简化与应用[J]. 建筑节能，2020，48（1）：36-39.

AC1-3 外窗或幕墙可开启形式

【绿色控制目标】

实现绿色建筑健康舒适：满足绿色建筑中健康舒适项对自然通风效果的要求。

具体内容：过渡季典型工况下，主要功能房间平均自然通风换气次数不小于2次/h的面积比例达到70%及以上。

【技术简介】

通过外窗或幕墙可开启形式精细化设计，包括平开窗、推拉窗、上悬窗、中悬窗、下悬窗等，合理组织气流，进而控制室内空气质量（图7-29）。

【气候调节基本原理】

依据热、风、湿气候条件差异性，通过外窗或幕墙可开启形式精细化设计，在适宜的温湿度条件下，以增加通风流量为手段，加强对流换热，合理组织气流，达到室内空气质量控制的目的。

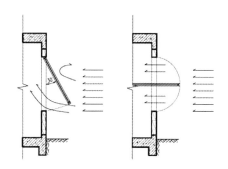

图7-29 外窗或幕墙可开启形式

【设计参数/指标】

可开启形式。

【设计策略】

设计策略如表7-41所示。

设计策略 表7-41

严寒	寒冷	夏热冬冷	夏热冬暖
应尽量选择气密性等级高的外窗开启形式；在满足气密性要求的前提下，优先采用有效通风换气面积大的开启形式，以满足在窗墙面积比受限的条件下，更大的有效通风面积，外窗可开启形式优先级：平开窗＞外悬窗＞内悬窗	应尽量选择气密性等级高的外窗开启形式；在满足气密性要求的前提下，优先采用有效通风换气面积大的开启形式，以满足在窗墙面积比受限的条件下，更大的有效通风面积，外窗可开启形式优先级：平开窗＞外悬窗＞内悬窗	应同时兼顾外窗气密性等级和有效通风换气面积；在满足气密性要求的前提下，优先采用有效通风换气面积大的开启形式，以满足在窗墙面积比受限的条件下，更大的有效通风面积，外窗可开启形式优先级：平开窗＞中悬窗＞外悬窗＞内悬窗	应优先采用有效通风换气面积大的开启形式，以满足在窗墙面积比受限的条件下，更大的有效通风面积，外窗可开启形式优先级：平开窗＞中悬窗＞外悬窗＞内悬窗

【研究支撑】

《公共建筑节能设计标准》GB 50189—2015，第3.2.9条.

《民用建筑绿色设计规范》JGJ/T 229—2010，第6.4.1条、第6.4.2条、第6.4.4条.

AC2 内围护结构材料设计

AC2 内围护材料污染物特性

【绿色控制目标】

实现绿色建筑健康舒适：满足绿色建筑中健康舒适项对室内空气品质的要求。

具体内容：室内空气中的甲醛、苯、总挥发有机物等污染物浓度低于现行国家标准《室内空气质量标准》GB/T 18883—2002规定限值的20%。

除绿色建筑标准条项要求外，还应满足如下指标要求：采用合理的室内污染物控制措施，在方案设计阶段，进行装修污染物预评价分析，装饰装修工程验收时，室内甲醛、苯、TVOC浓度满足《公共建筑室内空气质量控制设计标准》JGJ/T 461—2019的二级限值要求。

【技术简介】

在方案设计阶段，采用软件模拟对装修污染物预评价，确定项目室内空气质量控制目标等级，根据设计方案、材料用量、材料污染特性、室内新风量等因素，综合预测建成后室内空气质量水平，评估方案的合理性，指导方案的调整优化，并制定装饰装修材料控制要求及其他质量保障技术措施要求，作为采购、施工环节室内空气质量控制的科学化实施依据，将室内装饰装修污染控制从"后评估+后治理"改为"预评价+预处理"，降低控制成本，提高控制效果，进而控制室内空气质量。

【气候调节基本原理】

依据不同地域气候条件差异性，建筑室外环境热、风、湿的差异性，根据室内热湿环境和自然通风控制结果，合理选择内围护材料污染物释放特性，控制室内污染物浓度，进而达到室内空气质量控制的目的。

【设计参数/指标】

内围护材料污染物释放率、室内自然通风换气次数。

【设计策略】

设计策略如表7-42所示。

【研究支撑】

《民用建筑绿色设计规范》JGJ/T 229—2010，第6.7.1条.

彭杉杉. 自然通风下住宅室内气态污染物分布状态研究[D]. 西安：西安建筑科技大学，2018.

吴迪. 基于数值模拟的室内自然通风污染物浓度变化过程研究[D]. 沈阳：沈阳建筑大学，2017.

设计策略　　　　　　　　　　　　　　　　　　　　　　　　　表7-42

严寒	寒冷	夏热冬冷	夏热冬暖
1. 非空调及采暖季采用全天候的舒适通风，利用通风带走室内污染物； 2. 空调及采暖时段，应考虑采用通风净化装置或加大新风量，以控制室内污染物浓度	1. 非空调及采暖季应借助于夜间自然通风，降低室内气温和围护结构内表面温度，以减少装修材料污染物的散发量； 2. 过渡季可采用全天候的舒适通风，利用通风带走室内污染物； 3. 空调及采暖时段，应考虑采用通风净化装置或加大新风量，以控制室内污染物浓度	1. 非空调及采暖季应借助于夜间自然通风，降低室内气温和围护结构内表面温度，以减少装修材料污染物的散发量； 2. 过渡季可采用全天候的舒适通风，利用通风带走室内污染物； 3. 空调及采暖时段，应考虑采用通风净化装置或加大新风量，以控制室内污染物浓度	1. 非空调季应借助于夜间自然通风，降低室内气温和围护结构内表面温度，以减少装修材料污染物的散发量； 2. 过渡季采用全天候舒适通风，利用通风带走室内污染物； 3. 空调时段应考虑采用通风净化装置或加大新风量，以控制室内污染物浓度

AC3 室内空气质量影响评估分析

AC3-1 室内自然通风分析

【绿色控制目标】

实现绿色建筑健康舒适：满足绿色建筑中健康舒适项对室内空气品质的要求。

具体内容：过渡季典型工况下主要功能房间平均自然通风换气次数不小于2次/h的面积比例达到70%及以上。

【技术简介】

采用计算流体力学（CFD）软件，对室内自然通风效果进行分析，以平均自然通风换气次数在2次/h以上的面积比例作为控制目标，对围护结构通风设计做验证分析并提出优化建议，以满足室内空气质量的控制要求（图7-30）。

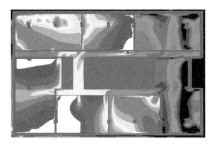

图7-30　室内自然通风分析示意图——某办公项目室内自然通风模拟计算（左图：设计现状；右图：设计优化后）

【推荐分析工具】

依据附录2-8，综合考虑方案阶段围护结构推演设计针对透明围护结构设计的室内自然通风影响模拟、3D建模需求、建立复杂模型等模拟对象与计算分析的适用性要求；SU、Rhino平台与模型与设计的兼容性需求；快速计算、实时反馈、可视化结果表达等推演分析过程与结果的有效性需求；建模与边界条件设定、自动方案推荐或比选、是否能自动提供预选方案等设计习惯匹配度需求，满足要求的常见软件分析工具包括Ladybug工具包、Phoenics、RhinoCFD等。

【分析标准依据】

《绿色建筑评价标准》GB/T 50378—2019

第5.2.10条要求：过渡季典型工况下主要功能房间平均自然通风换气次数不小于2次/h的面积比例达到70%。

【对接专业、工种、人员】

基于模拟分析过程需要，在建筑师先导开展基础上，在建模与边界条件设定方面，需对接建筑物理/技术、模拟分析人员；在结果评价方面，需对接绿色建筑工程师。

AC3-2 室内污染物浓度分析

【绿色控制目标】

实现绿色建筑健康舒适：满足绿色建筑中健康舒适项对室内空气品质的要求。

具体内容：室内空气中的甲醛、苯、总挥发有机物等污染物浓度低于现行国家标准《室内空气质量标准》GB/T 18883—2002规定限值的20%。

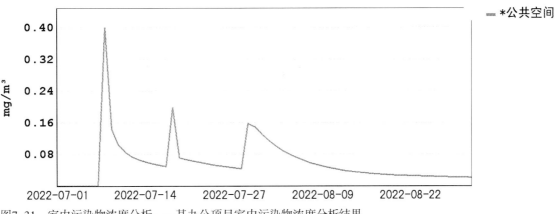

图7-31　室内污染物浓度分析——某办公项目室内污染物浓度分析结果

【技术简介】

采用装修污染物预评价计算软件，对室内污染物浓度进行分析，以满足《室内空气质量标准》GB/T 18883—2002规定限值的20%作为控制目标，对内围护材料污染物特性做验证分析并提出优化建议，以满足室内空气质量的控制要求（图7-31）。

【推荐分析工具】

依据附录2-10，综合考虑装修方案阶段装修材料选型设计对室内污染物浓度影响模拟、建模需求等模拟对象与计算分析的适用性要求；快速计算、实时反馈、可视化结果表达等推演分析过程与结果的有效性需求；计算精度与准确度等分析计算可靠度的需求；中国建材数据库匹配度、中国规范结合度、评价指标与中国绿建指标对标情况的需求，满足要求的常见软件分析工具包括IndoorPACT等。

【分析标准依据】

《绿色建筑评价标准》GB/T 50378—2019

第5.1.1条要求：室内空气中的甲醛、苯、总体挥发性有机物等污染物浓度应符合现行国家标准《室内空气质量标准》GB/T 18883—2002的有关规定。

【对接专业、工种、人员】

基于模拟分析过程需要，在建筑师先导开展基础上，在建模与边界条件设定方面，需对接建筑物理/技术、暖通空调专业、模拟分析人员；在结果评价方面，需对接绿色建筑工程师。

参考文献

[1]　朱颖心. 建筑环境学[M]. 北京：中国建筑工业出版社，2015.

[2]　Randall McMullan. 建筑环境学[M]. 张振南，李溯，译. 北京：机械工业出版社，2003.

[3]　中国建筑科学研究院. 绿色建筑评价标准技术细则[M]. 北京：中国建筑工业出版社，2020.

[4]　中国建筑科学研究院. 建筑采光设计标准：GB 50033—2013[S]. 北京：中国建筑工业出版社，2013.

[5]　吴蔚，刘坤鹏. 浅析可取代采光系数的新天然采光评价参数[J]. 照明工程学报，2012，23（2）：1-7+24.

[6]　Wienold J, Christoffersen J; Evaluation Methods and Development of a New Glare Prediction Model for Daylight Environments with the Use of CCD Cameras, Energy and Buildings 38（2006）; pp.743-757.

[7]　Wienold, J. Dynamic Simulation of Blind Control Strategies for Visual Comfort and Energy Balance Analysis. In Proceedings of the International-Building-Performance-Simulation-Association, Beijing, China, October 2007; pp. 1197-1204.

[8]　Wienold, J. Dynamic Daylight Glare Evaluation. In Proceedings of the Building Simulation 2009, Glasgow, Scotland, July 2009; 944-951.

[9]　王萌，孙勇，徐莉，等. 绿色建筑空气环境技术与实例[M]. 北京：化学工业出版社，2012（5）：P27.

[10]　韩冬青，顾震弘，吴国栋. 以空间形态为核心的公共建筑气候适应性设计方法研究[J]. 建筑学报，2019（4）：78-84.

[11]　中国建筑科学研究院. 公共建筑节能设计标准GB 50189—2005[S]. 北京：中国建筑工业出版社，2015.

[12]　SCHOEN L J, ALSPACH P F, ARENS E A. Thermal environmental conditions for human occupancy[J]. ASHRAE Standard, 2013（55）.

[13]　周怀改. 通风对建筑物室内污染物浓度分布的影响[D]. 重庆：重庆大学，2007.

[14]　曹晓贞，余燚. 通风换气时间对住宅自然通风效果影响的研究[J]. 制冷与空调，2014（11）：80-84.

[15]　李国柱. 多因素下PM$_{2.5}$外窗穿透及控制研究[D]. 北京：中国建筑科学研究院，2016.

[16]　尹琰琰：解读美国绿色建筑评价标准LEEDv4[J]. 绿色建筑，2014（6）：29-32

[17]　章国美，时昌法：国内外典型绿色建筑评价体系对比研究[J]. 建筑经济，2016（8）：76-80.

[18]　日本建筑学会. 建筑环境管理[M]. 余晓潮，译. 北京：中国电力出版社，2009.

[19]　IWBI. The WELL Building Standard V1. 0[S]. New York: Delos Living LLC, 2016.

[20]　中国建筑科学研究院. 绿色建筑评价标准：GB/T 50378—2019[S]. 北京：中国建筑工业出版社，2019.

[21]　中国建筑科学研究院. 健康建筑评价标准：T/ASC 02—2016[S]. 北京：中国建筑工业出版社，2017.

[22]　宋琪. 被动式建筑设计基础理论与方法研究[D]. 西安：西安建筑科技大学，2015.

附录1　地域气候适应型绿色公共建筑设计技术体系速查表

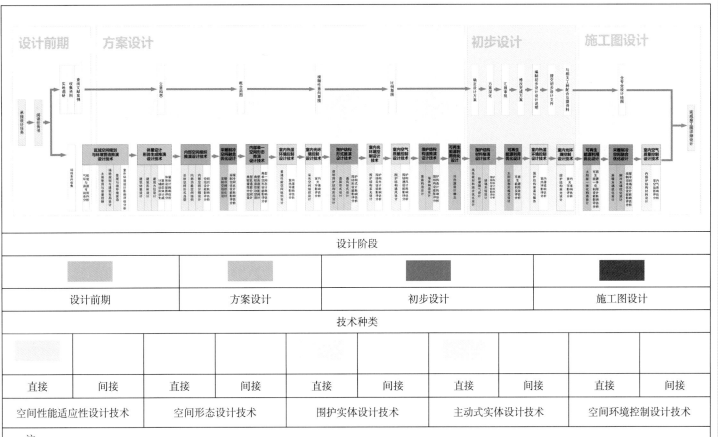

设计阶段							
设计前期		方案设计		初步设计		施工图设计	
技术种类							
直接	间接	直接	间接	直接	间接	直接	间接
空间性能适应性设计技术		空间形态设计技术		围护实体设计技术		主动式实体设计技术	空间环境控制设计技术

注:
1. 技术介绍/适应不同气候的设计策略中"○◐●"是对各项设计技术与不同气候区的相关性图示,"○◐●"表示相关性由弱至强。
2. 直接技术是指建筑师基于领域内专业知识、技能、经验可直接应用的设计手法手段等;间接技术是指建筑师在领域内专业知识、技能、经验外,需借助其他专业、工种相关知识、工具间接加以应用的新型设计辅助技术。

设计前期：

设计流程	设计内容（Ⅰ级）名称	设计内容（Ⅱ级）名称	设计技术 编号	设计技术 名称	绿色控制目标	设计参数 / 指标	技术介绍 / 适应不同气候的设计策略 严寒	寒冷	夏热冬冷	夏热冬暖	技术种类（直接 / 间接）	需协调的专业、工种、人员
设计前期（Pre-design-P）	区域空间规划与环境营造推演设计技术（Space and environmental Design-SED）	气候、环境与资源可利用条件分析（SED1）	P-SED1-1	场地气候分析	环境宜居	温湿度、风向与风速、太阳辐射、降水	P98				间接	建模与边界条件设定 结果评价	建筑物理 / 技术、建筑设备 / 暖通空调专业、数据分析人员、气象师、景观工程师 绿色建筑工程师
			P-SED1-2	可再生资源	能源资源节约	可再生能源贡献率、太阳能保证率	P100				间接	建模与边界条件设定 结果评价	建筑物理 / 技术、水文工程师、规划师 绿色建筑工程师
			P-SED1-3	地质地貌保护与利用	土地的资源节约	土方量	P101				间接	建模与边界条件设定 结果评价	景观工程师、节能工程师 绿色建筑工程师
			P-SED1-4	场地水环境	环境宜居	——	P103				间接	建模与边界条件设定 结果评价	建筑师、水文工程师、规划师 绿色建筑工程师
			P-SED1-5	场地安全	环境宜居	场地设计标高、退让距离	P104				间接	建模与边界条件设定 结果评价	建筑师、水文工程师、规划师 绿色建筑工程师

方案设计：

方案设计（Schematic Design-S）	区域空间规划与环境营造推演设计技术（Space and environmental Design-SED）	土地使用与容量控制（SED4）	S-SED4-1	容积率控制	土地资源节约	容积率	P114				直接	/
							◐	◐	◐	◐		
			S-SED4-2	建筑密度设置	土地资源节约	建筑密度	P115				直接	/
							◐	◐	◐	◐		
			S-SED4-3	绿地率提升	环境宜居	绿地率	P116				直接	/
							●	●	●	●		
			S-SED4-4	开放空间	环境宜居	开放空间率、开放空间可达性	P117				直接	/
							◐	◐	◐	◐		
		场地规划与建筑布局设计（SED2）	S-SED2-1	场地规划	环境宜居	场地选址、建筑贴线率、建筑布局方式、建筑阴影率	P105				直接	/
							●	◐	◐	●		
			S-SED2-2	建筑间距	环境宜居	建筑间距系数、日照间距、防火间距	P107				直接	/
							●	●	●	●		
			S-SED2-3	建筑群朝向优化	环境宜居	最佳太阳朝向朝向面积比、建筑与夏季主导季风方向夹角、迎风面积比	P108				直接	/
							●	●	●	●		

续表

方案设计（Schematic Design-S）	场地规划与建筑布局设计（SED2）	景观与微环境营造（SED3）	S-SED3-1	立体绿化	环境宜居	湿球黑球温度、平均热岛强度、屋顶绿化率、屋顶绿化覆土深度、垂直绿化率	P109				直接	/
							◐	◐	◐	◐		
			S-SED3-2	低影响开发	环境宜居	降雨量、年径流总量控制率、年径流污染控制率、透水铺装率/渗透面积比率、屋顶绿化率、下沉式绿地率、单位面积蓄水容积	P110				直接	/
							●	●	●	●		
			S-SED3-3	绿化遮阳	环境宜居	湿球黑球温度、平均热岛强度、遮阳覆盖率、遮荫率、林荫率	P111				直接	/
							○	○	●	●		
			S-SED3-4	绿化景观控风	环境宜居	湿球黑球温度、平均热岛强度、绿化布局界面粗糙度	P113				直接	/
							◐	◐	●	●		
		室外环境设计影响评估分析（SED5）	S-SED5	日照模拟、室外风环境模拟	环境宜居	日照时数、平均照度、风速、风压差、风速放大系数	P118				间接	建模与边界条件设定 → 建筑物理/技术、建筑节能、软件应用工程师、景观工程师、数据分析人员
												结果评价 → 绿色建筑工程师
	体量设计形体生成推演设计技术（Volume and Form Design – VFD）	建筑体量设计（VFD1）	S-VFD1-1	平面体量（长宽比控制）	资源节约	平面长宽比	P120				直接	/
							●	●	●	●		
			S-VFD1-2	立面体量（宽高比控制）	资源节约	立面宽高比	P121				直接	/
							●	●	●	●		

续表

方案设计（Schematic Design-S）	技术分类	技术名称	编码	技术要点	目标	参数	页码/适应区	作用	专业/角色
方案设计（Schematic Design-S）	体量设计形体生成推演设计技术（Volume and Form Design – VFD）	建筑体型设计（VFD2）	S-VFD2	体形系数控制	资源节约	体型系数	P122　●　●　●　●	直接	/
		建筑方位设计（VFD3）	S-VFD3-1	日照与采光	资源节约和环境宜居	冬至日底层满窗日照时数、最佳太阳朝向面积比	P124　●　●　●　●	直接	/
			S-VFD3-2	通风与防风	环境宜居	风速、风速放大系数、风压差	P125　●　●　●　●	直接	/
		计算辅助动态形体生成（VFD4）	S-VFD4	与日照耦合、迎风特性模拟	环境宜居	位置、建筑朝向、迎风面积比、日照间距、建筑高度	P127	间接	建模与边界条件设定：建筑物理/技术、建筑节能、软件应用工程师、景观工程师、数据分析人员 结果评价：绿色建筑工程师
		体量形体设计影响评估分析（VFD5）	S-VFD5	建筑阴影区模拟分析、建筑形体与综合能耗耦合模拟技术	资源节约和环境宜居	建筑总能耗、建筑能耗密度	P128	间接	建模与边界条件设定：建筑物理/技术、建筑节能、软件应用工程师 结果评价：绿色建筑工程师
	内部空间组织推演设计技术（Space Planning–SP）	总体空间形式选型（SP1）	S-SP1	总体空间形式选型	能源资源节约	总体空间形式（走廊式、垂直式、中央围合式——中心式&院落式分散式）	P169　●　●　●　●	直接	/
		内部功能组织（SP2）	S-SP2-1	空间布局与气候边界	能源资源节约	位置、朝向	P170　◐　◐　◐　◐	直接	/
			S-SP2-2	内部空间区位组织	能源资源节约	相对关系（同层/分层）、通高/错层	P172　◐　○　◐　◐	直接	/

续表

方案设计（Schematic Design–S）	内部空间组织推演设计技术（Space Planning–SP）	空间分隔设计（SP3）	S–SP3–1	内墙分隔/平面分隔	能源资源节约	分隔量、分隔通透度、分隔走向、分隔位置	P173 ◑ ○ ○ ◑	直接	/
			S–SP3–2	通高空间/竖向分隔	能源资源节约	分隔量分隔位置	P174 ◑ ○ ○ ◑	直接	/
		空间组织设计能耗影响评估分析（SP4）	S–SP4	空间组织能耗模拟	能源资源节约	单位面积能耗	P175	间接	建模与边界条件设定：建筑物理/技术、建筑设备/暖通空调专业、模拟分析人员 结果评价：绿色建筑工程师、造价工程师、项目投资方人员
	供暖制冷空间融合优化设计（Optimization Design– HVAC OD）	采暖制冷空间组织优化设计（HVAC OD1）	S–HVAC OD1	供暖制冷空间组合优化设计	能源资源节约	供暖功率密度、室内温度分布、单位面积/体积供暖能耗	P355 ● ● ● ●	直接	/
		采暖制冷空间组织优化设计能耗影响评估分析（HVAC OD4）	S–HVAC OD4	供暖制冷空间组合优化设计能耗影响评估分析	能源资源节约	单位面积总能耗/负荷、采暖能耗/负荷、制冷能耗/负荷、照明能耗/负荷	P359	间接	建模与边界条件设定：建筑物理/技术、建筑设备/暖通空调专业、模拟分析人员 结果评价：绿色建筑工程师、造价工程师、项目投资方人员

续表

方案设计（Schematic Design-S）	内部单一空间形态推演设计技术（Space Design-SD）	典型较低普通性能中介空间设计（中庭）（SD1）						
			中庭空间体量	S–SD1–1	能源资源节约	中庭通高层数	P176 ● ● ● ○	直接	/
				S–SD1–1	能源资源节约	中庭空间进深	P178 ● ● ◐ ◐	直接	/
				S–SD1–1	能源资源节约	中庭面积占比	P179 ○ ◐ ◐ ○	直接	/
				S–SD1–1	能源资源节约	中庭平面长宽比设置	P180 ◐ ◐ ● ◐	直接	/
				S–SD1–1	能源资源节约	中庭空间剖面高宽比	P181 ● ◐ ◐ ◐	直接	/
			中庭空间体态	S–SD1–2	能源资源节约	中庭平面形状设置	P182 ◐ ◐ ● ●	直接	/
				S–SD1–2	能源资源节约	中庭平面形式设置	P183 ● ◐ ● ◐	直接	/
				S–SD1–2	能源资源节约	中庭空间剖面形式（A形、V形、矩形）	P184 ● ◐ ● ◐	直接	/
			中庭空间分布	S–SD1–3	能源资源节约	中庭平面分布设置	P185 ◐ ◐ ● ●	直接	/
				S–SD1–3	能源资源节约	中庭剖面位置分布	P186 ○ ○ ○ ◐	直接	/

续表

			编号	空间类型	性能	技术内容	页码/评价				作用方式	备注
方案设计（Schematic Design-S）	内部单一空间形态推演设计技术（Space Design-SD）	典型较低普通性能中介空间设计（中庭）（SD1）	S-SD1-1	门斗空间体量	能源资源节约	门斗空间进深	P188 ●	●	●	●	直接	/
			S-SD1-2	门斗空间体态	能源资源节约	双层门的布置方式（平行关系、平行且错开关系、垂直关系）门斗的平面形式（长方形、偏正方形、L形）	P189 ●	◑	◑	●	直接	/
			S-SD1-3	门斗空间分布	能源资源节约	门斗空间的合理朝向	P190 ●	●	●	●	直接	/
			S-SD1-1	门厅空间体量	能源资源节约	面积占比	P191 ●	●	◑	○	直接	/
			S-SD1-1		能源资源节约	通高层数	P192 ◑	●	◑	◑	直接	/
			S-SD1-2	门厅空间体态	能源资源节约	平面形状（长方形、正方形、L形）	P194 ◑	◑	◑	◑	直接	/
			S-SD1-2		能源资源节约	长宽比	P195 ●	●	●	●	直接	/
			S-SD1-2		能源资源节约	平面形式（单向型、贯穿型、角部型）	P196 ◑	◑	◑	◑	直接	/
			S-SD1-3	门厅空间分布	能源资源节约	门厅位置、朝向	P197 ◑	◑	○	◑	直接	/

续表

方案设计（Schematic Design-S）	内部单一空间形态推演设计技术（Space Design-SD）	典型较高普通性能功能空间设计（SD2）	S-SD2-1	开放办公空间体量	能源资源节约	开放办公空间面积	P198 ◐　◐　◐　◐	直接	/
			S-SD2-2	开放办公空间体态	能源资源节约	开放办公空间开间进深比	P199 ○　◐　○　◐	直接	/
			S-SD2-3	开放办公空间分布	能源资源节约	开放办公空间朝向	P200 ○　○　○　○	直接	/
			S-SD2-1	阅览空间体量	能源资源节约	阅览空间的面积大小	P201 ●　◐　○　◐	直接	/
			S-SD2-2	阅览空间体态	能源资源节约	阅览空间中边庭通高的形式与方位	P202 ●　●　◐　◐	直接	/
			S-SD2-3	阅览空间分布	能源资源节约	阅览空间的分布方位	P203 ○　◐　●　◐	直接	/
		典型单一空间形态设计能耗影响评估分析（SD3）	S-SD3	单一空间形态设计能耗模拟	能源资源节约	单位面积能耗	P204	间接	建模与边界条件设定：建筑物理/技术、建筑设备/暖通空调专业、模拟分析人员 结果评价：绿色建筑工程师、造价工程师、项目投资方人员

续表

方案设计（Schematic Design-S）										
	室内热湿环境控制设计技术（Thermal Environment Control–TC）	普通性能空间组织设计（TC2）	S–TC2–1	可通风中庭空间	健康舒适	中庭平面分布、平面长宽比、剖面形式、剖面高宽比	P406 ◐ ◐ ● ●	直接	/
			S–TC2–2	门斗空间	健康舒适	门斗空间朝向、平面分布	P408 ● ● ○ ○	直接	/
			S–TC2–3	阳光间/被动区	健康舒适	阳光间/被动区朝向	P409 ● ● ◐ ○	直接	/
		室内热湿环境影响评估分析（TC3）	S–TC3–2	室内热环境适应性分析	健康舒适	适应性热舒适指标	P413	间接	建模与边界条件设定：建筑物理/技术、模拟分析人员；结果评价：绿色建筑工程师
	室内光环境控制技术（Daylighting Control–DC）	采光空间组织设计（DC1）	S–DC1–1	中庭采光空间	健康舒适	中庭朝向、平面分布、平面长宽比、剖面高宽比	P415 ◐ ◐ ◐ ◐	直接	/
			S–DC1–2	下沉庭院采光空间	健康舒适	下沉庭院朝向、平面分布	P416 ◐ ● ◐ ◐	直接	/
		室内光环境影响评估分析（DC4）	S–DC4–1	室内自然采光水平分析	健康舒适	全年动态采光达标时间面积比、眩光指数	P423	间接	建模与边界条件设定：建筑物理/技术、模拟分析人员；结果评价：绿色建筑工程师
			S–DC4–2	室内自然采光质量分析	健康舒适		P424		
	围护结构形式推演设计技术（Enclosure Form–EFD）	透明围护结构形式设计（EFD1）	S–EFD1–1	门窗开口设计	能源资源节约	门窗开口位置、方式、可开启比例	P254 ● ● ● ●	直接	/
			S–EFD1–2	采光设计	能源资源节约	采光方式类型	P256 ● ● ● ●	直接	/
		遮阳设计（EFD2）	S–EFD2–1	建筑外遮阳朝向	能源资源节约	立面/屋面遮阳形式、分布、基本尺度	P257 ○ ◐ ● ●	直接	/
			S–EFD2–2	建筑外遮阳形式	能源资源节约	外遮阳形式、外遮阳突出长度、外遮阳间距	P259 ○ ◐ ● ●	直接	/
		通风形式设计（EFD3）	S–EFD3–1	顶面通风设计	能源资源节约	顶面通风形式、顶面开口位置、顶面开口大小	P261 ◐ ◐ ● ●	直接	/

续表

方案设计（Schematic Design-S）	技术分类	子技术	编号	名称	分类	指标	参考页	直接/间接	参与人员
方案设计（Schematic Design-S）	围护结构形式推演设计技术（Enclosure Form-EFD）	通风形式设计（EFD3）	S-EFD3-2	侧面通风设计	能源资源节约	通风开口面积、通风开口位置	P263　● ● ● ●	直接	/
		通风形式设计（EFD3）	S-EFD3-3	通风门窗设计	能源资源节约	门窗开口位置、方式、可开启比例	P264　● ● ● ●	直接	/
		围护结构形式间接能耗影响评估分析（EFD4）	S-EFD4	围护结构形式设计能耗影响评估分析	能源资源节约	建筑冷热负荷、全年能耗	P266	间接	建模与边界条件设定：建筑物理/技术、建筑设备/暖通空调专业、模拟分析人员；结果评价：绿色建筑工程师、造价工程师、项目投资方人员
	室内光环境控制设计技术（Daylighting Control-DC）	围护结构采光设计（DC2）	S-DC2-1	透明围护结构朝向	健康舒适	透明围护结构朝向	P417　◐ ◑ ◐ ◑	直接	/
		围护结构采光设计能耗影响评估分析（DC3）	S-DC3	围护结构形式设计能耗影响评估分析	能源资源节约	建筑冷热负荷、全年能耗	P422	间接	建模与边界条件设定：建筑物理/技术、建筑设备/暖通空调专业、模拟分析人员；结果评价：绿色建筑工程师、造价工程师、项目投资方人员
	室内空气质量控制设计技术（Air Quality Control-AC）	围护结构通风设计（AC1）	S-AC1-1	外窗或幕墙可开启位置	环境宜居健康舒适	可开启朝向、可开启剖面位置	P426　● ● ● ●	直接	/
		围护结构通风设计（AC1）	S-AC1-2	外窗或幕墙可开启面积	健康舒适	可开启面积、可开启外窗净面积与房间地板面积的比例	P427　● ● ● ●	直接	/
		围护结构通风设计（AC1）	S-AC1-3	外窗或幕墙可开启形式	健康舒适	可开启形式	P429　● ● ● ●	直接	/
		室内空气质量影响评估分析（AC3）	C-AC3-1	室内自然通风分析	健康舒适	室内污染物浓度	P431	间接	建模与边界设定：建筑物理/技术、模拟分析人员；结果评价：绿色建筑工程师

续表

方案设计（Schematic Design-S）			编号	名称	目标	设计内容	页码及适用阶段				直接/间接	相关专业
方案设计（Schematic Design-S）	围护结构构造推演设计技术（Enclosure structure-ESD）	屋面构造设计（ESD1）	S-ESD1-1	种植屋面	能源资源节约	屋顶绿化位置、比例、基本构造	P268 ◐	◐	◐	●	直接	/
			S-ESD1-2	蓄水屋面	能源资源节约	蓄水屋面位置、比例、基本构造	P269 ○	○	◐	●	直接	/
			S-ESD1-3	架空屋面	能源资源节约	架空屋面/外墙形式、分布	P271 ○	○	●	●	直接	/
		墙体构造设计（ESD2）	S-ESD2-1	双层幕墙	能源资源节约	双层幕墙形式、呼吸式幕墙进出风口的设置、宽度大小、材料的选用	P272 ○	◐	●	●	直接	/
			S-ESD2-2	太阳墙	能源资源节约	墙面太阳能利用方式、面积、用途	P274 ●	●	◐	○	直接	/
			S-ESD2-3	导风墙	能源资源节约	导风墙的位置、尺寸、角度、基本构造	P275 ◐	◐	●	●	直接	/
			S-ESD2-4	垂直绿化	能源资源节约	垂直绿化位置、比例、基本构造	P277 ◐	◐	●	●	直接	/
		围护结构构造设计能耗影响评估分析（ESD3）	S-ESD3	围护结构构造设计能耗影响评估分析	能源资源节约	建筑冷热负荷、全年能耗	P278				间接 建模与边界条件设定 / 结果评价	建筑物理/技术、建筑设备/暖通空调专业、模拟分析人员 / 绿色建筑工程师、造价工程师、项目投资方人员
	可再生能源利用优化设计技术（Renewable Energy Utilization_Design-RED）	冷热源设计确立（RED1）	S-RED1-1	建筑负荷与太阳能资源匹配	能源资源节约	太阳能保证率、可再生能源利用率	P341 ●	●	◐	◐	直接	/
			S-RED1-2	地源冷热资源负荷匹配	能源资源节约	冷热源采暖/制冷保证率、可再生能源利用率、需辅助冷/热源能源占比	P345 ◐	●	●	○	直接	/

初步设计：

初步设计（Design Development-D）	围护结构材料推演设计技术（Enclosure Materials D-EMD）	高性能材料组合优化设计（EMD1）	D-EMD1-1	复合墙面系统	能源资源节约	复合墙体构造类型	P280				直接	/
							●	●	◐	◐		
			D-EMD1-2	外墙内/外/夹心保温	能源资源节约	外墙保温材料种类、构造顺序、传热系数	P281				直接	/
							●	●	●	●		
			D-EMD1-3	无热桥设计	能源资源节约	断桥型材类型、构造类型、传热系数	P283				直接	/
							●	●	●	●		
			D-EMD1-4	外围护反射性能	能源资源节约	外围护结构表面材料种类	P284				直接	/
							○	◐	●	●		
		防潮隔气设计（EMD2）	D-EMD2-1	门窗气密性	能源资源节约	气密性构造种类、气密性等级	P285				直接	/
							●	●	●	●		
			D-EMD2-2	防水防潮	能源资源节约	防水防潮材料参数、位置、形式	P287				直接	/
							◐	◐	●	●		
		玻璃系统设计（EMD3）	D-EMD3	玻璃系统	能源资源节约	玻璃类型、传热系数、可见光透视比	P288				直接	/
							●	●	●	●		
		围护结构材料设计能耗影响评估分析（EMD4）	D-EMD4	围护结构材料设计能耗影响评估分析	能源资源节约	建筑冷热负荷、全年能耗、围护结构传热系数、露点温度	P289				间接	建模与边界条件设定	建筑物理/技术、建筑设备/暖通空调专业、模拟分析人员
											结果评价	绿色建筑工程师、造价工程师、项目投资方人员

续表

初步设计（Design Development-D）							四个气候区				直接/间接	人员
初步设计（Design Development-D）	可再生能源利用优化设计技术（Renewable Energy Utilization_Design-RED）	太阳能利用模式设计（RED2）	D-RED2-1	太阳能利用技术模式	能源资源节约	被动式太阳能采暖保证率、主动式太阳能采暖保证率、主动式太阳能制冷保证率	P347				直接	/
							●	●	●	●		
			D-RED2-2	太阳能集成模式	能源资源节约	集成模式类型（平屋面/坡屋面/大立面/复合、BAPV/BIPV）	P349				直接	/
							●	●	●	●		
		可再生能源利用实效评估分析（RED4）	D-RED4	可再生能源利用实效评估分析	能源资源节约	太阳能保证率、可再生能源冷热源保证率、可再生能源利用率、人工辅助能源占比	P351				间接	建模与边界条件设定：建筑物理/技术、模拟分析人员
												结果评价：绿色建筑工程师、项目开发人
	室内热湿环境控制设计技术（Thermal Environment Control-TC）	围护结构保温与隔热（TC1）	D-TC1-1	非透明围护结构热工性能控	健康舒适	围护结构传热系数	P403				直接	/
							●	●	●	●		
			D-TC1-2	透明围护结构太阳辐射得热控制	健康舒适	太阳辐射得热系数	P404				直接	/
							●	●	●	●		
		合理组织低性能空间改善热湿环境（TC2）	D-TC2-4	双层玻璃幕墙	健康舒适	双层玻璃幕墙朝向、通风开口形式	P411				直接	/
							●	●	●	●		
		室内热湿环境影响评估分析（TC3）	D-TC3-1	围护结构隔热与防潮防结露分析	健康舒适	内表面温度	P412				间接	建模与边界设定：建筑物理、暖通空调专业、模拟分析人员
												结果评价：绿色建筑工程师

续表

初步设计（Design Development-D）	室内热湿环境控制设计技术（Thermal Environment Control-TC）	室内热湿环境影响评估分析（TC3）	D-TC3-2	室内热环境适应性分析	健康舒适	适应性热舒适指标	P413				间接	建模与边界条件设定	建筑物理/技术、模拟分析人员
												结果评价	绿色建筑工程师
	室内光环境控制设计技术（Daylighting Control-DC）	围护结构采光设计（DC2）	D-DC2-2	透明围护结构面积	健康舒适	窗墙面积比	P419				直接		/
							◐	◐	◐	◐			
			D-DC2-3	透明围护结构材料特性	健康舒适	透明围护结构可见光透射比	P420				直接		/
							◐	◐	◐	◐			
		室内光环境影响评估分析（DC4）	D-DC4-2	室内自然采光质量分析	健康舒适	不舒适眩光指数（DGI）、采光均匀度	P424				间接	建模与边界条件设定	建筑物理/技术、模拟分析人员
												结果评价	绿色建筑工程师

施工图设计：

施工图设计（Construction Drawing-C）	可再生能源利用优化设计技术（Renewable Energy Utilization_Design-RED）	太阳能一体化构造设计（RED3）	C-RED3	太阳能光热物性确立	能源资源节约	组件特性（刚/柔性、透光率、透光均匀度、吸热热性、显色性等）	P350				直接	/
							●	●	●	●		
		可再生能源一体化利用设计能耗影响评估分析（RED5）	C-RED5	可再生能源一体化利用设计能耗影响评估分析	能源资源节约	单位面积总能耗、建筑整体能耗	P353				间接	建筑物理/技术/节能、电气工程师、模拟分析人员
											结果评价	色建筑工程师、造价工程师、项目开发人

续表

施工图设计（Construction Drawing-C）	采暖制冷空间末端优化设计技术（HVAC Optimization Design-HVAC OD）	采暖末端优化设计（HVAC OD2）	C-HVAC OD2	单一供暖空间末端优化设计	能源资源节约	室内温度、末端类型、末端方位	P357 ● ● ◑ ○	直接	/	
		制冷末端优化设计（HVAC OD3）	C-HVAC OD3	单一制冷空间末端优化设计	能源资源节约	室内温度、末端类型、末端方位	P358 ○ ◑ ● ●	直接	/	
		采暖制冷空间末端优化设计能耗影响评估分析（HVAC OD5）	C-HVAC OD5	采暖制冷空间末端优化设计能耗影响评估分析	能源资源节约	单位面积总能耗/负荷、采暖能耗/负荷、制冷能耗/负荷、照明能耗/负荷	P362	间接	建模与边界条件设定	建筑物理/技术、建筑设备/暖通空调专业、模拟分析人员
									结果评价	绿色建筑工程师、造价工程师、项目投资方人员
	室内空气质量控制设计技术（Air Quality Control-AC）	内围护结构材料设计（AC2）	C-AC2	内围护材料污染物特性	健康舒适	内围护材料污染物释放率、室内自然通风换气次数	P430 ◑ ◑ ◑ ◑	直接	/	
		室内空气品质影响评估分析（AC3）	C-AC3-2	室内污染物浓度分析	健康舒适	室内污染物浓度	P432	间接	建模与边界设定	建筑物理/技术、暖通空调专业、模拟分析人员
									结果评价	绿色建筑工程师

附录2 地域气候适应型绿色公共建筑设计性能模拟工具清单

附录2-1 气候条件分析模拟软件附录总表

对比项		WeatherTool	Ladybug	Climate Consultant	NASA	METEONORM
模拟对象与计算分析的适用性	适用的设计内容的影响模拟分析	/	/	/	/	/
	适用的性能模拟专项	能耗、风、光、热	能耗、风、光、热	能耗、风、光、热	风、光、热	风、光、热
	建模逻辑适用性	/	/	2D	3D	/
	复杂模型适用性	/	/	时间	空间	/
分析与设计的兼容性	适用建模平台	Ecotect	Rihno	自带	/	/
	模型兼容性	/	/	高	/	/
分析过程与结果的有效性	计算速度/实时反馈水平	中	优	优	优	差
	结果的可视化表达	中	优	优	优	差
设计习惯匹配度	建模复杂程度	/	/	简单	/	/
	边界条件设定难易程度	/	/	简单	简单	/
	是否可提供设计建议	是	是	是	否	否
	是否能自动方案比选	是	是	是	否	否
	是否能自动提供预选方案	是	是	是	否	否
分析计算结果可靠度	计算引擎	/	/	自身	/	/
	边界条件自定义深度	/	/	高	高	/
	计算精度与准确性	中等	高	高	中等	中等
分析的合规程度	中国太阳能资源数据库匹配度	低	低	低	低	低
	中国规范结合度	低	低	低	低	低
	评价指标与中国绿建指标对标情况	低	低	低	低	低

附录2-2　场地热环境分析模拟软件附录总表

适用设计阶段

设计前期　方案设计　初步设计　施工图设计

对比项		方案设计辅助工具	EN-VI-met	Fluent	Ecotect	Ausssm	Moosas	斯维尔Tera	PKPM 节能	ladybug+honeybee+butterfly+Dragonfly
模拟对象与计算分析=的适用性	适用的设计内容的影响模拟分析	场地、建筑群	场地、建筑群	场地、建筑群、内部空间	场地、建筑群、外部形体、内部空间	场地、建筑群	场地、建筑群、外部形体、内部空间	场地、建筑群	场地、建筑群、外部形体、内部空间	场地、建筑群、外部形体、内部空间
	适用的性能模拟专项	风、光、热	风、热	风、热	能耗、光、风、热	风、热	能耗、风、光、热	热	能耗、风、光、热	能耗、风、光、热
	建模逻辑适用性	3D	2D	3D	3D	3D	3D	2D	2D	3D
	复杂模型适用性	优	良	良	差	良	优	差	差	优
分析与设计的兼容性	适用建模平台	Sketchup	自带	Gabmit	自带	自带	Sketchup	AutoCAD	AutoCAD	Rhino
	模型兼容性	良	自建	AutoCAD Solidwork	CAD、SU、Revit、3DMAX、Rhino	自建	Sketchup	AutoCAD、Sketchup、Revit	AutoCAD	CAD、SU、Revit、3DMAX、Rhino
分析过程与结果的有效性	计算速度/实时反馈水平	优	中	中	差	中	良	-	中	优
	结果的可视化表达	良	是	是	是	是	是	是	是	是
设计习惯匹配度	建模复杂程度	简单	简单	普通	简单	普通	简单	简单	简单	中等
	边界条件设定难易程度	易	难	难	中	难	简单	中	易	中
	是否可提供设计建议	是	否	否	是	否	否	否	否	是
	是否能自动方案比选	是	是	是	否	是	是	否	否	是
	是否能自动提供预选方案	否	否	否	否	否	是	否	否	是
分析计算结果可靠度	计算引擎		ENVI-met	Fluent	DOE-2	Ausssm	Moosas	DOE-2、Dest	DOE-2	energyplus
	边界条件自定义深度	低	高	高	中等	高	高	中等	中等	高
	计算精度与准确性	中	高	高	中等	高	高	中等	高	高
分析的合规程度	中国太阳能资源数据库匹配度	低	低	中	低	低	高	高	高	中
	中国规范结合度	低	低	中	高	低	高	高	高	中
	评价指标与中国绿建指标对标情况	低	低	低	低	低	低	高	高	中

附录2-3　日照分析模拟软件附录总表

	对比项	方案设计辅助工具	天正建筑	日照大师	清华Sunshine V3.0	Ecotect	Moosas	斯维尔日照SUN	PKPM 节能	天正T20-SUN	ladybug+honeybee+butterfly+Dragonfly
模拟对象与计算分析的适用性	适用的设计内容的影响模拟分析	场地、建筑群	建筑群	场地、建筑群	场地、建筑群	场地、建筑群、外部形体、内部空间	场地、建筑群、外部形体、内部空间	场地、建筑群、外部形体	场地、建筑群、外部形体、内部空间	场地、建筑群	场地、建筑群、外部形体、内部空间
	适用的性能模拟专项	风、光、热	光	光	光	能耗、热、风、光	能耗、风、热、光	光	能耗、风、热、光	光	能耗、风、热、光
	建模逻辑适用性	3D	2D	3D	2D	3D	3D	2D	2D	3D	3D
	复杂模型适用性	优	差	差	中	差	优	差	差	中	优
分析与设计的兼容性	适用建模平台	Sketchup	AutoCAD	Sketchup、Revit	AutoCAD	自带	Sketchup	AutoCAD	AutoCAD	自带	Rhino
	模型兼容性	良	AutoCAD	Sketchup、Revit	AutoCAD	CAD、SU、Revit、3DMAX、Rhino	Sketchup	AutoCAD、Sketchup、Revit	AutoCAD	AutoCAD	CAD、SU、Revit、3DMAX、Rhino
分析过程与结果的有效性	计算速度/实时反馈水平	优	差	差	中	差	良	中	中	中	良
	结果的可视化表达	良	是	是	是	是	是	是	是	是	是
设计习惯匹配度	建模复杂程度	简单	简单	普通	简单	普通	简单	简单	简单	普通	普通
	边界条件设定难易程度	易	易	易	中	中	易	中	易	中	中
	是否可提供设计建议	是	否	否	否	是	是	否	否	否	是
	是否能自动方案比选	是	否	否	否	否	是	否	否	否	是
	是否能自动提供预选方案	否	否	否	否	否	是	否	否	否	是
分析计算结果可靠度	计算引擎		天正建筑	日照大师	SunshineV3.0	DOE-2	Moosas	DOE-2、Dest	DOE-2	天正T20-SUN	energyplus
	边界条件自定义深度	低	低	低	高	中	中	低	低	中	高
	计算精度与准确性	中	低	低	高	中	高	中	高	中	高
分析的合规程度	中国太阳能资源数据库匹配度	低	高	高	高	低	高	高	高	高	低
	中国规范结合度	低	不涉及	不涉及	不涉及	低	高	高	高	不涉及	低
	评价指标与中国绿建指标对标情况	低	高	高	高	低	高	高	高	高	低

附录2-4 场地风环境分析模拟软件附录总表

	对比项	方案设计辅助工具	Phoenics	Fluent	AutodeskCFD	ENVI-met	Ecotect（增加Winair 插件）
模拟对象与计算分析的适用性	适用的设计内容的影响模拟分析	场地、建筑群	场地、建筑群、外部形体、内部空间	场地、建筑群、内部空间	场地、建筑群	场地、建筑群	场地、建筑群、外部形体、内部空间
	适用的性能模拟专项	风、光、热	风、热	风、热	风	风、热	能耗、光、风、热
	建模逻辑适用性	3D	3D	3D	3D	2D	3D
	复杂模型适用性	优	中	良	中	良	差
分析与设计的兼容性	适用建模平台	Sketchup	外导	Gabmit	外导	自带	自带
	模型兼容性	良	CAD、SU、Revit、3DMAX、Rhino	AutoCAD Solidwork	CAD、SU、Revit、3DMAX、Rhino	自建	AutoCAD、SU、Revit、3DMAX、Rhino
分析过程与结果的有效性	计算速度/实时反馈水平	优	中	中	中	中	差
	结果的可视化表达	良	是	是	是	是	是
设计习惯匹配度	建模复杂程度	简单	中	普通	普通	简单	简单
	边界条件设定难易程度	易	难	难	普通	难	简单
	是否可提供设计建议	是	否	否	否	否	否
	是否能自动方案比选	是	是	是	否	是	否
	是否能自动提供预选方案	否	否	否	否	否	否
分析计算结果可靠度	计算引擎		Phoenics	Fluent	AutodeskCFD	ENVI-met	winair
	边界条件自定义深度	低	高	高	中	高	低
	计算精度与准确性	中	中	高	高	高	低
分析的合规程度	中国太阳能资源数据库匹配度	低	低	中	低	低	低
	中国规范结合度	低	低	中	低	低	低
	评价指标与中国绿建指标对标情况	低	低	低	低	低	低

适用设计阶段

设计前期　｜方案设计｜　初步设计　｜施工图设计

RhinoCFD	Simscale	ESP-r	Star-CD	CFX 软件	Moosas	斯维尔 Fluent	PKPM 节能	ladybug+honeybee+butterfly+Dragonfly
场地、建筑群	场地、建筑群	场地、建筑群、外部形体、内部空间	场地、建筑群	场地、建筑群	场地、建筑群、外部形体、内部空间	场地、建筑群、内部空间	场地、建筑群、外部形体、内部空间	场地、建筑群、外部形体、内部空间
风	风	风、热	风	风	能耗、光、热	风	能耗、光、热	能耗、光、热、风
3D	3D	3D	3D	3D	3D	2D	2D	3D
中	中	优	优	优	优	差	差	优
Rihon	外导	AutoCAD	外导	外导	Sketchup	AutoCAD	AutoCAD	Rhino
CAD、SU、Revit、3DMAX、Rhino	CAD、SU、Revit、3DMAX、Rhino	AutoCAD	SU、3DMAX、Rhino	SU、3DMAX、Rhino	Sketchup	AutoCAD、Sketchup、Revit	AutoCAD	CAD、SU、Revit、3DMAX、Rhino
高	中	良	良	良	良	中	中	优
是	是	是	是	是	是	是	是	是
普通	普通	中	普通	普通	简单	简单	简单	中
易	难	难	难	难	简单	中	简单	中
否	否	否	否	否	否	否	否	是
否	否	否	否	否	是	否	否	是
否	否	是	是	是	是	否	否	是
RhinoCFD	Simscale	ies<VE>	Star-CD	CFX	Moosas	DOE-2、Dest	DOE-2	energyplus
中	高	高	高	高	高	低	低	中
中	高	高	高	高	高	中等	高	高
低	低	低	低	低	高	高	高	中
低	低	低	低	低	高	高	高	中
低	低	低	低	低	低	高	高	中

附录2-5 能耗分析模拟软件附录总表

	对比项	Ecotect	ESP-r	Dest	Design Builder	Sefaira	Moosas
模拟对象与计算分析的适用性	适用的设计内容的影响模拟分析	场地、建筑群、外部形体、内部空间（环境）	建筑群、外部形体、内部空间	内部空间	内部空间	内部空间	外部形体、内部空间
	适用的性能模拟专项	光、热	热、风	能耗、热	能耗、风、光、热	能耗、风、光、热	能耗、光、热
	建模逻辑适用性	3D	3D	2D	3D	3D	3D
	复杂模型适用性	空间	动态	动态	动态	动态	动态
分析与设计的兼容性	适用建模平台	Ecotect	CAD	CAD	Design Builder、BIM	SU、Revit	SU
	模型兼容性	CAD、SU、Revit、3D max	CAD	CAD	BIM	SU、Revit	SU
分析过程与结果的有效性	计算速度/实时反馈水平	否	是	否、速度快	是	是	是（需要点击）
	结果的可视化表达	是	是	是	是	是	是
设计习惯匹配度	建模复杂程度	中等	困难	困难	中等	简单	简单
	边界条件设定难易程度	简单	困难	中等	中等	简单	简单
	是否可提供设计建议	否	否	否	否	否	否
	是否能自动方案比选	是	否	否	是	是	是
	是否能自动提供预选方案	否	是	否	否	否	是
分析计算结果可靠度	计算引擎	Energy Plus	ies<VE>	Dest	Energy Plus	EnergyPlus	—
	边界条件自定义深度	中等	高	高	高	高	高
	计算精度与准确性	中等	高	高	高	高	高
分析的合规程度	中国建材数据库匹配度	低	中等	高	高	低	高
	中国规范结合度	高	低	低	低	高	高
	评价指标与中国绿建指标对标情况	低	低	低	低	低	低

适用设计阶段

设计前期　方案设计　初步设计　施工图设计

Openstudio	EnergyPlus	eQUEST	DOE-2	斯维尔节能（Thsware）	PKPM 节能	天正节能（T-BEC）
外部形体、内部空间	内部空间	内部空间	内部空间	内部空间	内部空间	内部空间
能耗、光、热	能耗、热	能耗	能耗	能耗、风、光、热	能耗、风、光、热	能耗
3D	3D	3D	3D	2D	2D、3D	2D
动态	动态	动态	动态	空间	动态	动态
SU、Euclid	SU	CAD	DOE-2	天正	CAD	CAD
SU、Euclid	SU	CAD	DOE-2	天正	CAD	CAD
是	是	是	是	否	否	是
是	否	是	是	是	是	是
简单	简单	中等	困难	简单	简单	简单
简单	中等	中等	困难	简单	简单	简单
否	否	否	否	否	否	否
否	否	否	否	否	否	否
否	否	否	否	否	否	否
EnergyPlus	EnergyPlus	DOE-2	DOE-2	DOE-2、Dest	DOE-2	DOE-2
中等	高	高	中等	中等	中等	中等
中等	高	高	高	中等	中等	中等
低	低	低	低	高	高	高
低	低	低	低	高	高	高
低	低	低	低	高	高	高

附录2-6　室内热环境分析模拟软件附录总表

对比项		Ecotect	Ladybug 工具包	Sefaira	Moosas
模拟对象与计算分析的适用性	适用的设计内容的影响模拟分析	场地、建筑群、外部形体、内部空间	场地、建筑群、外部形体、内部空间	外部形体、内部空间	外部形体、内部空间
	适用的性能模拟专项	能耗、光、热、风	能耗、风、光、热	能耗、热、光	能耗、光、热
	建模逻辑适用性	3D	3D	3D	3D
	复杂模型适用性	动态	动态	动态	动态
	建立复杂模型	否	是	是	是
分析与设计的兼容性	适用建模平台	Ecotect	Rhino	SU、Revit	SU
	模型兼容性	CAD、SU、Revit、3D max	Rhino	SU、Revit	SU
分析过程与结果的有效性	计算速度/实时反馈水平	否	是	是	是（需要点击）
	结果的可视化表达	是	是	是	是
设计习惯匹配度	建模复杂程度	中等	简单	简单	简单
	边界条件设定难易程度	简单	简单	简单	简单
	是否可提供设计建议	否	否	否	否
	是否能自动方案比选	否	是	是	是
	是否能自动提供预选方案	否	是	否	是
分析计算结果可靠度	计算引擎	—	EnergyPlus	EnergyPlus	—
	边界条件自定义深度	中等	高	高	高
	计算精度与准确性	低	高	高	高
分析的合规程度	中国建材数据库匹配度	低	低	低	高
	中国规范结合度	低	低	高	高
	评价指标与中国绿建指标对标情况	低	低	低	低

适用设计阶段

设计前期　　方案设计　　施工图设计

IES-VE	DesignBuilder	Dest	Openstudio	EnergyPlus	eQUEST	DOE-2	斯维尔绿建软件（ITES）	PKPM 绿建软件（TCD）
外部形体、内部空间	外部形体、内部空间	内部空间	内部空间	内部空间	内部空间	内部空间	内部空间	内部空间
能耗、风、光、热	能耗、风、光、热	能耗、热	能耗、热	能耗、热	能耗、热	能耗、热	热	热
3D	3D	2D	3D	3D	3D	3D	2D	2D
动态	动态	动态	动态	动态	动态	动态	动态	动态
否	否	否	否	否	否	否	否	否
IES、BIM	DesignBuilder、BIM	CAD	SU、Euclid	SU	CAD	DOE-2	CAD	CAD
BIM	BIM	CAD	SU、Euclid	SU	CAD	DOE-2	CAD	CAD
是	是	否、速度快	是	是	是	是	是	是
是	是	是	是	否	是	是	是	是
中等	中等	困难	中等	困难	中等	困难	简单	简单
中等	中等	中等	简单	中等	中等	困难	中等	中等
否	否	否	否	否	否	否	否	否
是	是	否	否	否	否	否	否	否
否	否	否	否	否	否	否	否	否
EnergyPlus	EnergyPlus	Dest	EnergyPlus	EnergyPlus	DOE-2	BDL	DOE-2	DOE-2
高	高	高	中等	高	高	中等	中等	中等
高	高	高	中等	高	高	高	中等	中等
低	低	高	低	低	低	低	高	高
低	低	低	低	低	低	低	高	高
低	低	低	低	低	低	低	高	高

附录2-7　室内光环境分析模拟软件附录总表

对比项		Ecotect	Ladybug 工具包	Sefaira	Moosas
模拟对象与计算分析的适用性	适用的设计内容的影响模拟分析	场地、建筑群、外部形体、内部空间	场地、建筑群、外部形体、内部空间	外部形体、内部空间	外部形体、内部空间
	适用的性能模拟专项	能耗、光、热、风	能耗、风、光、热	能耗、热、光	能耗、光、热
	建模逻辑适用性	3D	3D	3D	3D
	复杂模型适用性	动态	动态	动态	动态
	建立复杂模型	否	是	是	是
分析与设计的兼容性	适用建模平台	Ecotect	Rhino	SU/Revit	SU
	模型兼容度	CAD、SU、Revit、3D max	Rhino	SU/Revit	SU
分析过程与结果的有效性	计算速度/实时反馈水平	否	是	是	是（需要点击）
	可视化表达	是	是	是	是
设计习惯匹配度	建模复杂程度	中等	简单	简单	简单
	边界条件设定难易程度	简单	简单	简单	简单
	是否可提供设计建议	否	否	否	否
	是否能自动方案比选	是	是	是	是
	是否能自动提供预选方案	否	是	否	是
分析计算结果可靠度	计算引擎	oneself or Radiance	Radiance	Radiance	—
	边界条件自定义深度	中等	高	高	高
	计算精度与准确性	低	高	高	高
分析的合规程度	中国建材数据库匹配度	低	低	低	高
	中国规范结合度	低	低	高	高
	评价指标与中国绿建指标对标情况	低	低	低	低

适用设计阶段

设计前期　方案设计　施工图设计

RhinoDIVA	RadianceIES	DesignBuilder	Radiance	Daysim	斯维尔绿建软件（DALI）	PKPM 绿建软件（Daylight）
场地、建筑群、外部形体、内部空间	外部形体 内部空间	外部形体 内部空间	外部形体 内部空间	外部形体 内部空间	内部空间	内部空间
光	能耗、风、光、热	能耗、风、光、热	光	光	光	光
3D	3D	3D	3D	3D	3D	3D
动态	动态	动态	动态	动态	动态	动态
是	否	否	否	否	否	否
Rhino	IES、BIM	DesignBuilder、BIM	CAD	CAD	CAD、Revit	CAD、Revit
Rhino	BIM	BIM	CAD	CAD	CAD、Revit	CAD、Revit
是	是	是	是	是	是	是
是	是	是	是	是	是	是
简单	中等	中等	中等	中等	简单	简单
简单	中等	中等	中等	中等	简单	简单
否	否	否	否	否	否	否
是	是	是	否	否	否	否
是	否	否	否	否	否	否
Radiance	Radiance	Radiance	Radiance	Daysim	Radiance	Radiance
高	高	高	高	高	低	低
高	高	高	高	高	中等	中等
低	低	低	低	低	高	高
低	低	低	低	低	高	高
低	低	低	低	低	高	高

附录2-8 室内风环境分析模拟软件附录总表

对比项		Ladybug 工具包	Phoenics	RhinoCFD	DesignBuilder
模拟对象与计算分析的适用性	适用的设计内容的影响模拟分析	场地、建筑群、外部形体、内部空间	场地、建筑群、外部形体、内部空间	场地、建筑群、外部形体、内部空间	外部形体内部空间
	适用的性能模拟专项	能耗、风、光、热	风	风	能耗、风、光、热
	建模逻辑适用性	3D	3D	3D	3D
	复杂模型适用性	静态	静态	静态	静态
	建立复杂模型	是	是	是	否
分析与设计的兼容性	适用建模平台	Rhino	SU/CAD	Rhino	IES、BIM
	模型兼容度	Rhino	SU/CAD	Rhino	BIM
分析过程与结果的有效性	计算速度/实时反馈水平	是	是	是	是
	可视化表达	是	是	是	是
设计习惯匹配度	建模复杂程度	简单	简单	简单	中等
	边界条件设定难易程度	简单	简单	简单	中等
	是否可提供设计建议	否	否	否	否
	是否能自动方案比选	是	是	是	是
	是否能自动提供预选方案	否	否	否	否
分析计算结果可靠度	计算引擎	Dragonfly	Phoenics	Phoenics	DesignBuilder CFD
	边界条件自定义深度	高	高	高	高
	计算精度与准确性	高	高	高	高
分析的合规程度	中国建材数据库匹配度	低	低	低	低
	中国规范结合度	低	低	低	低
	评价指标与中国绿建指标对标情况	低	低	低	低

适用设计阶段

设计前期　方案设计　施工图设计

IES-VE	AirPak	Fluent	Contam	斯维尔绿建软件 （VENT）	PKPM 绿建软件 （PKPM-CFDIn）	WindPerfectDX
外部形体 内部空间	场地、建筑群、外部形体、内部空间	场地、建筑群、外部形体、内部空间	内部空间	内部空间	内部空间	内部空间
能耗、风、光、热	风	风	风	风	风	风
3D	3D	3D	2D	3D	3D	3D
静态	静态	静态	静态	静态	静态	静态
否	否	是	否	否	否	否
DesignBuilder、BIM	SU/CAD/Rhino	SU/CAD/Rhino	oneself	CAD	CAD	SU、CAD
BIM	SU/CAD/Rhino	SU/CAD/Rhino	oneself	CAD	CAD	SU、CAD
是	是	是	是	是	是	是
是	是	是	是	是	是	是
中等	复杂	复杂	简单	简单	简单	简单
中等	复杂	复杂	简单	简单	简单	简单
否	否	否	否	否	否	否
是	否	否	否	否	否	否
否	否	否	否	否	否	否
MicroFlo	Fluent	Fluent	oneself	OpenFOAM	OpenFOAM	OpenFOAM
高	高	高	高	低	低	高
高	高	高	低	中等	中等	中等
低	低	低	低	高	高	高
低	低	低	低	高	高	高
低	低	低	低	高	高	高

附录2-9　传热分析模拟软件附录总表

对比项		Therm	K-value	Windows	斯维尔节能（BESI）	PKPM 节能（PBECA）
模拟对象与计算分析的适用性	适用的设计内容的影响模拟分析	内部空间	内部空间	内部空间	内部空间	内部空间
	适用的性能模拟专项	热	热	热	热	热
	建模逻辑适用性	2D	2D	2D	2D	2D
	复杂模型适用性	静态	静态	静态	静态	静态
	建立复杂模型	简单	简单	简单	简单	简单
分析与设计的兼容性	适用建模平台	oneself	oneself	oneself	CAD	CAD
	模型兼容度	低	低	低	高	高
分析过程与结果的有效性	计算速度/实时反馈水平	中等	中等	中等	高	高
	可视化表达	是	是	是	否	否
设计习惯匹配度	建模复杂程度	简单	简单	简单	简单	简单
	边界条件设定难易程度	是	高	是	是	是
	是否可提供设计建议	否	否	否	否	否
	是否能自动方案比选	否	否	否	否	否
	是否能自动提供预选方案	否	否	否	否	否
分析计算结果可靠度	计算引擎	oneself	有限差分	oneself	有限差分	有限差分
	边界条件自定义深度	高	中等	高	低	低
	计算精度与准确性	高	高	高	中等	中等
分析的合规程度	中国建材数据库匹配度	低	中等	低	高	高
	中国规范结合度	低	中等	低	高	高
	评价指标与中国绿建指标对标情况	低	中等	低	高	高

附录2-10　室内空气品质分析模拟软件附录总表

适用设计阶段

设计前期　　方案设计

对比项		IndoorPACT	Phoenics	AirPak	Fluent	斯维尔（VENT-AQ）	PKPM（AQ）
模拟对象与计算分析的适用性	适用的设计内容的影响模拟分析	内部空间	内部空间	内部空间	内部空间	内部空间	内部空间
	适用的性能模拟专项	污染物	污染物	污染物	污染物	污染物	污染物
	建模逻辑适用性	2D	3D	3D	3D	2D	2D
	复杂模型适用性	静态	静态	静态	静态	静态	静态
分析与设计的兼容性	适用建模平台	onesslf	SU、CAD	SU、CAD/Rhino	SU、CAD/Rhino	CAD	CAD
	模型兼容度	onesslf	SU、CAD	SU、CAD/Rhino	SU、CAD/Rhino	CAD	CAD
分析过程与结果的有效性	计算速度/实时反馈水平	是	是	否	否	是	是
	可视化表达	是	是	是	是	是	是
设计习惯匹配度	建模复杂程度	简单	中等	中等	中等	简单	简单
	边界条件设定难易程度	简单	中等	困难	困难	简单	简单
	是否可提供设计建议	否	否	否	否	否	否
	是否能自动方案比选	是	否	否	否	否	否
	是否能自动提供预选方案	否	否	否	否	否	否
分析计算结果可靠度	计算引擎	onesslf	Phoenics	Fluent	Fluent	onesslf	onesslf
	边界条件自定义深度	高	高	高	高	低	低
	计算精度与准确性	高	高	高	高	低	低
分析的合规程度	中国建材数据库匹配度	高	低	低	低	高	高
	中国规范结合度	高	低	低	低	高	高
	评价指标与中国绿建指标对标情况	高	低	低	低	高	高

附录2-11　太阳能利用分析模拟软件附录总表

对比项		SKELION	ISAD	Ecotect	PVGIS	GSA
模拟对象与计算分析的适用性	适用的设计内容（场地/建筑群/外部形体/内部空间）的影响模拟分析	场地、建筑群、外部形体	外部形体	外部形体	场地、外部形体	场地、外部形体
	适用的性能模拟专项（能耗/风/光/热）	阴影模拟、间距计算（光伏）	光伏、光热一体化设计	阴影模拟、太阳辐射模拟（光伏/光热）	项目前期开发；能源能力评估；发电量计算（光伏/光热）	最佳倾角、简易发电量（光伏）
	建模逻辑适用性（2D/3D）	3D	3D	3D	2D	2D
	对空间/时间、动态/静态适用性	空间	空间、时间	空间	时间	时间
分析与设计的兼容性	适用建模平台	SU	SU	Ecotect	在线工具	在线工具
	模型兼容性	好	中等	中等	好	中等
分析过程与结果的有效性	计算速度/实时反馈水平	好	好	差	好	中等
	结果的可视化表达	好	好	好	中	好
设计习惯匹配度	建模复杂程度	简单	简单	复杂	复杂	简单
	边界条件设定难易程度	简单	简单	简单	简单	简单
	是否可提供设计建议	否	否	否	否	是
	是否能自动方案比选	否	否	是	否	否
	是否能自动提供预选方案	否	是	否	否	否
分析计算结果可靠度	计算引擎	/	/	/	/	/
	边界条件自定义深度	低	低	中等	中等	低
	计算精度与准确性	中等	中等	中等	中等	低
分析的合规程度	中国太阳能资源数据库匹配度	中等	中等	中等	较高	较高
	中国规范结合度	低	中等	高	低	低
	评价指标与中国绿建指标对标情况	低	高	低	低	低

适用设计阶段

设计前期　方案设计　施工图设计

PVWatts	Trnsys	PVsyst	Solar GIS	PVSOL Premium	Helio Scorpe	Energy Plus	Design Builder	PV Complete
外部形体	场地、外部形体	场地、建筑群、外部形体	场地、外部形体	场地、外部形体	场地、建筑群、外部形体	内部空间	内部空间	场地、建筑群、外部形体
经济收益、能量生产计算和系统损耗（光伏）	光伏系统模拟计算、能耗、太阳辐射（光伏/光热）	发电量、性能评估、阴影模拟（光伏）	光伏发电量；各阶段损耗、性能比（光伏/光热）	发电量、阴影模拟（光伏）	发电量、性能评估、阴影模拟（光伏）	能耗、太阳辐射模拟（光伏/光热）	能耗、太阳辐射模拟（光伏/光热）	太阳能工程（光伏）
2D	2D	3D	2D	3D	3D	2D	3D	3D/2D
时间	空间	空间	时间	空间、时间	空间	空间	动态	空间、时间
在线工具	Trnsys	PVsyst	SolarGIS	PVSOL Premium	Helio Scorpe	Energy Plus	Design Builder	CAD/Sketch
中等	好	好	中等	中等	中等	差	中等	中等
好	好	好	好	好	中等	差	差	好
好	好	好	中等	好	好	中等	中等	好
简单	中等	中等	复杂	中等	中等	简单	中等	简单
简单	中等	中等	中等	中等	中等	中等	复杂	中等
否	否	否	否	否	是	否	否	否
否	否	是	否	否	否	否	是	否
否	否	否	否	否	否	否	否	否
/	/	/	/	/	/	/	/	/
中等	高	高	高	中等	中等	高	高	高
中等	高	高	高	中等	中等	高	高	高
较高	中等	较高	较高	较高	较高	低	低	中等
低	低	低	低	低	低	低	低	低
低	低	低	低	低	低	低	低	低

附录2-12　自然冷热源利用分析模拟软件附录总表

对比项		Energy Plus	HY–EP	Trnsys	Design Builder	DeST	Fluent	ANSYS	eQuest	GLD	EED	EHPD
模拟对象与计算分析的适用性	附录模拟软件列表	内部空间	内部空间	内部空间	内部空间	内部空间	建筑群/外部形体	内部空间/建筑群	内部空间/建筑群	外部形体	内部空间	场地
	适用的性能模拟专项	能耗、热	能耗、热	能耗、热	能耗	能耗	热场	热力学	能耗	热	热	热
	建模逻辑适用性	3D	3D	3D	3D	2D	3D	3D	3D	2D	2D	2D
	复杂模型适用性	空间	时间、动态	空间	时间、动态	动态	动态	空间、动态	空间	空间	时间	空间
分析与设计的兼容性	适用建模平台	Legacy Openstudio	CAD	Simulation Engine	自带	CAD	GAMBIT	GAMBIT	CAD	CAD	自带	/
	模型兼容性	好	好	好	中等	中等	中等	好	中等	中等	好	好
分析过程与结果的有效性	计算速度/实时反馈水平	中等	中等	中等	中等	中等	中等	好	好	好	好	好
	结果的可视化表达	好	中等	好	中	好	好	好	好	好	好	差
设计习惯匹配度	建模复杂程度	困难	困难	困难	困难	困难	中等	中等	中等	中等	高	中等
	边界条件设定难易程度	难	难	中等	中等	中等	中等	中等	中等	难	中等	中等
	是否可提供设计建议	否	否	否	否	否	否	否	否	否	否	否
	是否能自动方案比选	否	否	否	是	否	否	否	否	否	否	否
	是否能自动提供预选方案	否	否	否	否	否	否	否	否	否	否	否
分析计算结果可靠度	计算引擎	EnergyPlus	EnergyPlus	Matlab	EnergyPlus	Dest	ANSYS	ANSYS	DOE–2	/	EED	/
	边界条件自定义深度	中等	中等	中等	中等	高	中等	中等	低	高	中等	中等
	计算精度与准确性	高	中等	中等	高	高	高	高	高	中等	中等	中等
分析的合规程度	中国建材数据库匹配度	高	高	低	低	高	高	高	低	低	低	低
	中国规范结合度	低	低	低	低	低	低	低	低	中	中	中
	评价指标与中国绿建指标对标情况	低	低	低	低	低	低	低	低	低	低	低